MACHINES

APPROUVÉES

PAR

L'ACADÉMIE ROYALE

DES SCIENCES.

TOME SEPTIEME.

MACHINES

ET

INVENTIONS

APPROUVÉES

PAR

L'ACADÉMIE ROYALE

DES SCIENCES,

DEPUIS SON ÉTABLISSEMENT
jusqu'à présent ; avec leur Description.

Dessinées & publiées du consentement de l'Académie, par M. GALLON.

TOME SEPTIEME.

Depuis 1734 jusqu'en 1754.

A PARIS,

Chez ANTOINE BOUDET, rue Saint-Jacques.

M. DCC. LXXVII.

AVEC PRIVILEGE DU ROI.

AVERTISSEMENT DU LIBRAIRE.

LEs ſix premiers Volumes du Recueil des Machines & Inventions approuvées par l'Académie des Sciences, parurent ſous ſon agrément en 1735 par les ſoins de M. Gallon. L'utilité que les Arts ont retiré de ces ſix Volumes, & le déſir que le Public a manifeſté d'en avoir la ſuite, ont fait que M. Gallon s'en eſt occupé juſqu'à ſa mort arrivée en 1775. Il avoit pouſſé ſon Recueil des Deſſins & Deſcriptions depuis l'année 1733 qui termine ſon ſixieme Volume, juſqu'à l'année 1754; ſon travail s'étant trouvé aſſez conſidérable pour former un Volume, nous l'avons fait exécuter, & nous le préſentons au Public comme une digne ſuite des ſix qu'il accueille ſi bien depuis plus de quarante ans.

Ne vendant les ſix premiers que 108 livres en feuilles, ou 18 livres chaque, nous donnerons ce ſeptieme auſſi en feuilles, papier ordinaire, pour le même prix de 18 liv. & de 27 en grand papier.

AVERTISSEMENT.

Nombre de Souſcripteurs aux *Arts* publiés *in-folio* par l'Académie, regrettant de ne pouvoir y joindre ce précieux Recueil des MACHINES, parce qu'il n'avoit été publié qu'en la forme in-4°, l'on s'eſt déterminé pour ſatisfaire leur déſir à mettre en forme in-folio ces 7 volumes in-4°, & à les donner au même prix de 126 livres. Ils ſont brochés en trois volumes grand in-folio comme les Arts.

Il y en a quelques Exemplaires enluminés moyennant 250 liv.

TABLE
DES MACHINES
Contenues dans ce septieme Volume.

Années depuis 1734 jusqu'à 1754 inclusivement.

Fin de la Table du septieme Volume.

ORDRE POUR PLACER LES FIGURES de ce septieme Volume.

Extrait des Registres de l'Académie Royale des Sciences, du premier Mars 1777.

MEssieurs Leroy & Vandermonde ayant fait leur rapport à l'Académie du septieme Tome de sa Collection des Machines; l'Académie a jugé que cet Ouvrage méritoit de paroître sous son Privilége : en foi de quoi j'ai signé le présent Certificat. A Paris ce 28 Mars 1777.

Le Marquis de CONDORCET.

RECUEIL

RECUEIL
DES MACHINES
APPROUVÉES
PAR L'ACADÉMIE ROYALE
DES SCIENCES.

ANNÉE 1734.

INSTRUMENT
POUR TROUVER EN MER
LA VARIATION
DE
L'AIGUILLE AIMANTÉE,
INVENTÉ
PAR M. DE QUERENEUF.

E Traité eſt une ſuite de Gnomonique préſentée à l'Académie par l'Auteur, mais 1734. N°. 430.
d'une utilité plus intéreſſante, ſur-tout pour la navigation.

L'Aiguille aimantée, qui ſert à indiquer la route ſur laquelle on fait voile, étant ſujette à variations différentes, dans les divers climats, oblige les pilotes à l'obſerver, ſoit par la plus grande hauteur du

soleil, qui donne la méridienne; soit par le lever, ou
1734. le coucher de cet astre, par son amplitude ortive, ou
N°.430. occase, en consultant les tables qui en donnent l'indication selon le parallele sous lequel on navigue; ou bien en faisant eux-mêmes les analogies enseignées par les auteurs qui traitent de la navigation; mais ces opérations sont souvent difficiles ou peu exactement faites, & travaillent l'esprit des personnes obligées de les pratiquer: on évite toutes ces peines, en se servant de cet instrument que l'on peut appeller Boussole solaire, elle indique la méridienne, & par conséquent la variation de l'Aiguille aimantée à quelques heures que ce soit du jour, sans avoir besoin d'employer aucune opération de calcul.

La Boussole solaire (fig. 1.) est tracée sur une feuille de papier, d'environ 16 à 18 pouces de long sur 12 pouces de large, appliquée sur une planche mince, & facile à manier. Sur ce plan sont projettés les paralleles du mouvement diurne du soleil de 10 en 10 jours, de maniere qu'il y a 3 lignes pour chaque mois; & comme elles sont à une petite distance les unes des autres, l'on voit aisément le point de la ligne qui convient à chacun des jours intermédiaires entre les jours marqués, sans qu'il en puisse résulter d'erreur importante, puisque l'on sçait, par exemple, *que pour le 5eme jour d'un mois c'est* à-peu-près la moitié de l'intervalle du 1 au 10 de chaque mois: des subdivisions de jour par jour jetteroient l'instrument dans une confusion trop grande.

Sur ce plan, & à l'endroit convenable, on éleve un stile droit LM (fig. 2.) de figure cylindrique ou pyramidale, fait de bois, & percé à sa partie supérieure d'une ouverture NO, dans laquelle on ajuste une plaque ronde PQ, percé à son centre d'une ouverture conique, au travers de laquelle l'image du soleil vient se représenter sur le plan. Comme on peut diriger cette plaque vers le soleil, le trait de lumiere est beaucoup mieux terminé que ne pourroit l'être l'ombre d'un stile auquel cette machine est substituée.

Pour affermir ce stile, que l'on peut tourner sur son axe, on fait une cavité R, dans sa base M, que l'on remplit de plomb; la tête S de ce stile est ouverte en angle, afin que la lumiere donne en plein sur la plaque PQ.

Pour se servir de cette machine, il faut, comme pour le compas de variation ordinaire, deux observateurs, dont l'un dirige l'*instrument* à l'horison visuel pour le tenir de niveau, & l'autre le tourne jusqu'à ce que le rayon du stile tombe sur le parallele du jour où l'on est; pour lors l'instrument se trouve orienté, & le grand axe des courbes qui est aussi tracé sur ce plan, devient la méridienne, d'où il suit que s'il y a un compas placé dans sa direction on pourra à quelque heure que ce soit connoître la variation de son aiguille. Il est vrai que plus le soleil changera sensiblement de hauteur dans un même temps, plus l'observation sera exacte, & qu'ainsi les heures les plus près de 6 heures, sont les meilleures, & celles qui approchent le plus près de midi, les moins bonnes.

L'horison visuel que l'on découvre à la mer donne un moyen facile de tenir l'instrument de niveau; mais lorsque l'on fait des observations à terre, & *que l'on ne peut decouvrir qu'en partie l'horison*, on se sert pour lors d'un petit niveau d'eau: dans l'un ou l'autre de ces cas, la position de cet instrument est représentée par la figure 3.

Construction & Démonstration de la Boussole solaire.

Le soleil se levant sur l'horison selon sa différente déclinaison septentrionale ou méridionale, la ligne de son cours journalier se peut montrer sur un plan horisontal, par sa lumiere tombant du sommet d'un stile droit élevé sur ce plan.

1734. N°. 430. La hauteur de ce ſtile eſt proportionnée à celle de l'élévation du pole, ſur l'horiſon, que l'on ſuppoſe ici de 48 degrés : & comme le ſinus de 42° arc complément de la hauteur du pole à 90°, eſt de 669 parties ſelon les principes du Traité de Gnomonique, il faut que le ſtile droit Bp ſoit de 497 parties égales, parce que le ſinus total eſt à AB 669 comme le ſinus de 48° eſt à Bp 497, & ſa diſtance Ap priſe du centre ſur la méridienne ſera de 447 parties égales : ſuivant cette analogie, le ſinus de 48° eſt à 497 comme le ſinus de 42° eſt à 447.

Sur la méridienne ſera tracée en C, à angle droit, la ligne équinoxiale, à 1000 parties de diſtance du centre A ; d'où ſera décrit un cercle dont le rayon ſera AB de 669 parties, pour enſuite être diviſé en autant d'arcs égaux ou inégaux, mais ſemblables de part & d'autre que l'on voudra, par leſquelles diviſions ſeront tirées du centre, les ſécantes de chaque arc ſur l'équinoxiale, & prolongées au-delà.

Le ſoleil étant dans l'équateur, l'incidence de la lumiere paſſant par l'extrêmité du ſtile droit, formera avec l'axe & chaque ſécante d'arc compris entre la méridienne, un triangle rectangle ABC ; (fig 1.) mais quand il s'éleve au-deſſus de l'équateur, alors l'incidence de la lumiere par le ſommet du même ſtile droit, forme avec l'axe & la ſécante de chaque arc horiſontal, un triangle obliquangle *enfermé dans le rectangle ci-devant*, comme on le voit en BEC, BIC.

Mais quand cet aſtre deſcend au deſſous de l'équateur, c'eſt-à-dire, quand ſa déclinaiſon eſt méridionale, alors ſa lumiere tombant du ſommet du ſtile droit, forme avec l'axe AB & la ſécante AD ou AG, un triangle obliquangle externe au rectangle, & qui n'eſt pas, comme le précédent, enfermé dans le rectangle, comme l'on voit BCD, BCG.

De l'un & de l'autre obliquangle, tous les angles ſeront connus, après avoir connu ceux du rectangle leſquels le feront par cette analogie, par exemple pour l'arc de 37° 30' la fécante eft AC hypotenufe du rectangle, & fuivant les tables, elle eft de 1260 parties; les angles aigus feront connus par cette opération analogique.

AC de 1260 eft au finus total, comme 669, mefure de l'axe AB eft à 32° 4', finus de l'angle en C oppofé à l'axe & qui eft l'angle inférieur aigu du triangle rectangle ABC, l'autre aigu BAC fera de 57° 56', fon complément.

Le côté BC moyen de ce triangle rectangle fe connoît auffi par cette analogie.

Le finus de 32° 4', eft à AB de 669, comme le finus de 57° 56', fon complément, eft à BC de 1068.

Ayant donc connu ce côté moyen du rectangle, & qui eft l'un des côtés du triangle obliquangle ABE enfermé au rectangle, les angles de l'un & l'autre obliquangle fe connoiffent 1°. pour ceux de l'obliquangle interne, l'aigu inférieur eft le même que celui du rectangle, c'eft-à-dire de 32°, 4' l'aigu fupérieur eft donné par la déclinaifon, joignant ces deux angles enfemble, leur fupplément à 180° fera l'angle obtus oppofé au côté BC de 1068.

Or le finus de ces deux angles aigus joints enfemble, lequel eft le même que celui de l'angle obtus BEC, eft à 1068, comme le finus de l'arc de déclinaifon eft à la diftance EC 379, depuis l'équinoxiale jufqu'au *point* où la *lumiere du foleil tombe fur la fécante* de *l'arc* oppofé.

2°. Les angles de l'obliquangle externe au rectangle font auffi connus; car l'obtus adjacent de 32° 4' eft de 147° 56' fon fupplément à 180°, l'angle aigu fupérieur eft donné par la déclinaifon, l'autre aigu inférieur eft leur fupplément à 180°.

Or le finus de l'angle aigu inférieur CGD, eft à BC de 1068, côté oppofé, comme le finus de la déclinaifon eft au côté oppofé CG, qui donnera la diftance depuis l'équinoxiale C, jufqu'au point d'incidence G de la lumiere du foleil paffant à l'extrêmité du ftile droit fur la fécante oppofée AG.

1734. N°. 430.

D'où il s'ensuit, que si la déclinaison du soleil est méridionale, par exemple, le 1 Février, qu'elle est de 17° 16', selon les tables, la distance CG depuis la ligne équinoxiale à marquer pour ce jour-là sur la sécante de l'arc de 37° 30', proposé, sera de 1245, parties trouvées par cette analogie.

Le sinus de 14° 48' (lequel est le supplément de 147° 56', angle obtus & de 17° 16', angle de la déclinaison, à 180°) est à BC de 1068, comme le sinus de la déclinaison 17° 16' est à CG de 1245, & de même pour tous les arcs, quand la déclinaison est méridionale.

Quand elle est septentrionale, par exemple, le 1 Mai, qu'elle est de 15° 4', l'angle aigu inférieur du triangle obliquangle, lequel est interne au rectangle, est le même que l'aigu inférieur BEC du triangle rectangle, reconnu ci-devant de 32° 4'. L'aigu supérieur CBE est donné par la déclinaison 15° 4', ces deux angles joints ensemble font 47° 8', dont le sinus est le même que celui de l'angle BEC de 132° 52', leur complément à 180°. Or le sinus de 47° 8' est à BC de 1068, côté opposé à l'angle obtus BEC, comme le sinus de la déclinaison 15° 4' est à CE de 379, pour la distance à compter depuis l'équinoxiale, à marquer sur la sécante de cet arc, & de même pour les autres arcs, la déclinaison du soleil étant septentrionale.

Sur la méridienne, le côté moyen du triangle rectangle ABC étant BC sinus de 48° élévation du pôle sur l'horison, il est de 743 parties selon les tables, & l'angle aigu inférieur BCA est de 42°, & il se forme deux triangles obliquangles, l'un interne BIC, lorsque la déclinaison est septentrionale, l'autre BDC externe ou hors du même triangle rectangle, lorsqu'elle est méridionale.

Les angles de l'un & l'autre obliquangle sont connus; au triangle interne, l'angle aigu inférieur BCI est de 42°, parce qu'il est le même que celui du triangle rectangle, l'aigu supérieur CBI est donné par la déclinaison, ces deux angles

angles étant joints ensemble, le sinus de leur somme est le même que celui de l'angle obtus. 1734. No. 430.

Or, par exemple, pour le 1 Mai que la déclinaison septentrionale est de $15^d\ 4'$, on fait cette analogie, le sinus de l'angle BIC de $57^\circ\ 4'$ est à BC de 743 comme le sinus de l'angle CBI de la déclinaison est à CI de 230 pour la distance à marquer depuis la ligne équinoxiale sur la méridienne pour la ligne du cours du soleil ce jour-là, & de la même maniere pour tous les autres jours, *la déclinaison* étant septentrionale.

Quand *elle* est méridionale, les angles de l'obliquangle externe sont également connus ; car l'obtus BCD adjacent de l'angle aigu BCI de 42° du rectangle, se connoît de 138°, son supplément à 180°, l'angle aigu supérieur est donné par la déclinaison, par exemple, le 1 Février il est de $17^\circ\ 16'$; l'aigu inférieur, supplément des deux autres à 180°, sera donc de $24^\circ\ 44'$. Or le sinus de l'angle BDC de $24^\circ\ 44'$, est à BC de 743, comme le sinus de l'angle CBD de $17^\circ\ 16'$, est à DC de 210, distance à prendre depuis la ligne équinoxiale pour la ligne du cours du soleil ce jour-là, & de même pour les autres jours, la déclinaison étant méridionale.

Voici la table de la déclinaison du soleil, *extraite des meilleurs Auteurs, calculée sur le méridien* commun au Royaume.

On observera que le stile représenté par la figure 2, est de grandeur naturelle, mais non pas la boussole, fig. 1; elle doit avoir, comme je l'ai dit, 16 à 18 pouces de longueur, & 12 pouces de largeur : c'est sur cette grandeur que l'on a formé le stile, & plus cette boussole sera étendue, plus il sera facile d'en faire la division.

1734. N°. 430.

Table de déclinaison du Soleil.

PARTIE MÉRIDIONALE.

23 deg.	30 min.	22 Décembre.		
23	6	1 Janvier &	12 Décembre.	
22	4	10 Janvier &	3 Décembre.	
20	15	20 Janvier &	23 Novembre.	
17	16	1 Février &	11 Novembre.	
14	30	10 Février &	2 Novembre.	
11	6	20 Février &	22 Octobre.	
7	55	1 Mars &	13 Octobre.	
4	6	10 Mars &	4 Octobre.	

PARTIE SEPTENTRIONALE.

23°	30′	22 Juin.	
22	4	1 Juin &	12 Juillet.
20	0	20 Mai &	24 Juillet.
17	36	10 Mai &	3 Août.
15	4	1 Mai &	12 Août.
11	31	20 Avril &	23 Août.
7	57	10 Avril &	3 Septembre.
4	33	1 Avril &	12 Septembre.

Equinoxe 20 Mars & 22 Septembre.

Opérations des calculs, pour marquer les lignes du cours journalier du Soleil, sur un plan horisontal.

On commencera par la méridienne, & pour la saison où la déclinaison du soleil est la plus méridionale.

Le 22 Décembre, elle est de 23° 30′; on voit que l'incidence de la lumiere de cet arc passant par l'extrêmité B du style droit B p, sur le point H (fig. 1.) de la méridienne, est l'un des côtés du triangle obliquangle B C H. Le côté B C est mesuré par le sinus de l'élévation du pole sur l'horison, supposé ici de 48 deg. & partant est connu de 743 parties, le rayon depuis le

1734. N°. 430.

centre A jusqu'à l'équinoxiale C étant de 1000 parties, l'angle obtus BCH de cet obliquangle est connu de 138°, parce qu'il est adjacent de 42°, dont il est le supplément à 180°.

L'angle aigu supérieur CBH est donné par la déclinaison de 23° 30′ : ce jour-là, l'angle aigu inférieur BHC est nécessairement de 18° 30′, supplément des deux autres à 180°. Or le sinus de 18° 30′, angle aigu inférieur BHC, est au côté BC de 743, comme le sinus de CBH, angle aigu supérieur de 23° 30′, déclinaison du soleil, est à CH de 930 parties qui sont la mesure de la distance à marquer sur la méridienne à compter depuis l'équinoxiale pour la ligne du cours du soleil sur la méridienne le 22 Décembre.

Autre exemple : le 1 Janvier, la déclinaison étant de 23° 6′, elle donne l'angle aigu supérieur : l'obtus étant de 138°, il faut que l'aigu inférieur soit de 18° 54′, leur supplément à 180°.

Or le sinus de 18° 54′, angle aigu inférieur, est à 743, côté opposé à cet angle ; comme le sinus de 23° 6′, angle aigu supérieur, est à 900 parties pour la distance du point d'incidence de la lumiere du soleil sur la méridienne à compter depuis l'équinoxiale ce jour-là 1 Janvier, ainsi pour les autres jours, dont voici le calcul.

			sinus.			sinus.		parties.
		22 Décem.	18°	30′	est à 743 ::	23°	30′ à	934.
12 Décembre	&	1 Janvier	18	54		23	6	900.
3 Décembre	&	10 Janvier	19	56		22	4	819.
23 Novembre	&	20 Janvier	21	45		20	15	696.
11 Novembre	&	1 Février	24	44		17	16	527.
2 Novembre	&	10 Février	27	30		14	30	403.
22 Octobre	&	20 Février	30	54		11	6	278.
12 Octobre	&	1 Mars	34	25		7	35	174.
4 Octobre	&	10 Mars	37	54		4	6	86.

22 Septembre & 20 Mars équinoxe.

B ij

La déclinaison du soleil étant septentrionale, il s'éleve
1734. au-dessus de l'équateur, alors l'incidence de la lumiere
N°. 430. passant par le sommet du stile droit, forme sur la méridienne, l'un des côtés du triangle *obliquangle* BIC, dont *le* côté BC est connu de 743 parties. L'angle aigu inférieur BCI, est le même que celui du complément de l'élévation du pole, c'est-à-dire qu'il est de 42°. L'aigu supérieur est celui de la déclinaison du soleil donnée, par exemple, pour le 22 Juin de 23° 30′: joignant ensemble ces deux angles aigus, *ils* font 65° 30′ dont le sinus est le même que celui de l'angle obtus 114° 30′, leur supplément à 180.

Or le sinus de 65° 30′, est au côté BC de 743 comme le sinus de 23° 30′, déclinaison, le 22 Juin, est à 325 parties, à compter depuis l'équinoxiale pour l'incidence de la lumiere du soleil le 22 Juin, de même pour les autres jours, dont voici le calcul.

			sinus.			sinus.		parties.
		22 Juin	65°	30′ est à 743 ::		23°	30′ est à	325.
12 Juillet	&	1 Juin	64	4		22	4	311.
24 Juillet	&	20 Mai	62	0		20	0	293.
3 Août	&	10 Mai	59	36		17	36	267.
12 Août	&	1 Mai	57	4		15	4	230.
23 Août	&	20 Avril	53	31		11	31	185.
3 Septembre	&	10 Avril	49	57		7	57	134.
12 Septembre	&	1 Avril	46	33		4	33	78.

22 Septembre & 20 Mars équinoxe.

Sur un Arc de 15 degrés.

Supposé que le premier arc distant de la méridienne sur la sécante duquel on veut marquer les lignes du cours journalier du soleil, soit de 15°; alors la sécante de cet arc terminé par l'équinoxiale est de 1035 parties, le sinus total de 1000 ; elle eſt l'hypothenuſe d'un triangle rectangle dont le côté mineur eſt *669*, rayon de l'équateur, qui eſt ici le ſinus de 42°, complément de l'élévation du pole de ce rectangle; il faut premierement connoître les angles aigus par cette analogie. 1734. N°. 430.

1035 : 1000 : : *669* eſt au ſinus de l'angle aigu inférieur qui ſera de 40° 16'.

2°. Il faut connoître le côté majeur de ce rectangle; car il ſera l'un des côtés commun aux deux triangles obliquangles, l'un *interne* & *enfermé dans* le rectangle, lorſque la déclinaiſon eſt ſeptentrionale; l'autre externe quand elle eſt méridionale : ce côté majeur ſe connoît par cette analogie.

Le ſinus de l'angle aigu inférieur de 40° *16'*, eſt à *669*, comme le ſinus de 49° 44', de l'angle aigu ſupérieur; ſon complément à 90° eſt à 789, pour le côté majeur, lequel eſt commun, ainſi qu'il ſe voit dans la figure, & comme il ſera dit ci-après ſur l'arc 37° 30' aux deux triangles obliquangles, l'un interne & enfermé dans le rectangle, quand la déclinaiſon eſt ſeptentrionale, l'autre externe quand elle eſt méridionale. De l'un & l'autre obliquangle, tous les angles ſont connus; en l'obliquangle externe ſon angle obtus eſt le ſupplément à 180° de l'aigu inférieur du rectangle connu ci-deſſus 40° 16'. Et *partant* il eſt de *139° 44', l'aigu ſupérieur eſt donné* par la déclinaiſon; l'autre aigu qui eſt inférieur eſt leur ſupplément à 180°.

En l'obliquangle interne, tous les angles ſont auſſi connus. 1°. L'aigu inférieur eſt celui du rectangle ci-deſſus connu de 40° 16'.

2°. L'aigu ſupérieur eſt donné par la déclinaiſon au jour propoſé.

3°. L'angle obtus eſt leur ſupplément à 180°, & ſon ſinus eſt le même que celui des deux angles aigus joints enſemble. On connoîtra donc facilement le côté requis,

pour déterminer en l'un & l'autre triangle sur la sé-
1734. cante de cet arc la ligne du cours du soleil. En voici le
N°.430. calcul, la déclinaison étant méridionale.

		sinus.			sinus.		parties.
22. Décembre		16°	46′	est à 789 ::	23°	30′	à 1086.
12 Décembre &	1 Janvier	17	10		23	6	1049.
3 Décembre &	10 Janvier	18	12		22	4	949.
23 Novembre &	20 Janvier	20	1		20	15	797.
11 Novembre &	1 Février	23	0		17	16	599.
2 Novembre &	10 Février	25	56		14	30	459.
22 Octobre &	20 Février	29	10		11	6	312.
13 Octobre &	1 Mars	33	4		7	35	188.
4 Octobre &	10 Mars	36	10		4	6	96.

22 Septembre & 20 Mars équinoxe.

Déclinaison septentrionale.

Au triangle obliquangle interne & enfermé dans le rectangle supposé formé sur la sécante de cet arc de 15°, l'angle aigu inférieur a été connu ci-devant de 40° 16, l'angle aigu supérieur est donné par la déclinaison du soleil, & l'obtus est leur supplément à 180°.

Comme le sinus de l'obtus est le même que celui des deux angles aigus joints ensemble, leurs sinus, ou, pour mieux *s'exprimer*, le sinus de la somme de ces deux angles aigus sera *le premier terme de chacune des analogies comme il suit.*

		sinus.			sinus.		parties.
22 Juin		63°	16′	est à 789 ::	23°	30′	à 351.
12 Juillet &	1 Juin	62	20		22	4	335.
24 Juillet &	20 Mai	60	16		20	0	311.
3 Août &	10 Mai	58	52		17	36	279.
12 Août &	1 Mai	55	20		15	4	249.
23 Août &	20 Avril	51	47		11	31	200.
3 Septembre &	10 Avril	48	13		7	57	116.
12 Septembre &	1 Avril	44	49		4	33	89.

22 Septembre & 20 Mars équinoxe.

Sur l'Arc de 30 degrés.

Supposé que l'on prenne 30° pour le deuxieme arc de distance de la méridienne, la sécante est de 1154 aux tables; & sera l'hypothenuse du rectangle, dont le côté mineur est 669, rayon de l'équateur, qui est ici le sinus de 42°, complément de la hauteur du pole sur l'horison, ainsi qu'il a été dit ci-dessus.

Les angles aigus de ce rectangle se connoîtront de la même maniere qu'aux précédentes opérations, par cette analogie.

1154 est au sinus total, comme 669 est au sinus de l'angle aigu inférieur lequel sera de 35° 26'.

Le côté majeur se connoîtra aussi par cette analogie.

Le sinus de 35° 26' est à 669, comme le sinus de 54° 34', complément de l'angle aigu inférieur, est à 940, côté qui sera commun aux deux triangles obliquangles, l'un externe & l'autre interne, la déclinaison étant septentrionale, desquels obliquangles, tous les angles sont connus, ainsi qu'il a été expliqué pour l'arc précédent, & que l'on ne répéte point ici. Voici le calcul pour cet arc de 30 degrés.

La déclinaison étant méridionale.

			sinus.			sinus.		parties.
		22 Décemb.	11°	56'	est à 940 ::	23°	30'	à 1813.
12 Décembre	&	1 Janvier	12	20		23	6	1704.
3 Décembre	&	10 Janvier	13	22		22	4	1528.
23 Novembre	&	20 Janvier	15	11		20	15	1214.
11 Novembre	&	1 Février	18	10		17	16	895.
2 Novembre	&	10 Février	20	56		14	30	656.
22 Octobre	&	20 Février	24	20		11	6	439.
13 Octobre	&	1 Mars	27	51		7	35	266.
4 Octobre	&	10 Mars	31	20		4	6	130.

22 Septembre & 20 Mars équinoxe.

1734.
N°. 430.

La déclinaison étant septentrionale.

Au triangle obliquangle supposé formé comme il a été dit ci-dessus, l'angle aigu inférieur est celui du rectangle, dans lequel il est enfermé ci-dessus connu de 35° 26': l'angle aigu supérieur est donné par la déclinaison, l'obtus est leur supplément dont le sinus est le même que celui des deux aigus joints ensemble, & qui sera le premier terme de chaque analogie comme il suit.

		sinus.		sinus.	parties.
	22 Juin	58° 56'	est à 940 ::	23° 30'	à 438.
12 Juillet	& 1 Juin	57 30		22 4	419.
24 Juillet	& 20 Mai	55 26		20 0	390.
3 Août	& 10 Mai	52 2		17 36	356.
12 Août	& 1 Mai	50 30		15 4	316.
23 Août	& 20 Avril	46 57		11 31	257.
3 Septembre	& 10 Avril	43 23		7 57	189.
12 Septembre	& 1 Avril	39 59		4 33	116.

22 Septembre & 20 Mars équinoxe.

Sur l'arc de 37 degrés 30 minutes.

La sécante de cet arc est de 1260; selon le calcul des tables, elle sera l'hypothenuse du rectangle dont le côté mineur est 669, rayon de l'équateur, qui est ici égal au sinus de 42°, complément de la hauteur du pole sur l'horison. Les angles aigus de ce rectangle se connoîtront par les mêmes analogies ci-devant expliquées pour les précédens arcs, & ensuite le côté majeur.

L'angle aigu inférieur ayant donc été trouvé de 32° 4', l'aigu supérieur sera de 57° 56', son complément à 90°.

De même le côté majeur étant aussi trouvé de 1068, voici les analogies pour cet arc, & le calcul des distances à compter depuis l'équinoxiale.

La

La déclinaison étant méridionale.

		sinus.		sinus.		parties.
	22 Décembre	8°	34′ est à 1068 ::	23°	30′	à 2859.
12 Décembre	& 1 Janvier	8	58	23	6	2706.
3 Décembre	& 10 Janvier	10	0	24	16	2311.
23 Novembre	& 20 Janvier	11	41	20	15	1806.
11 Novembre	& 1 Février	14	48	17	36	1245.
2 Novembre	& 10 Février	17	34	14	30	885.
22 Octobre	& 20 Février	20	58	11	6	575.
12 Octobre	& 1 Mars	24	29	7	35	340.
4 Octobre	& 10 Mars	27	58	4	6	162.

22 Septembre & 20 Mars équinoxe.

La déclinaison étant septentrionale.

Au triangle obliquangle supposé formé comme il a été dit ci-dessus, sur la sécante de cet arc de 37° 30′, l'angle aigu inférieur a été connu de 32° 4′, l'aigu supérieur est donné par la déclinaison du soleil : voici les analogies pour cet arc.

		sinus.		sinus.		parties.
	22 Juin	55°	24′ est à 1068 ::	23°	30′	à 517.
12 Juillet	& 1 Juin	54	8	22	4	495.
24 Juillet	& 20 Mai	52	4	20	0	464.
3 Août	& 10 Mai	49	40	17	36	427.
12 Août	& 1 Mai	47	8	15	4	379.
23 Août	& 20 Avril	43	35	11	31	300.
3 Septembre	& 10 Avril	40	1	7	57	230.
12 Septembre	& 1 Avril	36	37	4	33	142.

22 Septembre & 20 Mars équinoxe.

Sur l'arc de 45 degrés.

La sécante de cet arc est de 1414 selon les tables, elle sera l'hypothenuse du rectangle dont le côté mineur

1734. N°.430. est de 669, comme il a été dit ci-dessus sur les précédens arcs, les angles aigus de ce rectangle se connoîtront par semblable analogie qu'aux arcs ci-devant, ensorte que l'angle aigu inférieur sera trouvé de 28° 14′, & le supérieur de 61° 46′ : de même le côté majeur étant connu de 1246, on fera les analogies comme il suit, commençant par le 1 Février, parce que dans les mois de Décembre & Janvier, le soleil n'éclaire presque pas la sécante de cet arc.

La déclinaison étant méridionale.

				sinus.			sinus.		parties.
11 Novembre	&	1 Février	10°	52′	est à 1246 ::	17°	16′	à	1944.
2 Novembre	&	10 Février	13	44		14	30		1314.
22 Octobre	&	20 Février	17	8		11	6		814.
12 Octobre	&	1 Mars	20	39		7	35		466.
4 Octobre	&	10 Mars	24	8		4	6		218.

22 Septembre & 20 Mars équinoxe.

La déclinaison étant septentrionale.

Au triangle obliquangle supposé formé sur la sécante de cet arc de 45°, l'angle aigu inférieur a été connu de 28° 14′, & l'angle supérieur est donné par la déclinaison : voici les analogies.

				sinus.			sinus.		parties.
		22 Juin	51°	44′	est à 1246 ::	23°	30′	à	633.
12 Juillet	&	1 Juin	50	17		22	4		610.
24 Juillet	&	20 Mai	48	14		20	0		571.
3 Août	&	10 Mai	45	50		17	36		528.
12 Août	&	1 Mai	43	18		15	4		472.
23 Août	&	20 Avril	39	45		11	31		389.
3 Septembre	&	10 Avril	36	11		7	57		280.
12 Septembre	&	1 Avril	32	47		4	33		183.

22 Septembre & 20 Mars équinoxe.

1734.
N°. 430.

Sur l'arc de 52 degrés 30 minutes.

La ſécante de cet arc eſt de 1642 au rectangle qu'elle forme avec le rayon de l'équateur, & l'incidence de la lumiere du ſoleil, l'angle aigu inférieur ſera trouvé de 24° 3′, ſuivant la même analogie qu'aux précédens arcs, & le côté majeur de ce rectangle ſera auſſi trouvé être de 1500. Le triangle obliquangle étant ſuppoſé formé comme aux précédentes opérations, les analogies ſuivantes font connoître le côté requis.

La déclinaiſon étant méridionale.

		ſinus.		ſinus.	parties.
2 Novembre	& 10 Février	9° 33′	eſt à 1500 ::	14° 30′	à 2261.
22 Octobre	& 20 Février	12 7		11 6	1376.
12 Octobre	& 1 Mars	16 28		7 35	698.
4 Octobre	& 10 Mars	19 57		4 6	324.

22 Septembre & 20 Mars équinoxe.

La déclinaiſon étant ſeptentrionale.

		ſinus.		ſinus.	parties.
	22 Juin	47° 33′	eſt à 1500 ::	23° 30′	à 810.
12 Juillet	& 1 Juin	46 7		22 4	783.
24 Juillet	& 20 Mai	44 3		20 0	738.
3 Août	& 10 Mai	41 39		17 36	684.
12 Août	& 1 Mai	39 7		15 4	618.
23 Août	& 20 Avril	35 34		11 31	519.
3 Septembre	& 10 Avril	32 0		7 57	390.
12 Septembre	& 1 Avril	28 36		4 33	248.

22 Septembre & 20 Mars équinoxe.

Sur l'arc de 60 degrés.

La ſécante de cet arc eſt de 2000, le rectangle ſup-

posé formé comme aux précédens arcs, aura son angle
1734. aigu inférieur de 19° 32', suivant l'analogie, & son côté
N°. 430. majeur sera de 1885, suivant ce qui a été dit aux précédens arcs.

Le triangle obliquangle étant supposé formé comme pour les précédens arcs, on fera le calcul requis suivant les analogies que voici.

La déclinaison étant méridionale.

			sinus.		sinus.	parties.
12 Octobre	&	1 Mars	11° 57'	est à 1885 ::	7° 35'	à 1230.
4 Octobre	&	10 Mars	15 26		4 6	670.
22 Septembre	&	20 Mars équinoxe.				

La déclinaison étant septentrionale.

			sinus.	sinus.	parties.
		22 Juin	43° 2'	23° 30'	1101
12 Juillet	&	1 Juin	41 36	22 4	1066
24 Juillet	&	20 Mai	39 32	20 0	1000
3 Août	&	10 Mai	37 8	17 36	946
12 Août	&	1 Mai	34 36	15 4	863
23 Août	&	20 Avril	31 3	11 31	739
3 Septembre	&	10 Avril	27 29	7 57	563
12 Septembre	&	1 Avril	24 5	4 33	366

Sur l'arc de 67 degrés 30 minutes.

La déclinaison étant septentrionale, la sécante du rectangle supposé formée est de 2613, son angle aigu inférieur sera trouvé de 14° 50', & le côté majeur sera aussi trouvé de 2525.

Au triangle obliquangle, l'angle aigu inférieur est conau ci-dessus être de 14° 50′, l'aigu supérieur est donné par la déclinaison, voici les analogies.

		sinus.		sinus.	parties.
	22 Juin	38° 20′	est à 2525 ::	23° 30′	à 1623.
12 Juillet	& 1 Juin	36 54		22 4	1581.
24 Juillet	& 20 Mai	34 50		20 0	1512.
3 Août	& 10 Mai	32 26		17 30	1430.
12 Août	& 1 Mai	29 54		15 4	1318.
23 Août	& 20 Avril	26 21		11 31	1135.
3 Septembre	& 10 Avril	22 47		7 57	902.
12 Septembre	& 1 Avril	19 23		4 33	604.

Sur l'arc de 75 degrés.

La déclinaison étant septentrionale, la sécante de cet arc au rectangle supposé formé comme aux précédens arcs est de 3863. L'angle aigu inférieur de ce rectangle sera connu de 9° 57′, par semblable analogie qu'aux précédens arcs, & de même le côté majeur de ce rectangle sera connu être de 3805. Les analogies suivantes servent à connoître les distances à compter de l'équinoxiale pour marquer les lignes du cours journalier du soleil.

		sinus.		sinus.	parties.
	22 Juin	33° 27′	est à 3806 ::	23° 30′	à 2751.
12 Juillet	& 1 Juin	32 1		22 4	2693.
24 Juillet	& 20 Mai	29 57		20 0	2633.
3 Août	& 10 Mai	27 33		17 36	2485.
12 Août	& 1 Mai	25 1		15 4	2338.
23 Août	& 20 Avril	21 28		11 31	2174.
3 Septembre	& 10 Avril	17 54		7 57	1741.
12 Septembre	& 1 Avril	14 30		4 33	1205.

Sur l'arc de 80 degrés.

La déclinaison étant septentrionale, la sécante du rec-

tangle supposé formé pour cet arc est de 5758 : son an-
1734. gle aigu inférieur sera trouvé être de 6° 41′, & le côté
N°.430. majeur de ce rectangle être de 5720 : voici les analogies qui en résultent ainsi qu'il a été ci-devant expliqué.

			sinus.		sinus.	parties.
		22 Juin	30° 11′	est à 5720 ::	23° 30′	à 4536.
12 Juillet	&	1 Juin	28 45		22 4	4466.
24 Juillet	&	20 Mai	26 41		20 0	4339.
3 Août	&	10 Mai	24 17		17 36	4190.
12 Août	&	1 Mai	21 45		15 14	4010.
23 Août	&	20 Avril	18 12		11 31	3654.
3 Septembre	&	10 Avril	14 38		7 57	3131.
12 Septembre	&	1 Avril	11 14		4 33	2329.

Sur l'arc de 90 degrés.

La déclinaison étant septentrionale pour cet arc, les distances sont à compter du centre, la déclinaison donne l'angle aigu inférieur opposé au rayon *669*, & l'angle aigu inférieur dans le même triangle est celui du supplément de la déclinaison. Voici le calcul fait par les analogies suivantes.

			sinus.		sinus.	parties.
		22 Juin	23° 30′	est à 669 ::	66° 30′	à 1539.
12 Juillet	&	*1 Juin*	22 4		67 56	1650.
24 Juillet	&	20 Mai	20 0		70 0	1838.
3 Août	&	10 Mai	17 36		72 24	2119.
12 Août	&	1 Mai	15 4		74 46	2485.
23 Août	&	20 Avril	11 30		78 30	3289.

Sur les arcs excédant 90 degrés.

Par exemple, l'arc 1050 est obtus, & le 22 Juin la déclinaison du soleil est de 23° 30′ ; alors l'angle aigu formé par l'incidence de la lumiere passant par le sommet du ftile droit eft de 66° 30′, complément de la déclinaifon, & par conféquent l'autre angle aigu de l'obliquangle eft de 8° 30′, fupplément de 105° & de 66° 30′ à 180°. Or le finus de 8° 30′, eft à 669, comme le finus de 66° 30′ eft à 4151 à compter du centre. 1734. N°. 430.

Autre exemple, le 24 Juillet, la déclinaifon eft de 20° angle aigu, fon complément à 90° fera de 70°; l'angle obtus eft donné de 105°. Il faut donc que l'autre angle aigu foit de 5°, fupplément des deux autres à 180°.

Or le finus de 5° eft à 669 comme le finus de 70° eft à 7213.

Les diftances à prendre depuis la ligne équinoxiale ayant été trouvées par les opérations ci-devant expliquées pour marquer fur chaque fécante d'arc propofé, la ligne journaliere du cours du foleil, on les peut auffi prendre à compter du centre : car leur diftance du centre fera le reftant de la fécante; par exemple, fur l'arc de 75° le 1 Mai, on a trouvé que la diftance à compter depuis l'équinoxiale, doit être de 2338, pour la ligne du cours du foleil ce jour-là à être marquée fur la fécante de cet arc, laquelle eft de 3863. Le complément des 2338 à cette fécante eft 1525, qui eft la diftance à compter du centre : cet expédient fert fur-tout pour les plus grands arcs, *la déclinaifon étant feptentrionale.*

Le calcul de cette bouffole pour 48 degrés d'élévation du pole, peut fervir pour 50 degrés ou 46, fans qu'il y ait une différence confiderable.

Mais pour les autres paralleles plus méridionaux ou feptentrionaux, on a le moyen d'en faire les calculs en fuivant les opérations qui font expliquées ci-deffus.

1734.
N°. 430.

RAPPORT DES COMMISSAIRES.

LE Mercredi 23 Juin 1734, Messieurs Godin & Grandjean, qui avoient été nommés pour examiner un instrument de M. Quereineuf en ont parlé ainsi.

Nous avons examiné, par ordre de l'Académie, une méthode proposée par M. Quereineuf, pour trouver en mer la variation de l'Aiguille aimantée. L'instrument dont il se sert pour cette opération, est un plan sur lequel sont projettés les paralleles du mouvement diurne du soleil de 10 en 10 jours; sur ce plan & dans l'endroit convenable est élevé un petit cylindre qui peut tourner sur son axe, & porte une fente avec une platine percée, que l'on peut aisément diriger au soleil, & qui par ce moyen envoie toujours sur le plan par son ouverture un trait de lumiere, beaucoup mieux terminé que ne pourroit l'être l'ombre d'un stile, auquel cette machine est substituée. Pour se servir de cette machine, il faut, comme pour le compas de variation ordinaire, deux observateurs, dont l'un dirige l'instrument à l'horison visuel, & l'autre le tourne jusqu'à ce que le rayon du stile tombe sur le parallele du jour où l'on est; pour lors l'instrument se trouve orienté, & le grand axe des courbes qui est aussi tracé sur le plan, devient la méridienne; d'où il suit que s'il y a un compas placé dans sa direction, on pourra, à quelque heure que ce soit, connoître la variation de son aiguille. Il est bien vrai que plus le soleil changera de hauteur dans un même temps, plus l'observation sera exacte, & qu'ainsi les heures les plus près de six heures sont les meilleures, & celles qui approchent le plus près de midi les moins bonnes.

Ayant fait usage de cette méthode avec une courbe tracée sur du papier & un stile de bois, nous avons, par son moyen, tracé depuis 10 heures jusqu'à 10 heures ½

trois

trois méridiennes paralleles, & qui ne différoient que très-peu de la véritable.

Comme l'inſtrument eſt fait pour une hauteur de pole déterminée, M. de Quereineuf propoſe d'en conſtruire pour toutes les latitudes qu'on voudra, il ſuffit même de les avoir de 2 en 2 degrés, parce que l'image du ſoleil donnant toujours à-peu-près un demi-degré, il ſera facile de prendre à vue d'œil la partie proportionnelle. Pour cela l'Auteur a déja calculé des tables de 5 en 5 degrés depuis la ligne jusqu'à 54 degrés de latitude, afin qu'au moyen d'une même échelle de parties égales, on puiſſe aiſément tracer les courbes propoſées.

Quelques légeres différences dans la ſituation horizontale de l'inſtrument n'alterent pas ſenſiblement l'opération; ainſi on pourra ſe diſpenſer d'avoir égard à la correction qu'exigeroit l'élévation du pont du vaiſſeau, au-deſſus du niveau de la mer.

Cette méthode indépendante du lever & du coucher du ſoleil ſe peut pratiquer à telle heure du jour que l'on voudra, ſans calcul, ſans réduction, & ſans autre connoiſſance que celle de la latitude, telle qu'on l'obſerve en mer; ainſi elle nous a paru ingénieuſe, & mériter que l'on s'en aſſurât par des expériences faites en mer: l'Auteur ſur-tout étant en état de lever *les petits inconvéniens, qui pourroient ſe rencontrer* dans l'uſage, & de lui donner toute la perfection dont elle eſt capable.

Instrument pour trouver en Mer, la variation de l'Aiguille Aimantée.

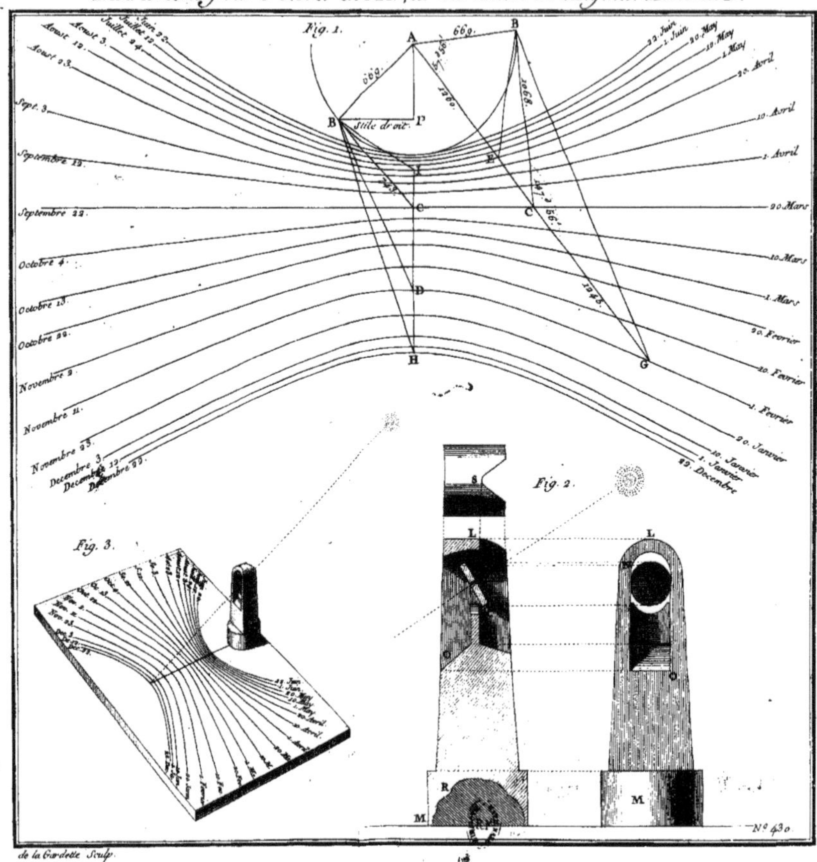

de la Gardette Sculp.

RECUEIL
DES MACHINES
APPROUVÉES
PAR L'ACADÉMIE ROYALE
DES SCIENCES.

ANNÉE 1735.

1735.
N°. 431.

MACHINE
A ELEVER LES EAUX,
INVENTÉE
PAR M. DE PARCIEUX,
DE L'ACADÉMIE ROYALE DES SCIENCES.

CEtte machine qui eſt dans le goût de celle de la Samaritaine & du Pont Notre-Dame à Paris, eſt de même compoſée d'une grande roue AB, (fig. 1 & 2.) qui peut auſſi s'élever & s'abaiſſer. Aux extrêmités CD de ſon arbre ſont fixées deux lanternes jumelles EF : dans chaque intervalle IK (fig. 3.) ſont diſpoſées trois chevilles ou fuſeaux exactement diſtantes, mais poſées alternativement les unes par rapport aux autres ; c'eſt-à-dire, que les 3 fuſeaux de l'ouverture I ſont dans les intervalles des 3 autres de l'ouverture K, de maniere que les ſix fuſeaux, abaiſſent alternativement les extrêmités LM des deux leviers LP, MP. *Il faut obſerver que la diviſion des fuſeaux des lanternes F, eſt auſſi* poſée alternativement par rapport à la double lanterne E, de ſorte que les deux lanternes forment quatre intervalles. Etant ſuppoſé rapprochée & poſée ſur leur plan, la circonférence ſe trouveroit diviſée en 12 parties égales, ſi tous les fuſeaux traverſoient juſqu'au plateau ſupérieur, les leviers LP, MP, ont leur centre commun, étant retenus par la même cheville P, autour de laquelle ils ſe meuvent, & leurs extrêmités entrent dans les intervalles I, K, (fig. 3.) des doubles lanternes ; à ces mêmes leviers ſont attachés des tirans de

fer NO, NO. (*fig.* 1 & 2.) Dans la premiere figure on
1735. voit les quatre tirans de fer assujettis aux 4 balanciers
N°. 431. TTTT, *mis* en mouvement par les deux balanciers de renvoi QRS, mobiles sur le même centre R, tous deux contenus dans une chape, & assujettis par le même boulon. Chaque extrêmité comme S, S, (fig. 2.) tient aux extrêmités T, T, par des tirans de fer, les deux autres balanciers TVX, mobiles au point V par leurs extrêmités X, X, haussent & baissent en tirant les étriers Z des pompes, dont l'équipage est représenté par la fig. 4. Le plan de cette machine forme un quarré, dont la figure 1 représente la vue en profil du côté de la roue avec les deux balanciers de renvoi, SRQ, qui communiquent le mouvement de la roue aux pompes, au moyen des balanciers TVX. (fig. 2.) Il est aussi vu en profil sur la 2e. face du quarré.

Les deux montans GH, (qu'on a rompus pour éviter la confusion dans le dessein) servent à soutenir une traverse qui porte le palier de l'axe de la roue, & le 3e. montant W passe dans l'épaisseur de la traverse du bâti: il est garni d'un cric pour élever & abaisser la roue dans les accrues d'eaux, ainsi qu'il se pratique dans les autres machines de ce genre.

Les deux figures précédentes font voir que cette machine *consiste en deux équipages de pompes, posés* vis-à-vis & parallelement l'un à l'autre; chaque équipage est composé, comme le représente la figure 4, d'un tuyau aspirant AB, supposé tremper par son extrêmité A dans l'eau que l'on veut élever: la partie supérieure B se partage en deux branches coudées BC, BD, & fournissant l'eau dans les deux corps de pompe EF, GH, qui trempent dans la bache I, les pistons de ces deux corps de pompe refoulent par le moyen des chassis ou étriers FL, HM, fixés aux extrêmités X, X, des seconds balanciers XVT. (fig. 2.) Les deux corps de pompe exactement fermés à leur partie supérieure E, G, se réunissent & ne font qu'un seul tuyau vertical NP, qui rend l'eau refoulée par la partie courbée P.

La construction de ces tuyaux & leur assemblage ne contient aucune idée nouvelle : les tuyaux tels que C, D, sont garnis de soupape à l'ordinaire, qui empêchent le retour de l'eau dans l'instant de l'aspiration : il en est de même des pistons des pompes ; ce sont des étriers, & des tiges en fourchette telles qu'elles sont décrites en beaucoup d'endroits, & ce seroit entrer dans un détail superflu que de répéter ici ce qui est déja parvenu au public dans d'autres collections, telle que l'Architecture hydraulique de l'édition de 1739, tom. II, chap. III.

La description ci-dessus fait assez comprendre les effets de la machine de M. de Parcieux : cependant je vais en expliquer de suite tous les mouvemens.

La roue AB (fig. 1 & 2.) fait tourner les lanternes EF fixées aux extrêmités de son arbre, & pour se servir de celle qui paroît dans la 3e figure cotée F, si l'on imagine la roue tourner de P en Y, il est clair que le fuseau 8 rencontrant l'extrêmité M du levier, l'entraînera par sa révolution, & le fera baisser, ce qui ne peut arriver sans que l'extrêmité T du levier 9 ne s'abaisse, pendant que l'autre bout X, 10 s'éleve, & par conséquent en tirant *l'étrier du corps de pompe E F refoule l'eau dans le tuyau vertical NP. (fig. 2 & 4.)* On remarquera que pendant ce refoulement, il se fait une aspiration du même côté : car la lanterne E, opposée à F, tirant sur un levier semblable, abaisse le 2e balancier de renvoi, dont l'extrêmité S, en s'élevant, fait baisser le levier X, 12, en élevant le bout T, 13, & voila l'aspiration. Il résulte de ces balancemens alternatifs & continus, qu'il y a toujours de chaque côté une pompe qui aspire, & l'autre qui refoule ; le dégorgement est donc continuel & sans interruption sensible.

1735.
N°. 431.

Cette machine a été proposée pour la construire sur la Seine à Paris; & afin de la rendre plus parfaite que toutes les autres de cette espece, l'Inventeur change les points de tirage des balanciers, parce que cette riviere varie considérablement en force. L'on verra par le certificat ci-après que l'Académie approuve comme nouveau ces points de tirage, de même que sa composition, qui est fort simple, par là moins sujette à réparation & à laisser perdre la force : d'ailleurs cette machine a quelques rapports à diverses inventions présentées pour le même usage, comme, par exemple, la machine inventée, par M. Boulogne, que l'on trouve décrite dans le 6e vol. de ce Recueil pag. 15 : elle ressemble encore assez à une seconde machine dans le même vol. pag. 19, de M. Saulon : ce même méchanisme, ou à-peu-près, se trouve aussi dans la machine exécutée à Source en Alsace, décrite dans le deuxieme vol. de l'Architecture hydraulique, art. 982, pag. 137.

L'exécution de cette machine n'ayant point eu lieu, on ne peut faire de calcul sur la quantité d'eau qu'elle seroit capable de fournir, à moins qu'on ne lui suppose des dimensions relatives 1°. à la force du courant, dont on se serviroit pour la faire agir ; 2°. à la quantité d'eau que l'on voudroit élever ; & 3°. à la hauteur des cuvettes de distribution : en ce cas il sera bon de consulter, & de suivre même *les maximes prescrites dans* le chapit. III du 2e vol. de l'Architecture hydraulique, *où l'on donne une description générale des pompes de toutes sortes d'espece*, afin d'en tirer celles qui conviendroient le mieux dans cette machine : on traite aussi dans ce même chapitre, de l'application & de différentes constructions de piston & de soupapes. L'on suppose ici que préalablement l'on ait une connoissance suffisante des art. 593, 594, 595 & 597 du premier volume de la même Architecture hydraulique, qui tous contiennent des principes pour l'établissement d'une machine mue par un courant: la principale

cipale maxime eſt de faire enſorte que la vîteſſe de la roue ſoit toujours le tiers de celle du courant, art. 588, maxime qui avoit déja été démontrée par M. Parent, Mémoires de l'Académie, 1704, & encore beaucoup plus clairement par M. Pitot, dans les Mémoires de l'Académie de 1725. A l'égard de la diviſion des aubes, on les eſtime plus parfaites à ſix, telles qu'elles ſont dans la roue AB fig. 2, qu'à huit, comme celle de la machine de la Samaritaine.

1735. N°. 431.

Il ſera pareillement néceſſaire de ſe ſervir de l'inſtrument imaginé par M. Pitot, pour meſurer la vîteſſe du courant: on la trouve décrite dans le premier volume, pag. 254 & ſuiv. art. 613, 614 & 615. Cette méthode doit être préferée à celle de M. Mariotte, & ſi l'on vouloit appliquer à la machine de M. de Parcieux les nouvelles pompes qu'on a exécutées pour rectifier la machine du Pont Notre-Dame, on aura recours à l'art. 1132, pag. 220 du deuxieme vol. On ſe conformera de même aux articles du premier volume, qui donne les principes généraux pour calculer les leviers & les frottemens; enfin il ne faut rien négliger, & ne rien donner au haſard dans la conſtruction des machines.

RAPPORT DES COMMISSAIRES.

LE *Mercredi 23 Mars 1735*, Meſſieurs Pitot & Camus ont parlé ainſi ſur une machine de M. Renou à élever les eaux.

Nous avons examiné, par ordre de l'Académie, une machine propre à élever les eaux, préſentée par M. Renou.

L'Auteur propoſe cette machine pour la conſtruire dans un bateau: le premier mobile conſiſte dans deux roues qui ſont aux extrêmités d'un même arbre; vers le milieu de cet arbre, il y a un rouet dont les dents ſont ſemblables à celles des roues de rencontre ſi connues dans l'hor-

1735. N°. 431.

logerie; les dents de cette roue font agir alternativement deux leviers, qui sont joints à deux autres leviers fermement attachés à une même verge : cette verge porte vers ses extrêmités deux balanciers, au bout desquels sont attachés les verges des pistons.

Les pistons de cette machine peuvent être en étrier, ou aspirans & foulans.

Cette machine nous a paru très simple, l'échappement de la roue de rencontre nous a paru nouveau dans l'usage des pompes, & la dépense qu'elle demande n'est pas considérable; mais il est à craindre que l'échappement ne se détruise promptement & n'engage à de fréquentes réparations.

Les mêmes ont parlé ainsi sur une machine du même genre de M. de Parcieux.

Nous avons examiné, par ordre de l'Académie, une machine propre à élever les eaux, présentée par M. de Parcieux.

Cette machine, que l'Auteur propose pour la construire à Paris sur la Seine, est à roue pendante, c'est-à-dire, qui peut s'élever & s'abaisser, comme celle de la Samaritaine & celle du Pont Notre-Dame.

A chaque extrêmité de l'arbre de cette roue, il y a deux lanternes dont les fuseaux sont placés alternativement, c'est-à-dire, qu'un fuseau d'une lanterne répond au milieu de l'intervalle de deux fuseaux de l'autre lanterne.

Les deux lanternes de chaque bout de l'arbre, abaissent alternativement deux leviers, chacune le sien. Chaque levier est lié par un tirant à l'extrêmité d'un balancier ou bascule; enfin c'est aux autres extrêmités de ces balanciers que sont attachées les verges tirantes des pistons.

Jusqu'ici ces pistons ne reçoivent de la machine qu'un mouvement vertical de bas en haut, pour faire monter l'eau, & rien ne les détermine à descendre, si ce n'est leur pesanteur & celle de leurs tirans; mais si toutes les pieces étoient en équilibre, la pesanteur n'auroit plus lieu pour obliger le piston à descendre.

Comme le mouvement des balanciers est alternatif, c'est-à-dire, qu'il y a toujours d'un côté de la machine, un balancier qui tire le piston, pendant qu'un balancier de l'autre côté doit laisser descendre son piston, l'Auteur lie ces deux balanciers ensemble par un troisieme balancier aussi en bascule, ensorte que le balancier qui tire son piston détermine l'autre à se mouvoir à contre-sens & à laisser descendre le sien.

Comme la Seine varie considérablement en force, M. de Parcieux change les points de tirage de ces balanciers, & les approche plus ou moins du centre de leur mouvement, suivant le plus ou moins de force du courant.

Cette Machine nous a paru plus simple, moins sujette à réparation & à laisser perdre la force que celles où l'on emploie des rouets & des lanternes; sa composition nous paroît bien entendue, & les changemens des points de tirage que l'Auteur propose nous paroissent nouveaux & *nécessaires pour profiter* de toute la force du courant.

Machine a élever les Eaux.

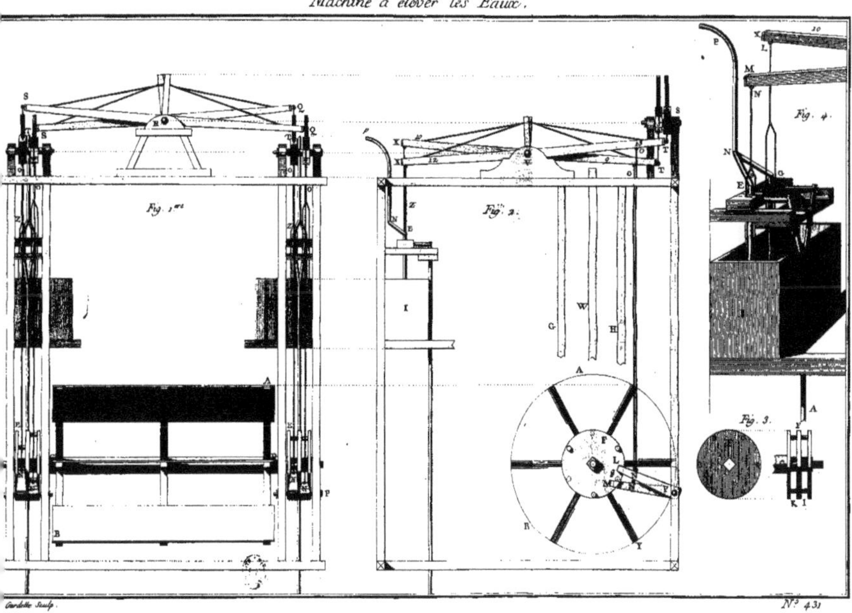

Gardette Sculp.

N° 431

1735.
N°. 432.

RAPE A TABAC,

INVENTÉE

PAR M. L'ABBÉ SOUMILLE.

LA principale piece de cette machine est la roue A, représentée hors la boîte, elle a six pouces de diamètre, & cinq pouces d'épaisseur; elle est percée d'un trou quarré au milieu, sur la surface de cette roue, on creuse un trou rond d'environ trois pouces de diametre, & cinq lignes de profondeur, après quoi on divise la circonférence A en quarante-huit parties égales & par les divisions opposées, on trace des lignes que l'on enfonce avec une scie pour faire autant d'entailles de cinq lignes de profondeur, lesquelles doivent recevoir les lames de la Rape.

Cette roue étant sciée, on attache au milieu du creux par le moyen de trois vis, une petite roue de bois dur, de deux pouces de diamètre & de cinq lignes d'épaisseur, on fait une petite *entaille tout autour qui sert à placer un fil d'archal, pour empêcher les lames de* reculer, ou de s'élever; ces lames ont aussi, en une de leur extrêmité, une entaille pareille à celle de la roue, & par l'autre, une pointe qui s'enfonce dans la petite roue de bois dur; c'est de cette façon qu'on les rend inébranlables en tous sens.

Parmi les quarante-huit lames qui sont aussi plantées sur la roue, il y en a vingt-quatre grandes & vingt-quatre petites alternativement, c'est-à-dire, vingt-quatre qui sont dentées de la longueur de deux pouces, & vingt-quatre qui sont seulement dentées de la longueur de dix-

1735. N°. 432.

ſept lignes, à cauſe qu'on éleve une partie de leur largeur ſupérieure du côté du centre de la roue, cette précaution étant néceſſaire pour que le tabac s'engorge moins dans l'entre-deux des lames, ainſi qu'elles ſont repréſentées par les figures W, W; elles ont toutes environ l'épaiſſeur d'un écu de ſix livres, deux pouces précisément de longueur, ſans compter la pointe, qui eſt de deux lignes, & huit lignes de largeur; les grandes ont ordinairement trente dents, & les petites vingt-quatre. Si l'on y en met davantage, une telle roue fera par elle-même le tabac plus fin, & ſi on en met moins, elle le fera plus gros: ſi ces dents ſont bien enfoncées, une telle roue rapera beaucoup en peu de temps, & ſi elles le ſont moins, elle agira plus lentement; de ſorte que toutes les expériences qu'on a faites pendant un an, ſe réduiſent à conclure que la fineſſe du tabac dépend du nombre des dents, & la quantité dépend de leur profondeur.

On doit les tremper à paquet, pour les rendre durables; on pourra dans la ſuite des temps les retailler pluſieurs fois, puiſqu'elles ſortent du plan de la roue d'environ trois lignes.

B eſt une portion d'une grande poulie d'environ ſix pouces & demi de diametre, & de deux pouces d'épaiſſeur, ayant deux rainures jumelles pour recevoir les deux cordes de l'archet, leſquelles ſont attachées, à deux trous qu'on y fait à côté l'un de l'autre, chacun dans chaque rainure.

Au milieu de cette poulie eſt un trou quarré garni d'une virole de fer auſſi quarrée, qui reçoit l'arbre de la roue dans l'endroit que nous avons dit être quarré; cette poulie eſt entre la boîte & une planche d'appui S, d'environ dix pouces de hauteur & de la même largeur que la boîte; elle en eſt diſtante d'environ deux pouces & demi, les deux trous dans leſquels tourne l'arbre, sont garnis chacun d'une virole de fer ou de léton, de huit lignes de longueur, pour empêcher qu'il ne s'use trop vîte.

1735.
N°. 432.

D E est l'archet qui est d'un morceau de bois tout droit & solide, de la grosseur d'un gros jonc, ou canne ordinaire, & de trois pieds de longueur. Il n'est pas nécessaire qu'il plie comme les archets dont on se sert communément, au contraire il doit être solide, & toute sorte de bois est propre à cela; on perce un trou au point E, & deux vers le point D, pour attacher les deux cordes qui sont sur la poulie, elles sont disposées à contre-sens l'une de l'autre, ensorte que quand une se met autour de la poulie, l'autre s'en ôte; & quand celle-ci revient, l'autre s'en va.

On fait deux trous au point D, pour entrelacer la corde & la rendre par là plus facile à régir & arrêter quand elle est tendue; cette façon d'archet rend l'opération plus sûre & plus commode que ne feroit un archet ordinaire, dont la corde pourroit glisser, au lieu que dans celle-ci elles sont fixes & durent même long-temps, parce qu'elles ne frottent point l'une contre l'autre: cet archet se met au dessous de la grande poulie, comme on peut le voir par la figure.

Sur le devant est une piece quarrée, longue, garnie de deux *charnieres* & *de deux crochets* avec le trou au point C, qui sert à recevoir la carotte de tabac GC; on les appelle des lunettes, & les différentes pieces de bois dont on le garnit on les nomme lunettes postiches: les trous de ces pieces sont de différente grandeur pour toutes les grosseurs de tabac, elles se placent à coulisse; on donne pour chaque rape six de ces lunettes postiches représentées en TT.

Cette piece quarrée longue qui paroît sur le devant, doit avoir sept pouces de hauteur, six pouces neuf lignes de largeur, & quatorze lignes d'épaisseur, à

1735. N°. 432. cause de l'entaille à coulisse que l'on y fait ; cette entaille doit avoir environ quatre pouces de largeur & à peu près cinq pouces de longueur sur quatre à cinq lignes d'épaisseur.

La lunette C est de deux pouces huit lignes de diametre, & commence à un pouce au-dessous du chassis LX ; on peut l'augmenter suivant les différens tabacs, en ôtant du bois par le bas & non pas par le haut.

OBSERVATIONS.

Il en sera de même des lunettes postiches T, elles doivent commencer à un pouce au-dessous du même chassis LX, parce que les extrêmités de la roue rapent beaucoup mieux que les parties qui approchent du centre ; c'est ce qui donne lieu à l'excentricité de la roue A, pour que la lunette se trouve entierement renfermée dans la demi-circonférence de la roue.

La piece quarrée longue sur le devant, doit avoir sept pouces de hauteur, afin de faciliter pour qu'on puisse tirer & remettre la roue dans sa place, ce qui se fait en demontant la charniere, assemblée par une verge de fil d'archal. Le reste du devant de la boîte est une planche de cinq pouces de hauteur & de sept pouces & demi de largeur, clouée avec les côtés de la caisse dont elle fait partie fixe, & qui n'a rien de particulier. On voit par là que la boîte a un pied de hauteur depuis le dessus de la base QR jusqu'au chassis LX ; l'épaisseur générale de toutes les planches doit être de six lignes, excepté la piece quarrée longue dont on a parlé ci-dessus.

Quoique l'on puisse employer toute sorte de bois, on préfere cependant le noyer. La largeur du vuide de la boîte est de six pouces quatre lignes, & la profondeur d'un pouce onze lignes.

Le

Le chassis LX est garni d'un verre blanc qui permet de voir ce que l'on fait, il empêche aussi le tabac de s'exhaler, & d'incommoder celui qui rape; car il ne faut pas perdre le tabac de vue, pour le retirer à propos quand la corde manque.

1735. N°. 432.

La base QV de la boîte est une planche de la même épaisseur que toutes les autres, sur laquelle est arrêtée la boîte verticale, qui forme le corps de la rape; la planche d'appui y est de même arrêtée : cette base a neuf pouces de largeur en tout sens, il ne faut pas qu'elle deborde du côté RV, pour laisser passer librement le poid N, dont on expliquera l'usage.

Au devant de cette boîte est une autre planche PR de même largeur, c'est-à-dire, de neuf pouces, attachée par une charniere; elle porte la coulisse du support F, le croissant de fer dont il est garni, entre à vis dans ce support, afin de pouvoir l'élever ou l'abaisser suivant que le tabac est plus ou moins gros.

Du côté K est un tiroir oblong qui occupe toute la capacité de la boîte, & qui a environ trois pouces de hauteur, dans lequel tombe le tabac rapé: & pour éviter qu'il ne se repande entre les côtés de la boîte & ceux du tiroir, on pratique tout autour de petites pieces de bois en talus, qui en couvrent les bords, & font que toute la poudre tombe dedans.

M est une des vis qui sert à fixer la rape sur une table; il y en a une semblable derriere la planche d'appui que la perspective cache.

I est une petite poulie sur laquelle on fait passer la corde du tabac quand on rape suivant la seconde maniere, qui sera décrite de même que la premiere.

Y est une piece de bois arrondie, garnie de pointes qui ont quatre lignes, & que l'on appelle épargne; elle sert à porter les bouts de tabac qu'on ne peut plus tenir à la main : il faut que les pointes puissent se rapprocher du centre ſuivant les différens diametres des carottes.

1735.
N°. 432.

La table doit être d'une épaiſſeur ordinaire ; & quand elle eſt oblongue, on doit attacher la rape de façon que le côté MRV ſoit toujours ſur l'un des longs côtés, & le derriere VS ſur un des petits; parce que cette ſituation donne plus de force à la table, & plus d'étendue à l'archet.

La premiere maniere de raper, & qui eſt la plus ſimple, conſiſte à mettre la carotte, que l'on tient avec la main gauche, dans le trou C, & à pouſſer l'archet avec la main droite.

La ſeconde maniere ſe pratique quand on a du tabac mal ficellé, ou quand on veut faire le tabac très-fin, & éviter tout dechet; il faut deficeller le tabac, & le ficeller avec une corde ſemblable, tour contre tour, ſans nœud, enſorte que cette corde faſſe le pas de vis; pour cela on arrête un des bouts de la corde au tabac, avec une épingle: l'autre bout de la corde, que l'on laiſſe de huit à dix pouces de longueur, paſſe ſur la poulie I après avoir introduit le bout du tabac dans la lunette, on attache ce bout de corde au poid N qui eſt de ſept à huit livres, & qui ſerre continuellement le tabac à meſure qu'il ſe rape; & quand la corde touche au point d'être rapée, on tourne inſenſiblement la carotte, qui par-là ſe decouvre & met la corde à couvert des dents de la roue. Comme ce poid deſcend fort vîte, & qu'il ſeroit ennuyant de le relever, détacher & réattacher, toutes les fois qu'il touche à terre, l'Auteur a imaginé une eſpece de cric appliqué au point O, qui porte le poid N, & qui ne laiſſant couler la corde que d'un certain ſens, retient ce même poid, ſur quelque point de la corde que l'on l'éleve; ainſi dès que le poids touche à terre, il n'y a qu'à le relever en ſaiſiſſant le bout de la corde, & l'ayant élevé auſſi haut qu'il peut l'être, l'abandonner à lui-même. Le poid N doit être de sable ou de limaille de fer, dans un sac de peau, de peur que la corde venant à être coupée, il ne tombe sur les pieds de celui qui rape. 1735. N°.432.

La machine une fois bien établie par des vis, & l'archet ajusté comme on l'a dit, peut rester fixe.

On suppose que le tabac qu'on veut raper est ficellé exactement, car s'il ne l'étoit pas, on ne sçauroit le raper selon la premiere maniere; mais il faudroit le ficeller, & le raper selon la seconde: on observera seulement que selon la premiere façon d'opérer, il faut retirer la carotte toutes les fois que la roue coupe la corde, couper le bout de cette même corde, & remettre la carotte comme auparavant, ayant soin de la faire tourner sans cesse avec la main dont on la tient, afin de raper uniment, sans quoi elle se raperoit par le haut & non par le bas.

REMARQUES.

L'espace qui se trouve entre les dents de la roue & le plan des lunettes postiches, ne doit être tout au plus que de deux lignes, & la petite poulie I doit être placée de façon que sa rainure réponde parfaitement à cet espace, afin que la corde qui serre le tabac, puisse passer entre *deux sans toucher aux dents de la roue,* qui *la couperoit infailliblement.* Sitôt que la roue se trouve éloignée de plus de deux lignes, l'opération devient penible, parce que le bout du tabac (sur-tout s'il est un peu mince) commence à plier légerement, & se prêter assez aux mouvemens de la roue, pour empêcher une bonne partie des effets de cette machine

On doit bien se garder de substituer une manivelle à l'archet, comme quelques copistes l'ont fait, & cela pour trois raisons : la premiere est que la manivelle racle toujours le tabac d'un même sens, & par-là serre les

1735. N°.432.

parties, les échauffe, & n'en peut raper que fort peu, au lieu que l'archet par son mouvement alternatif, les couche & redresse successivement, & les rape d'une maniere plus naturelle: la seconde raison est que comme il faut indispensablement tenir le tabac avec la main gauche pour le faire tourner, la droite se trouve dans une situation gênante pour faire aller cette manivelle : la troisieme est qu'il faut autant de temps pour faire un tour de manivelle que pour pousser, & retirer l'archet : ainsi tandis que la roue fait un tour avec la manivelle, elle en fera deux & demi avec l'archet ; le mouvement de celui-ci est plus vif, & par-là plus propre à raper.

On ne doit pas trouver à redire sur ce que les lames de la roue sont si courtes, que les gros bouts de tabac descendent un demi-pouce plus bas que l'armure : c'est l'expérience qui a porté l'Auteur à retrancher une partie de leur longueur, & si on en retranchoit davantage une telle roue feroit plus de tabac ; la raison de cela est que les parties d'une roue les plus éloignées du centre, sont dans un fort grand mouvement, tandis que celles de vers le centre ne feroit que mouvoir les parties du tabac, sans les détacher : on répare le défaut de ce vuide en faisant tourner le tabac pour que chaque partie passe à son tour dans les endroits actifs de la roue ; l'on peut dire même que si les lames descendoient jusqu'au centre, on ne pourroit pas raper du tout, parce que comme la carotte doit s'avancer tout-à-la-fois, la partie d'en-bas, qui ne se raperoit pas, empêcheroit tout le reste de pouvoir avancer contre les dents supérieures.

Les personnes qui voudront de ces rapes, faites avec précision, en trouveront à Paris, chez le sieur Dulac, marchand parfumeur, rue saint Honoré, au Berceau d'or, près la rue des Poulies ; & à Villeneuve lès Avignon, chez l'Auteur, au prix ordinaire de 30 liv. on fournit les vis pour attacher ces rapes, & l'on trouve aussi chez l'un & chez l'autre des roues séparées, pour ceux qui veulent les faire monter par leurs serruriers & menuisiers ordinaires. 1735. N°. 432.

RAPPORT DES COMMISSAIRES.

LE Mercredi 25 Mai 1735, Messieurs de Mairan & de Moliere ont parlé ainsi sur une Rape à tabac de M. l'Abbé Soumille.

Nous avons examiné, par ordre de l'Académie, une nouvelle rape à tabac d'une nouvelle construction, inventée par M. l'Abbé Soumille. Elle est composée d'une roue de bois suspendue verticalement sur ses pivots dans une espece de boîte, au haut de laquelle est un trou rond de grandeur proportionnée au bout de tabac, & qu'on peut changer au besoin; sur le plan de la roue sont des especes de scies de fer trempées en paquet, qu'on peut retirer & remettre facilement, & rajuster lorsqu'elles sont usées, & dont les dents sont perpendiculaires au plan de la roue, que l'on fait tourner d'une main avec une grande facilité au moyen d'un archet horizontal, en lui présentant de l'autre main le bout du tabac appuyé sur un croissant, & que l'on presse sans beaucoup d'effort contre la roue, plus ou moins, selon que l'on veut que le tabac soit plus ou moins gros, &c.

Il nous a paru que cette rape étoit d'un meilleur usage que les rapes ordinaires, & qu'elle pouvoit durer long-temps à un particulier, sans être obligé d'y retoucher, à cause que les dents en sont trempées : qu'on pouvoit raper dans une minute une once de tabac sans beaucoup de déchet, ce que nous avons éprouvé ne pouvoir faire sur une rape ordinaire en un demi-quart-d'heure, & que le tabac ne s'échauffe pas sensiblement en le rapant, à cause qu'il ne touche pas le fond de la rape, comme cela arrive dans les rapes ordinaires.

Rape a Tabac

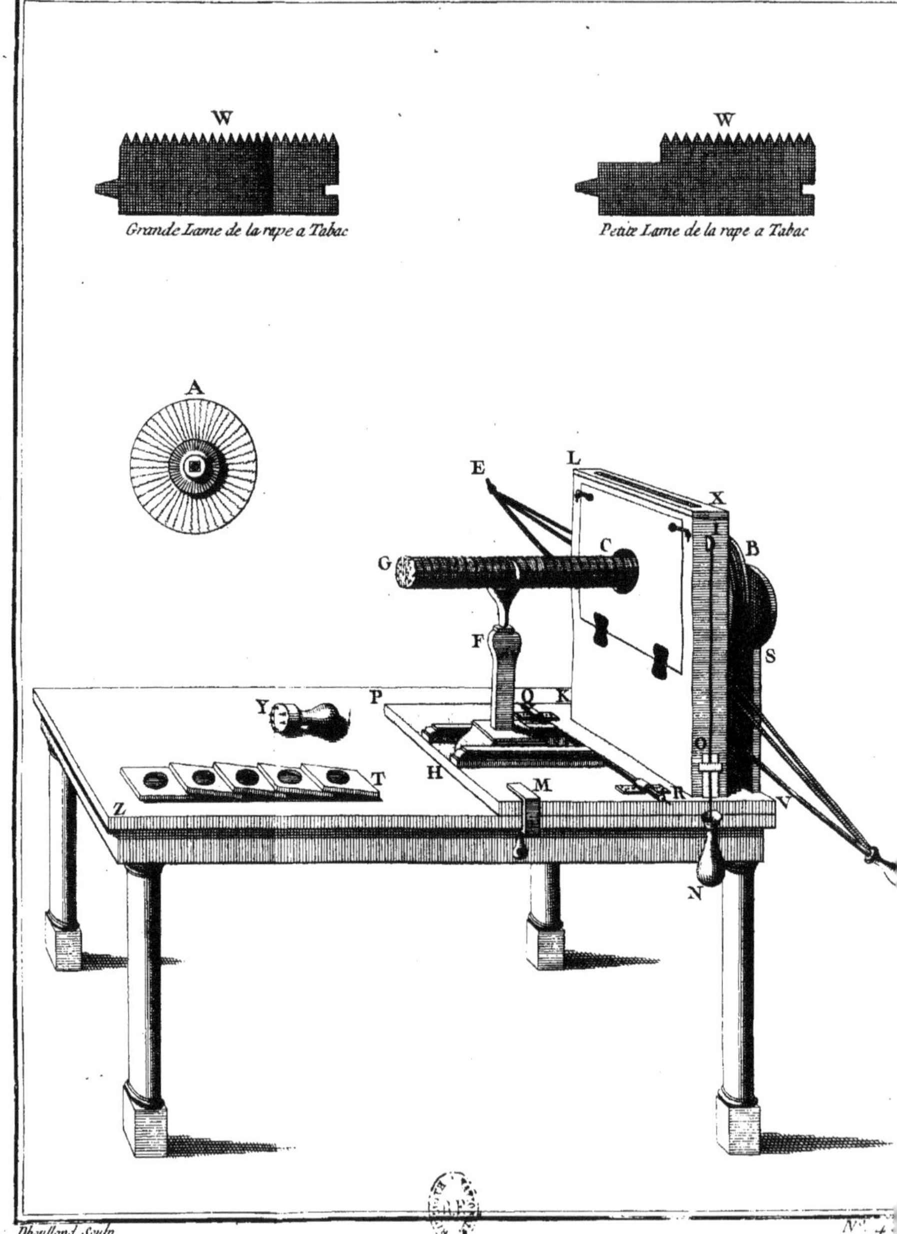

Dheulland Sculp.

1735.
N°.433.

MACHINE
POUR CALER
ET MOUVOIR COMMODÉMENT
UN QUART-DE-CERCLE,
INVENTÉE
PAR M. GRANDJEAN DE FOUCHY,
DE L'ACADÉMIE DES SCIENCES.

L'Anneau A eſt mobile autour de la tige du quart de cercle, & tient par le moyen du piton B à la boîte quarrée C; dans cette boîte, paſſe l'équerre CDE, qui porte une ſeconde boîte quarrée F, ſemblable à la premiere, & garnie d'une vis G: on fait de même paſſer dans cette deuxieme boîte la regle de fer IK, la branche DC de l'équerre porte par ſon extrêmité ſur le bout de la vis H; *le colet de cette vis eſt noyé dans* le crampon L, *qui porte de même ſon écrou*, de maniere qu'en tournant cette vis on fait monter l'équerre CDE, & en même temps la regle IK aſſujettie à la piece F, par la vis G; l'extrêmité K de la même regle paſſe auſſi par une autre boîte quarrée M, pareille à la premiere C, garnie d'un crampon N, & d'une vis O, qui peut baiſſer l'extrêmité K de la regle: la piece M eſt aſſujettie au quart-de-cercle, par un cylindre R taillé en fourchette, dans laquelle l'on fait entrer la regle de champ que l'on fixe avec la cheville P.

Cette machine procure commodément le moyen de
1735. mettre l'astre sur un point, ou le fil sur une division du
N°.433. timbe.

M. Cassini a fait appliquer cette Machine à un de ses quarts-de-cercle.

RECUEIL

Machine pour mouvoir commodement un Quart de Cercle

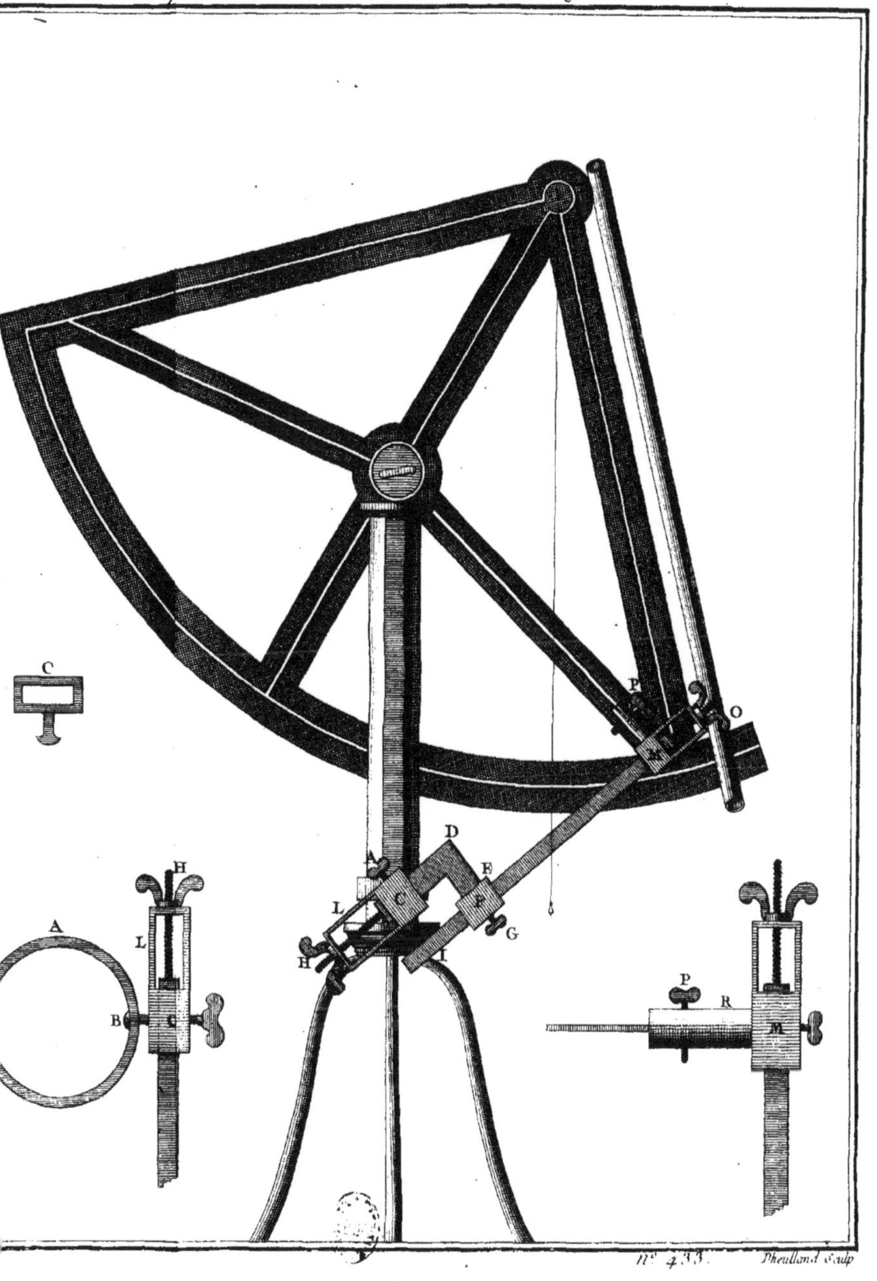

N.° 433.

Dheulland Sculp

RECUEIL DES MACHINES APPROUVÉES PAR L'ACADÉMIE ROYALE DES SCIENCES.

ANNÉE 1736.

1736.
N°. 434.

MACHINE
POUR TAILLER
LES VERRES OBJECTIFS DE LUNETTE,
INVENTÉE
PAR M. DE PARCIEUX,
DE L'ACADÉMIE DES SCIENCES.

CEtte machine eſt renfermée dans une cage AB d'environ trois pieds & demi de haut, & partagée à-peu-près dans le milieu de ſa hauteur par deux barres CD, poſées parallelement l'une ſur l'autre à deux pouces de diſtance; la barre ſupérieure D, de fer plat, entretient l'engrenage; & le ſupport inférieur C ſoutient les pivots. Cet engrenage eſt compoſé d'une grande roue dentée E, qui mene les deux lanternes F, G, dont les arbres élevés verticalement, & parallelement entr'eux, excédent le deſſus de la cage, & *ſont entretenus dans cette ſituation*, par *les deux barres de fer H, I*, parfaitement affermies ſur les deux traverſes, où elles ſont placées.

Sur l'arbre de la roue E, eſt fixé la roue de champ L, menée par la lanterne M, que l'on fait tourner au moyen de la manivelle N; le même arbre de la roue E, porte à ſon extrêmité ſupérieure une croix de fer, ſur laquelle on centre d'une maniere ſolide le baſſin O, ſur lequel on travaille les verres.

Les arbres des deux lanternes F, G, ſe terminent par deux petites manivelles d'environ trois pouces de rayon,

1736. N°. 434.

qui entrent dans des plaques ou paliers assujettis dans une double tenaille *S*, *T* : elle fait mouvoir la molette V ; cette molette est un cylindre creux, que l'on remplit de plomb, & au fond de laquelle on mastique le morceau de glace que l'on veut travailler, comme on le voit en X.

Si l'on fait tourner la manivelle N, le bassin O & la roue E tourneront aussi, puisqu'elles sont menées par la roue de champ L, ce qui ne peut arriver, sans que les lanternes F, G, ne soient pareillement entraînées par les révolutions de la roue E, dans laquelle elles engrenent, d'ou il resulte trois sortes de mouvement circulaire.

Le premier, sont les révolutions du bassin O ; le second, les tournoiemens de la molette ; & le troisiéme, sont les mouvemens particuliers de la molette V, qui proviennent des pulsions de l'anneau de la double tenaille ST, contre les différens points de la circonférence extérieure de la molette, qui peut se mouvoir librement, ayant trois ou quatre lignes ou environ de jeu dans le diametre de l'anneau.

Les extrêmités ZZ des manivelles ne sont pas également éloignées du centre de l'anneau : car le diametre du cercle que décrit la molette, doit être à-peu-près égal au rayon du disque du bassin, moins les deux tiers, ou les trois quarts ou rayon du disque du verre.

M. de *Parcieux*, à l'imitation de M. Hartsoeker, fait le fond du bassin O, d'une glace brute, de cinq à six lignes d'épaisseur, enchassée dans un cylindre de pierre propre à le recevoir.

Le verre que l'on veut travailler se mastique au fond extérieur de la molette V ; il faut que ce verre y soit appliqué quand tout le mastic est également chaux, & le laisser refroidir après avoir été appliqué ; au surplus on se sert, pour travailler les verres avec cette machine, des mêmes matieres qu'on a coutume d'employer dans ces sortes de manipulation.

La figure 2 est un profil sur toute la hauteur de la machine, où chaque partie est marquée des mêmes lettres que dans la premiere figure. 1736. N°.434.

La figure 3 est un plan de l'engrenage.

La figure 4 est le plan supérieur.

La figure 5 représente la double tenaille avec son anneau ; le cercle ponctué fait voir le jeu de la molette V.

Cette machine est celle qui étoit dans le cabinet de M. d'Ons en Bray, à Bercy, & dont il a fait présent à l'Académie.

RAPPORT DES COMMISSAIRES.

LE rapport de cette machine fut fait le 29 Août 1736 par MM. Cassini, de Mairan, & de la Chevaleraye, qui après en avoir donné la description, terminent leur rapport par cette conclusion.

Nous avons trouvé cette machine très-ingénieuse & fort utile pour travailler avec justesse des verres objectifs, sur-tout depuis les changemens que l'Auteur a trouvé à propos d'y faire, qui l'ont beaucoup perfectionnée. Nous avons éprouvé plusieurs objectifs de différens foyers qui ont été travaillés dans cette machine, dont plusieurs nous ont paru bons. On abrege par son moyen le travail des verres, puisqu'on *en peut faire plusieurs à la fois, & même trois ou quatre sur la même molette.*

Machine pour travailler les Verres objectifs des Lunettes.

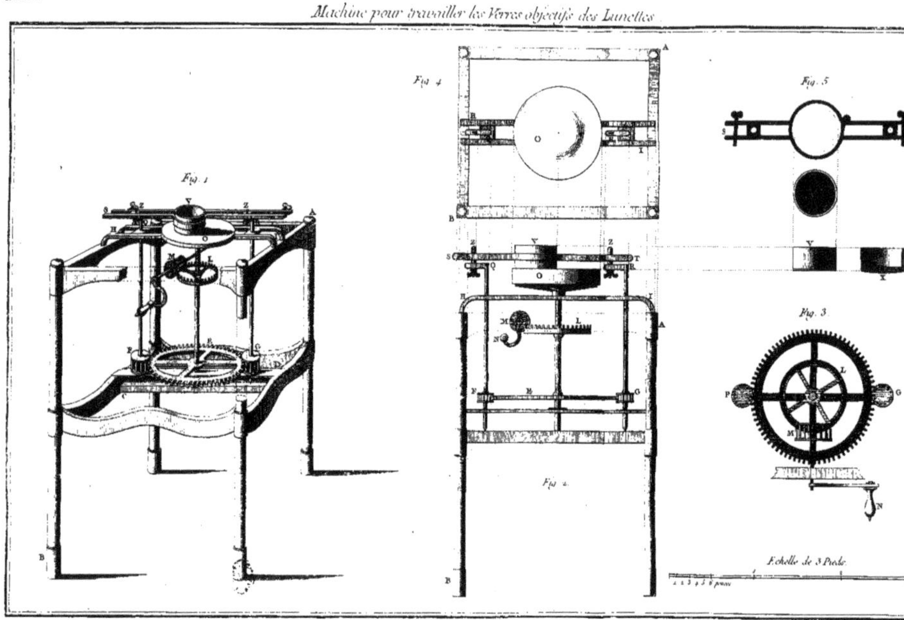

N° 434.

1736. N°. 435.

INSTRUMENS ASTRONOMIQUES DE M. DE GENSSANE.

LE premier de ces instrumens, dont l'Auteur ne m'a pas remis de dessein, est un Planisphere, composé de huit platines de carton, qu'on peut faire en cuivre, dont le prémier qui est le plus petit, représente le globe de la terre, qui tourne sur son axe en vingt-quatre heures; le second carton représente le mouvement de la lune, & porte une aiguille de cuivre comme un index, pour marquer le lieu de la lune dans le Zodiaque, & son passage par le méridien; le troisieme carton marque le mouvement du soleil; le quatrieme représente les mouvemens des nœuds de la lune & sa latitude, le cinquieme est une portion de spirale pour marquer l'âge de la lune: sur le sixeme carton sont marqués les mois & les jours. L'Auteur veut faire servir le septieme à marquer la différence des jours vrais & des moyens, par des divisions inégales, qui correspondent aux divisions du sixieme carton. Enfin sur le huitieme carton, qui est divisé en 360 degrés, sont tracées les principales étoiles fixes dont sont composés les signes & les constellations du Zodiaque. L'Auteur se propose de donner à toutes ces pieces le mouvement qui est propre à chacune par des rouages concentriques, qu'il a exécutés en bois, & que l'on peut faire en cuivre.

Le second instrument est un cadran vertical universel ABC; composé de trois cartons ou platines de cuivre, dont le premier EFG, est divisé en plusieurs cercles pa-

1736. N°. 435.

ralleles, sur lesquels sont tracées les heures qui conviennent à chaque parallele, de 3 en 3 degrés. Le second carton HIK, est divisé en deux quarts-de-cercle; la division des deux commence au même point I, & suit de part & d'autre vers K & vers H, jusqu'à 90 degrés; sur le même carton on voit une seconde division LM, NO, qui marque la déclinaison du soleil, & les jours de l'année. Au troisieme carton est attaché un index P, qui sert à mettre les deux instrumens dans la situation nécessaire pour faire usage de ce cadran, qui a beaucoup de rapport avec la Harpe de M. de la Hire.

Le troisieme instrument est une machine pour observer le passage des étoiles par le méridien; il est formé par une double équerre SCDB, d'environ un pied de grandeur, garnie de sa poignée E; cette équerre porte d'un côté deux miroirs à charniere FG, d'environ 3 pouces en quarré, tels qu'on les voit dans la seconde figure, mobiles au point H, avec des portions de cercle MN qui traversent l'équerre pour les incliner plus ou moins suivant le besoin.

Fig. I.

Le miroir G, figure 2, est percé au centre, & traversé par un pivot qui porte une aiguille mobile I, qui parcourt un cercle placé sur le miroir, & divisé en 365 parties, qui représentent les jours de l'année; la pointe de l'aiguille est garnie d'une platine ronde, percée à jour, dont on dira l'usage ci-après. Le miroir supérieur F est traversé par un réticule R, qui, prolongé, passe par le centre du miroir inférieur G.

Sur l'autre branche de l'équerre, opposée à la premiere, est un troisieme miroir A, mobile sur la charniere S, au-dessous duquel est pratiquée une petite ouverture K, où doit être appliqué l'œil de l'observateur.

USAGE.

Lorsque l'on veut observer le passage de quelque étoile O,

Machine pour observer le passage des Astres par le Méridien.

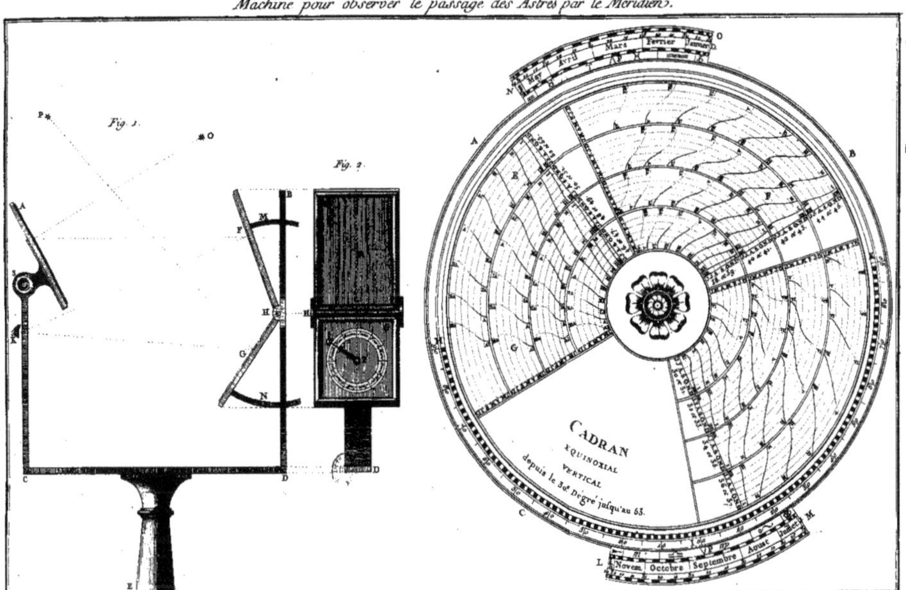

de la Gardette Sculp.

N° 435

O, par le méridien, on place l'aiguille du miroir G fur la divifion du cercle qui répond au jour de l'obfervation, afin que le centre du cercle fe trouve, à l'égard de cette pointe, dans la même pofition que le pole du monde fe trouve à l'égard de l'étoile polaire; après quoi on incline les miroirs AF, de façon que l'image de l'étoile O, tombant en A, & réfléchie en F, vienne par une feconde réflexion fe peindre dans l'œil placé en K: alors on fe tourne de façon qu'on apperçoive l'étoile polaire P fur le miroir G, vis-à-vis de l'ouverture de la platine qui eft à la pointe de *l'aiguille* I, & regardant en même temps fur le miroir F, on verra l'étoile O couper le réticule fi elle eft au méridien, & par conféquent toutes les étoiles qu'on verra paffer par ce réticule pafferont au méridien; car par la conftruction de la machine, l'image de l'étoile polaire P, tombant fur la platine de l'aiguille, le centre T du miroir repréfentera le pole du monde, & conféquemment l'étoile O ne fauroit être refléchie par le miroir A, qu'elle ne foit dans le même vertical, & par conféquent qu'elle ne paffe par le méridien.

L'Auteur prétend trouver par le même inftrument la diftance des étoiles au méridien & leur hauteur fur l'horizon; la théorie en eft ingénieufe, mais on ne fait pas quelle précifion on peut attendre de la pratique.

A l'égard du planifphere & du cadran, quoiqu'ils aient beaucoup de rapport à d'autres *qui ont été imaginées* jufqu'à préfent, comme l'Auteur ne s'eft pas tant propofé de donner quelque chofe de nouveau, que de réunir en un feul, l'idée de plufieurs, l'Académie a jugé que l'exécution de ces machines ne peut être que très-curieufe & très-propre à faciliter l'intelligence du ciel, & la pratique des opérations aftronomiques.

RECUEIL
DES MACHINES
APPROUVÉE
PAR L'ACADÉMIE ROYALE
DES SCIENCES

ANNÉE 1737.

1737. N°. 436.

CADRATURE
DE RÉPÉTITION,
INVENTÉE ET EXÉCUTÉE
DANS UNE MONTRE A TROIS PARTIES ;
PAR M. THIOUT L'AINÉ, HORLOGER.

CEtte Cadrature a été exécutée en pendule & dans la forme où elle est représentée dans ce dessein : l'Auteur l'a réduit au petit volume & dans la grosseur d'une montre ordinaire, qu'il a présentée à l'Académie.

Cette montre, qui est à trois parties, sonne d'elle-même les heures & les quarts, & à volonté les heures à chaque quart ; elle répete comme les autres montres de cette espece, elle a de plus la propriété que le ressort ne devide pas quand on la fait répéter.

Dans la construction de cette cadrature, l'Auteur a suivi le principe des cadratures simples & ordinaires des *montres à répétition ; & avec peu d'augmentation & de* changement, *il rend la sonnerie* à toutes sortes d'usage.

J'ai tiré la description & le dessein de cette cadrature du traité d'Horlogerie que le sieur Thiout a mis au jour en 1741, tom. II, pag. 227, planche 16.

Les effets les plus essentiels de cette cadrature sont ceux que produisent le rochet A (fig. 1.) ; mais avant de les expliquer, il faut dire que le rouage de la sonnerie est composé comme ceux de celles qui vont huit jours, c'est-à-dire, d'un barillet & de cinq roues. La tige de la seconde roue passe à la cadrature, ou elle est re-

1737. N°. 436. tenue par un pont élevé d'environ trois lignes ; le rochet A, qui eſt rivé ſur un pignon de vingt-ſept, eſt percé au centre : il ſe meut librement ſur la tige de la ſeconde roue ; ſon premier effet eſt d'être élevé par le levier BB, au moyen de la detente à fouet GG, lorſqu'elle échappe aux chevilles qui ſont ſur le chaperon H ; & comme elle eſt chaſſée par ſon reſſort, la cheville I, qu'elle porte, frappe contre le bras de la detente G, par conſéquent la pouſſe ſous la partie B : pour lors le rochet A en l'élevant ſe degage d'une cheville placée ſur la ſeconde roue de ſonnerie ; ce rochet tourne, & le rateau DD tombe ſur le limaçon des heures placé ſous l'étoile ; le rouage dans cet inſtant tourneroit toujours, ſi les palettes K ne renvoyoient la detente G, ce qui fait que les aîles du pignon du rochet A s'engagent & s'uniſſent à la cheville placée ſur la ſeconde roue ; pour lors le rochet obligé de tourner avec le rouage, fait frapper les marteaux ; ce qui eſt réglé à l'ordinaire par le chemin que fait le rateau D, ſur le limaçon des heures, ce qui eſt encore réglé par le changement que fait la main L, lorſque ſon guide tombe dans les différens degrés de ce limaçon des quarts F, ce qui fait que la cheville placée ſur le bout du bras tenant au rateau D, prend alternativement les différens doigts de la main pour ramener le bras *n* contre les palettes K ; pour arrêter la ſonnerie, le bras *mm* retient le rateau au moyen d'une cheville, ſans cela les heures ſonneroient toujours après les quarts.

Pour diſpoſer la machine à ſonner l'heure d'elle-même ; le cercle H porte la dent Z, qui fait écarter le grand levier *mm* ; ce levier donne la liberté au rateau de tomber ſur ſon limaçon ; la piece *p* fait répéter les heures à chaque quart, en écartant du cercle H le levier *mm*.

Quand on tire la répétition par le cordon qui paroît

à la platine de derriere, (fig. 2.) un des bras du renvoi *q*, fait encore écarter le grand levier *m*, (fig. 1.) l'autre bras fait enfoncer le plan incliné C, sous le levier B, qui degage la sonnerie, elle rapporte l'heure & les quarts. *r* est la piece de silence : la faisant mouvoir à droite, elle retient la detente à fouet qui pour lors ne touche plus à la sonnerie. S est un ressort qui oblige le levier BB de faire joindre le pignon du rochet A, contre la seconde roue : sur ce rochet est pratiqué une gorge dans laquelle prend un crochet qui tient au levier BB.

1737. N°. 436.

L'arbre qui porte le renvoi *q*, passe à la platine de derriere (fig. 2.); il porte quarrément le levier B, le cordon du tirage tient à une de ses extrêmités D : sur son autre extrêmité est placé le grand crochet BB, pour y être mobile, & retenu par un ressort. On voit par cette disposition que quand on tire le cordon, on oblige de faire tourner le crochet E, qui est en arbre quarrément sur l'arbre du barillet garni de son encliquetage. La virole du barrillet est fixée à la cage, de sorte que toutes les fois que l'on tire le cordon, on remonte le ressort de deux dents du rochet, qui est quatre ou cinq fois plus qu'il ne faut pour faire sonner 12 heures trois quarts. Les personnes qui n'ont point vu l'exécution de cette cadrature, (c'est le sieur Thiout qui parle,) pourront douter de la douceur du tirage, l'expérience fait voir qu'il n'est pas plus dur à tirer que celui d'une répétition ordinaire.

F est une roue pour fixer les tours du ressort, la cheville *n* qu'elle porte, est pour faire désengrener le crochet B, quand la pendule est montée : S est un ressort qui tient toujours en état la roue F; *r* est le coq qui assujettit la verge de l'échappement.

La fig. 3, est le calibre de cette pendule qui va douze jours sans remonter, voici le détail du rouage.

1737.
N°. 436.

Mouvement.		Sonnerie.	
Roue.	Pignon.	Roue.	Pignon.
72.		84.	
60.	12.	60.	14.
54.	10.	54.	8.
48.	6.	48.	6.
42.	6.	42.	6.
13.	6.	36.	6.
			6.

Vibrations 13104.

Pendule deux pouces neuf lignes & demie.

Voici la description de la Pendule d'équation par le même M. Thiout, & dont le certificat fait mention ; je l'ai pareillement tirée du traité d'Horlogerie, tom. II, pag. 280, planche 28, fig. 3.

Cette Pendule est sans courbe d'équation, elle marque le temps vrai en conduisant seulement l'aiguille sur l'équation marquée sur le demi-cercle.

Sur la tige K de la roue qui fait son tour par heure, on place quarrément un contre-ressort A, à quatre croisées pour donner une douceur ferme au canon Z, qui porte l'aiguille des minutes du temps moyen ; ce contre-ressort appuie contre le cercle B, qui est soudé à ce canon par un de ses bouts, à son autre extrêmité est fixé quarrément le demi-cercle C, & sur ce demi-cercle est attachée l'aiguille D des minutes du temps moyen. Sur ce premier canon Z, est placé le second Y qui porte la roue E, pour la conduite ordinaire de la roue de cadran ; cette roue porte deux chevilles qui servent à lever les détentes. L'extrêmité de ce canon porte quarrément l'aiguille S, qui marque les minutes du temps vrai ; entre le demi-cercle B & la roue E est placé un ressort, pour l'affermir, de sorte que quand on tourne l'aiguille des minutes du temps moyen, celle du temps vrai suit ; & quand on tourne l'aiguille des minutes du temps vrai, celle le du temps moyen reste fixe. Le demi-cercle C est divisé par les mêmes rayons du cercle des minutes; l'index placé sur l'aiguille du temps vrai, marque ces divisions. 1737. N°. 436.

Pour se servir de cette Pendule, le sieur Thiout a tiré du livre de la Connoissance des Temps une table de deux en deux jours en minutes seulement; cette table inséparable de cette construction devient également nécessaire ici: en voici l'usage.

Sans s'embarrasser si le soleil retarde ou avance, on dit, par exemple, le *31* Août l'équation est de 16 minutes; l'on met les 2 aiguilles l'une sur l'autre, & l'on met la pendule sur le méridien: à la fin de Septembre, l'on trouve que l'équation est de 6 minutes, l'on conduit l'aiguille des minutes du temps vrai sur le chiffre 6 du demi-cercle, ensuite comparant la pendule avec le méridien, si elle ne s'y accorde pas, on dit que c'est le temps moyen qui avance ou retarde, ce qui sert de regle sûre pour corriger le mouvement.

Comme on pouvoit faire méconter la sonnerie en retrogradant les aiguilles, l'Auteur a placé sur le détaillon une portion de rochet N, avec un cliquet O, qui fait qu'à mesure que le détaillon *p* leve, elle est retenue par ce cliquet qui porte un bras un peu plus long que le détaillon, de sorte que si elle étoit près de tomber dans le temps que l'on retrograde l'aiguille, elle resteroit levée jusqu'à ce que la cheville revienne plus avant pour faire décrocher le cliquet; pour lors la détente tombe: on connoît par ce moyen que la sonnerie ne méconte pas.

Pour pouvoir retrograder beaucoup l'aiguille, l'on place deux chevilles sur une surprise W, qui est placée sur la roue de minute E, comme des répétitions en pendule.

On avoit déja construit plusieurs pendules à équation par le moyen d'un cercle; mais le sieur Thiout a remédié à plusieurs inconvéniens qui se trouvoient dans ces sortes de machine, & qu'il a évité dans celle-ci.

Les inconvéniens qu'on pourroit craindre dans cette

1737.
N°. 436.

nouvelle pendule, ſont, ſi l'aiguille du temps moyen étoit trop libre, on pourroit, en tournant celle du temps vrai, la deranger ; mais il eſt facile de la tenir aſſez fermée avec le contre-reſſort A pour que cela n'arrive pas, & même on peut donner une force moyenne à l'aiguille des minutes du temps vrai par le reſſort *r*, pour qu'elle ne reſte point en arriere quand elle leve la détente.

TABLE

Du nombre de minutes de deux jours en deux jours de chaque mois que doit marquer l'aiguille des minutes du temps vrai, ſur le petit cadran, pour régler la pendule ſuivant l'équation.

jours du mois.	Janv. min.	Février min.	Mars. min.	Avril. min.	Mai. min.	Juin. min.	Juillet min.	Août. min.	Sept. min.	Octob. min.	Nov. min.	Déc. min.
1	20	30	29	20	13	13	19	22	16	6	0	6
3	21	31	29	20	13	14	20	22	15	5	0	6
5	22	31	28	19	13	14	20	22	15	5	0	7
7	23	31	28	18	12	14	20	22	14	4	0	8
9	24	31	27	18	12	15	21	21	13	4	0	9
11	25	31	27	17	12	15	21	21	13	3	0	10
13	25	31	26	17	12	16	21	21	12	3	1	11
15	26	31	25	16	12	16	22	20	11	2	1	12
17	27	31	25	16	12	16	22	20	11	2	1	13
19	28	31	24	15	12	17	22	20	10	1	2	14
21	28	30	24	15	12	17	22	19	9	1	2	15
23	29	30	23	14	12	18	22	19	9	1	3	16
25	29	30	22	14	13	18	22	18	8	0	4	17
27	30	29	22	14	13	19	22	17	7	0	4	18
29	30	29	21	13	13	19	22	17	7	0	5	19
31	30		21		13		22	16		0		20

RAPPORT DES COMMISSAIRES.

1737. N°. 436.

LE Mardi 30 Juillet 1737, Messieurs de Mairan & du Fay ont parlé ainsi sur des nouveautés d'Horlogerie, proposées par M. Thiout.

Nous avons examiné, par ordre de l'Académie, deux Montres & une Pendule présentées par le sieur Thiout l'aîné. La premiere Montre est de grosseur ordinaire, elle sonne d'elle-même les heures & les quarts, &, lorsqu'on le veut, les heures à chaque quart : elle répéte pareillement les heures & les quarts en poussant le bouton; elle est de plus à tout, ou rien, & porte une piece de silence, qui fait qu'elle ne sonne les heures & les quarts que lorsqu'au moyen d'un bouton on a disposé cette piece pour sonner. Malgré tous les usages de cette montre, le rouage & la cadrature sont de peu plus composés que ceux des montres ordinaires à répétition; il nous a donné dans un dessein à part la figure de cinq pieces qui se trouvent dans sa montre de plus que dans les autres, elles sont très-simples & d'une exécution facile. Le principal art de cette montre consiste en ce qu'en faisant répéter on remonte le ressort de la sonnerie, s'il a besoin de l'être, ce qui fait qu'elle ne peut pas être épuisée comme il arrivoit à d'autres montres de cette espece, lorsqu'on les avoit fait sonner aux heures chargées d'un grand nombre de coups, & de plus en ce qu'il y a des plans inclinés dans la cadrature, dont l'un sert à soulever le rochet, lorsqu'on fait sonner la répétition & la faire glisser en montant le long de son axe, afin que les chevilles qu'il porte ne nuisent point au mouvement du rouage : l'autre fait un effet à-peu-près semblable; mais il n'est pas possible de le rendre intelligible par une simple description, & nous sommes obligés de renvoyer à son mémoire & aux desseins qui l'accompagnent. Cette montre nous a paru d'une construction nouvelle à plusieurs égards, & la disposition des pieces très-ingénieuse.

1737. N°. 436.

La seconde montre n'est que celle qui a été proposée par M. Bernoully dans la piece qui a remporté le Prix de l'année 1736; elle a au balancier deux ressorts dont les spires vont en sens contraires; le sieur Thiout avoue, qu'il ne tient cette construction que de l'ouvrage de M. Bernoully, dont nous venons de parler, & il demande seulement un témoignage de ce qu'il est le premier qui l'a exécutée & présentée à l'Académie, ce que nous ne croyons pas pouvoir lui refuser.

La Pendule est à équation par le moyen d'un cercle mobile comme il y en a déja eu plusieurs de faites; mais l'Auteur a remédié à plusieurs inconvéniens qui se trouvent dans ces sortes de pendules, & qu'il a évité dans celle-ci. 1°. Le cadran est plus simple. 2°. *Elle sonne les heures* au temps vrai, ce *qui, à la vérité*, a *déja été exécuté tant par lui-même* que par d'autres ouvriers par un mouvement particulier & intérieur, mais qui n'avoit pas encore été appliqué aux pendules à cercles telle que celle-ci peut être considérée. 3°. L'aiguille des heures suit exactement le temps vrai, ce qui n'arrive pas dans les pendules à cercle. 4°. Enfin la maniere de la placer à l'équation du jour est plus *simple que celle des pendules à cercle* d'équation faites à l'ordinaire. Pour mettre cette pendule à l'équation, il ne faut que placer un index qui tient à l'aiguille des minutes du temps vrai sur la division d'un demi-cercle gradué que l'Auteur appelle rapporteur, qui répond au jour du mois, ainsi que cela est indiqué par une table d'équation qu'il a dressée à cet effet; cette seule opération suffit pour disposer la roue qui porte les chevilles servant à la détente de la sonnerie, de maniere qu'elle suive le temps vrai, ensorte qu'on peut dire que cette

pendule n'eſt pas plus compoſée que celles à cercle d'é-
quation, c'eſt-à-dire, qu'une pendule ſonnante ordinaire: 1737.
il a remédié à quelques inconvéniens qu'on auroit ſoup- N°. 436.
çonné pouvoir réſulter du frottement de deux canons qui ſe meuvent l'un dans l'autre, ainſi qu'on le peut voir dans ſon Mémoire. Ces différens ouvrages donnent de nouvelles preuves de l'intelligence du ſieur Thiout, & de ſon application à tout ce qui peut contribuer à la perfection de ſon art.

Quadrature de Repetition

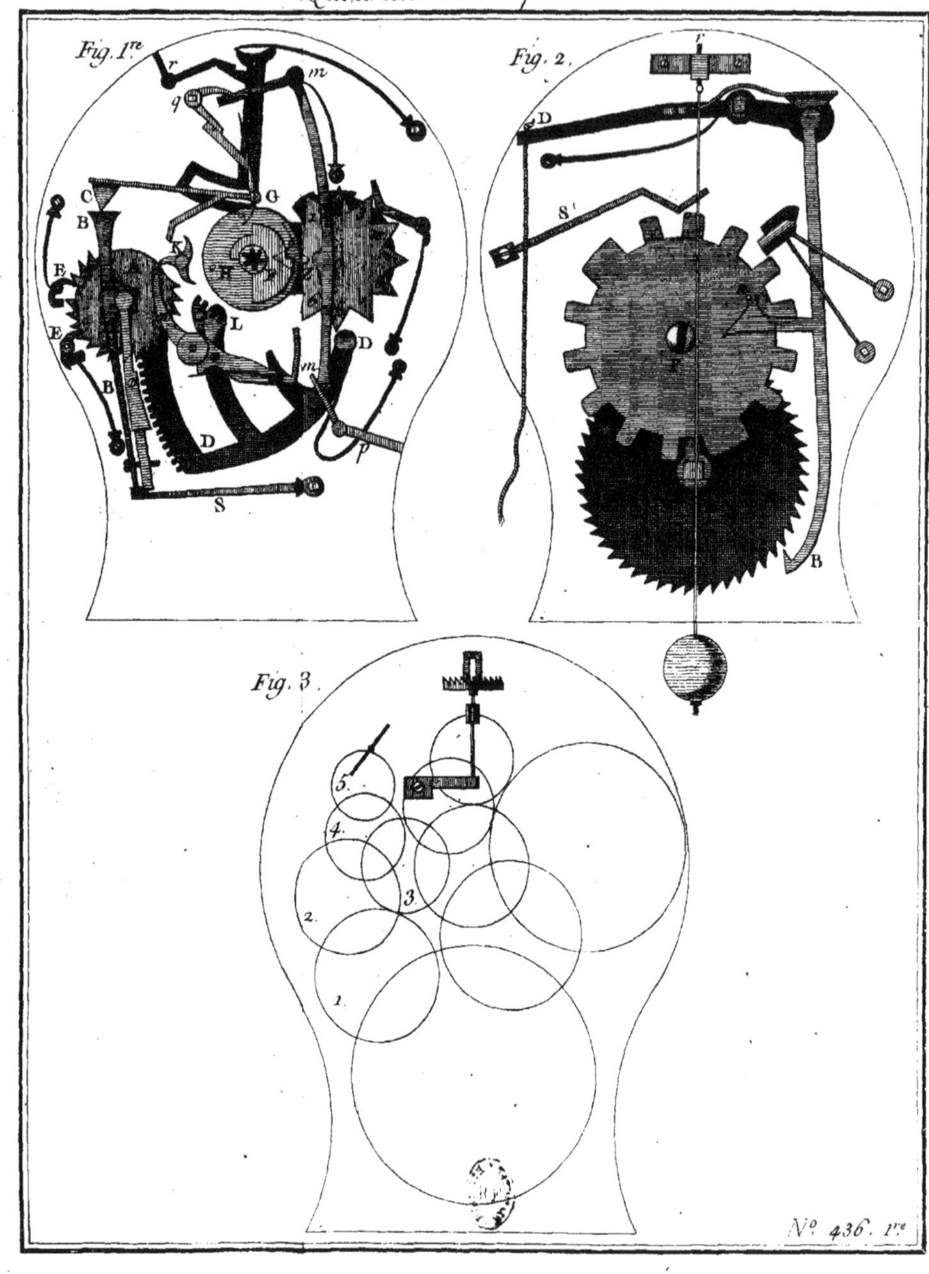

N° 436. 1re

Pendule d'Equation.

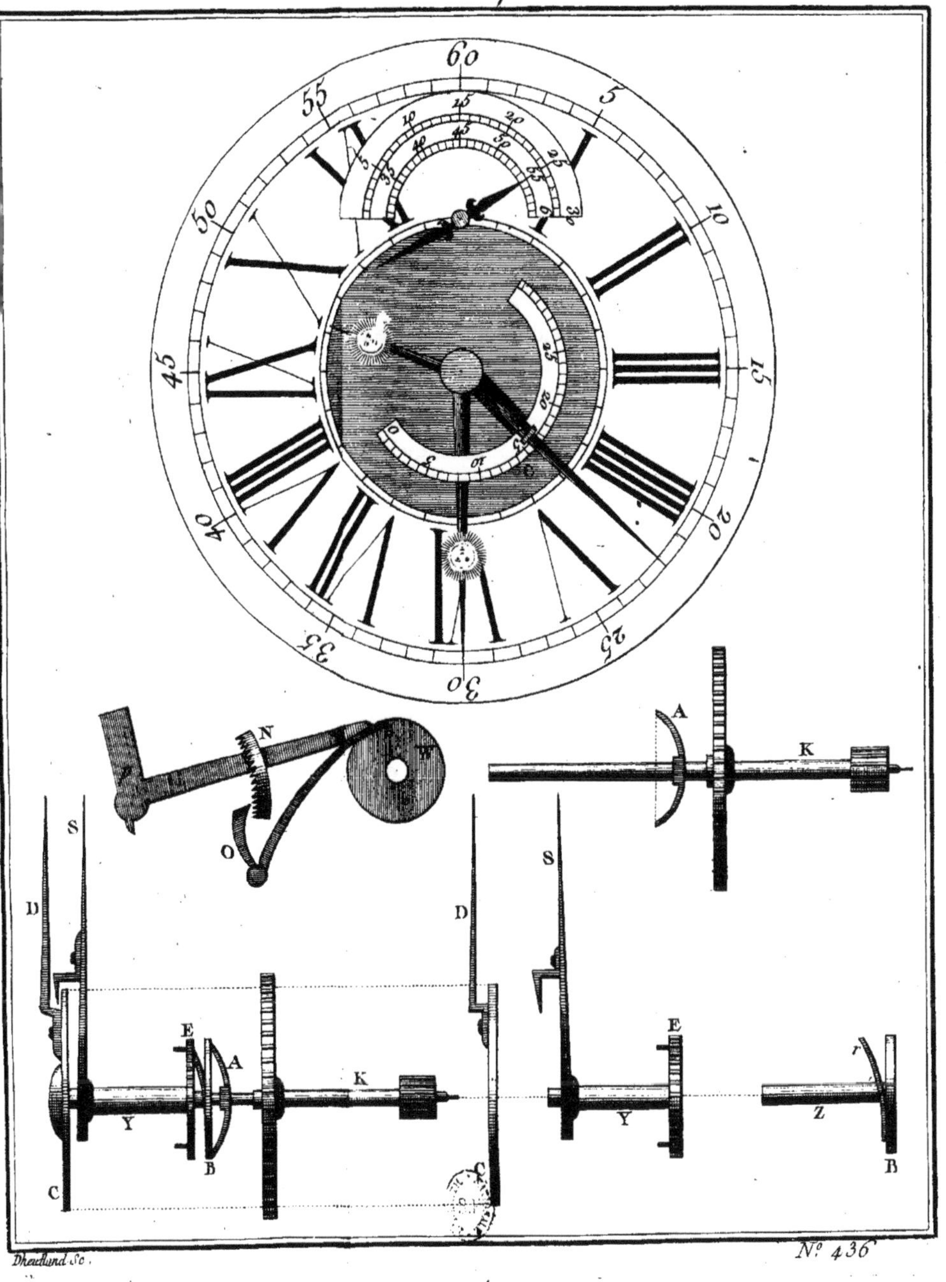

Dheulland Sc.

1737. Nº.437.

NIVEAU
INVENTÉ
PAR M. L'ABBÉ SOUMILLE.

ABCD, (*fig.* 1 & 2.) *eſt* une boîte de cuivre en forme de cage de pendule, fermée de toute part, les deux grandes platines diſtancées à quinze ou dix-huit lignes. Cette cage repréſentée dans cette planche de grandeur naturelle, a quatre pouces quarrés ; elle peut n'en avoir que trois, & elle peut auſſi en avoir ſix, c'eſt ſelon l'uſage auquel on deſtine le niveau. La platine de devant eſt percée d'une ouverture E F, fig. 1, à laquelle on applique un verre, au travers duquel on apperçoit la portion de cercle GHI, diviſée en parties égales ; elle eſt jointe à la platine de devant, dont elle n'eſt écartée que de trois ou quatre lignes ; le milieu de cet arc peut être fait en maniere de coq, comme on le voit dans le profil LH, & aſſujetti par des vis. La grande platine de derriere tient à la boîte, par les charnieres M, M, & peut par conſéquent s'ouvrir & ſe fermer.

Les parties qui *compoſent ce niveau enfermé dans cette* cage, conſiſte (*fig.* 2.) en une aiguille KNO, mobile au point N; l'extrêmité K eſt très-déliée pour marquer ſur les diviſions de la portion du cercle GHI; l'extrêmité O porte une lentille de métal qui fait équilibre avec tout le reſte de l'index, afin que celui-ci étant incliné à droite ou à gauche, n'acquiere pas une nouvelle peſanteur par ſa ſituation, & ſuive exactement l'impulſion que lui communique le poids P, auquel il eſt joint par la petite lame PQ. Cette aiguille ou index eſt montée

ſur un arbre NR, dont les pivots ſont très-fins ; elle ſert
1737. à marquer les pentes de part & d'autre ſur les diviſions
N°. 437. 1, 2, 3 & 4.

Le poids P eſt ſuſpendu par une verge qui tient à l'arbre *ST*, dont les pivots ſont, de même que ceux de l'index, tous déliés. Ce poids eſt de peſanteur indéterminée, & doit ſe régler ſur le volume du niveau, & ſur la juſteſſe de l'index; ſi cet index eſt fait par un habile artiſte, qu'il ſoit bien léger & les pivots bien déliés, le poids n'aura pas beſoin d'être ſi fort, & au contraire il le faudra fort ſi l'index eſt long ou peſant: en général le poids fort eſt préférable, parce que, dans ce cas, ſa peſanteur réduit les frottemens à très-peu de choſe.

PQ, petite lame de communication entre le poids & l'index.

VV ſont deux bornes ou chevilles, plantées dans la partie inférieure, pour arrêter les balancemens du poids, qui devenant trop grand, feroient briſer l'index contre *les cloiſons latérales AD, BC.*

XY eſt un reſſort arrêté deſſous la cloiſon inférieure, qui porte en X une pointe, laquelle traverſe la cloiſon, & entre dans un trou, qui eſt au centre du poids P, & le fixe entierement. Quand il eſt queſtion de tranſporter le niveau, & lorſque l'on veut opérer, on retire cette pointe en dehors, que l'on range un peu de côté, & ne paſſant plus dans l'*intérieur* laiſſe le poids dans une parfaite liberté.

On obſervera, que l'on approche la bande courbe GHI, près de l'ouverture EF, afin que les diviſions, de même que la pointe de l'index, s'apperçoivent plus aiſément, ce qui ne feroit pas ſi l'un & l'autre ſe trouvoient dans le fonds de la boîte.

Uſage & propriété de ce Niveau.

Ce Niveau qui peut ſe porter dans la poche, & qui n'eſt

n'est foncierement qu'un niveau de maçon ou un *à-plomb*; étant placé, on redresse toute la cage suivant le mouvement indiqué par l'index; & la regle, ou la partie sur laquelle on place cet instrument, n'est de niveau que quand l'index est au point *zero* qui est le milieu de l'arc. 1737. N°. 437.

Les principaux avantages de cette machine sont: 1°. le vent ne fait rien au pendule ni à l'index, étant l'un & l'autre bien fermé. 2°. L'un & l'autre s'arrêtent bientôt, & ne font pas à beaucoup près autant languir l'observateur comme un *fil-à-plomb* d'une longueur équivalente. 3°. Il renferme dans un petit volume, la même précision qu'un niveau beaucoup plus grand : car tel qu'il est représenté dans cette figure, l'index marquera les espaces aussi grands qu'un à-plomb de quatre pieds de hauteur, & si la cheville Q étoit plus rapprochée du centre, la proportion augmenteroit encore tellement qu'avec un niveau de dix à douze pieds de hauteur. 4°. Les divisions sont faites de façon, qu'on connoît tout-à-coup la pente par ligne & quart de ligne sur une toise de longueur : ainsi posant le niveau sur une table, si l'index va sur le chiffre 1, c'est marque que la table penche d'une ligne par toise, ce qui peut servir utilement dans la construction des aqueducs où l'on ne veut donner qu'une pente déterminée. 5°. Ce niveau étant appliqué à une lunette montée sur un genoux *à l'ordinaire comme le représente la figure 3, ou sur une plateforme à une ou deux lunettes*, peut également servir au nivellement visuel, ramenant toujours l'index sur *zero*, & assujettissant ce niveau par la vis appliquée au genouil.

M. l'Abbé de Soumille avoit d'abord présenté un niveau composé d'un engrenage; mais les défauts que l'on y a trouvés, & dont il est convenu lui-même, lui a fait imaginer celui que l'on vient de décrire, préférable à tous égards aux premiers, ainsi qu'on le verra ci-après par le rapport des Commissaires nommés par l'Académie.

1737.
N°. 437.

RAPPORT DES COMMISSAIRES.

LE Mercredi 4 Décembre 1737, Messieurs d'Ons-en-Bray & Pitot ont parlé ainsi sur un Niveau de M. l'Abbé de Soumille.

Nous avons examiné, par ordre de l'Académie, un Niveau présenté par M. l'Abbé de Soumille. Ce Niveau est composé d'un pendule dont la verge prend une fourchette qui tient à l'axe d'une grande roue, de sorte que cette grande roue fait des vibrations avec le pendule; cette roue méne un pignon dont l'arbre porte une seconde roue; la seconde roue méne un second pignon dont l'arbre porte une aiguille qui tourne sur un petit cadran divisé en 60 parties.

L'arbre de la premiere ou grande roue porte une grande aiguille qui marque sur un demi-cercle, divisé en degrés, *la grandeur des vibrations du pendule.*

Suivant le nombre des dents des roues & des ailes des pignons, un tour de la grande roue feroit faire 15 tours à la petite aiguille; ainsi une petite vibration d'un degré fait faire un quart de tour à cette petite aiguille, ce qui doit rendre les moindres changemens du plomb très-sensibles: donc à cet égard on doit connoître par *la* petite aiguille *les* moindres changemens du pendule, & par *conséquent du niveau; mais* d'un autre côté, le jeu inévitable dans l'engrenage des roues & des pignons cause un mouvement à l'aiguille qui ne répond pas parfaitement aux moindres changemens du pendule: car il arrive que la petite aiguille marque différens points du cadran, quoique le plomb ou le niveau ne change pas; & au contraire le niveau peut bien changer un peu, & l'aiguille marquer le même point, d'où nous pouvons conclure que ce qu'on gagne d'un côté on le perd de l'autre, & que par conséquent ce niveau n'a nul avantage sur les niveaux ordinaires. M. l'Abbé de Soumille ayant été convaincu de ces difficultés & des défauts d'un niveau auquel il avoit d'abord attribué une précision infinie, en a imaginé & fait exécuter un second, à-peu-près sur le même principe que le premier, mais sans aucun engrenage de roues & de pignons. Le plomb ou la lentille du pendule porte un petit index qui marque sur un petit arc les degrés d'inclinaison du pendule ou du niveau. Ce même plomb porte encore une petite cheville qui passe dans une rainure faite à une aiguille qui va de bas en haut, desorte que cette rainure étant fort près du centre du mouvement de l'aiguille, des petits arcs ou changemens du pendule ou du niveau, font décrire de très-grands arcs à l'extrêmité ou bout supérieur de l'aiguille, ce qui rend les moindres changemens des niveaux très-sensibles. Si, par exemple, le pendule ou le niveau avoit deux pieds de hauteur, & que la petite cheville prenne l'aiguille à la vingtiéme partie de sa longueur ou hauteur, les changemens de niveaux ou du plomb seroient aussi sensibles que si le pendule avoit quarante pieds de hauteur, supposé qu'il n'y eût aucunes inégalités ni frottemens de la cheville contre les bords de la rainure. Ce second niveau vaut beaucoup mieux que le premier, & nous croyons qu'on peut s'en servir utilement pour des opérations *sur le terrein, sur-tout pour connoître les minutes d'inclinaison des niveaux de pente.*

1737.
N°. 437.

Niveau

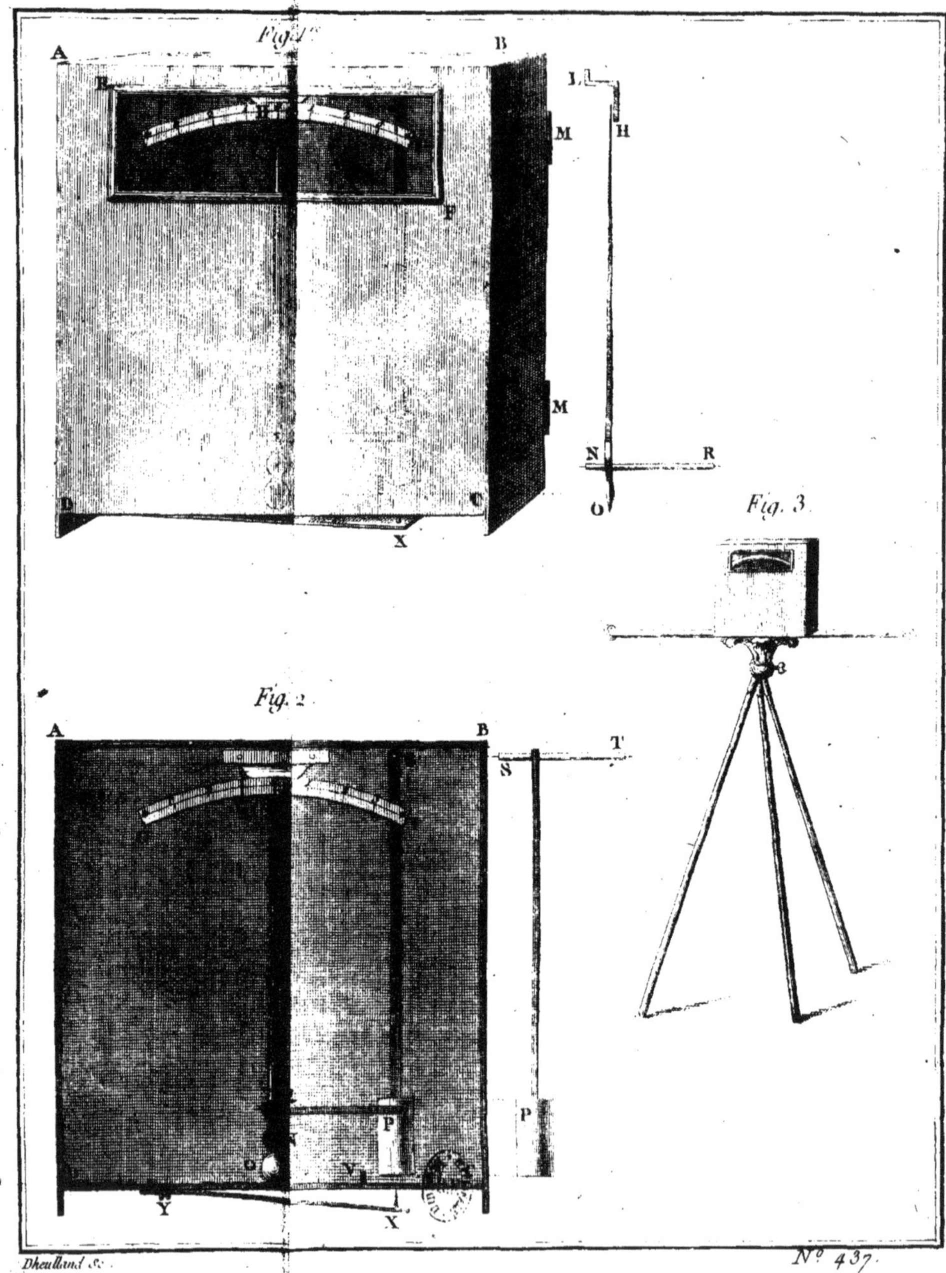

Dheulland Sc.

N° 437.

RECUEIL
DES MACHINES
APPROUVÉES
PAR L'ACADÉMIE ROYALE
DES SCIENCES.

ANNÉE 1740.

1740. N°. 438.

PENDULE
INVENTÉE
PAR M. GALLONDE, M^e. HORLOGER.

CEtte *Pendule n'a aucune* roue dans la cadrature; les aiguilles sont menées sur trois cadrans séparés, A, B, C, (fig. 1.) par la roue de fusée DE, (fig. 2.) au centre de laquelle est assujettie l'aiguille F des heures; cette roue qui est de 120, fait son tour en douze heures; elle est formée d'un cercle sans croisée, & dentée en dedans, fermement attachée sur un second cercle IK, (fig. 3.) qui lui est parallele à deux ou trois lignes de distance. La portion dentée DE de cette double roue prend le pignon L en dessus; ce pignon qui est de dix ailes, tient à la tige de la roue de minute M, au centre de laquelle, & sur la même tige, est assujettie l'aiguille des minutes. Il suit de cet engrenage que la roue des minutes E, & la roue des heures DE, tournent du même sens, la roue M engrene dans le pignon de la roue de champ N, *qui mene à l'ordinaire le rochet O, au centre duquel est l'aiguille des secondes.* L'échappement que l'auteur avoit appliqué à cette Pendule lorsqu'il la présenta à l'Académie, étoit composé de deux palettes d'acier, attachées à une espece d'ancre, contre lesquelles frappent alternativement les dents du rochet.

Le sieur Gallonde a perfectionné cet échappement deux ans après : on le trouvera dans les Machines de l'année 1742, qui est l'époque de l'approbation.

Toutes les roues de cette Pendule sont portées par des rouleaux, comme on le voit par la figure P; leur usage eſt de diminuer les frottemens, au point que cette Pendule peut aller huit jours à quatre pieds & demi de hauteur, avec un poids de moins d'une livre; & pour empêcher que les roues qui portent les aiguilles ne puiſſent reculer, elles ſont aſſujetties par des rouleaux placés au deſſus: les axes de ces rouleaux ſont retenus à leurs extrêmités par des petites pieces d'acier contre leſquelles portent les pivots, & ſous leſquelles ſont des réſervoirs d'huile.

1740.
N°.438.

On a auſſi ſubſtitué des fuſeaux mobiles ſur leurs axes, à la place des ailes qui forment les pignons. Le remontoir R n'eſt autre choſe que le mouſle ſimple de M. Huguens: juſqu'ici il n'y a rien qui n'ait déja été appliqué à d'autres machines, excepté la roue dentée intérieurement. L'application des rouleaux aux machines pour diminuer les frottemens n'eſt point nouvelle. Dans le Tome IV, page 119, Planche 254 de cette collection, *l'on trouvera la machine pour élever des fardeaux*, *préſentée* par M. de Mondran, dont les axes des roues ſont pareillement portés par des rouleaux; il rend auſſi mobiles les fuſeaux qui compoſent la lanterne; cette machine approuvée en 1725, ne fut pas eſtimée nouvelle; je rapporte même dans ſa deſcription que dans les Mémoires de la Société Royale de Berlin, publiés en 1710, pag. 294 & ſuiv. il eſt fait mention d'une application de rouleau: depuis, le ſieur Jully les a employés dans un échappement de montre, voyez le même Recueil des Machines, Tome III, page 95. Le même Horloger les a encore mis en uſage dans ſon Régulateur que l'on trouve dans le traité d'Horlogerie publié par M. Thiout, page 104, Planche 42, fig. 21. Ledit ſieur Thiout s'en eſt auſſi ſervi dans un Remontoir de ſon invention décrit dans le même traité d'Horlogerie, Tome II, Planche 9, page 210: au ſurplus le caractere de nouveauté ne fait rien à l'emploi utile que le ſieur Gallonde

londe en fait dans sa Pendule, dont la construction consiste principalement dans la roue dentée DE, qui en faisant tourner la roue de minute M du même sens, supprime toute la cadrature, ordinairement composée de la roue de cadran, des deux roues de minutes, le pignon qui en dépend, & autres pieces, sans pour cela que le rouage du mouvement soit augmenté: voilà le premier avantage.

1740. N°. 438.

Le second est que toutes les roues étant portées par l'extrêmité de *leurs axes sur* des rouleaux, la Pendule est menée par un poids moindre qu'une livre. Pour sentir de combien les frottemens sont diminués, il n'y a qu'à faire attention que chaque roue est portée par quatre rouleaux, dont le diametre est trente fois plus grand que le pivot de la roue qui le mene; il s'ensuit de-là que le rouleau n'a fait qu'un trentième de tour, & n'a souffert par conséquent qu'une trentième partie du frottement du pivot de la roue.

Le troisième est que toutes les pointes des pivots des roues & des rouleaux sont reçues perpendiculairement par un plan d'acier trempé & bien poli, pour éviter le frottement des tiges contre les platines, & contre les coups.

Le quatrième est que l'engrenage de la premiere roue est beaucoup meilleur que l'engrenage ordinaire, parce que cette roue étant dentée dans sa circonférence intérieure, ces dents sont plus paralleles avec les aîles du pignon: la preuve en est évidente, en ce que le pignon en devient plus gros, & par conséquent l'on gagne en force.

Le grand nombre de rouleaux nécessaires à la perfection de cette Pendule semble la compliquer: comme ces mêmes rouleaux sont absolument étrangers à la machine, on pourroit s'en passer, sans pour cela que la Pendule cessât d'être simplifiée; elle sera toujours plus libre dans ses mouvemens, & de moindre dépense que les

1740. No. 438.

Pendules ordinaires de ce genre ; dans ce cas, c'eſt-à-dire, en ſupprimant les rouleaux, il faudroit augmenter le poids ; il ne ſçauroit l'être autant que le moteur des autres Pendules auxquelles il faut au moins vingt livres peſant pour les faire marcher, eu égard au diametre des roues, dont la principale de celle-ci n'a pas ſix pouces de diametre.

La forme du cadran de la Pendule du ſieur Gallonde pourroit peut-être donner lieu à quelques objections, fondées ſur l'uſage où l'on eſt d'employer dans le nombre général des Pendules, des cadrans de figures ſemblables ou à très-peu près, ce qui ne peut tomber que ſur le peu d'habitude où l'on eſt d'en voir de cette figure, ſans que cela puiſſe rien diminuer du mérite de la Machine.

RAPPORT DES COMMISSAIRES.

LE Mardi 6 Septembre 1740, Meſſieurs Camus & de Fouchy ont parlé ainſi ſur une Pendule de M. Gallonde.

Nous avons examiné, par ordre de l'Académie, une Pendule préſentée par M. Gallonde. Cette Pendule n'a aucune roue dans la cadrature, les aiguilles ſont menées ſur trois cadrans ſéparés par la roue de fuſée, la premiere roue & le rochet : & comme l'aiguille des heures portée par la roue de fuſée & celle des minutes qui l'eſt par la premiere roue doivent aller du même ſens, la roue de fuſée eſt dentelée dans ſa circonférence intérieure, au lieu de l'être par l'extérieure, & prend le pignon de la premiere roue par le deſſus, ce qui fait aller les deux aiguilles en même ſens ; toutes les roues ſont portées ſur des rouleaux, ce qui en diminue le frottement, & même juſqu'au point que cette Pendule peut aller huit jours à quatre pieds & demi avec un poids de moins d'une livre, & pour empêcher que les roues qui portent les aiguilles ne puissent reculer, elles sont assujetties par des rouleaux placés au dessus. Les axes de ces rouleaux sont retenus à leurs extrêmités par de petites pieces d'acier contre lesquelles portent les pivots, & sous lesquelles sont des réservoirs d'huile. L'échappement est composé de deux palettes d'acier attachées à une espece d'ancre, contre lesquelles heurtent alternativement les dents du rochet; la verge du Pendule est immédiatement suspendue à *celle du balancier*, & *y est fixée* dans la situation convenable, au moyen d'une vis attachée à un petit arc, fixé à la même verge du balancier.

1740. N°. 438.

Tout cet ouvrage nous a paru exécuté avec une grande précision, & marquer dans l'Auteur beaucoup d'exécution, de génie & de connoissance des principes de l'Horlogerie.

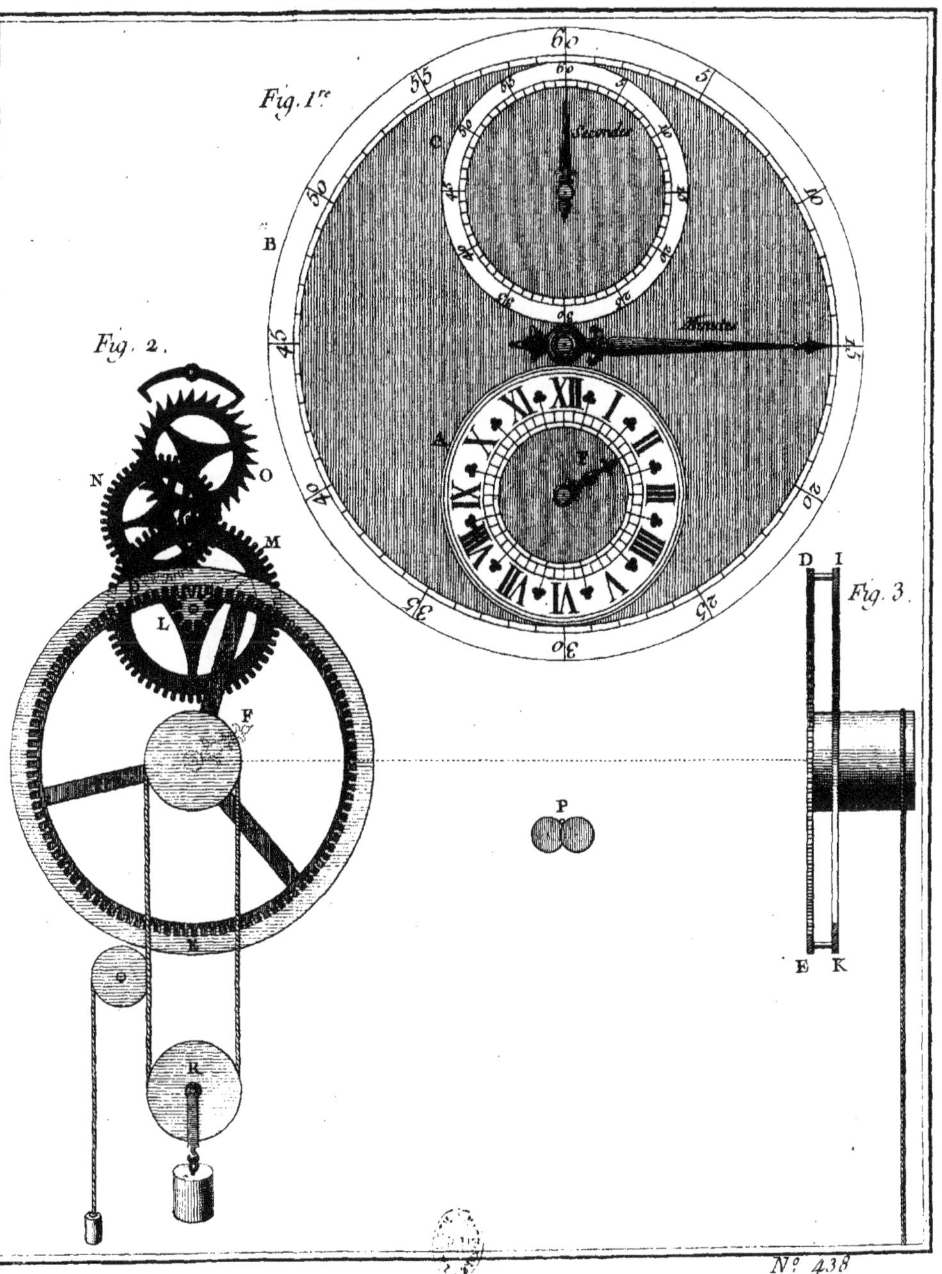
Fig. 1re
Secondes
Minutes
Fig. 2.
Fig. 3.

1740.
N°.439.

MACHINE A ELEVER DE L'EAU, *INVENTÉE* PAR M. *DUPUY*, M^e. *DES REQUÊTES*.

CEtte Pompe eſt compoſée de deux corps A, B, qui communiquent au même tuyau CD, élevé de ſeize pieds; chaque branche de la fourche de ce tuyau eſt garnie d'une ſoupape ordinaire, qui empêche le retour de l'eau. Chaque corps de Pompe eſt une caiſſe parallelipipedale EF, (fig. 2.) faite de bois, doublée de plomb, pour mieux contenir l'eau; ces caiſſes ont intérieurement trente pouces de long, & neuf à dix pouces de large.

Les pieces qui font l'office de piſton ſont des plateaux GH, auſſi de bois, qui ſe meuvent dans les caiſſes ſur des charnieres placées à leurs extrêmités G, & l'autre extrêmité s'éleve & s'abaiſſe par le moyen des leviers IK, LQ, *qui ſont fixés par deſſous le plateau aux endroits* I, Q: *chacun de ces plateaux a trois ſoupapes* M, M, M, qui équivalent à une ſoupape triple: on a préféré cette conſtruction, pour ne pas faire un ſi grand trou dans le plateau.

Les deux étriers qui meuvent ces plateaux ſont attachés, comme on le voit, à un lévier NOP, mobile au point O (fig. 1 & 3.) de part & d'autre du centre de mouvement, & à neuf pouces de diſtance; chaque bras de ce balancier eſt d'environ ſix pieds & demi de longueur, & c'eſt à leurs extrêmités que ſont appliqués les hommes

1740. N°.439.

destinés à la faire mouvoir, comme on le voit dans la premiere figure.

Les côtés des étriers qui embrassent extérieurement chaque *corps* de pompe, se meuvent dans des coulisses pratiquées le long des montans T, S, du bâti, couvert d'un chapeau assez solide pour soutenir la pesanteur du levier, & les efforts que l'on emploie; ces coulisses entretiennent la direction des étriers.

La figure 3 est un profil sur la largeur de la machine; & la figure 4 est le plan.

On peut établir cette machine sur un rat-d'eau flottant sur l'eau que l'on veut élever; on peut la faire de même sur un réservoir, dans lequel on puisse toujours entretenir l'eau à la même hauteur, ou dans une bache dans laquelle on conduiroit l'eau. Les effets qu'elles produisent sont détaillés dans le rapport des Commissaires nommés par l'Académie, & que l'on trouve à la suite de cette *description; cependant si l'on vouloit calculer les effets d'une machine* semblable, construite sur d'autres dimensions, voici les loix qu'il faudra suivre.

Le plateau GH supposé de neuf pouces, c'est-à-dire, de la même largeur que la caisse, & de trente pouces de longueur, soutiendroit, suivant les principes, un solide d'eau qui auroit ce plateau pour base, qui font 270 pouces quarrés, sur seize pieds ou 192 pouces de hauteur, qui font 51840 pouces cubes, ou trente pieds cubes, & le pied cube d'eau douce pese 70 livres, qui font 2100 livres pesant qu'un puissance auroit à soutenir, si elle étoit appliquée directement dessous la planche; mais étant assemblée à charniere au point G, & la puissance en H, le plateau devient un levier de la seconde espece qui réduit ce poids à la moitié de cette quantité, qui font 1050 livres. La puissance appliquée en P en tirant de bas en haut & le centre de mouvement au point O, le levier VOP est de la premiere espece

& par conſéquent l'effort en P ſera à la réſiſtance comme V O, eſt à O P, c'eſt-à-dire, comme neuf pouces eſt à 78 pouces ; la puiſſance ſera de 140 livres ou environ à l'extrêmité P, qui partagée à deux hommes font 70 pour chacun. 1740. N°. 439.

Comme il ne faut pas négliger de calculer les frottemens des parties de cette Machine, qui en ſont ſuſceptibles, on y appliquera les principes généraux, & répandus dans pluſieurs ouvrages de méchanique, & entr'autres, le *premier volume de l'Architecture Hydraulique* Chap. II. qu'il convient de conſulter, parce qu'il raſſemble ce que les autres ont dit ſur cette matiere. C'eſt dans ce même volume, Art. 769, qu'on trouvera la deſcription d'une machine conſtruite ſur le même principe, & à laquelle celle de M. Dupuy reſſemble beaucoup. Ici ce ſont des étriers qui font mouvoir les plateaux, & là c'eſt un manche appliqué à l'endroit de la charniere, & le plateau eſt de même percé d'un trou rond, fermé par une ſoupape ; elle a bien du rapport à celle dont on fait mention dans le certificat ci-après, & que l'on décrit d'après Ramelly que l'on cite à cette occaſion. M. de la Fond, directeur des fortifications des places maritimes de Flandre à Dunkerque, m'a aſſuré que la machine de M. Dupuy avoit été exécutée en 1741 à Gravelines, *dans la conſtruction du canal à la mer, & de la nouvelle écluſe, & que cette Pompe n'a pas eu à beaucoup près le ſuccès que l'on s'en étoit promis; qu'il a fallu en abandonner l'uſage, pour revenir à celles des Pompes & des moulins ordinaires.*

RAPPORT DES COMMISSAIRES.

LE Mardi 20 Décembre 1740, Meſſieurs Nicole, Camus & de Fouchy, ont parlé ainſi ſur une Machine de feu M. Dupuy, Me. des Requêtes.

1740. N°. 439. Madame Dupuy ayant présenté à l'Académie un mémoire, dans lequel elle expose, que M. Dupuy, Maître des Requêtes, son mari, a laissé en mourant deux Pompes de son invention; que la premiere, qui étoit la plus composée, avoit été examinée par l'Académie; que la seconde n'avoit pu l'être, M. Dupuy ayant été prévenu par la mort; que cette Pompe lui ayant paru supérieure à la premiere, tant par sa simplicité que par son plus grand produit, en y employant la même puissance, elle croyoit devoir à la mémoire de son mari de la faire connoître, afin que le Public fût en état de jouir des avantages que cette Pompe paroît promettre, & Me. Dupuy, pour s'assurer de ce que le Public & elle-même doivent en juger, a prié l'Académie de nouveau de nommer des Commissaires pour l'examiner & en faire leur rapport, pour avoir l'avis de la Compagnie.

Nous Commissaires nommés par l'Académie pour examiner la nouvelle Pompe, nous sommes transportés rue Transnonnain chez Me. Dupuy le Mardi 6 de ce mois, nous avons vu la Pompe établie dans une cuve pleine d'eau, & profonde de trois pieds deux pouces. La gueulebée par où l'eau se décharge est élevée de seize pieds au dessus du niveau de l'eau de la cuve. L'eau est conduite dans une futaille qui a deux pieds 7 pouces de long, vingt-deux pouces de diametre à son fond, & vingt-cinq pouces neuf lignes de diametre à son bouge; ainsi cette piece, suivant le jaugeage que nous en avons fait, contient un muid & quatre pintes, que nous prendrons pour un muid, à cause de la soupape qui peut valoir quatre pintes.

Avant d'examiner la construction de la Pompe, nous l'avons fait jouer, pour sçavoir la quantité d'eau qu'elle donnoit.

La Pompe étant mise en mouvement par 4 hommes, dont

dont deux tiroient moins bien, & moins réguliérement que les deux autres, le muid a été rempli,

La premiere fois en 18″ $\frac{1}{2}$.
La 2e — en 19″.
La 3e — en 18″ $\frac{1}{2}$.
La 4e — en 18″ $\frac{1}{2}$.

En prenant un milieu, la Pompe a rempli le muid en 18″ $\frac{3}{4}$: étant mue par deux hommes qui ne tiroient pas également bien, l'un nuisant quelquefois à l'autre, le muid a été rempli en 1′ 10″; ensuite la Pompe étant mue par quatre hommes, dont deux tiroient moins bien que les deux autres, elle a fourni de l'eau également & de suite pendant 1′ 30″; ainsi les quatre hommes ont élevé de suite environ 4 muids & $\frac{4}{5}$ à la hauteur de seize pieds.

Après ces expériences nous avons fait vuider la cuve pour découvrir la Pompe qui y étoit établie; & comme nous avons vu qu'il auroit fallu des ouvriers & beaucoup de temps pour la démonter, afin d'en voir toutes les parties, nous avons jugé à propos de n'en examiner que les parties extérieures, nous réservant à voir les intérieures dans un modele en grand, qui étoit dans la maison, & qu'un ami de feu M. Dupuy nous a effectivement montré : ainsi nous sommes en état de faire à l'Académie un rapport exact de la construction intérieure & extérieure de la Pompe dont nous rendons compte.

La Pompe *est composée* de deux corps qui communiquent à un tuyau montant, & qui pousse l'eau alternativement dans ce tuyau; chaque corps de Pompe est une caisse parallelipipedale de bois, doublée de plomb pour mieux contenir l'eau; ces caisses ont intérieurement trente pouces de long, & neuf à dix pouces de large.

Les pieces qui font l'office de pistons, sont des plateaux aussi de bois, qui se meuvent dans les caisses sur des

charnieres placées à leurs extrêmités ; ces plateaux qui
1740. sont chacun dans une caisse ont trois soupapes, qui
N°. 439. équivalent à une soupape triple ; on en a mis 3 pour ne pas faire un trop grand trou dans le plateau.

Les plateaux ou pistons sont mus par deux étriers attachés de part & d'autre de l'appui d'un balancier que l'on meut dans un plan vertical. Les attaches de ces tirans sont à neuf pouces de distance du centre du balancier, dont les bras ont environ six pouces & demi de long ; c'est à ces bras que les hommes dont nous avons parlé sont appliqués pour faire jouer les corps de Pompe.

On trouve dans Ramelly une Pompe à deux corps où des palettes font les fonctions de pistons ; ces palettes sont des vraies pelles mobiles sur des charnieres placées à l'endroit où le manche s'unit à la pale de la pelle ; mais il est évident que de cette facon 1° les pieces qui poussent l'eau n'ont point assez de solidité pour faire monter un volume d'eau aussi grand que celui qui doit être élevé par ces pompes. 2°. Les manches des pelles passant par des trous faits aux caisses, il est à craindre que ces trous ne s'agrandissent, & que l'eau ne s'échappe en assez grande quantité pour rendre la Pompe inutile ; celle de M. Dupuy n'étant point sujette à ces inconvéniens, elle ne peut être censée la même que celle de Ramelly.

Avant de donner notre avis sur cette Pompe, nous ferons remarquer, qu'une Pompe présentée en 1735 par le sieur Doussan, laquelle a eu des éloges de l'Académie après la comparaison qu'elle en a faite au Jardin du Roi, avec la Pompe des Vaisseaux, exécutée par les soins & sous les yeux de M. Meynier, Hydrographe, étant mue par quatre hommes, a fourni neuf muids d'eau à la hauteur de dix-huit pieds en $4'\frac{1}{2}$, ou un muid en 30″, pendant que la Pompe des Vaisseaux aussi mue par quatre hommes n'a donné les neuf muids qu'en 12′, ou un muid en 80″. Ces deux Pompes étoient faites dans des proportions, telles qu'un homme ſeul pouvoit les faire mouvoir, en y employant toutes ſes forces.

La Pompe de M. Dupuy demande deux hommes pour la mettre en mouvement, & ces deux hommes rempliſſent un muid en 70″; mais il faut remarquer qu'ils travaillent alternativement, enſorte que ſi la Machine étoit conſtruite comme celle du S. Douſſan, où les hommes travaillent continuellement, en pouſſant & en tirant une brinbale, il y a apparence qu'un homme ſeul auroit pu la mettre en mouvement. Toutes ces conſidérations nous font juger que la Pompe de M. Dupuy eſt très-bonne, que ſon produit eſt au moins auſſi grand que celui d'aucune Pompe, qui ait été préſentée à l'Académie, qu'elle doit être eſtimée par ſa ſimplicité, & par l'avantage qu'elle a de pouvoir être établie par-tout à peu de frais, n'étant que de bois doublé de plomb.

Pompe à elever de l'Eau.

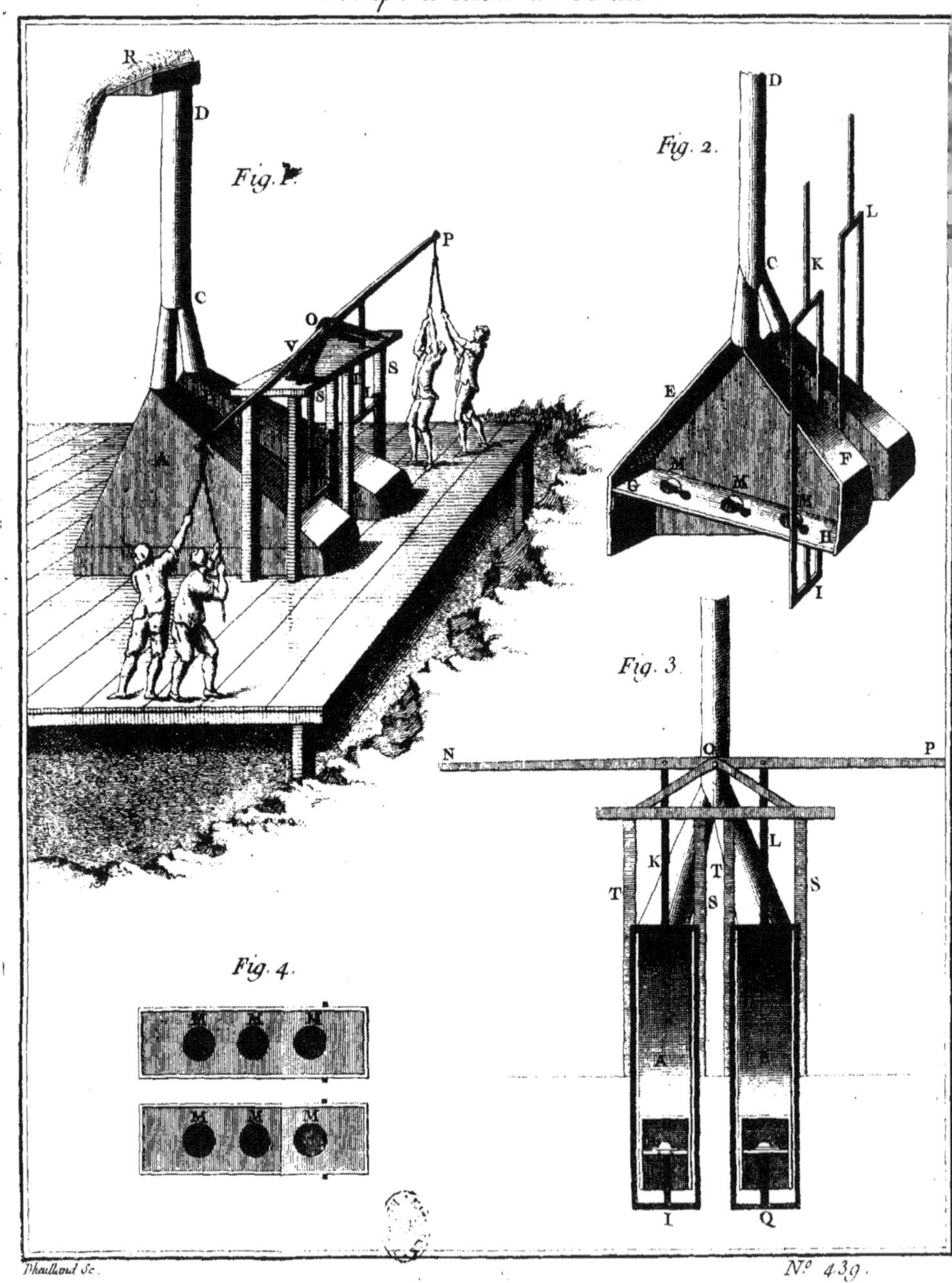

Dhaulland Sc.

RECUEIL DES MACHINES APPROUVÉES PAR L'ACADÉMIE ROYALE DES SCIENCES.

ANNÉE 1741.

1741.
N°. 440.

POMPE
POUR ÉTEINDRE LES INCENDIES, INVENTÉE
PAR M. DE GENSSANE.

LE corps de pompe A renfermé dans le baquet KLMN, est adapté au recipient B bombé à sa partie supérieure, & à sa partie inférieure est une soupape conique; une semblable soupape R ferme l'entrée de la pompe. Si l'on veut s'instruire sur les propriétés & les défauts de ces sortes de soupape, on aura recours au second volume de l'Architecture Hyraulique, pag. 127, art. *966*.

L'eau circule dans cette machine par les ouvertures I, I, qui la conduit dans la partie S.

La pompe A est garnie à l'ordinaire d'un piston G; la tige de ce piston qui passe dans un trou bien alaisé, & pratiqué à l'endroit T de la pompe exactement fermée, monte & tient à la bascule DP, mobile au point P; cette bascule est mise en mouvement par une lanterne à trois fuseaux E; *cette lanterne porte aussi à sa circonférence trois mantonets* YYY, qui accrochent alternativement le crampon X, qui sert à l'élévation du piston, & les fuseaux servent au refoulement: le tout est mis en mouvement par le moyen de la manivelle F.

Je n'entrerai point dans un plus grand détail sur ce méchanisme, l'Auteur l'ayant abandonné, pour substituer à la place de tout ce composé un simple levier, comme on le voit dans la deuxieme figure.

Le tuyau montant ZHO, passe au centre du recipient

B, où il est soudé avec soin; l'extrêmité Z a la forme
1741. d'un entonnoir, & à la partie supérieure O est attaché
N°. 440. un manche de cuir, ou autre matiere flexible: elle porte un ajutage V, qui sert à diriger l'eau où le besoin le demande.

Effet.

La figure du baquet dans lequel on construit la machine, est arbitraire, il peut être quarré comme le représente le profil (fig. 1,) ou rond, tel qu'on le voit par la figure 2: l'on remplit d'eau ce baquet, ensuite, si on éleve le piston C, l'eau qui se communique par les ouvertures I, I, passera dans l'ouverture S, élevera la soupape R, & remplira le corps de pompe; ce piston en descendant refoulera la même eau, la soupape R se fermera, & la soupape G s'ouvrira, l'eau entrera avec force dans le recipient B, où elle comprime si fortement l'air renfermé, qu'après ce refoulement du piston, sa réaction ou son ressort fait passer l'eau avec violence par l'ouverture Z, dans le tuyau HO, & s'éleve à la hauteur de trente-cinq à quarante pieds de hauteur.

Dans le Tome premier, pag. 151 de ce recueil, je fais la description d'une pompe de compression formée des mêmes parties, & destinée au même usage; par conséquent l'invention n'en est pas nouvelle, en comparant la premiere avec les pompes dont on se sert à Paris. Je dis que, par l'étendue de sa composition, elle ne peut être d'un usage commode dans des endroits resserrés, tels que des greniers. Celle de M. de Gensslane se réduit à un volume de 30 pouces de haut sur 18 pouces de large, qui approche assez de celles de Paris, qui ont 16 pouces de haut, sur 20 de longueur; par conséquent l'une & l'autre de ces pompes pourront être d'une égale utilité dans les mêmes circonstances.

RAPPORT

RAPPORT DES COMMISSAIRES.

1741.
N°. 440.

LE Mercredi 22 Mars 1741, Messieurs Pitot & de Fouchy ont lu le rapport suivant sur les Pompes de M. de Genssane.

Nous avons examiné, par ordre de l'Académie, un projet de pompes propres pour éteindre les incendies, présenté par M. de Genssane. Deux corps de pompe sont placés à côté l'un de l'autre dans un baquet qui leur fournit l'eau, & communiquent tous deux dans un reservoir fermé de toutes parts, plein en partie de l'eau que les pompes y fournissent, & en partie d'air qui étant comprimé par l'eau que les pompes y chassent, la comprime aussi à son tour, & la force à s'échapper par un tuyau qui trempe dans l'eau, & lui donne issue. Les pistons des pompes sont mus par des balanciers qui sont levés & abaissés par les dents d'une lanterne, à l'axe de laquelle est attachée une manivelle que l'on fait tourner à la main. Par le calcul que fait M. de Genssane du produit de cette pompe, il trouve que mue par un seul homme, elle peut élever 53 pintes d'eau par minute, à 35 ou 40 pieds.

Quoique ces sortes de pompes agissant par le ressort de l'air, ne soient pas nouvelles; cependant celle-ci nous a paru simple & facile à construire, & nous croyons qu'elle peut être employée *utilement dans les occasions auxquelles l'Auteur la destine.*

Pompe pour les Incendies.

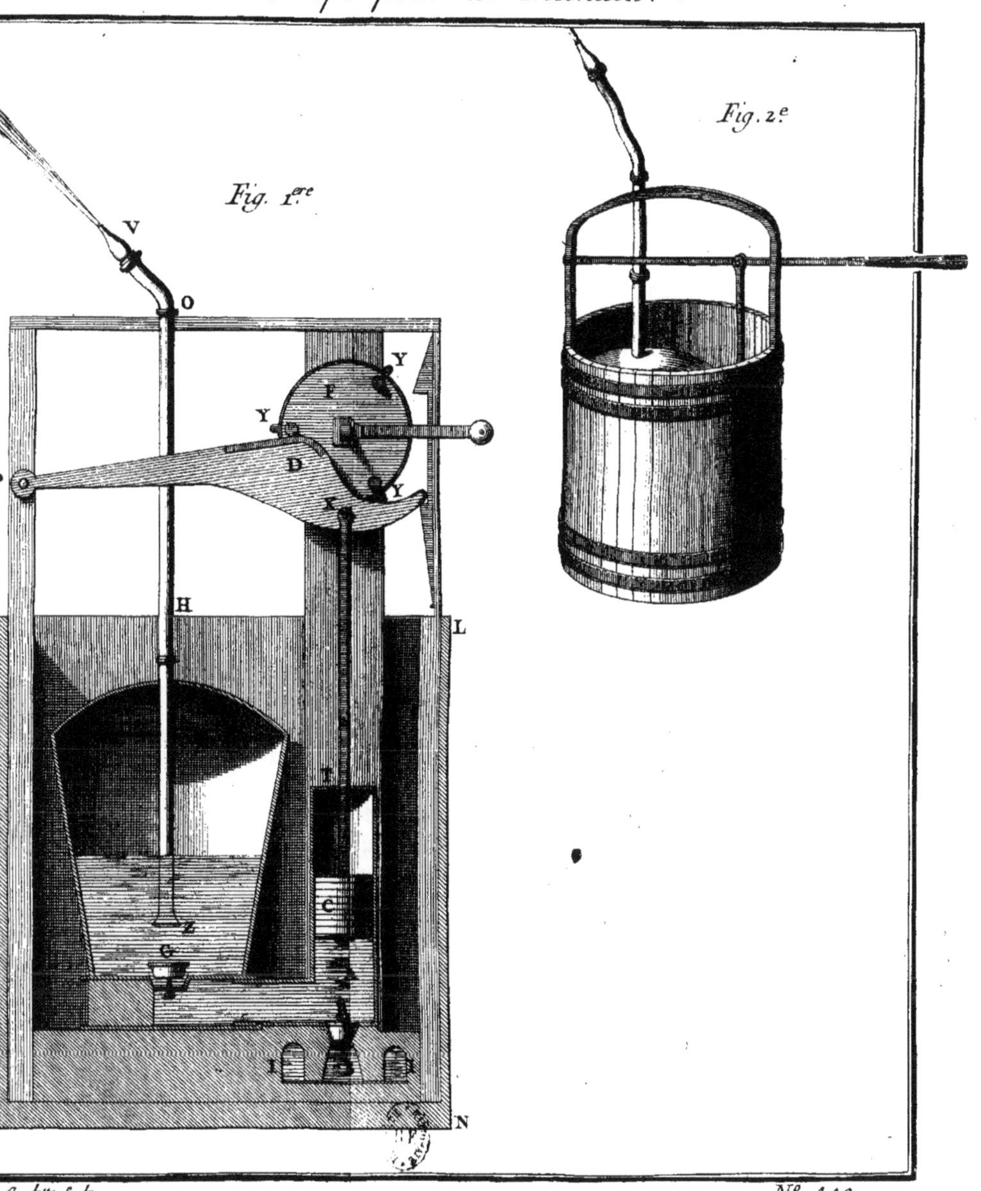

1741. N°. 441.

MACHINE HYDRAULIQUE, INVENTÉE PAR M. DE GENSSANE.

A Eſt un grand cylindre de cuivre ou de fer de fonte bien poli, au bas duquel eſt un tuyau de communication qui joint le tuyau B.

C eſt un piſton de bois traverſé, & fortement attaché à ſa tige.

D eſt un bloc de plomb de la figure du piſton également traverſé par la même tige; il eſt d'un poid égal aux quatre neuviemes d'une colonne d'eau qui auroit pour baſe celle du cylindre, & pour hauteur celle du tuyau B.

GF eſt une double ſoupape conique; on voit à l'inſpection du deſſein, que le cone inférieur G bouche ſon orifice de la même maniere que le cone ſupérieur F bouche le ſien, ce qui ſe fait alternativement, c'eſt-à-dire, que l'orifice G étant bouché, l'orifice F eſt ouvert.

L'eau entrant par une chûte d'environ *dix-huit pieds dans le tuyau B, tombe dans le cylindre A*, & *fait* lever le piſton C, *juſqu'à* ce que le petit plan incliné O ait reculé la détente N, qui tient accroché le levier M: alors ce levier emporté par le poids W, qui au bout oppoſé échappe & éleve le tirant P par le petit crochet I, ferme par conſéquent le clapet F, & ouvre l'orifice G; pour lors l'eau du tuyau B n'ayant plus de communication avec le cylindre, & celle de ce dernier trouvant une ſortie en G, s'échappe par là, laiſſe tomber le piſton C, avec le plomb D, & force le balancier E, au

1741. N°. 441. moyen de la chaine S, de basculer avec un effort égal à la pesanteur du plomb & du piston, ou, ce qui est le même, égal aux $\frac{4}{9}$ de la pesanteur d'une colonne d'eau qui auroit pour base celle du piston, & pour hauteur celle du tuyau B.

Le piston C continue de descendre jusqu'à ce que la cheville K rencontre la detente H, & fasse échapper le tirant P accroché à cette detente par le coin I; ce tirant en tombant laisse tomber le levier R, en même temps la soupape G se ferme, l'eau du tuyau B rentre de nouveau dans le cylindre, & fait remonter le piston comme auparavant, ainsi de suite. Il faut remarquer que le levier M ayant accroché le tirant P à la detente H, le piston redescend, & fait faire le même mouvement au levier M par le moyen de la cheville L, jusqu'à ce qu'il soit de nouveau accroché par la detente N où il demeure, en attendant que le piston remontant le plan incliné O, le fasse de nouveau échapper.

Présentement, si à l'autre bout du balançier E, on suspend une chaine T avec un tirant V, il est aisé de voir que cette machine peut faire aller autant de corps de pompe, tel que Z, par le moyen des potences en pieds de chevre X, qu'il en faut pour contrebalancer la pesanteur du piston CD.

Cette machine, comme on peut le remarquer par l'échelle, tient peu de place, & n'est point sujette aux embarras, dont les rouages sont susceptibles. Le calcul suivant fait voir aussi que par ce moyen, on peut en temps égaux, & d'une même quantité d'eau, tirer un effet bien plus considérable qu'avec des roues ordinaires.

Qu'on suppose un ruisseau fournir 168 pieds cubes d'eau par minute, duquel on veut se servir, pour faire aller une pompe, & qu'on peut donner à ce ruisseau une chûte de 15 pieds.

On suppose aussi que ce ruisseau avant sa chûte, a une

vîtesse de 2 pieds, 2 pouces, 4 lignes $\frac{3}{4}$ par seconde, ce qui, à cause du produit supposé, lui donnera un pied quarré de jauge ou de volume. 1741. N°. 441.

Ce courant au bas de la chûte de 15 pieds aura acquis une vîtesse de 30 pieds par seconde, & son volume diminuant en raison inverse de sa vîtesse on aura 30P: 2P., 2Po., 4l. $\frac{3}{4}$ :: 144 pouces, volume de l'eau avant sa chûte : 12 pouces 8 lignes à peu-près, volume du même courant au bas de la chûte.

On sçait qu'un courant d'eau d'un pied quarré ayant une vîtesse de 30 pieds par seconde, fait un effort de 1053 livres, sur ce qu'il rencontre; ainsi, pour avoir l'effort de notre courant de 12 pouces 8 lignes, on fera comme le pied quarré 144 pouces est à 1053 l. ainsi 12P 8l. sont 88 $\frac{1}{2}$ environ pour l'effort total du courant sur la roue. On sçait de même que pour avoir tout l'effet possible d'une roue à l'eau, qui est le seul agent dont on se soit servi jusqu'ici pour élever l'eau par la force des courans, il faut que la vîtesse de la roue ne soit que le tiers de celle du courant, & pour cela il faut que la résistance que cette roue oppose au courant ne soit que les $\frac{4}{9}$ de celle du courant.

Si dans le cas présent on donne à la roue dont on suppose se servir, un diametre égal à la chûte 15 pieds, sa circonférence sera environ de 47 pieds, sa vîtesse étant *le tiers de celle du courant*, sera de 10 *pieds* par seconde, & sera son tour en 4 secondes $\frac{7}{10}$, ce qui revient à un peu plus de 12 tours $\frac{3}{4}$ par minute, avec une force de 39 liv. $\frac{4}{9}$ de 88 $\frac{1}{2}$ force du courant au bas de la chûte.

Qu'on applique présentement une manivelle double d'un pied de rayon, qui fasse agir alternativement deux corps de pompe, pour avoir l'effort du courant; sur le rayon de la manivelle, on fera comme 1 pied rayon de la manivelle, à 7 $\frac{1}{2}$ pieds rayon de la roue, ainsi

39 liv. effort du courant sur la circonférence de la roue, font à 291 $\frac{1}{2}$ au bout du rayon de la manivelle, ce qui fait voir qu'en tirant tout l'avantage possible d'un pareil produit d'eau, & d'une pareille situation par le moyen d'une roue, on peut faire marcher deux corps de pompe, dont chaque colonne peseroit 291 liv. $\frac{1}{2}$ avec une vîtesse de 12 $\frac{3}{4}$ levées de deux pieds de hauteur par minute, ou, ce qui est le même, avec une vîtesse d'environ 25 pieds $\frac{1}{2}$ par minute.

1741. N°. 441.

Voyons quel parti nous pourrions tirer du même produit d'eau, & de la même hauteur, avec la machine proposée par M. de Genssane.

Le produit est supposé de 168 pieds cubes par minute; il faut à cette nouvelle machine 12 levées $\frac{3}{4}$ par minute, ou, pour éviter la fraction, en 13 de 2 pieds de hauteur, afin d'avoir la vîtesse égale à celle que nous avons trouvée, & aussi pour ne faire tomber la différence que sur l'effort ou sur le poids élevé.

On divise donc 168 pieds cubes, produit de l'eau, dans une minute, par 13, nombre de levées dans le même temps, il vient au quotient 12 $\frac{12}{13}$, qui est la dépense d'eau de chaque levée, ce qui fait connoître que le diametre du grand cylindre A doit être tel qu'à deux pieds de hauteur, ils contiennent 12 $\frac{12}{13}$ pieds cubes d'eau, que l'on cherche par les regles ordinaires, & que l'on trouve être d'environ 35 pouces un peu plus, & dont la base est 981 pouces quarrés. Or on sçait qu'une colonne d'eau de 981 pouces de base sur 15 pieds de hauteur pese 7350 liv. dont nous ne prendrons que les $\frac{4}{9}$ pour avoir l'effort que cette machine produira sur les deux corps de pompe que nous appliquons au bout du grand balancier E, lequel effort se trouve de 3266 $\frac{2}{3}$, c'est-à-dire, de 1633 $\frac{1}{3}$ par chaque colonne plus fort que celui de la roue à eau, de 1341 par chaque colonne, ce qui fait voir que l'effet de cette machine est à celui d'une roue ordinaire, comme 1 à 5 $\frac{1}{2}$ à peu près, différence très-considérable dont l'Auteur s'est assuré par l'expérience d'un modele qu'il fit faire pendant son séjour en Bretagne. Il avoit trouvé par le calcul, qu'il devoit avoir un effet de 48 livres 4 à 5 onces, par levée, & il assure que l'effet passa le produit du calcul de près de 12 onces; mais il s'est ressouvenu depuis, qu'il avoit calculé pour une eau de 70 livres le pied cube, & qu'il s'est servi de l'eau de la mine de plomb de Pompeau, qu'il a trouvée du poids de 74 à 75 liv. le pied cube; c'est en effet ce qui a occasionné cette différence. Ce qu'il y a de certain, c'est qu'on peut prendre pour son effet total les $\frac{2}{3}$ de la résistance au lieu des $\frac{4}{9}$ fixés par M. Parent*: car sans cela le piston qui se trouve abandonné aux $\frac{5}{9}$ restant de sa pesanteur absolue, tomberoit avec cette quantité trop précipitamment, à moins qu'on fît l'orifice G très-petit, étant plus à propos de profiter de tout l'avantage de cette machine.

* Mém. de l'Académie, 1704.

M. de Genssane avoit chargé ce modele à la ménagerie de Bretagne à Paris; mais les soins qu'il avoit apportés à la conservation de cette machine, ont été totalement inutiles; elle est arrivée entierement brisée, ce qui n'a pas empêché l'Académie de prononcer favorablement sur cette invention, comme on le verra au commencement du rapport, qu'on trouvera à la suite des trois autres machines du même Auteur que je vais décrire, & dont il est aussi fait mention dans le même rapport.

Machine Hydraulique.

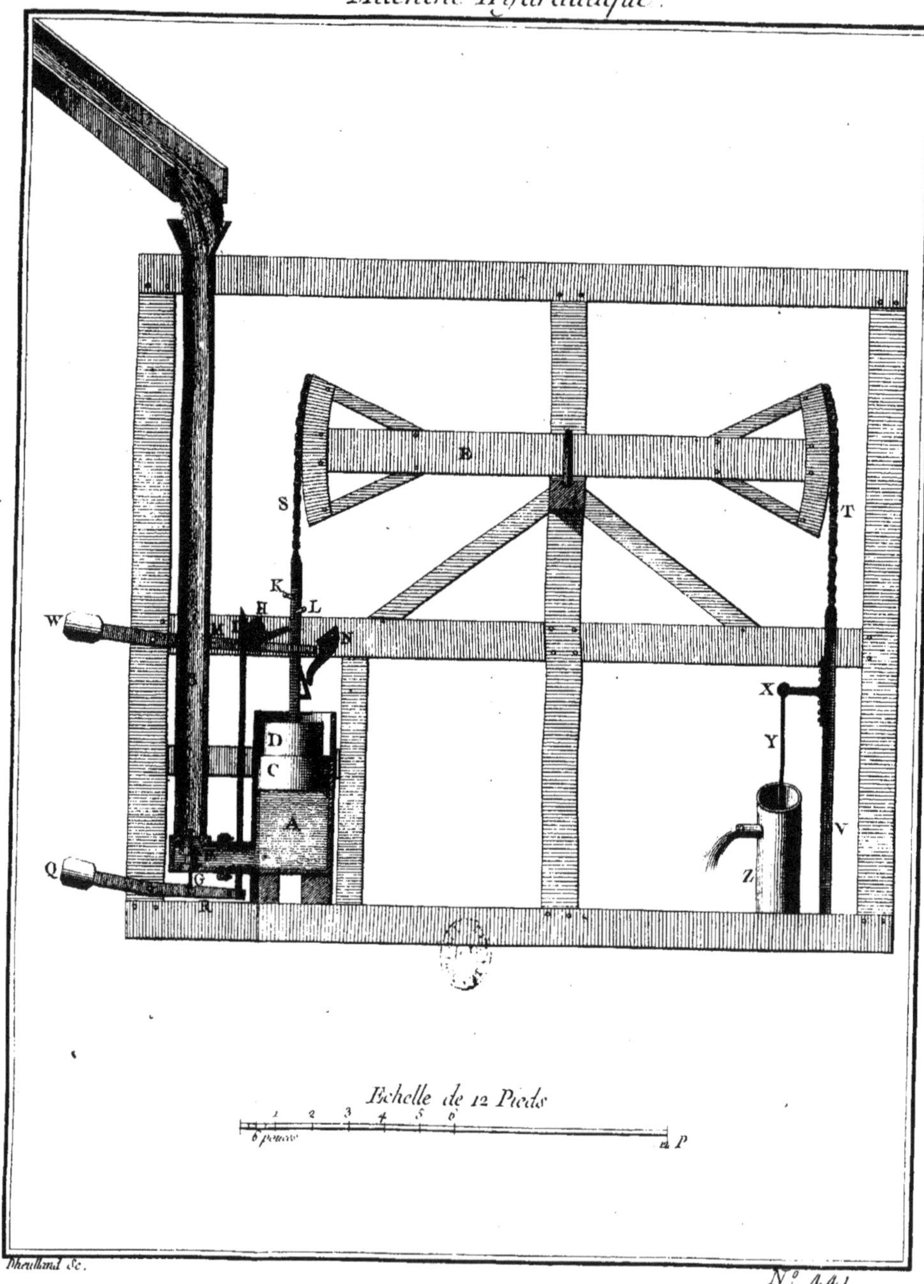

Pheulland Sc.

1741. N°. 442.

LANTERNE SUBSTITUÉE A LA PLACE DES MANIVELLES, INVENTÉE PAR M. DE GENSSANE.

LE manege AB eſt à l'ordinaire, & l'engrenage de la lanterne C, de même; mais au bout de l'arbre de volée, ſont quatre tourteaux D, E, F, G, qui forment entr'eux trois eſpeces de lanterne à trois fuſeaux ſeulement chacune, tel que l'on peut le voir par le profil, fig. 2. Tous ces fuſeaux ſont diſpoſés de maniere, qu'il ne s'en trouve pas deux ſur le même alignement, afin de partager l'effort également ſur toute la circonférence.

Trois balanciers H, I, K, ſuſpendus & mobiles autour des points M, N, dont les aiguilles ſont engagées dans les intervalles des tourteaux, venant à être ſucceſſivement rencontrés par les fuſeaux, ſont pouſſés en devant, & échappent enſuite, ce qui ne peut arriver ſans que le bras O du balancier ne s'éleve & ne s'abaiſſe alternativement, c'eſt-à-dire, qu'en ſuppoſant la lanterne X, fig. 2. en mouvement, & que le fuſeau P tourne de P en L, & rencontrant le ſommet L de l'aiguille, le pouſſera, & fera élever l'extrêmité O du balancier, auquel tient la verge du piſton du corps de pompe S; voila le mouvement pour l'élévation de l'eau : cette même aiguille

1741. N°. 442.

venant ensuite à échapper, & le bras MO du balancier étant un peu plus pesant que le bras MQ, ensorte que par sa chûte, il se viendra replacer où il étoit, & où il sera repris par un autre fuseau, qui de même le reconduira jusqu'à ce qu'il soit au point R, où le fuseau abandonne le sommet du balancier.

Mais comme la chûte de ce balancier occasionneroit des secousses dangereuses, on a placé à l'extrêmité de son aiguille, une potence T, laquelle, étant retenue par le fuseau qui vient d'abandonner l'aiguille, ne lui permet de tomber que par un mouvement doux & uniforme, à peu-près égal à celui qu'a le fuseau en tournant.

Le frottement du fuseau contre l'aiguille du balancier ne manqueroit pas de l'user en peu de temps; mais pour prévenir cet inconvénient, on place à cet endroit des petites semelles de rechange, faites avec du sauvageon, ou du bois de cornier, qui ne laissent pas de durer assez long-temps ainsi qu'on l'a expérimenté. Il est aisé de concevoir que le même méchanisme ayant lieu pour les trois lanternes, elles feront l'effet d'une manivelle à tiers-point, & pourront être employées avantageusement toutes les fois que les manivelles coudées auxquelles on la substitue, seront de difficile exécution, ou exigeront pour leur construction des sommes considérables.

Ce moteur a été mis en usage avec beaucoup de succès par M. de Genssane aux mines de plomb de Pontpeau, près de Rennes en Bretagne, où il fut appellé en 1738, pour continuer l'établissement des machines que feu M. Dupuy vouloit y placer.

J'ai supprimé dans cette machine la construction du bâti nécessaire, pour éviter la confusion dans le dessein; d'ailleurs on peut appliquer ces sortes de lanternes à l'arbre de volée qui seroit mis en mouvement par une roue à eau, ou par le moyen du vent.

A l'égard du calcul de ses effets, il faut considérer le nombre de tour que fait le rouet B, son rapport à la lanterne C, le chemin que l'on fait faire à chaque piston, & l'on sçait qu'il y a trois coups de piston par chaque révolution, puisqu'il y a trois fuseaux; cette augmentation de coups de piston doit contribuer à faire préferer cette machine aux manivelles, qui ne donnent qu'une levée double de son rayon à chaque tour qu'elle fait, au lieu qu'avec cette méthode, en employant autant de temps pour la levée que pour la descente, on a trois levées par chaque tour, égales chacune à la corde de 60 degrés, ce qui revient en temps & en levier égaux, à près d'un tiers au-dessus des manivelles. Il est vrai que cela peut être compensé en se servant d'une manivelle à trois coudes; mais en ce cas, il faudroit avoir trois colonnes, au lieu que de cette façon deux font le même effet, & c'est toujours d'autant moins de dépense & d'entretien.

Le moteur d'ailleurs est très-doux & capable de résister à des efforts considérables. L'auteur dit que les deux qu'il a fait exécuter à Pontpeau, élevoient chacun une colonne d'eau de 120 pouces de base sur 118 pieds de hauteur.

Lanternes substituées a la place des Manivelles.

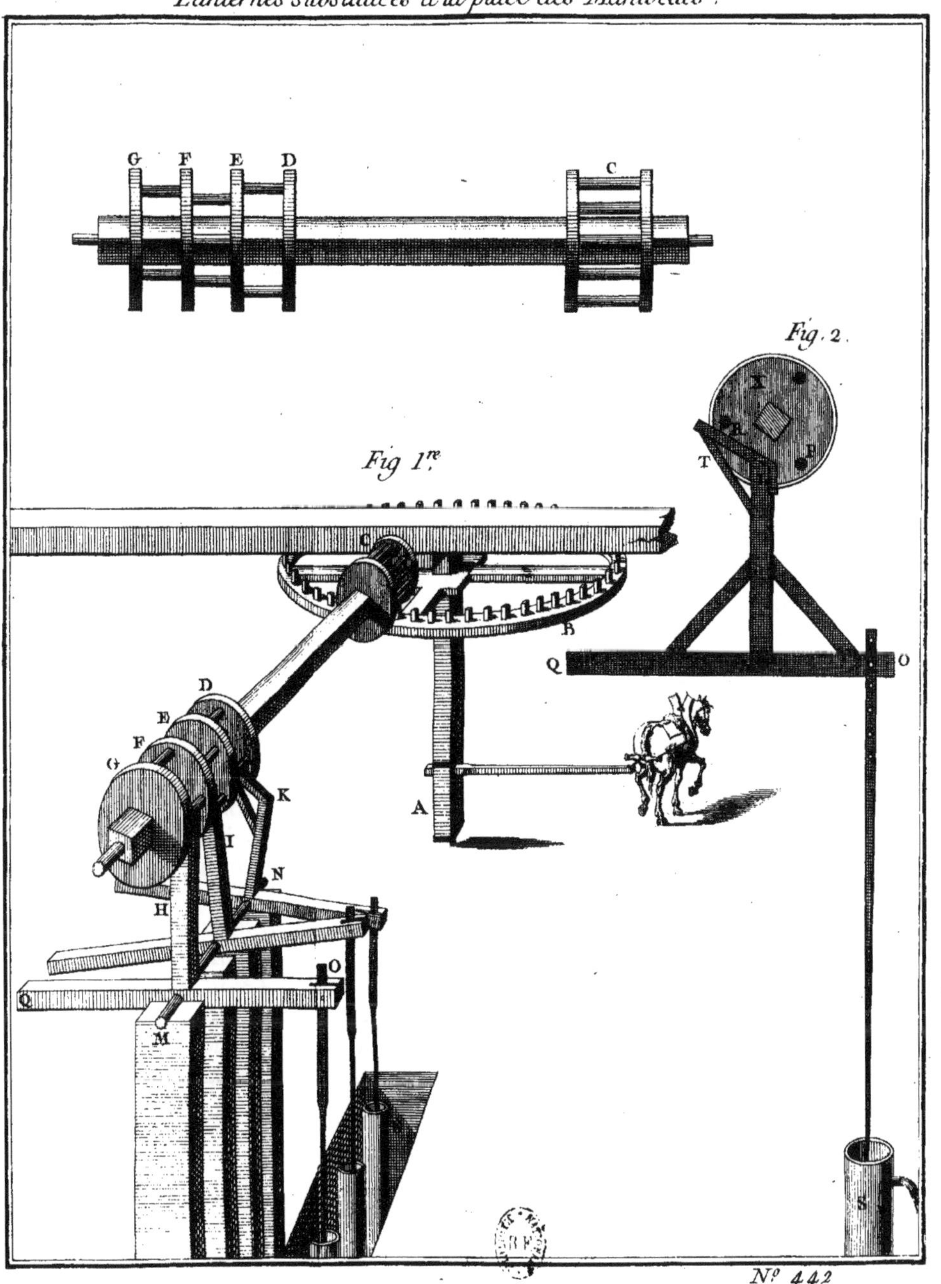

N° 442

1741. N°. 445.

NIVEAU
INVENTÉ
PAR M. DE GENSSANE.

CE niveau contenu dans une boîte de cuivre A B C D, est composé d'un perpendicule E F G H, formé de deux miroirs F G, F H, posés sur une portion de cercle, au milieu duquel est soudé le poid P; les deux miroirs également inclinés sont suspendus à la potence E I, qui est flexible au point I; elle porte à son extrêmité E une pointe qui entre dans le coq L, lorsque le perpendicule est élevé par le support M N, assemblé à charniere au point M, & qu'on éleve l'autre bout N, par le moyen de la vis O, dont l'usage est d'assujettir le perpendicule dans le transport du niveau d'une station à l'autre. Un troisieme miroir R assujetti par une charniere se doit toujours mettre parallele au miroir F G. On fixe cette inclinaison par le moyen de la portion d'arc Q, & au milieu de ce miroir, *il doit y avoir un point blanc, ou noir, qui répond à une petite ouverture ronde S, où se place l'œil de l'observateur.*

Un bout de tube T est soudé à la boîte qui répond au miroir F G, au travers duquel l'objet V vient se peindre; & afin de diriger cette espece de lunette sur le point de mire, on fixe une regle X Y le long de la boîte, & parallelement à l'axe de la lunette. Pour vérifier l'instrument, on retourne le perpendicule, & l'on voit si l'objet est peint sur le miroir F H, comme il l'étoit sur le miroir F G; ce niveau est monté, comme tous les instrumens de ce genre, sur un genou Z, garni de sa douille.

1741.
N°. 443.

Effet

Lorsque l'on veut se servir de cet instrument, on le place vis-à-vis le point de mire, & on dirige la lunette vis-à-vis ce point ; l'objet se peint comme on le voit dans le miroir F G, lequel est réfléchi dans le miroir R & de là renvoyé en S.

Niveau

N° 443

1741.
N°. 444.

MACHINE
POUR MESURER
D'UNE SEULE STATION,
DE PETITES DISTANCES INACCESSIBLES,
INVENTÉE
PAR M. DE GENSSANE.

CEtte machine est composée de deux lunettes AB, CD, (fig. 1.) ajustées aux extrêmités d'une regle EF : la premiere AB est fixe, & la lunette supérieure CD, est mobile sur le point G.

Un index H placé parallelement à l'axe de cette lunette, marque la valeur des angles sur l'arc IK, qui a pour centre le même point G, centre de mouvement de la lunette, à laquelle cet index est attaché.

La regle EF porte deux supports L, M, percés en écrous, & traversés par les deux vis N, O, le support inférieur M soutient un cylindre Q, de cuivre, percé d'une ouverture P, coupé par un réticule; le cylindre renferme un tambour R (fig. 2.) qui n'a que la moitié de la hauteur du cylindre Q, (fig. 1.) & au centre duquel sont fixées les deux vis N, O; la vis N porte une poignée S pour faire tourner & monter ce tambour élevé par les deux vis. L'extrêmité de la vis O, qui entre à coulisse dans le tambour prenant la lunette CD en dessous, la souleve, & l'index H parcourt les graduations de la portion du cercle IK.

Sur le pourtour du tambour R (fig. 2.) est tracé une
1741. hélice divisée en parties proportionnelles qui répondent à
N°.444. différentes distances dont les divisions paroissent successivement par l'ouverture P ; ces divisions se peuvent faire méchaniquement, ou par regle.

L'instrument est monté sur un genou T qui sert à l'incliner, & on le fixe par le moyen de la vis V, qui assujettit l'arc X qui tient à la lunette inférieure.

Usage.

Si l'on veut sçavoir la distance Y Z, (fig. 3.) supposée inaccessible, on monte l'instrument sur un pied à l'ordinaire ; ensuite on bornoie par la lunette fixe A B, jusqu'à ce que l'on apperçoive l'objet Z : l'instrument bien arrêté dans cette position, on fait tourner le tambour par le moyen de la poignée *S*, *jusqu'à ce qu'en élevant par la vis O la lunette C D, l'on rencontre le même objet* Z ; alors la distance paroît par l'ouverture R, & l'angle de la distance est marquée sur la portion de cercle I K.

Pour diviser méchaniquement cet instrument, en supposant les vis, les écrous, & toutes les parties de la machine, construites & placées avec soin, on commence par mettre le tambour entierement bas, & portant sur la base inférieure du cylindre Q, qui le renferme, parconséquent la lunette C D doit être horisontale, & parallele à la lunette A B, après quoi, on assujettit une pointe à l'ouverture P joignant le réticule dont il est coupé, & l'on tourne le tambour, la pointe fermement entretenue ; le mouvement d'élévation du tambour tracera l'helice.

Pour ensuite avoir les points proportionnels des distances, l'on établira la machine sur une étendue de terrein accessible, où l'on placera des voyans sur une ligne droite & sans différens angles, & ces mesures étant connues ;

nues, on les marquera au travers de la cellule P, sur le point de l'helice coupée par le réticule.

1741. N°. 444.

L'on observera de tenir la partie GC de la lunette, plus pesante que la partie GD, afin qu'elle porte toujours sur l'extrêmité de la vis O.

RAPPORT DES COMMISSAIRES.

LE Mercredi 1 Février 1741, M. de Fouchy & de Buffon ayant examiné, par ordre de l'Académie, un Mémoire contenant la description de différens ouvrages de méchanique, & présentés par M. de Genssane, en ont fait le rapport suivant.

Sçavoir que le premier de ces ouvrages consiste en une maniere d'employer sans roues, & par le moyen d'un tuyau garni d'un piston & d'une double soupape, l'eau d'une source qui auroit une certaine chûte, à faire mouvoir une Pompe.

Cette maniere d'employer la force de l'eau leur a paru nouvelle & bien imaginée, & ils croient qu'elle peut être mise en usage avec succès.

Que le second est un moyen de substituer aux manivelles coudées des especes de lanternes qui, au moyen des aiguilles garnies de plans inclinés qu'on leur oppose, font jouer alternativement, également & sans aucun saut, les pompes auxquelles elles sont appliquées; ce qui a été exécuté avec succès aux mines de Pontpean en Bretagne.

Ils croient que cette machine sera employée très-avantageusement toutes les fois que les manivelles coudées auxquelles on l'a substitué, seront de difficile exécution, ou exigeront pour leur construction des sommes considérables.

Que le troisieme est un niveau construit de maniere que les pieces essentielles de cet instrument sont à l'abri de l'action du vent; qu'il est composé d'un perpendicule qui

1741. N°. 444.

porte deux miroirs un peu inclinés à la verticale; que vis-à-vis ce perpendicule eſt une ouverture par laquelle les objets tranſmettent leurs rayons ſur celui des miroirs qui eſt tourné de ce côté; que vis-à-vis & dans l'endroit qui répond au point où ſe réfléchiſſent les objets, eſt placé un autre miroir parallele au premier quand la boîte eſt de niveau qui renvoie les objets à l'œil placé à une autre ouverture, vis-à-vis de ce dernier miroir; que les deux ouvertures étant bien fermées par des glaces, le vent ne peut trouver accès au perpendicule; & que pour vérifier cet inſtrument, on retourne le perpendicule, & on voit ſi les deux miroirs dont il eſt revêtu, repréſentent l'objet au même point.

Quoique les miroirs appliqués au niveau ne ſoient pas nouveaux; cependant celui-ci leur a paru ingénieuſement inventé pour éviter l'action du vent, & ils le croient auſſi exact qu'aucun autre niveau de ſon volume.

Que le quatrieme eſt une machine pour meſurer d'une ſeule ſtation de petites diſtances inacceſſibles; qu'aux deux bouts d'une regle qui ſert de baſe ſont placées deux lunettes, l'une fixée perpendiculairement à cette regle, l'autre mobile ſur un clou tourné; que cette lunette marque une partie des angles qu'elle forme ſucceſſivement avec l'autre ſur un arc de cercle diviſé non en degrés, mais en parties qui répondent aux toiſes de la diſtance de l'objet auquel on pointe les deux lunettes; & que lorſque ces parties deviendroient trop petites pour être ſenſibles, le mouvement de la lunette eſt meſuré par les tours d'une vis mue par un tambour, ſur la ſuperficie duquel eſt tracée une helice diviſée en parties qui répondent à ces diſtances.

L'exécution de cette machine leur paroit extrêmement difficile, & ne pouvoir pas être portée à un point de préciſion ſuffiſant pour en pouvoir tirer quelque utilité; l'Académie a été de l'avis deſdits Commiſſaires.

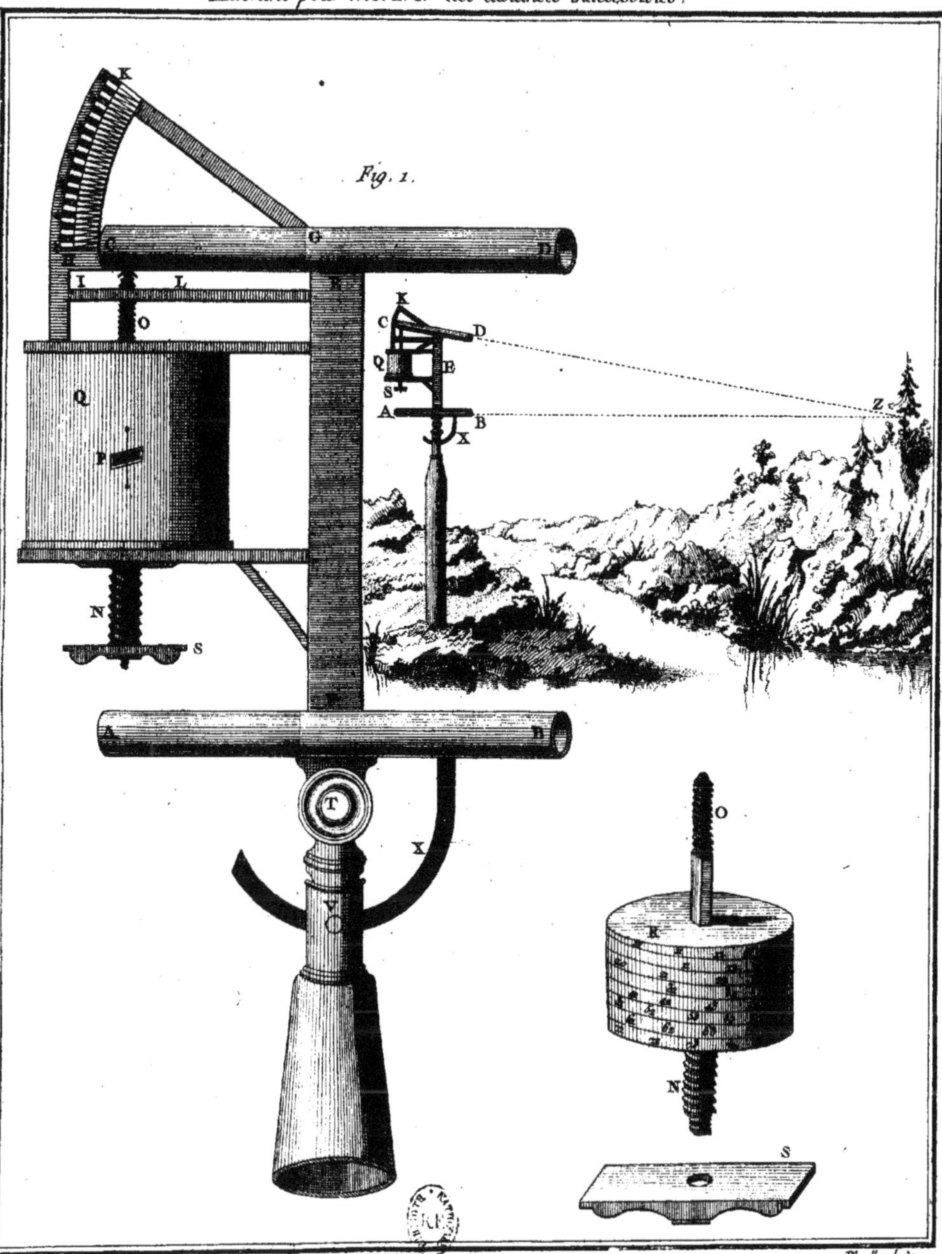

Dheulland Sc.

1741.
N°. 445.

MODELE DE CHEMINÉE,

INVENTÉE

PAR M. DE LAGNY.

LE principal objet de cette invention eſt de mettre les cheminées à l'abri des accidens du feu. Le tuyau ſuppoſé droit, on établit horiſontalement deux chaſſis AB, (fig. 1 & 2.) garnis de leurs battans, aux extrêmités de la cheminée ; le premier A à quelque diſtance au-deſſous du couronnement, & le ſecond B, un peu au-deſſus de la tablette : les deux battans ſe communiquent leurs mouvemens, au moyen d'une chaîne C D ; le chaſſis ſupérieur A eſt garni d'une ſeconde chaîne E, qui paſſe ſur la poulie F pratiquée dans l'épaiſſeur de la languette, rentre dans le tuyau, & porte un contrepoids H, au bout duquel eſt un anneau I, qui s'accroche au crochet K, lorſque l'on tient les trapes ouvertes, & que l'on fait du feu dans l'âtre. Si le feu prend à la cheminée, on ne fait que dégager l'anneau I du crochet K, les trapes ſe ferment par leur propre poids, & ſont aſſujetties dans cette ſituation par une 3e chaîne L M, (*fig.* 1.) qui paſſe en dehors.

Dès que le feu eſt entierement étouffé, on lâche la chaîne M, & enſuite on ne fait que pouſſer en haut la trape inférieure B, & le contrepoids H, qui n'eſt guère moins peſant que le deux trapes, les éleve, & on remet le crochet en ſon lieu K.

Pour faire uſage de cette decouverte, il faut être bien aſſuré de la ſolidité des languettes, & de la bonté de la maçonnerie ; elle ne peut même être appliquée avec ſuccès,

1741.
N°. 445.

que dans des bâtimens neufs, & en conſtruiſant les tuyaux de cheminée; d'ailleurs elle ne peut avoir lieu dans les cheminées devoyées, qu'en compliquant beaucoup les renvois & les communications d'une trape à l'autre; au ſurplus ce principe peut être varié, car il ſeroit auſſi très-poſſible, de faire mouvoir la trape ſupérieure par dehors, & la trape inférieure par dedans, ce qui produiroit le même effet.

RAPPORT DES COMMISSAIRES.

NOus avons examiné, par ordre de l'Académie, un modéle de cheminée qui lui eſt préſenté par M. de Lagny, dans lequel il procure le moyen d'y éteindre le feu avec choſes fort ſimples: le tout conſiſte à avoir une plaque de fer au haut de l'intérieur de la cheminée, & une autre en bas, placées horiſontalement, portant chacune deux tourillons ou gonds : l'on fait baiſſer la plaque d'enhaut par le moyen d'une petite chaîne qui paſſe ſur une poulie appliquée ſur le devant de la cheminée, & qui deſcend juſques en bas, enſorte que la plaque puiſſe fermer toute l'ouverture quand on tire la chaîne.

M. de Lagny place en bas du manteau une pareille plaque que l'on peut aiſément baiſſer avec la main ou un crochet. Il n'y a pas à douter qu'il n'entende mettre un quarré de fer tant-enhaut qu'en-bas, pour que les plaques puiſſent aiſément aller contre ſans laiſſer paſſer d'air; cette maniere nous a paru fort bonne, elle eſt extrêment ſimple, & nullement embarraſſante.

Fait à l'Académie, ce 2 Septembre 1741.

PAJOT, D'ONS-EN-BRAY;

CLAIRAUT.

Modelle de Cheminée.

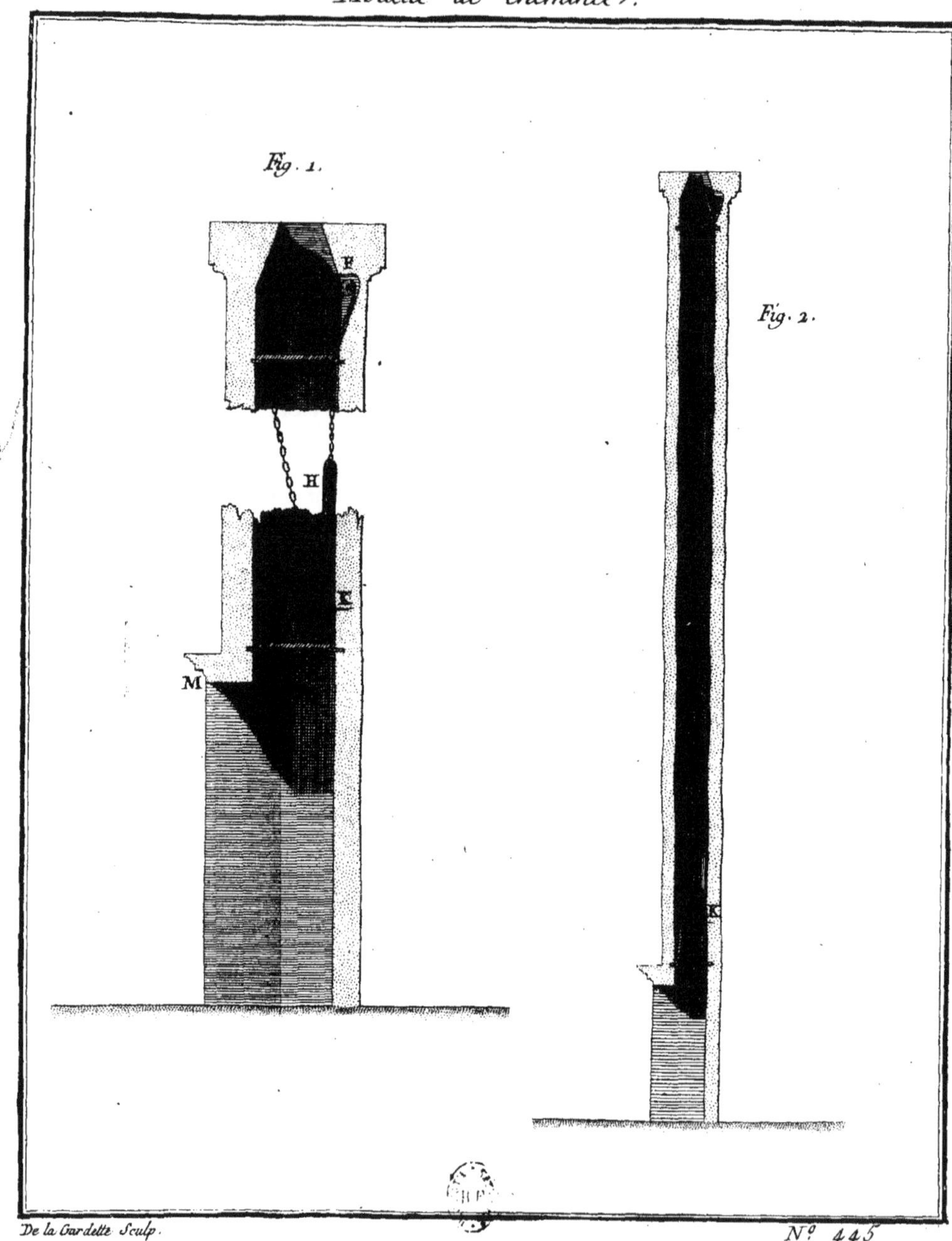

De la Gardette Sculp.

N° 445

1741. N° 446.

MOULIN HORIZONTAL,

INVENTÉ

PAR M^RS CLAUDE-FRANÇOIS ET JEAN-CLAUDE DU BOST.

LEs Commissaires nommés par l'Académie pour l'examen de cette découverte s'expliquent d'une maniere assez détaillée sur ses propriétés & ses inconvéniens, pour me dispenser d'une description étendue. Je me bornerai donc à indiquer simplement par renvoi, les pieces rélatives qui composent cette machine. Au surplus on pourra la comparer à toutes celles de ce genre qui ont déja paru dans le public ; tels sont les moulins horizontaux décrits dans le I vol. de ce Recueil, pag. 105 & 107, & dans le VI vol. pag 75.

Figure I.

A B, Roue horizontale, divisée en huit ailes.

B C, Rayons partagés dans le milieu de sa longueur, par le cercle *D*.

F D, Rayon incliné, *faisant* un angle *FDB* de 22 degrés 30′ avec la partie droite du même rayon.

N, N, N, Cloison de maçonnerie.

R, R, R, Intervalles des cloisons, pour le passage du vent.

S, S, S, Chassis à coulisses qui ferment ces mêmes ouvertures, & qui paroissent ouvertes en T, T.

Figure II.

GHML, Profil de la même roue AB, partagée en 3

1741. parties GH, IK, LM, qui peuvent se mouvoir séparément ou réunies ensemble.
N° 466. Z, Intervalle entre la roue, & les parois intérieurs de la tour, pour qu'un homme puisse faire facilement toutes les manoeuvres nécessaires.

V, Meule mobile qui tient directement à l'arbre.

La maniere de fixer les parties de roue entr'elles, ne m'a pas été communiquée; mais on pourroit y employer des verrouils tels que L, M, O, établis sur chaque partie tournante, ainsi qu'il se pratique dans plusieurs machines.

RAPPORT DES COMMISSAIRES.

LE Mercredi 5 Juillet 1741, Messieurs Camus & de Fouchy ayant été chargés par l'Académie, d'examiner le nouveau Mémoire de Messieurs du Bost, envoyé par M. le Contrôleur-Général, avec la lettre lue dans l'Assemblée du 23 Juin, & rapportée dans ses Registres dudit jour, en ont fait le rapport suivant.

Nous avons examiné, par ordre de l'Académie, un Moulin proposé par les sieurs Claude-François & Jean-Claude du Bost, freres, & qu'ils destinent à être mu tant par la force du vent que par celle de l'eau.

Comme moulin à vent il est assez semblable, quant à la forme extérieure, à ceux qui sont connus sous le nom de moulin à la Polonoise; mais il en est différent à plusieurs égards.

1°. Les plans des ailes dans les moulins à la Polonoise, sont dirigés vers l'axe de la roue ailée, & sont continués jusqu'à cet axe où est la section commune de toutes les ailes, au lieu que dans le modele de Mrs du Bost, les ailes qui sont au nombre de huit, font des angles de 22 $\frac{1}{2}$ avec les rayons de la roue, & se terminent en dedans à une circonférence de moitié plus petite que la sienne, en sorte que la roue elle-même est faite à peu près comme les tours des moulins à la Polonoise.

2°.

2°. Dans les moulins à la Polonoiſe l'arbre de la roue eſt d'une ſeule piece, & toutes les parties de cette roue étant fermement arrêtées à l'arbre, elle ſe meut néceſſairement toute entiere, au lieu que la roue de Mrs du Boſt eſt diviſée en trois parties dans ſa hauteur, & ces trois parties de roue ſe peuvent mouvoir ſéparément, ou deux enſemble, ou toutes trois à la fois. Ce partage de la roue en trois parties mobiles ſéparément donne la facilité de ménager la force du vent, & d'empêcher que les meules ne ſoient emportées avec trop de rapidité; ces trois parties de roues s'arrêteront par le ſecours de trois freins, & ſi l'on veut n'en arrêter qu'une ou deux, ce ſera celle du haut, ou celle du haut avec celle du milieu.

L'inclinaiſon des ailes de la roue aux rayons, & le vuide qui eſt au milieu en forme de tour creuſe, fait que le vent peut frapper le plus d'ailes qu'il eſt poſſible, & que preſque tout le vent réfléchi dans les différens degrés d'incidence, eſt mis à profit, ce qui donne à la roue la propriété de tourner en plein air & ſans le ſecours de la tour où elle eſt enfermée, ce que ne fait pas le moulin à la Polonoiſe tel qu'on nous l'a propoſé juſqu'ici: la roue de ce moulin ſe trouve, & par ſa conſtruction & par la tour où elle eſt enfermée, à l'abri des accidens que peuvent cauſer de violens coups de vent, propriété que n'ont pas les moulins ordinaires dont les volans ſont expoſés à toute la violence du vent, & ſont ſouvent emportés par les ouragans.

Ce moulin a, comme les autres moulins à la Polonoiſe, l'avantage d'avoir la meule ſur l'arbre de la roue, & ſans aucun engrénage, ce qui rend les frottemens & l'entretien beaucoup moindres.

Comme moulin à eau, la roue étant totalement ſubmergée, ſeroit à l'abri des accidens cauſés par les glaces, & autres corps qui pourroient flotter ſur l'eau, & la venir choquer: & comme Mrs du Boſt propoſent de placer ces roues à moitié couvertes, à l'iſſue, par exemple, des arches

1741. No. 446. d'un pont, & à moitié cachées derriere la pile, l'arbre même seroit totalement hors d'insulte; de plus il seroit inutile d'élever la roue dans les grandes crues d'eau; & ce moulin iroit aussi bien dans les plus grandes eaux que dans les médiocres.

Il est vrai que ces moulins qui sont à l'abri des glaces & des inondations, seront extrêmement exposés aux secheresses & aux basses eaux: car quand une fois la roue commencera à se découvrir, elle perdra d'autant plus de sa force, qu'il demeurera plus de parties de sa longueur à sec. Ainsi il faudra avoir attention à ne les placer que dans des endroits, où dans les plus basses eaux il y aura toujours un courant assez profond pour tenir la roue couverte.

Malgré cet inconvénient, & quoiqu'en général les roues de moulin à eau horisontales ne soient pas nouvelles, nous croyons que cette construction de roue sera, par la disposition de ses ailes, très-utile toutes les fois qu'on aura un courant d'eau assez profond pour les tenir toujours submergées, & que l'on prendra les précautions nécessaires pour que le retardement de la rapidité de l'eau causé par la roue, n'occasionne pas des atterrissemens qui gêneroient son mouvement.

LIT

Moulin horisontal.

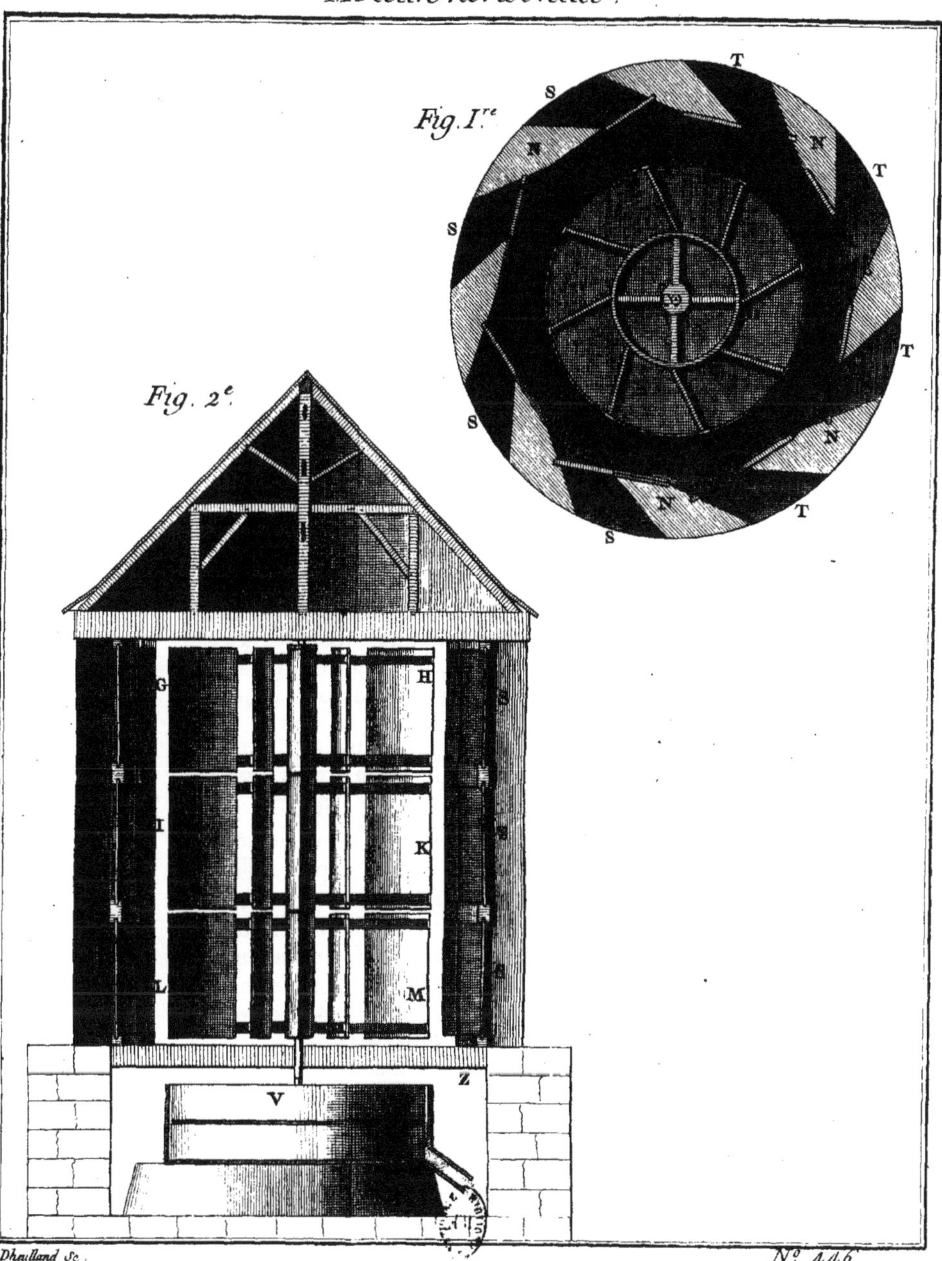

Dheulland Sc.

N° 446

1741. N°. 447.

LIT
POUR LES MALADES IMPOTENS,
INVENTÉ
PAR LE SIEUR HANOT, MENUISIER.

AB, (*fig.* 1 & 2.) est un cadre de lit, couvert de ses barres, & garni de matelats & lit de plume à l'ordinaire.

Les quatre colonnes A, C, B, D, sont creuses & ont des rainures, telles que FO, HQ, qui servent de coulisse au chassis mobile G H F E, formé de deux planches chantournées & assemblées par deux forts rouleaux IK, L M; le premier est fixe, & le second L M peut tourner sur lui-même, en mettant une manivelle sur le canon N du crochet garni de son cliquet. Un couti ouatté passe sur ces deux cylindres, il est assujetti sur le cylindre fixe IK, & en se roulant sur le cylindre mobile L M, peut être plus ou moins tendu : c'est ce couti couvert d'un drap de lit, qui porte le malade.

Tout ce composé qui forme un chassis, s'éleve, s'abaisse, & s'incline, par le moyen des poulies X, R, V, S, W, placées dans le creu des colonnes A, C, B, D, sur lesquelles passent des cordes dirigées suivant le mouvement que l'on veut faire faire à ce cadre. Par exemple, si l'on veut faire le lit du malade & remuer les matelats qui sont à l'endroit P, on pourroit élever perpendiculairement tout le chassis & le malade; mais comme il faudroit plusieurs personnes pour cela, on peut se contenter d'incliner le chassis, lui faisant faire charniere sur les points I, K, comme

1741. N°. 447.

il eſt repréſenté dans ce deſſein; en ce cas, on fixera la corde au point E du chaſſis, on la fera paſſer ſur la poulie R, enſuite autour de la ſeconde poulie S, & on en garnira l'arbre du rochet T que l'on fera tourner par le moyen d'une manivelle; ce chaſſis par cette élévation donnera la facilité de remuer le lit par ce côté, & on répétera la même manœuvre pour le côté oppoſé : on pourroit encore l'élever des deux côtés de maniere à donner jour à pouvoir retourner les matelats.

Si l'on veut élever le cadre par l'extrêmité EF, & lui faire faire charniere ſur le bout GH, on fixera deux cordes aux points EF, que l'on fera paſſer ſur les deux poulies R, V; elles ſeront dirigées ſur l'arbre du rochet T, par les deux poulies de renvoi S, W; ces deux cordes doivent être entortillées en ſens contraire ſur cet arbre : les rainures à leurs parties inférieures ſont évaſées, afin de donner moyen d'incliner le lit dans ce dernier ſens.

La corde Z ſert à élever le malade ſur ſon ſéant, cette corde qui paſſe au milieu de l'impériale, eſt dirigée par-deſſus ſur la poulie X, elle va s'enrouler autour de l'arbre de l'encliquetage Y (fig. 2.) : ſi le malade peut ſe tenir de lui-même à la poignée qui tient à la corde Z, il s'en ſert ſans autre ſecours, ſinon on peut paſſer des ceintures ſous les bras & les reins du malade, & les attacher à la corde Z, & l'on fait uſage du rochet Y.

RAPPORT DES COMMISSAIRES.

LE Mercredi 9 Août 1741, Mrs d'*Ons-en-Bray*, Petit, & Morand ont lu le rapport ſuivant ſur un modele de lit de malade, préſenté par le ſieur Jean-Nicolas Hanot, Menuiſier.

Nous avons examiné, par ordre de l'Académie, un modele de lit préſenté par le ſieur Hanot, dans lequel nous avons trouvé plus de commodités pour faire les lits des malades impotens, qu'en aucun autre que nous connoiſſions.

Lit pour les Malades Impotents.

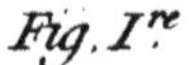
Fig. Ire

Fig. 2.

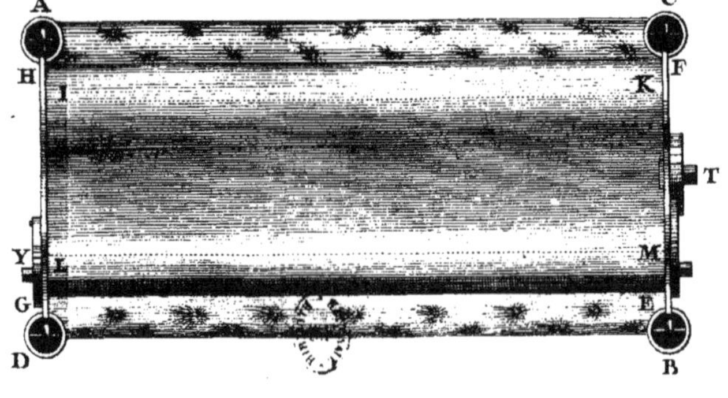

Dheulland Sculp.

N° 447

RECUEIL
DES MACHINES
APPROUVÉES
PAR L'ACADÉMIE ROYALE
DES SCIENCES.

ANNÉE 1742.

1748.
N°. 442.

MACHINE
POUR CHARGER DES SERPENTEAUX ET AUTRES PIECES D'ARTIFICE, INVENTÉE PAR LE SIEUR PASDELOUP.

CEtte machine, construite pour charger 100 serpenteaux en fort peu de temps, & qui pourroit l'être pour un plus grand nombre, est composée de deux planches de 9 pouces en quarré : celle de dessus AC, a un pouce trois quarts d'épaisseur ; elle est mobile & percée de façon à pouvoir recevoir les serpenteaux. La planche de dessous, B, n'a qu'un pouce d'épaisseur, & sert à porter les serpenteaux que l'on introduit dans les trous de la planche supérieure ; & lorsque la machine est entiérement garnie, on fait passer les deux leviers DD, entre les deux pieces AB, par ce moyen on éleve la planche AC, & les serpenteaux se trouvent de niveau avec la piece.

On se sert ensuite de la seconde machine EF; le cylindre E, rempli de poudre, communique au tuyau quarré N, garni à sa partie inférieure d'un entonnoir F ; ce tuyau est fermé par deux languettes GP, placé à la distance convenable, pour déterminer la charge de chaque artifice. Chaque languette contenue par leur ressort RS, est percée d'un trou qui ne se présente au passage du tuyau que quand on pousse chaque languette, de maniere que l'on commence à pousser la languette supérieure G, la poudre du réservoir E descend sur la se-

1742. N°. 448. conde languette P; lâchant ensuite la languette G, elle est poussée par le ressort R, & forme le passage à la poudre qui se trouve alors séparée & comprise entre les deux languettes. Cette poudre tombe dans l'entonnoir, si l'on pousse de même la languette inférieure P; & l'entonnoir introduit dans le serpenteau, y conduit la charge. On bourre ensuite la poudre avec une baguette de fer. M. de la Chaumette a employé une semblable méchanique dans un fourniment décrit dans ce Recueil, Ire addition, tome III, page 51 & suivantes.

L'entonnoir couvert K, renferme la composition qu'il faut aussi introduire dans chaque serpenteau; cet entonnoir est traversé par une baguette ML, & en enfonçant & retirant alternativement l'extrémité L, dans chaque serpenteau, on y fait couler la quantité de composition nécessaire à chacun..

Tous les serpenteaux étant remplis & battus, on retire les deux leviers DD, la planche AC tombe, les serpenteaux se trouvant presque à découvert, on les retire pour les étrangler en se servant de la machine inventée par l'Auteur, & qu'il a présentée à l'Académie en 1739, où elle est décrite.

Il est certain qu'en se servant de ces machines, un Artificier peut faire beaucoup plus d'artifice dans le même espace de temps qu'un autre n'en pourroit faire par les usages ordinaires qu'enseigne le métier, puisqu'on perd beaucoup de temps à prendre les fusées l'une après l'autre, & y faire couler la poudre, & que l'on ne peut jamais distribuer en quantité parfaitement égale, & il seroit à desirer que l'on pût l'employer à la charge des fusées des bombes, tant pour l'accélération du travail, que pour la justesse de la charge.

RAPPORT DES COMMISSAIRES.

NOus avons examiné, par ordre de la Compagnie, une machine pour charger des serpenteaux & au-

Machine pour charger des Serpenteaux.

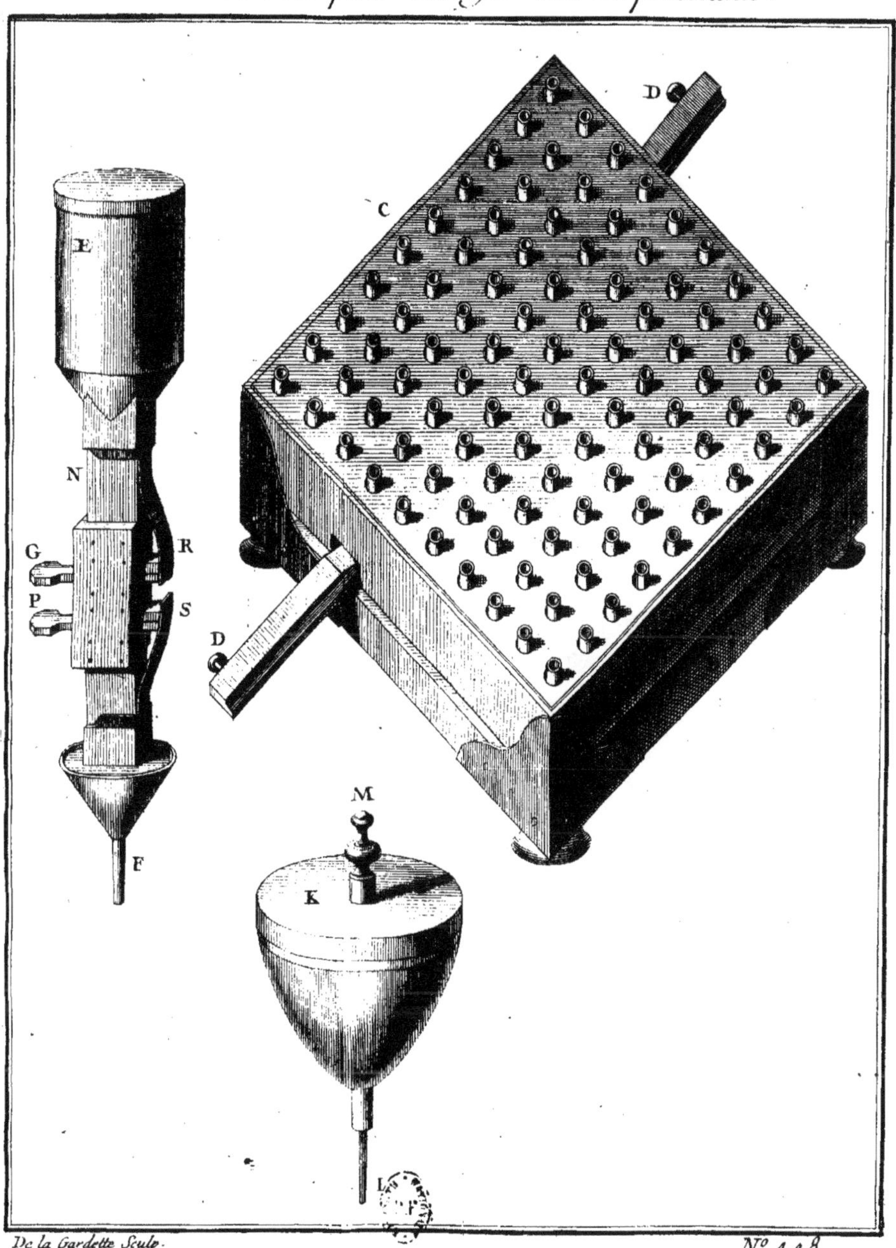

De la Gardette Sculp.

N.° 448

tres petites pieces d'artifice par le sieur Pasdeloup : elle consiste en deux planchettes posées l'une au-dessus de l'autre ; celle du dessus peut se hausser & baisser, & elle est trouée dans plusieurs endroits de maniere à laisser passer un grand nombre de serpenteaux qui portent par leurs extrêmités sur la planchette inférieure ; on charge chacun de ces serpenteaux au moyen d'un fourniment à ressort, qui donne à chaque serpenteau la charge de poudre qu'il faut pour le remplir. Cette façon de remplir les serpenteaux & autres petites pieces d'artifice, épargne du temps à l'ouvrier, & nous pensons qu'elle peut être mise en pratique avec quelque utilité.

1742. N°. 448.

Fait à *Paris* le 27 Janvier 1742.

BUFFON.

CAMUS.

l'égalité d'accélération, mais seulement de la liberté des vibrations du balancier, c'est pour cela qu'il fait faire près de six tours au ressort, dont il n'emploie que trois tours & demi; il lui reste donc près de deux tours & demi de relâche dans le haut, le ressort est par là moins sujet à se rompre. La rupture des ressorts depend encore de la mauvaise forme qu'on donne à l'arbre du barillet, lequel étant rond, & le ressort en spiral, l'endroit du ressort qui répond au crochet fait un coude qui le dispose à se casser. Pour remédier à ce defaut, il contourne le corps de l'arbre en spiral, & le crochet tient à la partie la plus rentrante. Il a mis une roue de plus, qu'on n'a coutume d'en mettre au mouvement de sa répétition, afin de diminuer le nombre des dents de la roue de rencontre, ce qui diminue le frottement sur l'échappement, le rend plus léger, & par conséquent moins sujet à l'usure. Nous allons ici déduire la théorie de ce même échappement.

Les changemens qui arrivent indispensablement dans les frottemens des roues & des autres parties qui composent les montres ordinaires, sont les principales causes de leur irrégularité, parce que les frottemens qui ôtent toujours une partie considérable des forces mouvantes, venant à changer, changent aussi nécessairement les forces restantes, & par conséquent la justesse de la montre : car ces forces restantes, ou, pour mieux dire, les forces que le mouvement transmet à la roue de rencontre changeant de quantité, cette roue accélère plus ou moins les vibrations du balancier, suivant que ses forces sont augmentées ou diminuées, ce qui fait avancer ou retarder la montre; il faut donc employer les moyens convenables pour rendre les frottemens constants, & pour cela il faut les réduire à la plus petite quantité, parce que leurs changemens sont toujours suivant le rapport de cette quantité.

L'usure dans les montres est encore une autre cause de leur irrégularité, parce qu'elle change les forces restantes, l'action des roues & des autres parties qui composent la montre. Pour remédier à tous ces défauts, il faut:

1742.
N°. 449.

1°. Empêcher, le plus qu'il est possible, le changement de forces restantes, & qu'elles ne communiquent l'irrégularité de ce changement aux vibrations du balancier.

2°. Mettre les parties à l'abri de l'usure le plus qu'il est possible, & rendre de même les frottemens constants. Voila les principaux objets que M. le Roy se propose dans l'application de son échappement aux montres : pour en bien juger, il est nécessaire d'examiner d'abord, quelle est la détermination propre du mouvement du balancier, en le supposant dégagé de la roue de rencontre, & du ressort spiral, de voir celle de ce même ressort dégagé réciproquement du balancier, & d'observer ensuite ce qui doit résulter dans les vibrations, lorsque l'un & l'autre sont réunis.

Pour cet effet supposons un balancier dans le vuide, *sans frottemens sur ses pivots, ni aucun obstacle à son mouvement*; si on fait tourner ce balancier par la loi générale des corps mus horisontalement, il conservera la même vîtesse qui lui aura été imprimée, c'est-à-dire, uniforme ; par conséquent, dans des temps égaux, il parcourra des espaces égaux.

Suivant ce principe un balancier appliqué à une montre, est déterminé par son mouvement propre à rendre les temps des vibrations égaux à leur grandeur, par conséquent cette montre avanceroit & retarderoit suivant que les vibrations diminueroient ou augmenteroient leur grandeur, si l'action du ressort spiral & l'accélération de la roue de rencontre ne détruisoient point l'uniformité de son mouvement.

Le ressort spiral est déterminé par son mouvement propre, comme tous les autres ressorts, à faire ses vibrations petites & grandes dans des temps égaux, ce qui se prouve par le ton constant & égal des cordes d'instrument; par conséquent il pourroit rendre une montre parfaitement réguliere, en l'appliquant ſimplement à la verge de ſon balancier, c'eſt-à-dire, à une verge dont on auroit ôté le balancier, ſi ce reſſort pouvoit acquerir aſſez de mouvement pour n'être pas ſenſible à tous les changemens d'accélération de la roue de rencontre, & au changement de réſiſtance du frottement des pivots de cette verge. 1742. N°.449.

Examinons préſentement le balancier & le reſſort ſpiral réunis enſemble, ſans la roue de rencontre, l'effet que doit produire le mélange de leurs différentes actions ſur les vibrations.

Le balancier & le reſſort ſpiral exercent leur puiſſance alternativement l'un ſur l'autre pour ſe communiquer réciproquement leur mouvement; le balancier exerce premierement la ſienne ſur le ſpiral pour lui communiquer toute l'uniformité de ſon mouvement, & par conſéquent l'irrégularité des temps de ſes vibrations. Le reſſort ſpiral exerce à ſon tour ſa puiſſance ſur le balancier, pour en corriger l'inégalité en accélérant ſes vibrations; mais la puiſſance du balancier étant conſidérable, cette accélération du reſſort ſpiral n'eſt pas ſuffiſante pour rendre les temps des grandes vibrations égaux aux petites; elle ne peut corriger leur irrégularité que comme la puiſſance de ce reſſort eſt à celle du balancier.

Il s'agit donc de chercher une roue de rencontre qui puiſſe donner, par le moyen *d'un échappement* quelconque, le *reſte d'accélération qui manque aux vibrations pour en rendre les temps égaux.*

La roue de rencontre ordinaire n'eſt point propre à cette opération, à cauſe qu'elle maîtriſe ſi fort le balancier, qu'elle communique à ſes vibrations toutes les inégalités des forces qui lui ſont tranſmiſes par le mouvement de la montre: car lorſque la force de cette roue accélère davantage les vibrations, au lieu de les laiſſer accroître dans le rapport de cette accélération, elle s'oppoſe encore avec plus de force à leur accroiſſement, qu'elle ne les accélère:

1742. No.449.

cela est cause que les montres ordinaires avancent & retardent suivant que la force de leur mouvement augmente ou diminue.

L'échappement à repos de M. le Roy est exempt de ce défaut : car la roue de rencontre après avoir accéléré les vibrations du balancier, ne s'oppose point à leur grandeur; elle laisse accroître librement à la résistance près du frottement des pivots du balancier, & de celui de la roue de rencontre sur le repos de l'échappement. Cette roue ne s'opposant point à la grandeur des vibrations, l'on peut en rendre les temps égaux; il ne s'agit pour cela que de réduire la puissance du balancier en telle sorte que celle du ressort spiral & celle de la roue de rencontre, puissent l'accélérer au point que les grandes vibrations soient rendues isochrones aux petites. Ce rapport d'accélération dépend du nombre des vibrations que le balancier fait par heure.

Cet échappement que M. le Roy a appliqué à une montre qu'il a envoyée à Londres, a les mêmes propriétés que l'ingénieux échappement à repos de M. Graham *, qui a souvent été mis en usage par bien des Horlogers, avec cette différence seulement, que l'échappement de M. le Roy a une diminution de frottement dont celui de M. Graham n'est pas susceptible, parce que ce qui tient lieu dans cet échappement de verge de balancier qui est l'échappement de Graham, est un canon creux, entaillé à moitié pour donner le passage aux dents du rochet, dont une partie de la circonférence concave & convexe frotte alternativement contre la dent de la roue de rochet dans le temps qu'elle repose, & qui par la proportion qu'il doit avoir avec les dents de cette roue est toujours trop gros pour n'avoir pas beaucoup de frottement : car il faut nécessairement que la grandeur du diametre de ce canon ait celle de la moitié d'une dent de la roue de rochet, plus l'épaisseur de ce canon.

* V. le Traité d'Horlogerie, publié par le Sr. Thiou, Tom. I, p. 106 & suiv. Planch. 43, fig. 25.

Par cette proportion que ce canon doit avoir avec la

dent, on ne peut, quelque changement qu'on faſſe, diminuer le frottement de cet échappement ; car ſi on diminue le nombre des dents pour diminuer leurs preſſions ſur le repos, le diametre du canon augmente de la même quantité de cette diminution de dent, & par là ſon eſpace parcouru ſous la dent ſe trouve augmenté en raiſon inverſe de cette diminution ; ſi au contraire on augmente le nombre des dents pour diminuer l'eſpace parcouru, la preſſion des dents étant toujours comme leur quantité, elle ſe trouve augmentée de la même quantité que l'eſpace parcouru eſt diminué. 1742. N°. 449.

L'échappement de M. le Roy n'eſt pas aſſujetti à la même quantité de frottemens, parce qu'on peut diminuer à volonté le nombre des dents de la roue de rencontre (de ce même échappement) ſans augmenter l'eſpace parcouru de la partie ſur laquelle elle repoſe, ayant la facilité de faire le repos des dents le plus près du centre de la verge du balancier qu'il eſt poſſible : & comme la juſteſſe des montres à repos dépend principalement de la liberté des vibrations, il eſt conſtant, que cette même liberté eſt toujours en raiſon des frottemens plus ou moins grands qui ſe trouvent dans les échappemens, & que ceux où il s'en trouve moins ſont préférables aux autres. M. le Roy prétend même qu'on ne peut voir de variations dans ſon échappement que celles *qui ſont occaſionnées par la température de l'air ; pour y remédier, il propoſe d'employer une idée dont M.* Camus lui a fait part, qui eſt d'élargir ou de retrecir plus ou moins la platine qui porte le coq.

La premiere montre que M. le Roy a faite ſur ce principe, lui fut commandée par M. de Villeneuve, Francois, Graveur du Roi de Portugal, & de l'Académie de Liſbonne, à l'occaſion d'une gageure de 100 monnoies d'or, ou 3000 liv. de France, qu'il fit avec des Anglois ſur la comparaiſon des montres de Paris à celles qui ſe font à Londres, & dont on verra le réſultat dans le rapport ſuivant.

RAPPORT DES COMMISSAIRES.

1742. N°. 449.

LE Samedi 21 Avril 1742, Messieurs Camus & de Fouchy font le rapport qui s'ensuit sur un Echappement de M. Pierre le Roy.

Nous avons examiné, par ordre de l'Académie, un mémoire présenté par M. Pierre le Roy, contenant la description de quelques changemens qu'il a faits à l'échappement des montres, pour parvenir à une plus grande régularité.

Pour mieux entendre en quoi consiste le changement que M. le Roy propose de faire à cette partie des montres, il sera bon de se souvenir que la derniere roue des montres, appellée roue de rencontre, est d'une structure fort différente de celle des autres roues; ses dents au lieu d'être perpendiculaires à son plan, sont toutes penchées vers un même côté, & elles engrenent par en-haut & par en-bas dans des palettes attachées à l'arbre du balancier qu'elles poussent alternativement en sens contraire. Par ce moyen le balancier n'est jamais un seul instant sans éprouver l'action du mouvement, parce que dès que la dent de la roue de rencontre échappe de la palette, la dent opposée agit sur l'autre palette.

Si la force motrice étoit toujours égale, cette construction ne laisseroit rien à desirer sur cet article; mais comme il est impossible que l'action du ressort ne soit ou quelquefois inégale en elle-même, ou transmise inégalement au balancier, il résulte de la maniere dont elle y est appliquée, que quand la force motrice est augmentée, le balancier est obligé à circuler plus vîte, sans pouvoir néanmoins parcourir librement un plus grand espace; ce qui fait qu'il ne peut remédier à toutes les inégalités de la force motrice.

M. le Roy construit l'échappement d'une façon un peu

différente de celui que nous venons de décrire. Au cylindre dont nous avons parlé, il substitue un petit cône tronqué, creusé à peu près comme les petits poids de marc, coupé dans une de ses moitiés, & dont les coupes sont inclinées: le balancier reçoit son mouvement de deux roues différentes de celles du sieur Baufré, en ce que les siennes sont des roues plattes, & que celles de M. le Roy sont des roues de champ. A la pointe des dents de ces roues, il y a un petit crochet qui sert à appuyer sur le dessus du cône tronqué. L'usage de ce crochet & du creux du petit boisseau, est de conserver de l'huile dans tous ces mouvemens, ce que M. le Roy juge d'une très-grande importance tant dans cet endroit, que dans tous les pivots des montres. Pour cela, aux réservoirs d'huile qui souvent étoient infideles, M. le Roy substitue un simple trou fermé exactement par en-haut, ou plutôt qui ne traverse pas entierement la platine: l'huile une fois logée au fond de ces creux y est retenue: le réservoir ne manquera jamais tant que l'huile durera.

M. le Roy fait plusieurs réflexions sur la maniere de placer les pieces de la répétition, & même de la montre, & fait voir que tous ces arrangemens, qui au premier coup d'œil paroissent assez indifférens, sont cependant d'une extrême conséquence. Ces réflexions l'ont conduit à faire ses quadratures beaucoup plus basses que les autres, ce qui lui donne le moyen de faire la cage du mouvement beaucoup plus haute dans une montre de même volume.

2°. Il a éloigné des pivots des roues du mouvement les pieces de la répétition qui pompoient l'huile de ces pivots, & les mettoient à sec: par là la régularité de ses montres doit être beaucoup plus constante; & toutes ces réflexions se trouvent confirmées.

Finie en 1737 par M. le Roy au sujet d'une gageure que des Anglois & des François avoient faite à Lisbonne sur la préférence de l'Horlogerie Angloise, & de la Fran-

çoise, & qui soutint si bien la comparaison qu'on en fit avec
1742. une montre du célebre M. Graham, qu'il fut impossible
N°. 449. de décider laquelle étoit la meilleure. Ce mémoire nous a paru rempli de remarques curieuses & utiles, & la maniere qu'il emploie pour perfectionner l'échappement à repos & les répétitions, d'autant meilleure, qu'elle paroît confirmée par l'expérience.

Les mêmes Commissaires ont lu le Rapport suivant sur la même matiere.

NOus avons examiné, par ordre de l'Académie, un mémoire présenté par M. Gourdain, contenant la description de quelques changemens qu'il a faits à l'échappement des montres, pour parvenir à une plus grande régularité.

Pour mieux entendre en quoi consistent les changemens qu'il propose de faire à cette partie des montres, il sera bon de se souvenir que la derniere roue des montres, appellée roue de rencontre, est d'une structure fort différente de celle des autres roues; ses dents, au lieu d'être perpendiculaires à son plan, sont toutes penchées d'un même côté, & elles engrenent par en-haut & par en-bas dans des palettes attachées à l'arbre du balancier, qu'elles poussent alternativement en sens contraire: par ce moyen le balancier n'est jamais un seul instant sans essuyer l'action du mouvement, parce que dès que la dent de la roue de rencontre échappe la palette, la dent opposée agit sur l'autre palette.

Si la force motrice étoit toujours égale, cette construction ne laisseroit rien à desirer sur cet article; mais comme il est impossible que l'action du ressort ne soit ou quelquefois inégale en elle-même, ou transmise inégalement au balancier; il résulte de la maniere dont elle y est appliquée, que quand la force motrice est augmentée, le balancier

balancier est obligé à circuler plus vîte sans pouvoir néanmoins parcourir un plus grand espace, ce qui fait qu'il ne peut remédier à toutes les inégalités de la force motrice.

Pour remédier à cet inconvénient, le sieur Baufré, Horloger François établi à Londres, imagina en 1704, l'échappement qu'on nomme à repos; il supprima les deux palettes & la roue de rencontre, & mit sur l'arbre du balancier une espece de cylindre un peu épais, interrompu dans une de ses moitiés, & qui au lieu d'être terminé dans sa coupe par le plan qui passeroit par l'axe, l'est au contraire par deux plans inclinés, un de chaque côté de l'axe.

Vis-à-vis de ces deux plans inclinés sont deux roues fixées parallelement entre elles sur le même axe, placées de façon que les dents de l'une se trouvent vis-à-vis de l'intervalle des dents de l'autre; par ce moyen dès qu'une dent a glissé sur un des plans inclinés, & chassé le balancier, l'autre dent repose sur la base supérieure du cylindre qui porte les plans inclinés, ensorte que le balancier peut obéir à toute l'impulsion qu'il reçoit, & parcourir des arcs aussi grands qu'il est nécessaire, ce qui lui donne la facilité de régler le mouvement de la montre, & de profiter de toute l'exactitude que lui peut donner le ressort spiral qui y est attaché.

C'est ce même *échappement que M. Gourdain a entrepris de perfectionner.*

Il adopte *le cylindre* du sieur Baufré; mais il le réduit à n'être presque qu'un plan sans épaisseur, & au lieu de faire deux roues plates paralleles avec des dents pointues, il n'en met qu'une seule qui se sépare en deux à la circonférence, & dont les dents sont coupées à leur extrêmité en plan incliné; par cette disposition l'action des dents sur le cylindre peut dans toute sa durée être réduite à l'égalité: car si dans quelques momens la roue agit par un bras de levier plus court, celui de la palette est plus court

1742. N°. 449.

aussi, & à mesure que l'action de la roue diminue de force, en s'éloignant du centre, l'écartement des dents fait qu'elle prend le cylindre en un point plus éloigné du centre, ce qui lui fait regagner la force qu'elle avoit perdue.

M. Gourdain ayant exécuté quelques pieces suivant cette idée, remarqua qu'elles alloient fort bien en repos, mais retardoient au porter, ce qui vient de ce que cette espece d'échappement laisse au balancier la liberté d'obéir à toutes les secousses qu'il reçoit, ce que ne lui permet pas l'échappement à roue de rencontre.

Pour remédier à cet inconvénient, M. Gourdain a imaginé de placer sous le coq, & sur la platine, une piece taillée en courbe, qui ne fait qu'une piece avec le rateau, & que le ressort spiral touche en d'autant plus de points, qu'il fait sa vibration plus grande, ce qui lui donne une réaction plus vive: & effectivement cette courbe appliquée à plusieurs montres de M. Gourdain, dont la premiere a été finie en 1728, a rempli parfaitement l'idée que l'Auteur s'étoit proposée, & cette invention très-ingénieuse en elle-même, & confirmée par l'expérience, mérite assurément d'être suivie.

En général, la maniere de remédier à plusieurs inconvéniens de l'échappement à repos, que propose M. Gourdain dans ce mémoire, est très-ingénieuse, & nous la croyons d'autant meilleure, que jusqu'ici elle paroît confirmée par l'expérience.

Echapement a repos pour les Montres.

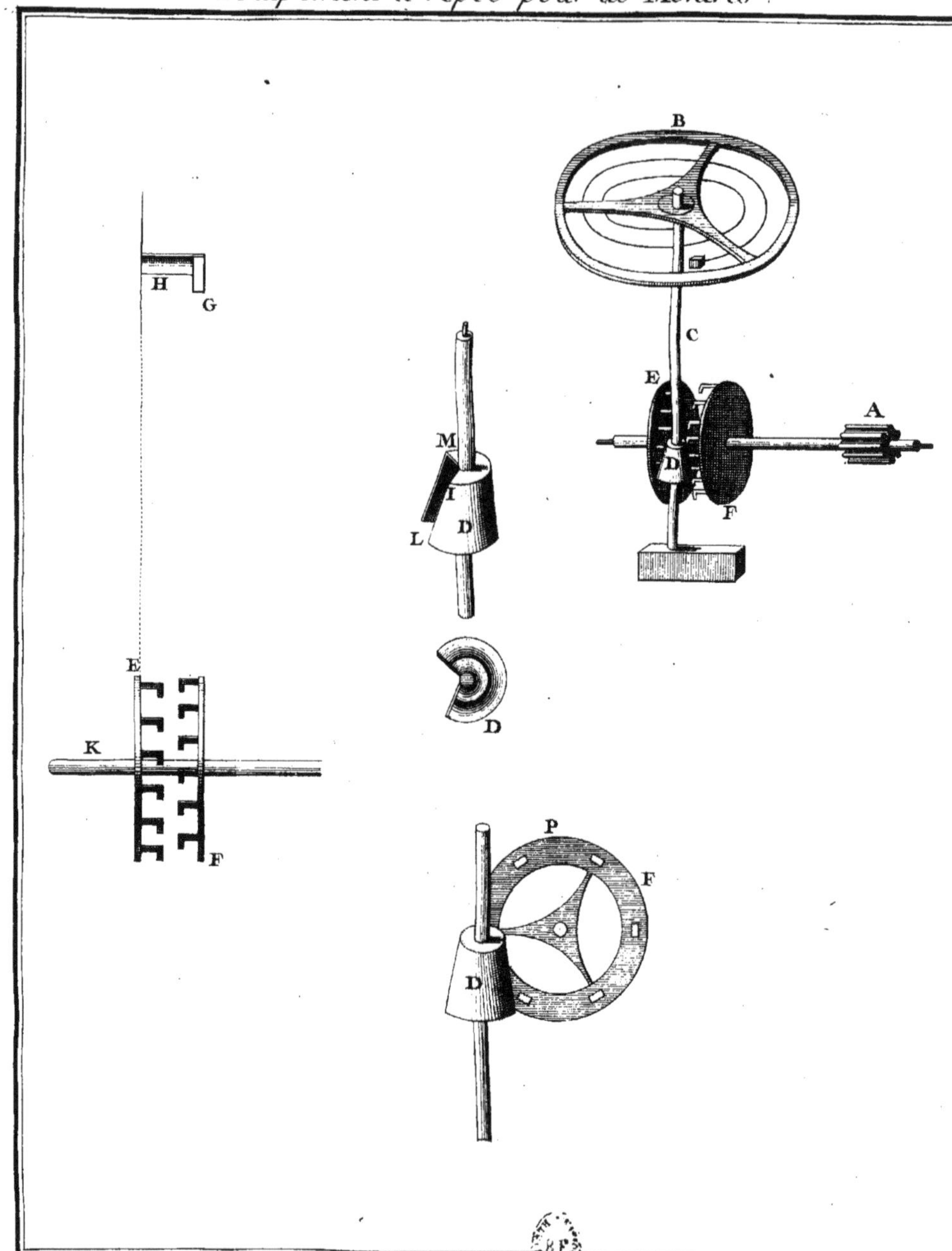

Dheulland Sculp.

1742. N°. 450.

ÉCHAPPEMENT DE MONTRE, *INVENTÉ* PAR M. VOLET.

A Et B sont deux roues plates égales, de 30 dents chacune, qui s'engrenent l'une dans l'autre; chaque roue porte dix chevilles posées dans la largeur de la roue, & doivent être toujours placées de trois dents en trois dents, par conséquent si l'engrenage étoit de 45 ou de 60 dents, il faudroit 15 ou 20 chevilles.

CDE, triangle fixé à la verge du balancier, si on l'emploie en pendule, ou à un arbre placé verticalement, si c'est en montre; cette palette unique est mobile au point C, & c'est le pignon H qui donne le mouvement à la machine.

Quand la roue A tourne, elle fait aussi tourner la seconde roue B, qui renvoie le triangle C du côté A, & réciproquement les chevilles de la roue A renvoyant la piece du côté B, & ainsi de suite.

C'est dans cette forme que l'inventeur l'a appliqué aux pendules; quand il l'a présenté à l'Académie, l'échappement étoit construit comme la figure IFG le représente, c'est-à-dire, que les deux roues IG, qui s'engrenent l'une dans l'autre, ne portent chacune que quatre chevilles, & la piece F est faite en cycloïde: du reste les mouvemens sont les mêmes.

Le sieur Volet a produit cet échappement d'après les

1742. N°. 450. réflexions qu'il a faites ſur les inégalités des montres, qui ſont pendues ou portées à plat, & aſſure avoir eu tout le ſuccès qu'il pouvoit attendre de l'uſage de cette invention, appliqué aux montres.

On trouve cet échappement dans la collection du ſieur Thiout, Tome I, page 109, planche 43, figure 29, ſous le nom du ſieur Vergo.

RAPPORT DES COMMISSAIRES.

LE Samedi 7 Juillet 1742, Mrs Camus & Dalembert liſent le rapport ſuivant ſur l'échappement de montre du ſieur Volet.

Nous avons examiné, par ordre de l'Académie, une montre préſentée par le ſieur Volet, Horloger.

Ce qu'il y a de nouveau dans cette montre, conſiſte dans un échappement compoſé de deux roues plates égales, *qui engrenent l'une dans l'autre*, & *ſur chacune* deſquelles ſont placées quatre chevilles qui pouſſent alternativement en ſens contraire avec la palette unique du balancier.

Au moyen de cet échappement, la montre n'ayant point de roue de champ, a cet avantage, que tous ſes engrenages ſont plus conſtants : de plus ſon balancier n'eſt point ſujet au renverſement.

Cet échappement nous a paru ſimple & ingénieux, & paroît mériter que l'Auteur faſſe des expériences pour en connoître les proportions les plus avantageuſes.

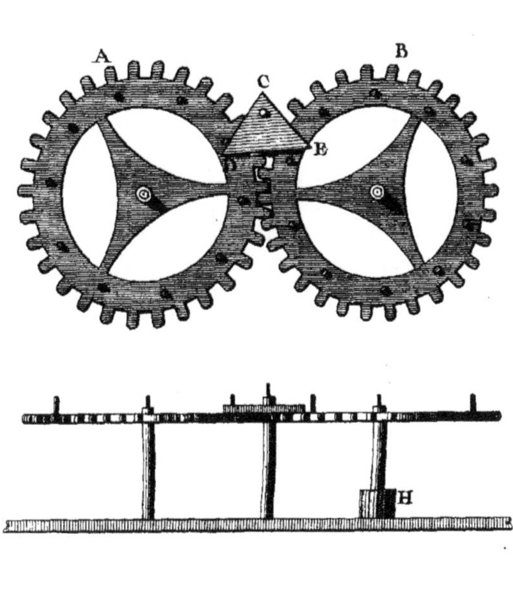
A
B
C
D
E
H

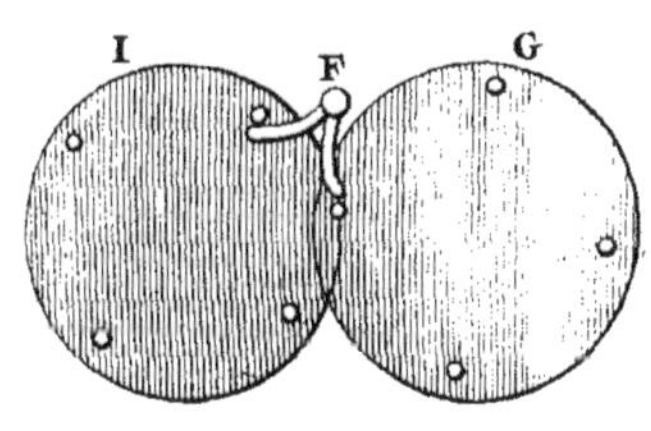
I
F
G

1742.
N°. 451.

ÉCHAPPEMENT
A REPOS,
INVENTÉ
PAR M. GOURDAIN, HORLOGER.

LE ſieur Baufré, Horloger François établi à Londres, imagina en 1704, l'échappement qu'on nomme à repos *; il ſupprima les deux palettes & la roue de rencontre, & mit ſur l'arbre du balancier une eſpece de cylindre un peu épais, interrompu dans une de ſes moitiés, & qui au lieu d'être terminé dans ſa coupe par le plan qui paſſeroit par l'axe, l'eſt au contraire par deux plans inclinés, un de chaque côté.

Le reſte de la deſcription de cet échappement ſe trouvant dans le rapport des Commiſſaires que l'on verra ci-après, je m'en tiendrai à détailler la conſtruction & les propriétés de celui du ſieur Gourdain, qui aſſure n'avoir eu aucune connoiſſance de l'échappement du ſieur Baufré, avant d'avoir imaginé & appliqué le ſien aux montres.

Il emploie le cylindre du ſieur Baufré, mais il le réduit à n'être qu'un *plan A* ſans épaiſſeur, & il prétend que pour conſerver un parfait iſochroniſme, il faut courber les rayons IK, IL du ſecteur à angle droit, dans les grands échappemens ſeulement, parce que la choſe n'eſt pas praticable dans le petit volume; par cette courbure l'on aura toujours des forces égales du centre à la circonférence.

* Cet échappement mentionné dans la Regle artificielle du temps, par le ſieur Sully, Horloger, pag. 248, 249, 250 & 251, une Montre avec cet échappement, entre les mains du Chevalier Newton, qui portoit le nom de *Baufré*, ſon Auteur.

Sur un des bouts du dernier pignon B, il place une roue
1742. plate CE, vue en entier, par le profil F, & vue en plan
N°.451. dans la figure G; cette roue en forme deux à la circonférence de même diametre, éloignées d'environ une ligne l'une de l'autre; la roue ayant été fendue en 30 dents toutes en arbres, il l'a travaillée, & supprimé la moitié des dents dont elle est chargée, en observant d'en ôter autant d'un côté que de l'autre, & que les vuides des dents de chaque roue se trouvent opposés les uns aux autres. Il donne aux dents restantes MM une forme de plan incliné, tendant au sens dans lequel elles doivent agir sur le balancier.

Il faut remarquer que la piece A est coupée dans son épaisseur en plan incliné & proportionnément à l'inclinaison des dents de la double roue.

Ces deux pieces ajustées ensemble, & montées d'un balancier ordinaire N garni de son ressort spiral, le tout en équerre, les dents de la roue agissent alternativement *sur les plans de la piece* A, & *forment leur repos sur le plan* droit de cette piece, d'où il suit que l'effort de l'échappement & du repos ne se fait pas sur la longueur & épaisseur des pivots de la verge du balancier, mais sur la pointe d'un seul pivot; & pour en empêcher l'usure, on y ajuste une agathe bien polie, sur le plat de laquelle porte le pivot.

Les propriétés qui résultent de cette disposition sont encore expliquées dans le même rapport des Commissaires, & la piece taillée en courbe dont ils font mention, & que l'Auteur nomme *courbe tâtée*, est cottée dans le dessein par la lettre P, qui tient au reste du râteau Q, de maniere que les deux ensemble ne font qu'une seule piece; le ressort spiral R s'applique le long de cette courbe.

La figure T est cottée des mesures que l'on doit observer dans l'exécution de cet échappement, représenté ici d'une grandeur fort au-dessus du naturel, ce que j'ai cru nécessaire pour l'intelligence du méchanisme.

Voici quelques obſervations ſur les échappemens à repos en général, & en particulier ſur celui de M. Gourdain. 1742. N°. 451.

1°. C'eſt dans la bonté de l'échappement que conſiſte la juſteſſe des montres & des pendules, la perfection du rouage d'ailleurs devient preſque inutile. C'eſt donc le point de perfection où l'Artiſte doit tendre.

2°. M. Gourdain dit que c'eſt d'après les réflexions qu'il a faites ſur l'échappement de M. Graham qu'il a travaillé : voila un exemple qui ne ſçauroit être trop ſuivi par les gens de l'art.

3°. Le repos de cet échappement ſe fait à diſtance égale ſur le plan droit ou horiſontal de la piece A, que l'inventeur nomme *croiſſant*, ou demi-lune, avec l'action que communique la roue de rencontre par ſes plans inclinés, ſur les pentes IK, IL de l'épaiſſeur de cette même piece A, c'eſt-à-dire, que l'action & le repos ſe font à diſtance égale du centre de mouvement du balancier.

4°. La premiere montre fut faite à ſix roues, pour avoir un nombre moindre à la roue de rencontre; l'Auteur y trouva une ſi grande juſteſſe, lorſqu'elle fut finie, qu'il en recommença une autre ſemblable qui fut ſuivie de beaucoup d'autres dont il eut lieu d'être également ſatisfait.

5°. L'égalité de force néceſſaire dans ce dernier mobile eſt l'objet qui a porté l'Auteur à ne mettre que ſix roues dans le mouvement, afin d'avoir moins de nombre à la derniere roue qui eſt la roue de rencontre, & par conſéquent plus de facilité à former les dents qui deviennent plus groſſes.

6°. Pour cela il a donné une forme courbe aux dents de cette roue, par laquelle la pratique l'a perſuadé que le mouvement ſe fait à force égale.

7°. Il a obſervé de ne donner au croiſſant A qui porte les deux leviers, qu'une épaiſſeur ſuffiſante, pour la pouvoir travailler; afin que l'action de la roue de rencontre ſur ces leviers ou rayons ſe faſſe toujours au même point

1742. & en ligne tangente au centre de la roue.

N°. 451. 8°. Avant l'application de la courbe les montres au porter retardoient d'une minute en 24 heures. La cauſe de cet effet eſt que la propriété de ces montres étant d'avoir des vibrations plus libres que celles qui ſont à roues de rencontre ordinaire, parce que la dent échappée étant ſur ſon repos, ne trouve d'autre réſiſtance que le petit frottement du repos & la tenſion du reſſort ſpiral; ces deux forces ne peuvent être ſupérieures aux ſecouſſes du mouvement étranger, ce qui occaſionne le retard, au lieu que dans celles à roues de rencontre ordinaire, les dents ſont toujours en puiſſance ſur les leviers, comme pour contrebalancer les ſecouſſes; il arrive même ſouvent que quand la face des dents des roues de rencontre ne ſont pas aſſez penchées, ces ſortes de montres avancent au porter.

9°. Les échappemens à repos ſont en général ſujets à retarder au porter.

10°. La courbe trouvée pour remédier à cet inconvénient doit être d'une longueur proportionnée au mouvement du reſſort ſpiral, c'eſt-à-dire, que quoique le reſſort ſpiral ſoit fait en fouet en diminuant vers le centre, & qu'il ne faſſe que trois tours, ce reſſort fait plus de mouvement ſur le derriere que ceux qui en ont quatre, ce qui réuſſit ſi bien, que ces montres paroiſſent plutôt inclinées à avancer au porter qu'à retarder; ceci eſt ſenſible: car plus le balancier & le reſſort ſpiral font de mouvement, plus la courbe touche de partie du reſſort, lui en précipite les mouvemens, & les fait faire à temps égaux de ceux qui ſont réglés.

11°. Pour diminuer les frottemens des dents de la roue de rencontre ſur le plat horiſontal de la piece A dans le temps du repos, il l'a creuſé en diminuant vers le centre, & a donné la même forme dans l'entre-deux des roues, c'eſt-à-dire, que le fond de l'entre-deux eſt au moins le double

double plus étroit qu'aux bords de la circonférence : & comme toutes les dents de la roue forment entre elles une courbe dans un plan incliné, le commencement de ce plan prend vers le centre en ligne courbe ; ce commencement de courbe tend vers le fond de l'entre-des deux roues qui est plus étroit ; par conséquent la puissance commençante des dents sur les leviers est moindre en commençant, & s'augmente toujours dans son mouvement jusqu'au sommet de la courbe, ce qui est encore une perfection : car lorsque la dent commence à agir, le ressort-spiral n'est point tendu, & il ne se tend qu'à mesure que la vibration se fait; pour lors la puissance des dents s'augmente sur les leviers par l'éloignement de centre de mouvement du balancier, & force la résistance du ressort dans un mouvement & force égale. La roue de rencontre ayant cette forme, le point du repos se fait près du centre du mouvement, & par conséquent il a moins de frottemens, ayant moins de chemin à parcourir sur le repos.

12°. L'Auteur a employé un cercle de balancier d'un diametre plus grand que l'ordinaire, & autant que le moteur pouvoit le soutenir.

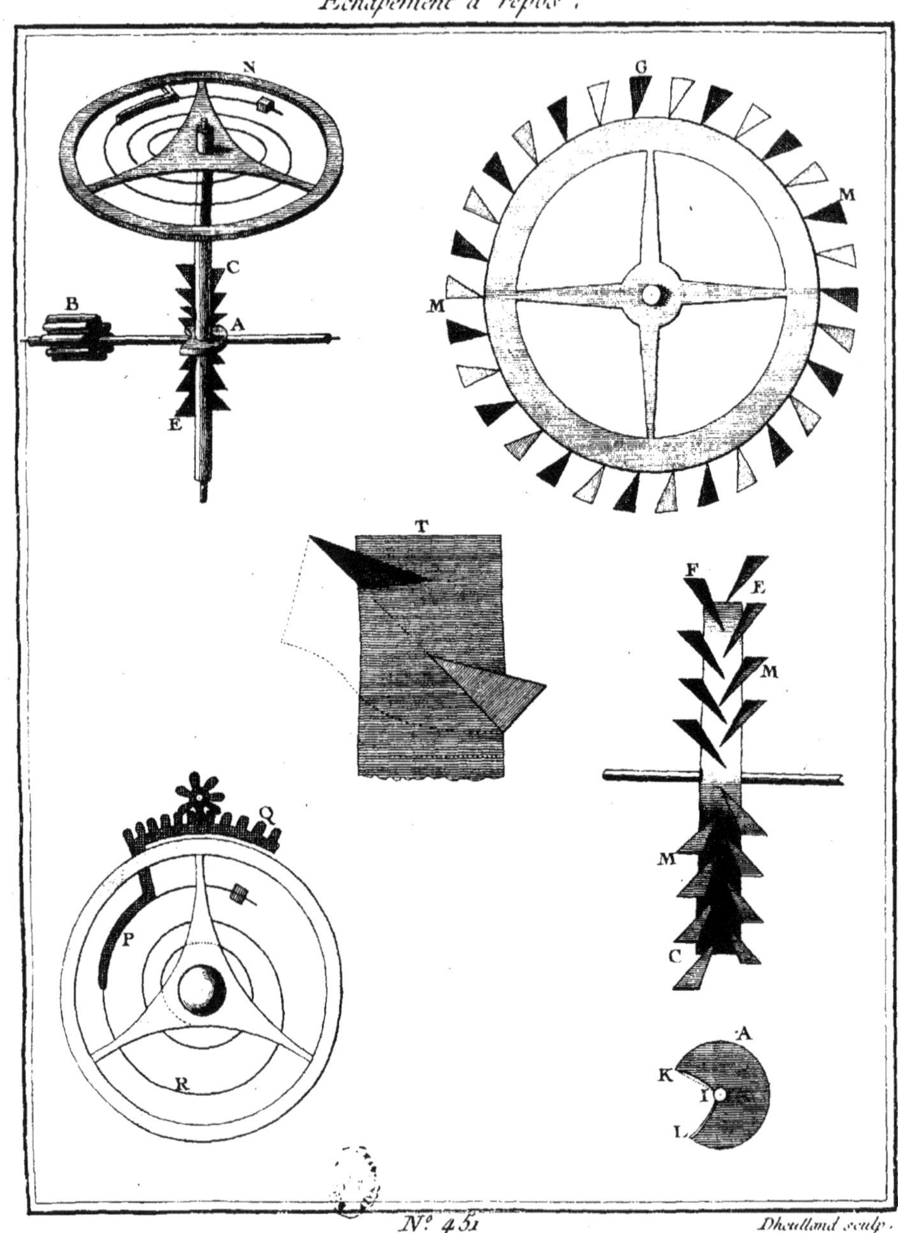

Dheulland sculp.

1742.
N°. 452.

PENDULE PORTATIVE, ET MONTRE DE GOUSSET, TOUTES DEUX A ECHAPPEMENT A REPOS, SANS FUSÉE NI CHAINE, *INVENTÉE* PAR M. GOURDAIN, HORLOGER.

L'Horloge portative ABCD (fig. 1.) eſt quarrée n'ayant que quatre pouces & demi de chaque côté, ſur deux & demi d'épaiſſeur; ſes propriétés ſont de marquer les heures, les minutes, les ſecondes, & le quantième du mois, de ſonner les heures & les quarts qu'elle marque, de répéter quand on tire le cordon; on peut ſupprimer la ſonnerie quand on le juge à propos, au moyen d'une piece de ſilence qui tient à l'aiguille E, & pour lors on ne lui laiſſe que la répétition à tirage; on peut de même arrêter ce mouvement lorſque l'on fait quelques obſervations: on peut faire rétrograder l'aiguille des minutes ſans déranger la ſonnerie; cette pendule eſt de plus à reveil.

La quadrature qui fait ſonner & répéter, ne contient aucune idée nouvelle.

Cette pendule n'a ni fuſée ni chaîne: la force réglante eſt un balancier A, (fig. 2.) garni de ſon reſſort ſpiral, & de la courbe tâtée B, qui avec la double roue Y forme l'échappement à repos du même Auteur, dont je viens de donner la deſcription. On voit dans cette figure, la poſi-

1742. N°. 452.

tion de cet *échappement* ainsi que des *timbres*, & les deux roues noyées dans la platine de dessus, marquées des mêmes lettres D, 3, dans la quadrature (fig. 3.) : le rochet P est *pour* ce reveil, dont on ne voit aussi la roue que dans la *quadrature* : en voici le détail.

1, 2, 3, 4, 5, (fig. 3.) sont les roues du mouvement, dont la roue 4 porte l'aiguille des secondes, & fait un tour par minute ; le double rochet 5 est l'échappement à repos. P, R sont les roues de reveil, la roue de rencontre P est, comme on le voit dans la seconde figure, hors de la cage, & la roue de reveil R est en dedans : cette roue, (c'est-à-dire la roue P) est retenue sur la platine de dessus par un coq, de même que le marteau T garni de son ressort ; ces pieces sont à l'ordinaire, le barillet de ce reveil tient à la platine des pilliers en dedans de la cage, & à une demi-ligne moins de diametre que la roue R : le remontoir V *est pour fixer les tours* du *ressort*, il est en dehors de *la platine*. X, Z *(fig. 2.) sont les enclictages des barillets* marqués I, C dans le calibre (fig. 3.) : tous les engrenages des roues sont naturels, & se meuvent avec leurs pignons ; dans le principe du mouvement ; & pour éviter la roue de champ, le balancier est sur le côté de la cage avec la coulisse & les pieces qui en dépendent ; le balancier a vingt lignes de diametre, & fait trois vibrations par seconde.

C, D, E, F, G, sont les roues de la sonnerie, & H est le pignon du volant ; *les* remontoirs des barillets I, C, pour en fixer les tours de ressort, *sont* noyés dans l'épaisseur de leurs roues ; les rochets X, Z, pour tenir les ressorts tendus, sont sur la platine de dessus ; chaque grand ressort fait dix tours dans son barillet, l'on en choisit quatre des plus égaux pour trente heures.

Les points I, K sont les centres des marteaux qui font leurs levées dans l'intérieur de la cage, & par ce moyen frappe de même le timbre ; les levées des marteaux se font par des doubles leviers en dedans de la quadrature que les rochets de la sonnerie font agir.

1742. N°. 452.

Nombre des roues.

Mouvement.		*Sonnerie.*		*Réveil.*	
Roue.	Pignon.				
96		96		48	
80	12	72	8	15	6
60	8	64	8		
72	10	56	8		
30	12	48	8		
			8		

La montre A B (fig. 4.) est faite sur le même principe que la pendule ; elle a 17 lignes de diametre, le régulateur C a onze lignes de diametre ; l'échappement est à repos, & le même que celui dont on vient de parler. Il n'y a ni fusée, ni chaîne ; le barillet ne tourne pas avec la roue, il est attaché à la platine de dessus avec deux vis ; l'encliquetage est dans l'épaisseur de la roue, & le remontoir pour fixer les tours du ressort est en-dedans de la quadrature : le ressort fait huit tours dans son barillet ; l'on en choisit le nombre le plus égal pour le cours de 30 heures. La cage n'est montée que sur trois pilliers forts, & le nombre des roues de la quadrature est de la construction ordinaire.

Nombre d'une montre à repos, sans recul, ni fusée, ni chaîne.

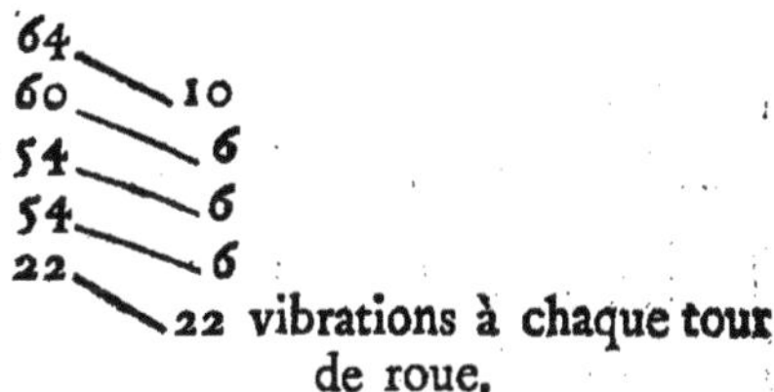

L'on peut dire en général sur l'échappement à repos, que le ressort moteur qui a plus ou moins de puissance ;

selon qu'il *est plus* ou moins tendu, fait faire au balan-
1742. cier des vibrations plus ou moins grandes: or dans toutes
N°.452. les vibrations grandes ou petites, le ressort spiral bat sur la courbe, avec cette différence que dans les grandes vibrations il touche la courbe en plus de points que dans les petits, & c'est en ce cas que la courbe fait un plus grand effet, en repercutant le ressort spiral qui la vient frapper, & en le repoussant avec d'autant plus de vîtesse, qu'il l'a frappé plus près vers la pointe qui la termine: par là elle accélère les grandes vibrations, & les fait faire en temps égaux, & en raison proportionnelle du moteur; par là elle corrige l'inégalité des vibrations qui restoit, avec *l'échappement à repos*.

La courbe tâtée paroît aussi avoir l'avantage de réparer, en corrigeant le dernier mobile, les erreurs causées par les défauts de tout le rouage: car on sçait que les différentes parties du rouage à raison de leur contiguité dépendent toutes du balancier, qu'elles reçoivent de lui la regle du mouvement; & quand une fois il est réglé dans sa marche, elles le sont aussi conséquemment dans la leur.

Les personnes qui voudront s'instruire plus particulierement sur les propriétés & les avantages de la pendule portative & de la montre de M. Gourdain, s'adresseront à cet artiste en état de leur communiquer le mémoire qu'il a fait imprimer, qui m'a servi à former cet extrait, & dans lequel on trouvera aussi les réflexions de l'Auteur sur l'approbation de l'Académie, lequel est conforme au rapport suivant.

RAPPORT DES COMMISSAIRES.

LE Samedi 11 Mai 1742, Mrs Camus, de Fouchy & Dalembert lisent le rapport suivant sur l'horloge présentée par M. Gourdain.

Nous avons examiné, par ordre de l'Académie, une Montre & une Horloge portative à balancier, en forme de petite pendule, de M. Gourdain, avec un mémoire du même Auteur, contenant la description de ces deux pieces. 1742. N°. 452.

Elles sont toutes deux à ressort & sans fusée ; l'Horloge portative marque les heures, les minutes, les secondes, & le quantième du mois. Elle est à répétition continuelle, c'est-à-dire, qu'elle sonne d'elle-même les heures & les quarts qu'elle marque ; elle répéte aussi, quand on tire le cordon ; on en soustrait la sonnerie quand on le veut, pour ne lui laisser que la répétition à tirage. On peut arrêter le mouvement quand on veut faire quelque observation : on peut faire retrograder l'aiguille des minutes quand on le juge à propos, sans déranger la sonnerie ; enfin cette piece est à reveil.

Cette espece de quadrature qui fait sonner & répéter par les mêmes machines, n'a rien de nouveau, & nous n'en parlons que pour donner une idée de l'Horloge dont nous rendons compte.

Les deux pieces, tant la Montre que la Pendule, ont pour force réglante un balancier qui est garni d'un ressort spiral à l'ordinaire, & une piece attachée au rateau, taillée en courbe, que le ressort spiral touche en d'autant plus de points que le balancier fait ses vibrations plus grandes, ce qui les rend plus vives en même proportion. Cette courbe est précisément pareille à celle dont nous avons rendu compte à l'Académie en parlant de l'échappement du sieur Gourdain, qui est aussi employé dans ces deux pieces.

Toutes deux nous ont paru parfaitement exécutées : & quoique nous n'ayons pas trouvé que l'Horloge allât tout-à-fait aussi régulierement qu'avec une pendule ; cependant elle nous a paru aller, quoique sans fusée, très-également pendant ses vingt-quatre heures ; & malgré le grand nombre d'effets dont elle est chargée, elle a toujours été assez également pour qu'elle n'ait pas varié d'une minute

par jour dans ses plus grandes variations, & souvent elle
1742. n'a erré que de peu de secondes.
N°. 452. La Montre nous a paru aller sans cordes ni chaîne aussi également que les Montres ordinaires à fusée; mais nous croyons qu'elle auroit encore marché plus également, si elle en avoit eu une.

Ces deux pieces nous ont paru l'une & l'autre très-bonnes, & elles n'ont fait que nous confirmer dans l'idée avantageuse que nous avions des échappemens à repos, & de l'utilité de cette courbe.

MONTRE

Pendule et Montre a Echapement a Repos sans fusée ni chaine.

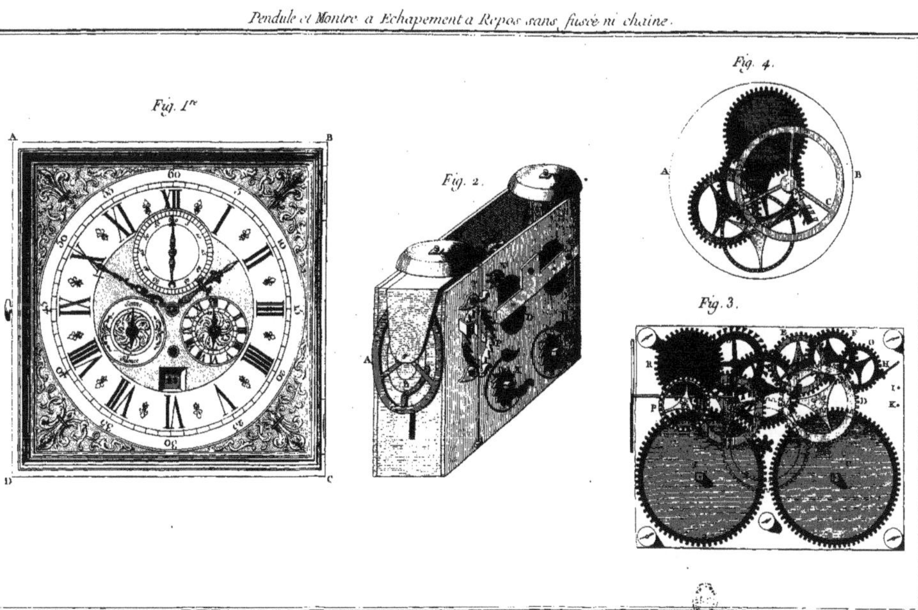

1742.
N°. 453.

MONTRE A ÉQUATION,

INVENTÉE

PAR M. JEAN-BAPTISTE DU TERTRE,

HORLOGER.

L'Extérieur de cette montre eſt, comme toutes les autres, formé d'un cadran, au centre duquel ſont les aiguilles des heures & des minutes du temps moyen; ce cadran a de plus une portion de cercle QZK, & une ſeconde aiguille des minutes du temps vrai W, concentrique aux deux autres, & qui marque les minutes du temps vrai, ſçavoir, ſur la portion d'arc QZ diviſé en quinze parties, pour l'avance, & ſur la portion ZK diviſée en 16 pour le retard, de maniere que l'aiguille du temps moyen étant à o au point Z, l'aiguille des minutes du temps vrai marque l'équation additive ou ſouſtractive.

Le mouvement qui mene l'aiguille des minutes, & celle des heures du temps moyen, ne differe point de celui des montres ordinaires à l'égard du mouvement de l'aiguille des minutes du temps vrai : en voici la méchanique.

L'aiguille des minutes du temps vrai a deux mouvemens.

Le premier lui fait faire un tour dans une heure : le ſecond la dirige par le moyen de la courbe d'équation, qui faiſant une révolution entiere dans une année, lui fait parcourir 16 minutes en retard, & 15 minutes en avance.

Pour produire le premier mouvement, ſur la tige de la grande roue moyenne eſt un canon auquel eſt rivé la roue A, qui engrene avec la roue B, de même grandeur &

1742. N°.453.

même nombre. Sur ce canon il y en a un autre pareillement rivé à la roue C, parfaitement semblable aux premieres roues A, B, & au-dessus de toutes ces roues est le pont D E, sur lequel est ajusté à canon, un chassis d'acier qui tient une portion de cercle dentée, laquelle engrene dans le rateau F, ce rateau est mis en mouvement par le moyen d'un bras G, dont l'extrêmité porte toujours sur les bords de la courbe d'équation placée sur la roue V.

Pour communiquer le mouvement de la roue A qui porte l'aiguille du temps moyen à la roue C, qui porte celle du soleil ou du temps vrai, il y a sur le chassis deux ponts H, I, qui retiennent la roue L, de même diametre & même nombre que les trois autres A, B, C, & sur les axes des roues B, & L, sont deux petites roues M, N, qui engrenent dans la roue O, placée au centre.

Il faut observer que la roue A faisant un tour dans une heure, le fait faire de même à la roue B & à la roue M : cette roue ayant son diametre trois fois plus petit que la roue O, lui fait faire un tour en trois heures ; la roue N, pareille à la roue M, fait trois tours dans un seul de la roue O, par conséquent dans une heure, de même que la roue L, puisqu'elles ont l'axe commun : la roue L, engrenant dans la roue C, qui porte l'aiguille du soleil, lui fait donc faire un tour dans une heure, c'est ce qu'on a eu pour objet. Elle doit encore avancer & retarder irrégulierement, pour marquer l'équation. Le second principe de mouvement va le faire concevoir.

Il y a un canon à la tige de la grande roue moyenne qui porte la roue A : un pignon rivé du côté de la platine engrene dans la roue P, qui porte de même un autre pignon, qui fait mouvoir la roue R ; cette roue par ses nombres, fait son tour en 12 heures, c'est, proprement dit, la roue de cadran : à cette derniere roue R qui est au centre, est rivé un pignon qui mene la roue S ; elle fait une révolution en trois jours. Le pignon placé au centre de cette roue engrene dans la roue T qui fait son tour en trente jours ; cette roue porte aussi un pignon qui fait mouvoir la roue V, sur laquelle est fixée la courbe d'équation ; cette courbe fait sa révolution en une année. Comme la différence de ses rayons tirés du centre du mouvement à sa circonférence, est proportionnelle à l'équation du temps, il résulte que le bras G toujours poussé sur le bord de la courbe par le ressort X, fait mouvoir le rateau F, qui oblige le rouage de faire suivre la même irrégularité à l'aiguille des minutes du temps vrai.

1742. N°. 453.

Pour éviter le jeu des engrenages des roues qui conduisent l'aiguille du soleil, & qui produiroient des erreurs ; on place un ressort spiral entre les deux roues A & C, retenu au centre de l'une, & à la circonférence de l'autre ; ce ressort étant tendu, & toutes les roues dans leur repaire, portent les jeux des roues C, L, N, O, M, B, vers la roue A ; par ce moyen elles n'ont point de jeu que dans leur mouvement propre, par conséquent l'aiguille du temps vrai de même. Ceci est de conséquence dans l'exécution ; on a employé la même précaution pour l'engrenage du rateau avec son chassis par le moyen du ressort Y qui le chasse toujours d'un même côté.

Cette machine consiste donc principalement en un mouvement annuel pratiqué dans la quadrature, mené par un pignon placé sous la roue des heures, qui fait faire à la derniere roue sa révolution en 365 jours.

Cette quadrature fut exécutée pour feu S. A. S. Mgr le Duc d'Orléans.

RAPPORT DES COMMISSAIRES.

LE Samedi 24 Novembre 1742, Mrs Camus & de Montigny lisent leur rapport sur la Montre à équation du sieur du Tertre, faite pour Mgr le Duc d'Orléans.

1742. N°. 453. Nous avons examiné, par ordre de l'Académie, une Montre à équation faite pour Mgr le Duc d'Orléans par le sieur Jean-Baptiste du Tertre, Maître Horloger à Paris.

Cette Montre a deux aiguilles des minutes, dont l'une marque les minutes du temps moyen, & l'autre les minutes du temps vrai, pendant que l'aiguille des heures marque les heures du temps moyen.

Le mouvement qui emporte l'aiguille des minutes & celle des heures du temps moyen est semblable à celui des montres ordinaires. A l'égard du mouvement de l'aiguille des minutes du temps vrai, en voici la méchanique.

Il y a dans la quadrature de cette montre un mouvement annuel mené par un pignon placé sous la roue des heures, qui fait faire à la derniere roue sa révolution en 365 jours.

Cette roue porte une courbe que les Horlogers appellent improprement *courbe elliptique*, & qu'ils devroient plutôt nommer *courbe d'équation. Elle est telle que* la différence de ses rayons tirés du centre de son mouvement à sa circonférence, est proportionnelle à l'équation du temps.

Au milieu de la quadrature est une cage qui peut se balancer concentriquement aux aiguilles : elle est menée par un rateau, dont le talon est continuellement appliqué sur la courbe d'équation. Ce rateau étant obligé de se balancer pour que son talon suive le contour de la courbe, fait aussi balancer la cage concentriquement aux aiguilles. Cette cage porte une double roue, qui fait l'office de roue de renvoi, pour communiquer le mouvement à l'aiguille des minutes du temps vrai.

Voici comment se fait cette communication : le renvoi des minutes du temps moyen fait tourner en trois heures une roue concentrique aux aiguilles ; cette roue engrene dans la plus petite des deux roues de la cage mobile, & lui fait faire sa révolution en une heure ; cette petite roue eſt fixée ſur une autre, qui forme avec elle la double roue dont nous avons parlé; celle-ci engrene dans une autre roue de pareille grandeur, concentrique aux aiguilles, qui fait pareillement ſon tour en une heure, & porte l'aiguille des minutes du temps vrai. 1742. N°.453.

Si la cage de la double roue de renvoi ne ſe balançoit pas, la ſeconde aiguille des minutes tourneroit uniformément, & ne pourroit marquer que les minutes du temps moyen; mais la cage, en ſe balançant proportionnellement à la différence des rayons de la courbe d'équation, fait accélérer & retarder le mouvement de cette aiguille proportionnellement à l'équation, & lui fait ainſi marquer les minutes du temps vrai. La différence des minutes que marquent les deux aiguilles, eſt ce qu'on appelle proprement l'équation du temps. Le ſieur du Tertre a numéroté ſur le cadran d'une en une, & dans l'ordre ordinaire, les 16 premieres minutes de l'heure, & les 15 dernieres en ſens contraire, afin que l'aiguille des minutes du temps moyen étant à 0, l'aiguille des minutes du temps vrai marque préciſément l'équation additive ou ſouſtractive.

On a mis très-à-propos dans cette montre des reſſorts à quelques roues, pour empêcher le jeu des engrenages, en obligeant les dents de ſe toucher toujours du même côté.

Sa quadrature nous a paru très-ingénieuſe & bien exécutée: quoique nous ne l'ayons vue dans aucune montre avant celle-ci, nous ne pouvons pas diſſimuler que la méchanique en eſt ſemblable à celle d'une pendule faite par M. de Boitiſſandeau, laquelle eſt actuellement chez M. de Fouchy ſon beau-frere, aſſocié de cette Académie.

Montre a Equation.

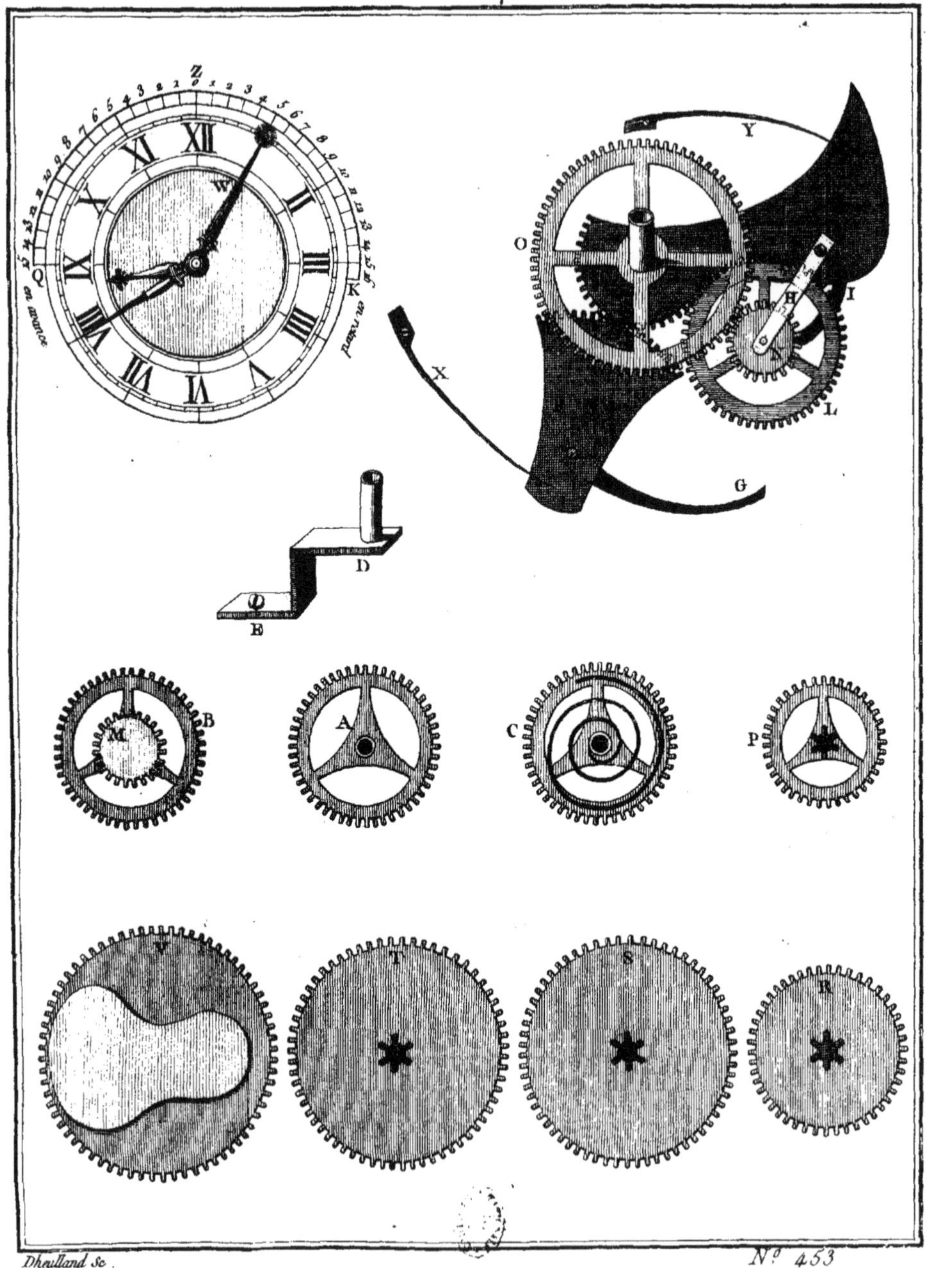

Dhuilland Sc.

N° 453

1742.
N°. 454.

ÉCHAPPEMENT A ANCRE, PERFECTIONNÉ PAR M. GALLONDE, HORLOGER.

L'Auteur a eu pour objet dans cette découverte, de diminuer les frottemens de l'échappement connu sous le nom d'échappement à ancre, dans lequel les dents de la roue de rencontre poussent alternativement les pates, ou palettes de l'ancre, & parcourent sur elles un espace assez long, ce qui ne se peut faire sans frottemens.

On se sert de même dans ce nouvel échappement d'une courbe ABC; aux extrêmités AC, on substitue des rouleaux à la place des palettes; ces rouleaux engrenent alternativement dans la roue de rencontre DE, dont la circonférence divisée en 30 parties égales, est taillée en autant de courbe propre à recevoir les rouleaux, en observant que la corde de ces arcs soit placée au dessous du centre des pivots, ou, autrement dit, la circonférence continuée aux extrêmités des courbes doit être d'un diametre un peu plus grand que celui du rouleau qui s'y engrene, précaution que l'on doit apporter dans l'exécution, pour éviter les accrochemens.

Il faudra aussi observer que l'angle ABC soit le plus obtus que l'on pourra; pour cela il suffit que son axe ne touche pas à la roue de rencontre.

On assujettit chaque rouleau sur le plat de la courbe par le moyen d'un coq, tel qu'on le voit dans la figure

X, ou dans une fourchette, comme il eſt repréſenté en
1742. Y dans le profil.
N°.454. L'on ſçait que dans les échappemens ordinaires le jeu de la fourchette eſt contraire à la juſteſſe du mouvement: pour éviter cet inconvénient, le ſieur Gallonde ſuſpend la verge du pendule HG à une fourchette NM, le pendule eſt mobile au point G, & peut ſe fixer dans l'arc I, par le moyen d'une vis. La fourchette eſt de même tenue par deux vis P, R à la traverſe S, fixée à l'axe; mais la fourchette peut ſe mouvoir ſur les pointes des vis P, R qui la tiennent à cette traverſe.

Cet échappement a de plus une propriété, qui eſt, que l'aiguille des ſecondes placée au centre du cadran, & que j'ai vu de ſix pouces de longueur, n'a pas de recul ſenſible; l'on peut donc dire que dans cette conſtruction, on trouve l'utile & l'agréable.

Le ſieur Gallonde enſeigne une théorie qui rend facile *l'exécution de cet échappement.*

RAPPORT DES COMMISSAIRES.

LE Mercredi 30 Mai 1772, Mrs Camus & de Fouchy liſent le rapport ſuivant ſur la pendule de M. Gallonde, dont il a été parlé dans la derniere aſſemblée.

Nous avons examiné, par ordre de l'Académie, une Pendule à ſecondes, propoſée & exécutée par le ſieur Gallonde. L'Académie a déja vu de lui pluſieurs ouvrages dont elle a loué l'invention & l'exécution, entre autres une Pendule dont il a diminué, autant qu'il a pu, les frottemens, en faiſant porter tous les pivots ſur des rouleaux, & en ſupprimant de la quadrature toutes les roues de renvoi, qui faiſoient acheter, par trop d'engrenages & de frottemens de canons les uns dans les autres, la petite commodité de pouvoir mettre la Pendule à l'heure, en tournant ſimplement l'aiguille des minutes,

tes, & d'avoir les minutes & les heures concentriques.

Dans la Pendule dont nous rendons compte aujourd'hui, le ſieur Gallonde s'eſt propoſé de diminuer les frottemens de l'échappement connu ſous le nom d'échappement à ancre. Dans cet échappement les dents de la roue de rencontre pouſſent alternativement les deux pattes ou palettes de l'ancre, & parcourent ſur elles un eſpace aſſez long, ce qui ne ſe peut faire ſans frottement. Pour diminuer ce frottement le ſieur Gallonde termine les pattes de ſon ancre par deux rouleaux. Les dents de la roue de rencontre pouſſent alternativement ces rouleaux, & les font tourner, enſorte que le frottement de l'échappement eſt réduit à celui des pivots des rouleaux, & par conſéquent à quelque choſe de beaucoup plus petit que ce qu'il auroit été ſans ces rouleaux. En effet cette Pendule va huit jours à la même hauteur avec un poids qui n'eſt preſque que moitié de celui qu'exigeroit une Pendule à ancre ordinaire.

1742.
N°. 454.

Il nous a paru que l'idée d'appliquer des rouleaux au lieu de palettes à l'échappement, meritoit d'être louée, puiſque les Pendules pourront aller avec un moindre poids : l'inégalité de la force motrice ſera moins ſenſible ſur le mouvement.

Echapement a Ancre Perfectionné.

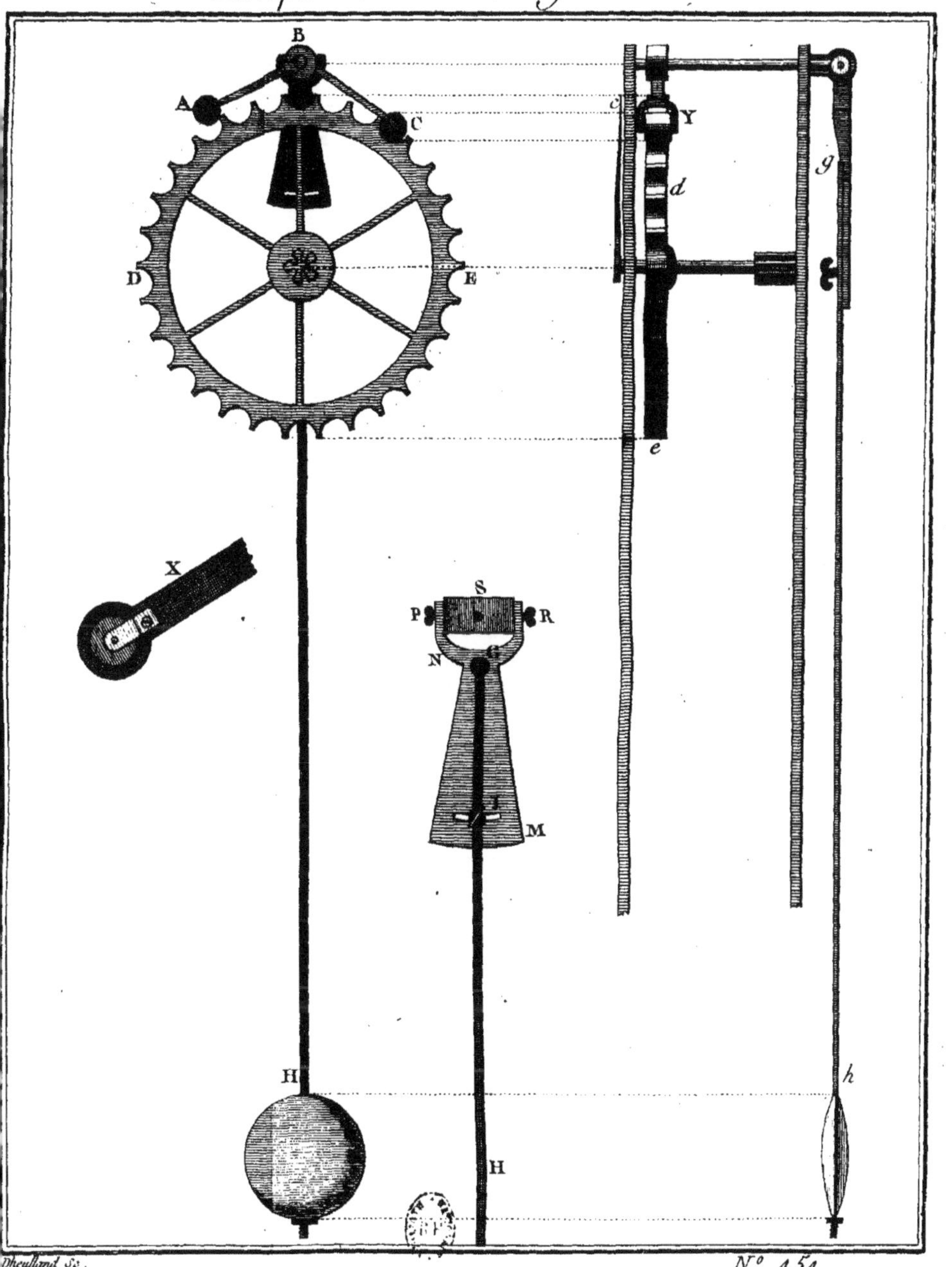

Dheulland Sc.

N° 454

1742.
N°. 455.

COMPAS
POUR TRACER DES SPIRALES,
INVENTÉ
PAR M. DE TILIERES.

CE compas (fig. 1.) eſt compoſé d'une jambe A qui ne tourne point, taraudée à ſa partie ſupérieure, pour recevoir l'écrou B, qui s'éleve, & qui s'abaiſſe en tournant le long de cette vis, & par ce mouvement elle fait tourner & ouvrir, en remontant, la ſeconde jambe mobile C.

La jambe immobile porte une tête plate *d*, au moyen de laquelle on peut facilement aſſujettir la jambe immobile: l'écrou B eſt fixé à un ſupport *e* qui tient à ſa partie inférieure à un anneau D; cet anneau s'éleve avec la vis le long de la partie de la jambe qui n'eſt pas taraudée, de maniere que par cette conſtruction l'écrou ſe trouve affermi & s'éleve le long de la vis, d'un mouvement uniforme, & ſans balotage. L'écrou B fait tourner la jambe mobile, & la fait ouvrir en montant par le moyen d'une fiche *f*, qui entre dans une rainure *g* qui fait partie de cette jambe: cette fiche tient à un petit écrou *h* qui eſt dans une couliſſe *i*; la vis *y* qui paſſe par cet écrou eſt rivée par les deux bouts, enſorte qu'elle ne peut ni avancer, ni reculer; lorſqu'on tourne cette vis, l'écrou avance ou recule dans la couliſſe, ſelon le ſens dont on tourne la vis.

La jambe mobile *g m* C eſt angulaire, afin que les pointes puiſſent s'approcher comme on le voit en *n*, &

pour cela les deux parties ſont jointes enſemble en *m*
1742. par une charniere à une piece de cuivre *l*, comme elle le
N°.455. ſeroit à l'autre jambe, & ce morceau de cuivre eſt percé dans le milieu, afin qu'elle puiſſe tourner autour de la jambe immobile, & s'ouvrir en même temps.

Les deux pointes *n* du compas, ſont renfermées dans des canons, enſorte qu'on peut les alonger, & les racourcir comme on le juge à propos.

On peut tracer avec ce compas toutes ſortes de lignes ſpirales, telles que les figures M N le repréſentent, de quelque grandeur & proportion que l'on veut. On peut les faire rapprocher les unes contre les autres, à proportion qu'elles s'approchent du centre, & on peut auſſi rendre plus uniforme l'eſpace qui eſt entre elles, en éloignant de la jambe mobile la fiche qui donne le mouvement à la jambe mobile; on peut faire occuper aux ſpires plus ou moins d'eſpace, en alongeant ou en racourciſſant les pointes.

Quoique l'écrou B monte juſqu'à la charniere ſupérieure d'un mouvement égal, & ſans remonter à un tour plus qu'à un autre; cependant la jambe mobile s'ouvre inégalement: enſorte qu'il y a au centre de la ſpirale moins d'eſpace entre le premier & le ſecond tour, qu'entre le dernier & l'avant-dernier, ce qui ſe fait pour deux raiſons.

La premiere eſt que plus la direction du mouvement que l'on donne à un rayon de cercle eſt perpendiculaire à ce rayon, plus on lui fait décrire une grande portion de circonférence; & au contraire plus cette direction eſt oblique, moins la portion de circonférence qu'il décrit, eſt grande; enſorte que ſi l'obliquité vient à un tel point que la direction du mouvement ſoit parallele à ce rayon, pour lors elle ne le fera pas avancer de la moindre choſe. La jambe mobile devant donc être conſidérée comme un rayon de cercle, dont le centre eſt la charniere, la direction du mouvement que l'écrou donne à cette jambe, lui devient de plus en plus perpendiculaire, puisque l'écrou étant monté au niveau de la charniere, elle fait un angle droit avec la direction du mouvement que l'écrou lui donne; on ne doit donc point être surpris si l'écrou en remontant lui fait décrire à chaque tour une partie plus considérable du cercle dont elle est considérée comme rayon.

La seconde raison est que la fiche en remontant ouvre de plus en plus la jambe mobile, parce qu'elle s'approche de la charniere de la même maniere que l'on fait décrire à un levier une plus grande portion de circonférence à proportion que la main qui lui donne le mouvement s'approche du point d'appui, pourvu que cette main parcoure toujours le même espace, comme fait la fiche lorsque l'écrou remonte.

En éloignant la fiche de la jambe immobile, la progression de la jambe mobile est plus uniforme; car on vient de prouver que l'inégalité de cette progression vient de deux causes : la premiere est l'obliquité de la jambe mobile par rapport à la direction que l'écrou lui donne; la seconde est que la fiche s'approche de la charniere : donc si en éloignant la fiche ces deux causes diminuent, l'inégalité de la progression qui en est l'effet doit aussi diminuer.

Or premierement l'obliquité de la jambe mobile par rapport à la direction du mouvement diminue; car la direction du mouvement est parallele à la jambe mobile : or la fiche étant éloignée, la jambe mobile est plus ouverte, & dans cette position l'angle qu'elle fait avec la jambe immobile est plus grand, par conséquent il approche davantage de l'angle droit : donc l'obliquité de la jambe mobile par rapport à la direction du mouvement est moindre.

Secondement en éloignant la fiche de la jambe immobile, elle s'approche moins de la charniere; car la fiche

1742.
N°. 455.

en remontant suit une ligne parallele à la jambe immobile, & la charniere est sur cette jambe : ainsi en éloignant la fiche de la jambe immobile d'un pouce, & en supposant qu'elle doit remonter d'un pouce pour arriver à la hauteur où elle fait un angle droit avec la charniere, avant de remonter elle sera distante de la charniere de la diagonale du quarré d'un pouce. Supposons présentement que la fiche ne soit éloignée de la jambe immobile que de $\frac{1}{4}$ de pouce, avant d'être remontée, elle sera éloignée de la charniere de la longueur de la diagonale du quarré d'un pouce de long, sur un quart de large, & lorsqu'elle sera remontée elle en sera distante d'un quart de pouce: or il y a beaucoup moins de différence entre la diagonale du quarré d'un pouce, & un pouce, qu'entre la diagonale du quarré d'un pouce de long sur $\frac{1}{4}$ de pouce de large & $\frac{1}{4}$ de pouce: donc à proportion qu'on éloigne la fiche de la jambe immobile, elle s'approche moins de la charniere.

On peut tracer avec ce compas des lignes spirales, dont tous les tours soient également distans les uns des autres, en ajoutant à la jambe mobile une rainure circulaire, qui à mesure qu'elle s'approche de la charniere, devient de plus en plus oblique à la direction du mouvement de la fiche; ainsi la fiche en glissant dans cette rainure donne un mouvement à la jambe mobile, qui va toujours en diminuant à mesure qu'elle remonte; mais comme d'un autre côté en s'approchant de la charniere, elle lui communique un mouvement qui augmente toujours, elle ouvre également la jambe mobile: ainsi deux mouvemens, dont l'un va en augmentant, & l'autre en diminuant selon la même proportion, étant réunis ensemble, donnent un mouvement uniforme.

C'est donc par le moyen d'une rainure en courbe, que l'on parviendra à tracer une spirale, dont les différens tours renferment entr'eux des espaces égaux, & formeront la spirale d'Archymede. Voici la méthode de tracer cette courbe par plusieurs points, telle que M. de Tilieres l'a donnée à l'Académie. 1742. N°. 455.

Pour faire cette rainure circulaire, (fig. 2.) on commence à décrire sur un papier du point A pris pour centre, & de l'intervalle de la longueur de la jambe mobile un quart de cercle BCDEFG, ensuite du point A il faut abaisser sur la circonférence les rayons AB, AF, AG, ensorte que le rayon AF fasse, avec le rayon AG, le même angle que le rayon qui est gravé sur la jambe mobile, fait avec la jambe immobile, lorsque le compas est fermé. Il faut ensuite tirer une tangente GP, au rayon AG, & la prolonger indéfiniment, puis du point G pris pour centre & de l'intervalle GF, il faut décrire un arc de cercle qui coupe cette tangente en *f*; il en faut aussi décrire un de l'intervalle GB, qui la coupe en *b*; après cela il faut diviser l'espace *f b*, qui est sur cette tangente en parties égales *f e d c b*, puis toujours du point G pris pour centre & des intervalles GE, GD, GC, il faut décrire les arcs *e* E, *d* D, *c* C, qui coupent la premiere circonférence en E, D, C; ensuite du centre A il faut tirer sur ces points E, D, C, les rayons AC, AD, AE. Il faut après cela tirer une ligne HI, indéfinie, & qui soit parallele au rayon AG, & qui en soit autant éloignée que la *fiche l'est de la jambe immobile*; il faut *prendre sur cette ligne HI, l'espace* I*f*, qui est compris entre les rayons AB, AF, & le diviser en parties égales *b*, *c*, *d*, *e*, *f*. Ces distances marquent la progression égale que la fiche fait à chaque tour. Les distances B, C, D, E, F, qui sont entre les rayons sur la circonférence marquent la progression égale que la jambe mobile doit faire à chaque tour; & la distance du point *c*, par exemple, au rayon AC, marque de combien la coulisse doit être au-dessous du rayon AC, en cet endroit, afin que quand la fiche est montée en

c, la pointe de la jambe mobile qui est à l'extrêmité du
1742. rayon A C, puisse être montée en C; après cela il faut
N°. 455. opérer sur le rayon qui est gravé sur la jambe mobile, comme on va le faire sur le rayon A F, qui, comme on l'a vu, est incliné de la même façon que lui.

Il faut 1°. du centre A & de l'intervalle A *c*, décrire une circonférence qui coupe le rayon A C & le rayon A F, & qui soit prolongé au-delà. 2°. Il faut prendre sur cette circonférence l'intervalle qui est entre le point *c*, & le rayon A C, & le rapporter sur la même citconférence, en mettant une pointe du compas sur le rayon A F, & l'autre sur la même circonférence du côté du rayon A G.

Il faut opérer de même sur les rayons AD, AE, & sur autant de rayon qu'il sera nécessaire, pour que les mesures qui seront rapportées au-dessous du rayon A F, soient en assez grand nombre pour pouvoir tracer clairement & exactement la ligne courbe *b*, *c*, *d*, *e*, *f*. Il faut ensuite mener à cette ligne deux paralleles *z k*, pour déterminer la largeur de la rainure.

Il est facile de voir par les opérations précédentes, que quand on se sert de cette rainure, il faut mettre la fiche à la distance de la jambe immobile, suivant laquelle les proportions de la rainure ont été faites; il faut aussi observer la même regle pour le compas suivant.

On peut faire avec ce compas des lignes spirales ovales, de toute grandeur, en ajoutant à la jambe mobile une rainure qui aille en serpentant; car on a déja vu que *l'obliquité de la rainure étant plus ou moins grande* à l'égard de la direction du mouvement de la fiche, la jambe mobile faisoit plus ou moins de chemin; ainsi en faisant aller la rainure en serpentant, elle se trouvera tantôt perpendiculaire à cette direction, tantôt oblique : lorsqu'elle sera plus perpendiculaire, la jambe mobile s'ouvrira davantage, & pour lors tracera les bouts de l'ovale; lorsqu'elle sera plus oblique, la jambe mobile

bile s'ouvrira moins, ou même s'approchera du centre, & alors décrira les côtés de l'ovale.

1742. N°. 455.

On peut faire des ſpirales ovales, dont les intervalles ſoient égaux, & on en peut faire dont les tours ſe reſſerrent les uns contre les autres, en s'approchant du centre. La rainure de celles dont les intervalles ſont égaux, ſuit une ligne circulaire quoiqu'en ſerpentant, & celle des autres ſuit une ligne droite. Quoique par ce moyen on puiſſe décrire toutes ſortes de ſpirales ovales, de telles proportions que l'on veut; cependant une même rainure ne peut faire que des lignes d'une ſeule forme d'ovale, parce que les ſinuoſités ſont plus grandes à proportion que l'ovale eſt plus long; les rainures des lignes ſpirales ovales dont les eſpaces ne ſont pas uniformes, ne peuvent non plus tracer qu'une ſeule eſpece de ſpirale, parce que, comme on l'a déja vu, on ne peut changer ſes proportions qu'en inclinant plus ou moins la jambe mobile, & par conſéquent en lui donnant plus ou moins de longueur, & pour lors les bouts de l'ovale ne ſe trouveroient pas exactement au même endroit à tous les tours.

Comme ces rainures qui vont en ſerpentant changent de proportion, ſuivant les différens ſpirales & les différens ovales, voici une maniere dont on peut ſe ſervir pour les faire toutes.

Après avoir tracé une ſpirale telle qu'on la veut par le moyen du compas précédent, & lui avoir donné la forme ovale qu'on juge à propos, il faut enduire de cire la jambe mobile à l'endroit où doit ſe faire la rainure; puis il faut faire paſſer la jambe mobile ſur la ſpirale que l'on aura tracée & enſuite faire la rainure à l'endroit où la fiche aura marqué ſur la cire. Pour que cette rainure puiſſe ſe faire, il faut que le pas de la vis ſoit d'une certaine grandeur.

Il ſuit donc de ces conſtructions que les rainures doi-

vent être différentes, suivant les différentes especes de spi-
1742. rales ovales qu'on veut décrire.
N°. 455. M. de Tilieres a proposé un second compas, pour tracer *la* seule spirale d'Archymede. Comme le compas avec lequel on trace une ligne spirale dont tous les tours sont également distans les uns des autres, peut être utile aux Horlogers pour tracer leurs limaçons, celui-ci ne servira qu'à cette opération, ce qui leur sera d'autant plus commode, qu'ils pourront l'exécuter eux-mêmes.

Ce compas (fig. 3.) a une jambe immobile A de même que le précédent, la charniere est aussi la même: la jambe mobile B est comme celle d'un compas ordinaire; la jambe immobile a un pivot C, dans lequel s'engrene une portion de roue D qui a pour centre la charniere, & pour rayon la jambe mobile qui est à un de ses bouts, & à laquelle elle est attachée: à l'autre bout elle est jointe à un rayon E, qui va aussi se rendre à la charniere. Pour empêcher que cette portion de circonférence ne s'écarte du pivot, il y a une autre portion de circonférence F qui lui est parallele, & qui passe de l'autre côté de la jambe immobile au-dessus du pivot.

L'on voit donc que la jambe mobile s'ouvre également à tous les tours de la spirale, puisque la portion de circonférence avançant à tous les tours également, donne aussi une progression uniforme à la jambe mobile à laquelle elle est attachée, & qui lui est toujours perpendiculaire, puisqu'elle est son rayon.

On peut alonger les pointes comme dans le compas précédent; mais comme elles ne peuvent être racourcies que jusqu'au pignon, ceux qui auront besoin de tracer une spirale plus petite que ne le peut permettre la longueur des pointes, pourront les mettre à la tête de l'autre côté de la charniere, ensorte que la pointe de la jambe mobile se mettra à l'endroit où étoit la tête,

& celle de la jambe mobile se vissera de même au côté opposé à celui où elle étoit. On peut pour la même raison faire des pointes semblables au compas précédent, & telles que la figure G le représente. 1742. N°. 455.

Voici quelques observations & additions de l'Auteur à ces deux machines.

Quoique la jambe mobile s'ouvre à tous les tours d'un même nombre de degrés; cependant les tours qu'elle fait sur le papier, s'approchent tant soit peu les uns des autres, en s'éloignant du centre, parce que le chemin que la jambe mobile fait sur le papier en s'écartant de la jambe immobile, ne doit pas être mesuré sur la circonférence du cercle dont elle est considérée comme rayon, mais en tirant une ligne droite d'une pointe à l'autre: c'est pourquoi ceux qui voudront avoir cet instrument dans sa perfection, seront obligés de mettre un rayon à la place de la jambe mobile, pour tenir la portion de roue, & de faire une petite rainure circulaire à la jambe mobile, & pour lors ce compas tracera une spirale dont les tours seront exactement à la même distance les uns des autres, comme le compas précédent.

La seconde addition de M. de Tilieres est détaillée dans un Mémoire qu'il a remis à l'Académie en Août 1745, pour en inserer un mot dans l'Histoire de 1742.

Dans le premier article de ce mémoire, l'Auteur donne la construction d'une planchette quarrée, dont la longueur excéde l'étendue des plus grandes spirales que le compas puisse décrire, & sur laquelle on applique ce compas. L'objet de cette addition est d'empêcher la jambe immobile de tourner sur sa pointe, pendant qu'on trace la spirale, & procurer une grande exactitude dans les différens tours des spires. M. de Tilieres n'ayant joint à ce Mémoire aucun dessein relatif, il seroit inutile de rendre ici tout ce qu'il dit sur cette matiere.

Ce mémoire contient de plus différentes pratiques pour

tracer la *ſpirale* d'Archymede, & d'en rapporter d'un nombre de ſpires donné, & de la même étendue.

1742. N°. 455.

Dans le théâtre des inſtrumens mathématiques & méchaniques de Jacques de Beſſon, Dauphinois, docte Mathématicien, imprimé à Lyon en 1579, in fol. l'on trouve pluſieurs compas pour tracer différentes figures rectilignes, curvilignes, ovales & ſpirales; ce dernier compas détaillé dans la planche 6e de cet ouvrage, conſiſte en un cylindre creux, poſé horiſontalement: à une de ſes extrêmités eſt une pointe fixe, autour de laquelle l'inſtrument peut tourner; ce cylindre renferme une vis, le long de laquelle parcoure un écrou qui porte la pointe mobile, & la vis tourne par le moyen d'une roue dentée en rochet, & on peut changer les pieces ſuivant la diſtance que l'on donne aux ſpires.

RAPPORT DES COMMISSAIRES.

LE Samedi 3 Février 1742, Mrs Camus & d'Alembert liſent le rapport ſuivant ſur le compas de M. de Tilieres.

Nous avons examiné, par ordre de l'Académie, un compas pour tracer des ſpirales, propoſé par M. de Tilieres.

Ce compas que l'Auteur a fait exécuter, a une jambe fixe & immobile, dont la partie ſupérieure eſt tournée en vis, & une autre jambe qui peut tourner autour de celle-ci, comme autour d'un axe. Cette jambe mobile qui eſt plus grande que l'autre, eſt compoſée de deux parties qui font entr'elles un angle, afin que ſa pointe puiſſe rejoindre celle de l'autre, & cet angle peut s'agrandir ou ſe diminuer à volonté. La partie ſupérieure de la jambe mobile a une rainure droite; lorſqu'on fait tourner cette jambe autour de l'autre, ce mouvement fait avancer dans la partie ſupérieure de la jambe immobile un écrou qui fait lui-même glisser une fiche placée dans la rainure de la partie supérieure de la jambe mobile, & cette fiche en glissant fait ouvrir de plus en plus cette jambe mobile, à mesure qu'elle tourne autour de l'autre. 1742. N°. 455.

On peut décrire par le moyen de ce compas des courbes en forme de limaçon, dont les tours s'éloignent de plus en plus les uns des autres. Pour que l'espace renfermé entre ces tours soit plus uniforme, il faut faire ensorte que la fiche au commencement du mouvement se trouve plus loin du sommet du compas; l'Auteur en vient à bout, en faisant glisser la fiche dans une coulisse par le moyen d'une vis, dont les deux bouts sont rivés, & qui est engagée dans un écrou attaché à cette fiche.

Comme les spirales que l'Auteur trace par ce moyen, n'ont pas entre leurs différens tours un espace égal, & ne sont pas par conséquent la spirale d'Archymede, l'Auteur, pour en pouvoir tracer de cette espece, change la rainure droite de la partie supérieure de la jambe mobile, en une rainure courbe dont il donne la description par plusieurs points avec assez d'adresse. Pour augmenter ou diminuer l'espace qui est entre les tours des différentes spirales, il n'y a qu'à alonger ou racourcir les pointes des deux jambes du compas.

Si on veut tracer des spirales ovales, il faudra que la rainure soit courbe, & aille en serpentant; mais les rainures doivent être différentes, suivant les différentes especes de spirales ovales qu'on veut décrire.

M. de Tilieres propose encore un autre compas pour tracer la seule spirale d'Archimede.

Ce compas est composé, comme le précédent, d'une jambe mobile, & d'une immobile: cette derniere a un pivot dans lequel s'engrene une portion de roue qui, en tournant dans un plan vertical autour du sommet

1742. N°. 455. du compas, comme centre, fait en même temps tourner la jambe immobile autour d'elle-même, & la jambe mobile autour de celle-ci, & fait avancer d'un mouvement proportionel la jambe mobile à laquelle cette roue est attachée.

Ces deux compas, sur-tout le premier, nous ont paru nouveaux, & d'un usage assez commode, & marquent de l'industrie dans l'Auteur.

Compas pour tracer des Spirales.

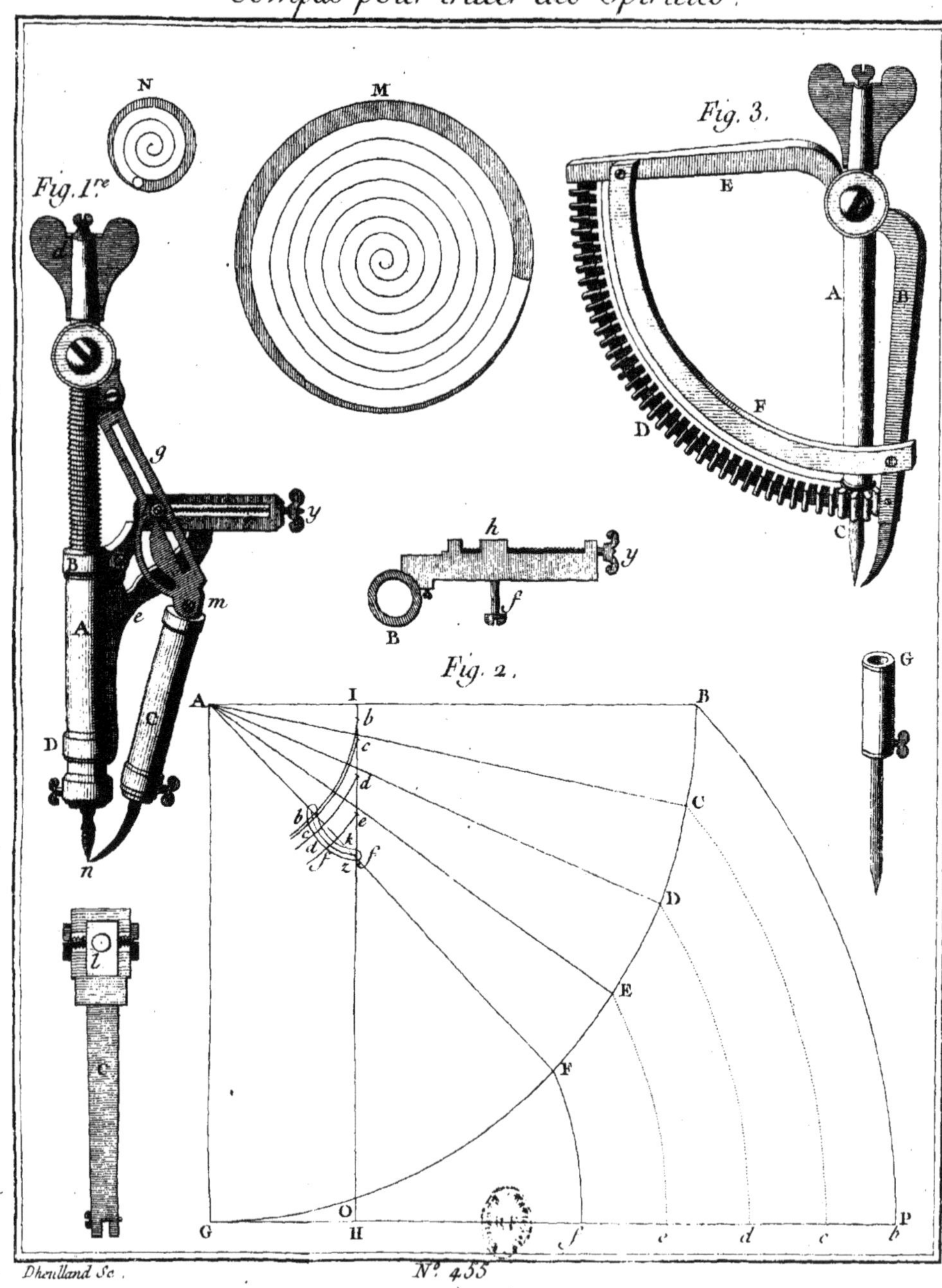

Dheulland Sc.

N.° 435

1742.
Nº. 456.

ODOMETRE,

INVENTÉ

PAR M. L'ABBÉ OUTHIER.

MOnsieur l'Abbé Outhier a eu pour objet de perfectionner l'odometre présenté à l'Académie en 1724 par M. Meynier: cet odometre plus commode que ceux qui avoient été imaginés précédemment, avoit encore l'inconvénient de ne pouvoir décompter les tours de roue qui se faisoient en reculant; mais au contraire de marquer toujours de quelque sens que la voiture allât, par exemple, si après avoir fait 50 tours de roue on vient à reculer de 5 tours, l'odometre après ce recul, au lieu de marquer 45 marquera 55, & quand on aura avancé de nouveau jusqu'à l'endroit où on avoit compté 50, au lieu de ce nombre l'odometre marquera 60. Celui de M. Outhier a la propriété de marquer les tours qui se font en avançant, & de décompter de lui-même ceux qui se font en reculant. Le méchanisme de ces deux machines differe de peu, on pourra les comparer, puisque l'odometre de M. Meynier est décrit dans cet ouvrage, *Tome IV*, pag. 93.

Voici la description du nouvel odometre telle que M. l'Abbé Outhier l'a donnée à l'Académie.

Les figures 1 & 2 représentent l'intérieur de l'odometre vu de face.

La figure 3 représente le même intérieur vu de profil: la 4e l'extérieur, ou les cadrans; & le 5e la frete de la roue du carrosse avec la détente.

pppp sont les platines de la cage assemblées par qua-

tre pilliers qui ne ſont pas figurés pour éviter la con-
1742. fuſion.
N°. 456. A & *a* ſont deux larges poulies qui ont à leur contour une gorge aſſez profonde pour contenir la corde qui ſert au tirage.

T fig. 2, eſt un barillet ou tambour, attaché à l'une des poulies; il eſt traverſé d'un arbre qui entre en quarré dans le centre de l'autre poulie : un reſſort de montre placé dans ce tambour, eſt accroché par ſon extrêmité extérieure au tambour, & par l'autre à l'arbre; il eſt par là en état d'agir en même-temps ſur les deux poulies.

G *g* ſont de fortes chevilles attachées chacune à l'une de ces deux poulies, du côté des platines, comme on le voit mieux dans la figure 3.

B *b* ſont deux cliquets, dont chacun eſt attaché à l'une des poulies, de maniere qu'il y tourne ſur un pivot étant pouſſé par le reſſort R *r* juſqu'à ce que ce *cliquet ſe trouve appuyé ſur la petite cheville O.*

CXD, *cxd*, ſont deux grands cliquets, dont l'extrêmité C, ou *c*, eſt pouſſée par un reſſort R*r* pour tomber entre deux ailes de l'étoile E.

On ne repréſente point ces deux cliquets dans la figure 3, pour ne pas couvrir les autres pieces : chacun de ces cliquets eſt monté ſur un arbre qui ſe meut par ces pivots entre les deux platines; chaque branche XD, ou *xd*, eſt arrêtée & fixée ſur le même arbre au joignant de l'une des platines, elle eſt levée par la cheville G, ou *g*, *lorſque l'odometre marque.*

E eſt une étoile, qui avec deux pignons de 6 ailes qu'elle a à ſes côtés, roule ſur des pivots communs entre les deux platines.

Q *q* ſont deux petites roulettes qui ont des gorges ſemblables à celles des grandes poulies; elles ſervent à contenir les cordes dans les gorges des grandes poulies; & en même-temps à faire que les cordes ſortant de l'odometre l'odometre se trouvent moins éloignées l'une de l'autre.

100 & 101 sont deux roues, l'une de 100 & l'autre de 101 dents ; elles engrenent dans les pignons de 6, & en roulant celle de 100 sur son arbre ; l'autre sur un canon porté autour de ce même arbre fait marquer à un cadran, fig. 4, les nombres de tours de la roue du carrosse, jusqu'à 100 au cercle extérieur, & le nombre des centaines au cercle intérieur.

1742.
N°.456.

Ces deux roues ne sont pas absolument fixées sur leurs arbres & canon ; elles sont retenues chacune contre une assiete par un pas-d'âne 2, 2, ou 3, 3, fig. 3, afin que, quand on veut, on puisse facilement remettre l'aiguille à 100 qui est la même chose que 0, & le cadran intérieur qui est mobile avec son canon à 10100, c'est-à-dire, à 0. On tourne ce cadran par deux petits boutons *&*, *&*, destinés à cet usage, & qui passent facilement dessous la courbure faite à cette aiguille.

V *u*, fig. 4, sont deux fortes chevilles, dont chacune est fixée à l'une des platines, ensorte qu'elles se trouvent au chemin des autres chevilles G, *g* fixées aux poulies, fig. 1, 2, 3, pour retenir ces mêmes poulies, & faire que le ressort du barillet conserve toujours un certain degré de bande dans le temps même que l'odometre ne travaille pas.

Effet de l'Odometre.

Le ressort du barillet auquel on a donné un peu de bande en *montant* l'odometre, tient les deux grandes poulies appuyées par leurs grosses chevilles G, *g*, contre les chevilles fixes V, *u* (fig. 4.), & alors les pieces de la machine sont toutes à peu-près dans l'état que représentent les fig. 1 & 2 : les deux petites détentes ou cliquets B, *b* n'agissent point sur l'étoile E ; mais les deux grands cliquets arrêtent cette étoile, ensorte qu'elle ne peut nullement tourner.

Si à préſent on tire l'une des cordes, par exemple, *m*, on fait tourner la grande poulie A, de façon que le
1742. cliquet *B* s'approche de l'aile *e* de l'étoile, & la pouſ-
N°. 456. ſera *d'e* en *f*, pourvu que le grand cliquet *e* ſe dégage de *l'étoile* : cela arrive néceſſairement ; parce que la grande poulie tournant à meſure que le cliquet B s'approche de l'aile *e*, la cheville G allant vers H éleve la branche XD, & par conſéquent fait élever le grand cliquet en C, & le dégage de l'étoile ; alors la détente B pouſſant l'aile *e* en *f*, l'aile *f* pour paſſer en *h* fait élever facilement l'autre grand cliquet *e*, qui retombe de lui-même, & retient l'étoile, afin qu'elle ne tourne pas en arriere par le léger effort que fera le cliquet B, en ſe renverſant à la rencontre d'une aile de l'étoile dans le temps qu'on lâche la corde, & que le reſſort du barillet ramene la grande poulie en ſon premier état. L'étoile E ayant avancé d'une de ſes ailes, le double pignon a avancé *également ; & comme il engrene dans la* roue de 100 & de 101, la premiere *celle* de 100 avançant d'une dent, fait marquer à l'aiguille une diviſion ; ou un tour de roue au cercle extérieur du cadran. La roue de 101, qui porte le petit cadran diviſé en 101, avance de même d'une dent ; mais quand la roue de 100 a fait ſon tour, la roue de 101 n'a pas fait entierement le ſien, il s'en faut un cent-unieme ou une dent, par conſéquent le petit cadran mobile diviſé en 101 demeure en arriere d'une de ſes diviſions, ainſi l'aiguille *marquera ſur ce cadran une diviſion, c'eſt-à-dire*, une centaine de tour ; ſi au contraire, on tire l'autre corde *n*, la poulie qui dans le premier cas ſe mouvoit, demeurera immobile, & l'autre étant tirée par la corde *n* tournera de *r* en *b*, de *b* en *e*, & par un méchaniſme tout ſemblable au précédent, fera tourner l'étoile du ſens contraire, & néceſſairement l'aiguille reculera ſur le cadran, & ira de 10 à 9, de 9 à 8, & ainſi de ſuite ; pen-

dant qu'on tirera la corde *n*, le petit cadran mobile des centaines tournera auſſi d'un ſens contraire, & demarquera de même que l'aiguille. 1742. N°. 456.

Application de l'Odometre à un Carroſſe.

La frete (fig. 5.) d'une des grandes roues ſera armée d'un mantonnet A qui a à-peu-près la figure d'une aile de pignon, plus ou moins long, ſuivant la place qu'on aura.

Sur le brancard du même côté, on arrêtera fortement une détente MN*z*, dont la queue *z* avancera juſqu'à la circonférence de la frete, & ſera tenue dans la direction au centre de l'eſſieu, par un reſſort *yy*. Ce reſſort eſt auſſi fixé par une extrêmité au brancard, & à l'autre engagé dans une gorge F de la détente; il ſe plie un peu quand le mantonnet de la frete pouſſe la queue *z* vers 8 lorſque le carroſſe avance, ou vers 9 lorſqu'il recule: quand la queue *z* quitte le mantonnet, le reſſort *yy* ramene toujours cette queue dans la direction où elle eſt en repos, c'eſt-à-dire, vers le centre de la roue.

Si le carroſſe avance, le mantonnet A pouſſe la queue *z* vers le point 8, & fait que la branche M allant vers 6, tire la corde *m*, & fait marquer à l'odometre que l'on a placé dans le carroſſe: ſi la voiture au contraire recule, le même mantonnet pouſſera la queue *z* de la détente vers le point 9, la branche M ira donc au point 2, & ne fera que lâcher encore plus la corde *m*, pendant que la branche N dirigée vers le point 7, tirera la corde *n*, & fera décompter l'odometre.

On peut appliquer les odometres preſqu'à tous les corps & machines qui ſe meuvent; on peut s'en ſervir pour connoître pendant un temps déterminé les tours qu'aura fait une roue ou une meule de moulin, comparer la vîteſſe d'un courant à la vîteſſe d'un autre, ou du même

courant dans différentes positions; enfin son usage or-
1742. dinaire est de mesurer les distances, en s'en servant dans
N°. 456. les différentes circonstances, déja détaillées dans la description de l'odometre de M. Meynier.

Les odometres que l'on vient de citer ne sont pas les seuls qui aient paru; on en a vu que l'on appliquoit à une roue fort légere, de 6 pieds de circonférence. Cette roue, en tournant sur un petit axe entre deux branches de fer ou de leton, qui partent d'un manche, au moyen duquel faisant marcher cette roue, on connoît le nombre des tours qu'elle a fait, & par conséquent le nombre de tours d'un endroit à l'autre, sur les cadrans de l'odometre. On dit que M. d'Ons-en-Bray avoit dans ses cabinets une semblable machine.

On a encore imaginé un odometre que l'on plaçoit entre les rayons d'une roue; cet odometre avoit aussi l'avantage de décompter, quand le carrosse reculoit: mais comme il est attaché à la roue, il en ressent tous les cahots: les pivots, sur-tout ceux du premier pignon chargé du poids, forgent continuellement dans les platines où ils sont portés; d'ailleurs on est obligé de sortir du carrosse quand on veut voir à l'odometre le chemin ou les tours de roue qu'on a faits.

M. d'Ons-en-Bray a dit à M. l'Abbé Outhier avoir vu une autre espece d'odometre que l'on plaçoit sur le brancard, & qui devoit par conséquent recevoir aussi de fortes impressions des cahos; tous ces anciens odometres n'ont point paru à l'Académie, & les Mémoires ne font mention que de celui qui se trouve joint à celui de M. Meynier, rapporté pour objet de comparaison.

Enfin depuis tous ces odometres M. de Boistissendeau, Correspondant de l'Académie, en a présenté un approuvé en 1744: je me suis adressé à son inventeur pour en avoir connoissance; il m'a mandé que son odo-

metre étoit exécuté, & que je le trouverois chez M. d'Ons-
en-Bray, qui m'a dit ne l'avoir pas, mais bien un odo- 1742.
metre de son invention, qui avoit quelque rapport à N°. 456.
celui de M. de Boistissendeau, & que des raisons particulieres l'empêchoient de le communiquer au public.

RAPPORT DES COMMISSAIRES.

LE Mercredi 20 Juin 1742, Mrs de Fouchy & d'Alembert ont lu le rapport suivant sur l'odometre de M. l'Abbé Outhier.

Nous avons examiné, par ordre de l'Académie, un odometre proposé par M. l'Abbé Outhier.

Le but de M. l'Abbé Outhier a été de perfectionner un odometre présenté en 1724 par M. Meynier.

Cet odometre plus commode que ceux qui avoient été imaginés précédemment, avoit l'inconvénient de ne pouvoir décompter les tours de roue qui se faisoient en reculant. Le nouvel odometre a la propriété de marquer les tours qui se font en avançant, & décompte de lui-même les tours qui se pourroient faire en reculant. Pour produire cet effet, M. l'Abbé Outhier substitue au rochet de l'odometre de M. Meynier, une étoile à six pointes, qui porte un pignon aussi de six ailes, dans lequel engrenent deux roues de 100 & de 101 : cette étoile est retenue par deux sautoirs, l'un desquels est toujours levé dans le temps que l'odometre agit, par une cheville placée sur une des deux poulies où se devide la corde. Chacune de ces deux poulies est aussi garnie d'une espece de cliquet, qui pousse les pointes de l'étoile dans le sens où tourne la poulie, & qui obéit au contraire lorsque la poulie est ramenée par le ressort dont nous allons parler. Ce ressort est attaché par une de ses extrêmités à un barillet fixé à l'une des deux poulies, & par son centre à l'arbre qui est fixé à l'autre poulie. On voit

que cette méchanique, en faisant mouvoir l'une des deux
1742. poulies par le moyen d'une corde roulée dessus, en fera
N°. 456. avancer ou reculer l'aiguille sur le cadran de l'odometre. M. l'Abbé Outhier applique son odometre à une voiture au moyen de deux bras de levier dont l'un agit quand la roue avance, & l'autre quand elle recule.

Cette machine nous a paru ingénieusement imaginée, & nous croyons que l'usage en doit être fort commode.

Odometre

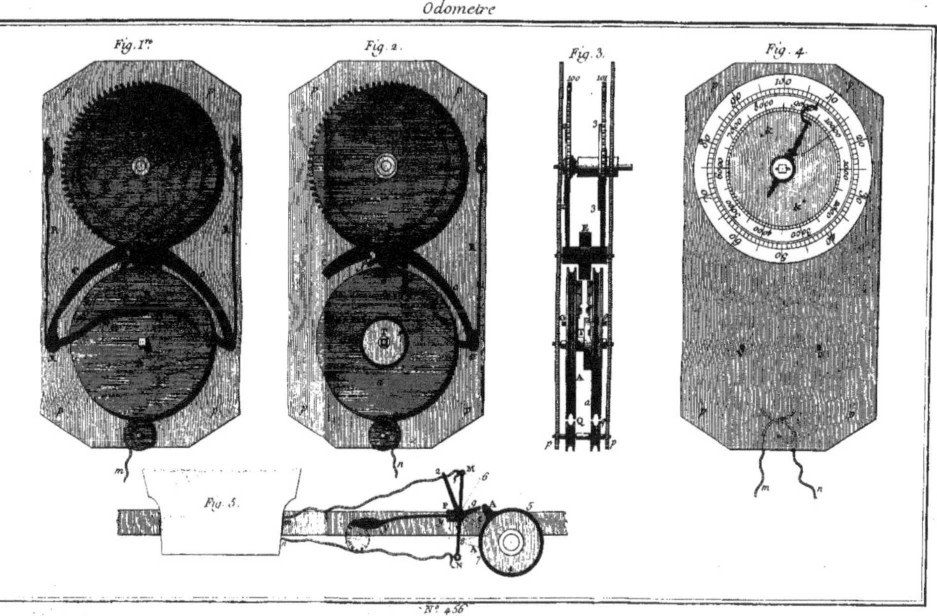

N° 456

1742.
N°. 457.

CLAVECIN,

INVENTÉ

PAR M. LE VOIR.

CEt instrument est composé d'un corps de violoncelle, & d'un corps de quinte de violon, A, B, fig. 1 & 2, assujetti & renfermé dans une caisse CD, de même figure que celle d'un clavecin; chacun de ces corps d'instrument porte plusieurs chevalets sur lesquels passent les cordes FE (*fig.* 3.) terminés à leur extrémité par des *filets*, placés aux deux bouts de la caisse qui *les enferme*: par ce moyen chaque corde étant coupée en deux parties, chacune de ces parties rend un son proportionné à sa longueur, & ainsi l'instrument qui a 50 touches, n'a donc que 25 cordes. Ces cordes sont arrêtées par leur extrêmité G à des chevilles semblables à celles du violon, comme on le voit dans le profil, fig. 4, qui servent à les accorder: & comme les deux parties de la corde pourroient bien ne pas rendre des sons qui fussent dans la proportion qu'on desireroit, les cordes sont portées par l'extrêmité E, sur des chevalets *mobiles* I (*fig.* 3, 4, 5, & 6.) qu'on peut avancer, ou qu'on recule pour faire prendre à cette partie de la corde le ton convenable à celui que rend l'autre portion.

Les cordes sont traversées à angle droit par des petits faisceaux de crin HK (fig. 2, 3, 4, 5, & 6.) qui font l'office d'archet; ces faisceaux passent sur les deux rouleaux LM, LM, fig. 2 & 3, & viennent s'attacher

aux deux tringles de bois NO, N O, (fig. 2) tirées
1742. alternativement en bas, par les cordes NQN, OPO,
N°.457. qui paſſent ſur les poulies RR, SS: ces poulies ſont miſes en mouvement par un archet TV, qui tient au tirant VX, fixé à l'arbre du balancier YY, dont les bras ſont tirés par les pédales ZZ, ſur leſquelles poſent les pieds du joueur qui les fait mouvoir.

Ces archets ne touchent point les cordes, ainſi qu'on le peut voir en H dans le profil, fig. 4; les chevalets ſur leſquels les cordes poſent, ſont de hauteur inégale, enſorte qu'un archet en particulier ne peut jamais toucher que celles du chevalet où il répond; mais de plus, chaque archet paſſe alternativement deſſus & deſſous les cordes de ſon chevalet, ſans les toucher, de ſorte que quoique l'inſtrument fut garni de ſes cordes & de ſes archets, & que ces derniers fuſſent en mouvement par le moyen des marches, il ne rendroit aucun ſon, ſi on n'obligeoit par la méchanique que l'on va expliquer, les archets de s'approcher des cordes, & de les toucher.

Le clavecin CY (fig. 3.) eſt entierement composé de touches, ſemblables aux figures 5 & 6; parties de ces touches ſont ſimples, tels que ACB, c'eſt-à-dire, ne conſiſtent que dans un ſeul levier mobile au point C, & porte à ſon extrêmité B une poulie P qui pouſſant en deſſous l'archet HK l'oblige de toucher la corde EF, & d'en tirer du ſon, comme le repréſente le profil, fig. 4, où cette touche levée eſt marquée des mêmes lettres italiques *a b c*. Chaque archet ſe meut avec une grande liberté, car les poulies P tournent aiſément ſur leurs axes: cette conſtruction eſt pour toucher la corde en deſſous.

Les touches qui font mouvoir & deſcendre les archets en deſſus, ſont composées de deux leviers MON, RST, mobiles aux points OS, & qui ſe communiquent

leurs

leur mouvement par le moyen du montant X, c'est-à-dire, qu'en appuyant le doigt sur la touche en M, on éleve l'extrêmité N, ensemble l'extrêmité R, & par ce mouvement on fait baisser le bout T & la poulie V, qui appuie l'archet HK, sur la corde EF & en tire des sons.

1742. N°. 457.

La 3e construction de touche, fig. 6, est encore pour tirer des sons en appuyant l'archet en dessous; elle est composée des deux leviers LYZ, *a b c*; le centre de mouvement du premier est au point Z, & celui du second au point *b*. Pour communiquer le mouvement du premier levier au second, on attache à l'extrêmité *a* une petite corde, qui tient au point Y, de façon qu'en baissant le bout de la touche L, on baisse de même l'extrêmité *a*, & l'autre extrêmité *c* en s'élevant, la poulie P oblige l'archet HK de s'appuyer & de couler le long de la corde, qui produit les mêmes effets que les précédentes.

Ces développemens font voir les chevalets mobiles I, & les chevilles G, qui servent à bander les cordes, & à en régler les sons suivant les longueurs que l'on détermine. L'on conçoit que, par ces différens moyens les archets étant en mouvement, si on appuie le doigt sur une ou sur plusieurs touches, on obligera les archets de s'approcher des cordes correspondantes, qui rendront des sons plus ou moins forts, selon que l'on appuyera plus ou moins sur la touche, ce qui donne à l'instrument la propriété d'enfler ou diminuer les sons.

L'inventeur a changé les pilotes qui font lever les bascules, & les a mis à vis, afin de faire approcher plus ou moins l'archet des cordes; & au lieu d'employer des poulies, il leur substitue des rouleaux, pour tenir l'archet d'une plus grande largeur, ayant remarqué que la gorge de la poulie les resseroit trop.

Au mois de Mars 1749, j'ai vu chez M. le Voir un instrument de cette espece qu'il venoit d'imaginer, au-

1742. quel il avoit appliqué un mouvement à poids, & un tambour notté, par le moyen duquel l'instrument jouoit seul,
N°.457. & changeoit d'air de même, sans secours de personne: il y avoit entr'autre dans cette méchanique un échappement pour le mouvement des archets, qui m'a paru nouveau, & très-bien imaginé: le corps de l'instrument étoit composé de deux violons, d'une taille, & d'un grand violoncelle: il joue à deux & trois parties. Enfin M. le Voir eut la bonté de monter l'instrument, & de le faire jouer en ma présence; il me parut qu'il produisoit seul l'effet d'un concert très-harmonieux & parfaitement exécuté.

RAPPORT DES COMMISSAIRES.

LE Samedi 21 Juillet 1742, Mrs de Mairan, Hellot & de Fouchy lisent le rapport suivant sur le clavecin du sieur le Voir.

Nous avons examiné, par ordre de l'Académie, un nouvel instrument de musique, présenté par M. le Voir. Cet instrument est composé d'un corps de violoncelle, & d'un corps de quinte de violon, assujettis & renfermés dans une caisse, dont la figure est à peu-près la même que celle d'un clavecin un peu court. Chacun de ces corps d'instrument porte plusieurs chevalets sur lesquels passent des cordes terminées à leurs extrêmités par des sillets placés aux deux bouts de la caisse qui les enferme; chaque corde par ce moyen étant coupée en deux parties, chacune de ces parties rend un son proportionné à sa longueur, & ainsi l'instrument a réellement 50 touches, quoiqu'il n'ait que 25 cordes. Toutes ces cordes sont arrêtées par un de leurs bouts à des chevilles semblables à celles du violon, qui servent à les accorder: & comme il pourroit arriver que les deux parties de la corde ne rendissent pas des sons qui sufſent dans la proportion qu'on ſouhaite, les cordes portent par l'extrêmité la plus voiſine des chevilles, ſur des chevalets mobiles qu'on avance, ou qu'on recule pour faire prendre à cette partie de la corde le ton convenable à celui que rend l'autre portion.

Ces cordes ſont traverſées à angle droit par des eſpeces d'archets, ou, pour parler plus exactement, par des petits faiſceaux de crin : ces archets paſſent à leurs deux extrêmités ſur des rouleaux placés aux deux côtés de la caiſſe, & viennent s'attacher à deux tringles de bois, qui ſont tirées alternativement en bas par des cordes que font mouvoir les pieds du joueur au moyen de deux pédales ou marches ſur leſquels ils poſent.

Aucun de ces archets ne touche les cordes; les chevalets ſur leſquels elles poſent, ſont de hauteur inégale, enſorte qu'un archet en particulier ne peut jamais toucher que celles du chevalet où il répond; mais de plus chaque archet paſſe alternativement deſſus & deſſous les cordes de ſon chevalet, ſans les toucher; deſorte que quoique l'inſtrument fut garni des ſes cordes & de ſes archets, & que ces derniers fuſſent en mouvement par le moyen des marches, il ne rendroit aucun ſon, ſi on n'obligeoit par la méchanique dont nous allons parler les archets de s'approcher des cordes, & de les toucher.

Le large bout de la caiſſe eſt garni d'un clavier parfaitement ſemblable à celui d'un clavecin, dont les touches portent à leur extrêmité poſtérieure une petite poulie ou rouleau, qui, en s'élevant lorſqu'on appuie le doigt ſur la touche, oblige l'archet de s'approcher de la corde au deſſous de laquelle il paſſe, & de la toucher en continuant ſon mouvement auquel ce rouleau ou poulie obéit en tournant ſur ſon axe.

D'autres rouleaux portent ſur les archets en deſſus, & les obligent à deſcendre ſur les cordes qui ſe trou-

1742. N°. 457. vent au deſſous; & ces dernieres tiennent à des baſcules que les touches font lever par une de leurs extrêmités. Par ce moyen les archets étant en mouvement, ſi on appuie le doigt ſur une ou ſur pluſieurs touches, on obligera les archets de s'approcher des cordes qui rendront un ſon plus ou moins fort, ſelon que l'on appuyera plus ou moins ſur la touche; ce qui donne à l'inſtrument la propriété d'enfler ou de diminuer les ſons.

Les baſſes de cet inſtrument reſſemblent aſſez au ſon du violoncelle, & les tailles, ſur-tout lorſqu'on les touche légérement, à celui de la viole touchée, comme la nomment ceux qui jouent de cet inſtrument en enlevant avec l'archet.

Le ſon des deſſus nous a paru reſſembler davantage à celui que rendroit un deſſus de viole d'un patron auſſi grand que la quinte d'un violon: il eſt vrai qu'en ajoutant aux deux *corps d'inſtrument* dont nous avons parlé, un corps de deſſus de violon, on pourra peut-être parvenir à donner au nouvel inſtrument un ſon plus approchant de celui du deſſus de violon; & c'eſt ce que l'Auteur ſe propoſe d'éprouver dans les premiers qu'il fera conſtruire. La cadence de cet inſtrument eſt peut-être ce qu'il a de plus ſingulier; car chaque archet ne touchant qu'un inſtant ſur ſa corde, elle ne reſſemble, à proprement parler, ni à celle du violon, ni à celle de la viole, ni à celle du clavecin; & ſi on la peut comparer à quelque choſe de connu, la cadence du théorbe eſt celle à laquelle on peut lui trouver le plus de rapport. Il paroît cependant qu'en allongeant un peu plus les archets on pourroit lui donner quelque choſe de plus lié, & c'eſt le deſſein de l'Auteur: il y a même de certains tours de chant auxquels cette cadence, dans l'état qu'elle eſt, convient aſſez bien. Le ſon de cet inſtrument étant continu, ſon accompagnement, à moins qu'on ne le réduiſît à une ou deux parties chantantes, & touchées très-légérement, aura peine à convenir aux voix & aux inſtrumens d'une harmonie fort douce, telle que la flûte traverſiere, &c. Au moins eſt-il sûr que la maniere d'accompagner ſur le clavecin, n'y convient pas: celle dont on ſe ſert pour accompagner ſur l'orgue le plaint-chant, & les pieces en taille paroîtroit y être plus propre. C'eſt à l'uſage & à l'expérience à inſtruire ſur ce point, & à fixer le vrai gout d'accompagnement qui pourra convenir à cet inſtrument, & faire voir ſi cet accompagnement pourra convenir aux voix.

1742. N°.457.

Quand même cet avantage manqueroit, il mériteroit encore qu'on prît le ſoin de le perfectionner. Il ſera toujours très-agréable de pouvoir à tout inſtant ſe donner à ſoi-même un concert de ſymphonie qui ſera d'autant plus juſte, que toutes les parties ſeront dirigées & conduites par la même perſonne, & quand il y auroit quelque choſe à perdre du côté de la poſition de quelques-unes de ces parties, l'agrément de les trouver réunies enſemble, pourroit bien compenſer ce défaut.

En général cet inſtrument nous a paru très-ingénieuſement imaginé, ayant la tenue des ſons & le nombre des parties comme l'orgue, & la propriété de les enfler & diminuer comme le violon; & nous croyons que l'uſage pourra s'en établir aiſément, ſur-tout après que l'Auteur aura corrigé les défauts qui s'y trouvent, & qui ſont preſque inſéparables de toutes les nouvelles inventions; ce qu'on a tout lieu d'attendre de ſon application & de ſon génie.

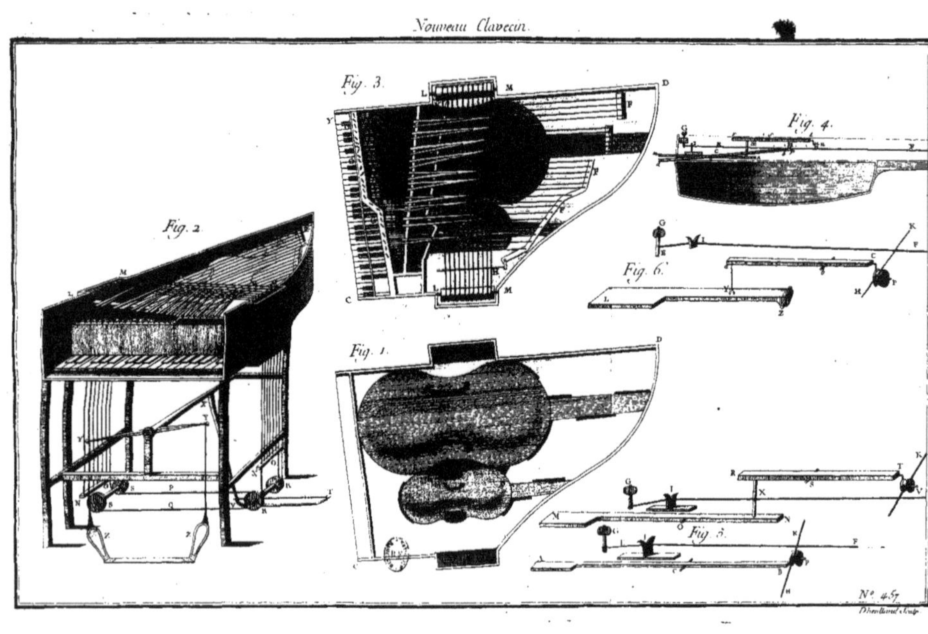
Fig. 1.
Fig. 2.
Fig. 3.
Fig. 4.
Fig. 5.
Fig. 6.
N° 457

1742. N°. 458.

BANDAGE
POUR LES HERNIES,
INVENTÉ
PAR M. ABEILLE, INGÉNIEUR.

LA figure A M repréſente le bandage avec toute ſa garniture, prêt à être appliqué ſur le corps, que l'on ſuppoſe incommodé du côté droit.

Les parties principales de cet inſtrument, developpées dans la figure B, ſont une plaque de tole 1, vue du côté extérieur ; 2 la chape & ſa platine portant un crochet 15. Cette chape, dont le profil eſt cotté 3, s'applique au bas de la plaque 1 ; deux pitons tels que la figure 4 vue de face & de profil les repréſente, ſont marqués 2 dans la figure C, s'appliquent de même, par le moyen de quatre vis ſur cette plaque ; les deux têtes de ces pitons *portent l'arbre 5, dont les profils* des bouts & du *milieu* ſont repréſentés par les figures *6*, 7 & *8* : *la partie* 7 de cet arbre taillé en octogone, entre dans l'anneau *9*, vue de face & de profil, percé d'un trou de même figure, & l'un & l'autre ſont aſſujettis enſemble par la vis 10 : l'autre extrêmité taillée à pan de même que le premier, reçoit un crochet 11 retenu par l'écrou 12.

La figure C eſt l'inſtrument vu du côté extérieur, avec tout ce qui le compoſe aſſemblé, excepté la chape

que l'on supprime, pour faire paroître à découvert
1742. les ressorts à boudin 1, 1 : ces deux ressorts fixés à la
N°. 458. partie arrondie de l'arbre, l'enveloppe de 4 tours, comme on le voit dans les profils F, G; l'un de ces ressorts est un peu plus large que l'autre, parce qu'il a besoin de plus de force, l'endroit où il fait action étant plus éloigné du point d'appui que ne l'est le second ressort. A chaque partie libre des ressorts, on attache, au moyen de trois vis, des lames de fer mince 13 & 14: la premiere 13 est extérieure & longue, la seconde 14 est intérieure, plus courte & convexe du côté qu'elle s'applique sur la partie malade, de sorte qu'elle forme une espece de pelotte, comme on le voit par la figure E; cette piece fait l'office de la pelotte des bandages ordinaires : la plus longue lame 13, après avoir passé par dessus l'extrêmité de celle qui fait la pelotte, est elle-même terminée par une courbure qui embrasse & comprime tout l'espace, & le trajet que doit parcourir la hernie dans les bourses. Ces ressorts sont couverts & defendus par la chape 2, fig. B; la plaque de taule 1, sur laquelle sont fixés les deux pitons 2, 2, fig. C, est droite à sa partie externe, & inférieure à sa base; mais elle est un peu convexe dans sa partie supérieure, pour répondre à la convexité du bas-ventre contre lequel elle doit s'appliquer. On voit dans cette même figure C, les deux ressorts 1, 1; les deux pitons 2, 2, l'anneau 3, où s'accroche l'agraffe de l'un des bouts de la ceinture, le crochet 4 où s'attache l'autre bout de la même ceinture, après avoir fait le tour du corps, l'écrou 5 qui retient ce crochet en s'engageant dans la vis du bout de l'arbre.

Sur cette ceinture (comme on le voit à l'inspection de la premiere figure A) & à quelque distance de l'agraffe, est assujettie par une ganse une courroie postiche M, que l'on peut nommer sous-cuisse, qui, lorsque le bandage est

est placé, descend par dessous la cuisse du côté malade, & vient, en remontant en devant, s'attacher entre les queues des deux pitons, au petit crochet 15 de la platine qui couvre les ressorts : ce sous-cuisse ne sert qu'à fixer l'instrument, & empêcher qu'il ne remonte lorsque le malade se baisse ou se releve.

1742.
N°.458.

La figure D est l'instrument vû du côté extérieur, avec l'assemblage de ses parties, y compris la platine 1, qui porte le crochet 15, lequel fait partie de la chape cottée 2.

La figure E représente l'instrument vû du côté intérieur, avec l'assemblage de ses parties, c'est-à-dire, le grand ressort 1, 13, qui s'applique sur le chemin que pourroit parcourir la hernie, pour tomber dans les bourses, & le second ressort 2, 14, qui forme la pelotte, appliqué au bas-ventre à l'endroit principal de la descente.

La figure F est le profil de l'instrument supposé placé sur le ventre; on y découvre les ressorts à boudin enroullé sur l'arbre 1, la plaque 2 garnie de sa peau de chamois rembourée de crin, du côté intérieur; la chape 3, qui couvre & défend les ressorts; la bourse 4, qui enveloppe les lames des ressorts, & la garniture de peau de chamois roulée derriere les lames, afin d'empêcher qu'elles ne fassent trop d'impression sur la peau du bas-ventre.

La figure G est le profil de l'instrument déterminé par l'action du ressort, lorsqu'il est séparé du corps.

La figure H est le plan de la machine, c'est-à-dire, l'instrument vû par le haut & à plomb.

Les extrêmités de l'arbre qui entrent à pan dans les trous des pitons, sont de cette figure, non-seulement pour les y fixer, mais aussi pour pouvoir changer la disposition de l'arbre, & le faire tourner d'un huitie-

me, ou d'un quart, ou plus ſelon la néceſſité de bander
1742. plus ou moins les reſſorts.
N°. 458. On diſpoſe cet inſtrument de maniere que l'arbre ſoit ſitué horiſontalement, & à une telle hauteur, que la ceinture puiſſe y être attachée, étant miſe autour du corps à la rencontre du bas des hanches, c'eſt-à-dire, au haut des cuiſſes; la plaque ſera élevée au-deſſus de l'arbre, & répondra à la partie ſupérieure du bas-ventre, & les lames des reſſorts qui ſont au-deſſous de l'arbre, répondront à la partie affligée: on achevera d'ajuſter le bandage en ſe ſervant du ſous-cuiſſe de la maniere dont on l'a déja dit.

Les perſonnes qui ſont incommodées d'une deſcente, reconnoiſſent par expérience que les bandages ordinaires ne ſont d'un bon effet que lorſque le corps ſe trouve dans un état tranquille. Voici les attentions principales qu'il faut apporter dans l'exécution du bandage de M. Abeille.

Les deſſeins qui le repréſentent ici, ſont réduits avec ſoin & préciſion, & ſuivant l'échelle qui y eſt jointe, ſur laquelle l'Artiſte doit ſe régler pour toutes les meſures de longueur, hauteur & épaiſſeur. Ce bandage peut convenir à un homme de 5 pieds 5 pouces, la différence de plus au moins n'en doit apporter que très-peu à l'inſtrument qui ſert de pelotte; mais on proportionne la ceinture à la groſſeur de celui qui veut en faire uſage.

La plaque de tole doit être réduite à une épaiſſeur très-mince, excepté à la partie inférieure qui doit porter les pitons, à cauſe des écrous que l'on y doit pratiquer pour recevoir les vis qui les retiennent. Cette plaque ſemble donner au bandage un volume conſidérable; mais il ne faut faire attention qu'aux reſſorts renfermés dans le petit ſac boutonné: car pour ce qui eſt de la plaque, quelque eſſentielle qu'elle ſoit, on peut la regarder comme un hors-d'œuvre, en ce qu'elle s'éleve au dessus de la ceinture de la culotte, qu'il ne faut boutonner que d'un seul bouton, sçavoir, celui d'en-bas, afin que la plaque ait plus de liberté & plus d'action; cette ceinture portera naturellement sur la chape des ressorts par-devant, & dans le reste du tour du corps, elle repondra à peu-près à celle du bandage. Il faut aussi observer que la plaque ait ses bords assez rabattus, comme on le voit par la figure E, pour que la peau du ventre glisse & s'échappe derriere elle, lorsqu'on se baisse.

L'ouvrier qui fera les ressorts à boudin, ne manquera pas de leur donner moins de volume en saillie, qu'il n'en paroît dans le dessein, quoiqu'ils fassent 4 tours autour de l'arbre, & il approchera la chape à proportion. Chaque tour du ressort n'est séparé dans les desseins d'une maniere si distinguée, que pour rendre la construction de l'instrument plus sensible.

Il n'y a rien à craindre du plus long ressort, quoiqu'il descende jusqu'à l'os pubis, & qu'il s'appuie dessus; la garniture de peau qui est derriere, empêche les impressions trop fortes des ressorts sur les parties où ils portent.

Comme ce bandage est particulierement composé pour ceux dont la descente passe *jusque dans les bourses*, le long ressort est *indispensable; mais il paroît inutile si* l'incommodité n'avoit pas fait un tel progrès, & si la hernie étoit seulement au-dessus de l'os pubis: en ce cas il ne faudroit employer qu'un ressort dont la lame repondît au-dessus de cet os, qu'elle fût large par le bas, & emboîtée pour former la pelotte & de la même forme que la lame courte, cottée 2 & 14 dans la figure E: son ressort à boudin dans cette construction pourra être aussi large que les deux autres, la longue lame étant supprimée, sans craindre que ce ressort fût trop

1742. N°. 458. fort, puisque ces sortes de ressort se bandent, & se lâchent au degré que l'on veut, & que les bouts à pan de l'arbre sont propres pour y ajuster l'instrument au degré néçessaire.

Il faut en général que l'Artiste qui fait le bandage ajuste celui-ci selon les cas différens des personnes incommodées, ayant égard à leur âge, à leur sexe, à leur hauteur, & à leur grosseur, & qu'il se garde bien de trop diminuer on de supprimer la plaque, puisque c'est d'elle, par la poussée des muscles du bas-ventre, que la puissance des ressorts s'augmente, & qu'elle devient capable de résister à la hernie, à proportion de l'augmentation des efforts.

C'est sur les desseins, & d'après les instructions relatives ci-dessus, que j'ai communiqué, en 1752, à un Chirurgien (M. Michel Chirurgien major de l'hôpital militaire) de Maubeuge où *j'étois en résidence*, qu'il a fait exécuter pour deux personnes de *ma connoissance* & d'un âge fort avancé, le bandage de M. Abeille: les accidens auxquels ces malades étoient sujets, sont disparus depuis l'usage qu'ils font de cet instrument.

Dans *le post-scriptum* de la Gazette d'Hollande du Vendredi 19 Décembre 1749, le sieur Neilson, Chirurgien Ecossois, reçu à Saint-Côme, & qui demeuroit alors sur le Quai de la Megisserie près le Pont-neuf, au coq d'or à Paris, annonce un bandage élastique, par lequel il semble promettre les mêmes avantages que procure *celui de M. Abeille; il sera facile d'en faire la* comparaison, si le sieur Neilson a produit des siens.

RAPPORT DES COMMISSAIRES.

LE Mercredi 5 Septembre 1742, Mrs Bourdelin & Hunauld lisent le rapport suivant sur le bandage de M. Abeille.

Nous avons examiné, par ordre de l'Académie, le dessein d'un nouveau bandage pour les hernies, inventé par M. Abeille, & le mémoire instructif qui y est joint. 1742. N°. 458.

Ce bandage considéré en général, est composé d'un instrument à ressort, & d'une simple ceinture de peau de chamois. Les parties qui composent l'instrument, sont une plaque de tole, deux pitons, dont les trous sont percés à pans; un petit arbre de fer rond dans toute sa longueur, excepté aux extrêmités, qui sont taillées à pans, & octogones, pour répondre aux ouvertures des pitons, qui sont aussi octogones, & dans lesquelles les extrêmités du petit arbre de fer doivent entrer & se fixer, deux ressorts à boudins, deux lames de fer, attachées sur ces ressorts, une chape de fer mince, un anneau & deux crochets. De chaque côté de la partie externe, & inférieure de la plaque, qui est droite à sa base, mais un peu convexe dans sa partie supérieure, pour répondre à la convexité du bas-ventre contre lequel elle doit s'appliquer, s'élevent & sont attachées par deux vis, les queues de deux pitons, qui dans leurs trous reçoivent les extrêmités du petit arbre de fer situé horisontalement. Au milieu de ce petit arbre sont attachés à côté l'un de l'autre deux ressorts à boudins, qui l'enveloppent de quatre tours. A chaque extrêmité libre de ces ressorts, dont l'un est plus large que l'autre, est attachée, au moyen de trois petites vis, une des deux lames de fer; de ces deux lames l'une est extérieure & longue, l'autre est intérieure, plus courte, & convexe du côté qu'elle s'applique sur la partie malade; de sorte qu'elle forme une espece de pelotte, & qu'elle fait réellement ce que fait la pelotte dans les bandages ordinaires. La plus longue lame, après avoir passé par dessus l'extrêmité de celle qui fait la pelotte, est elle-même terminée par une courbure qui embrasse & comprime tout l'espace & le trajet que doit parcourir la her-

nie pour tomber dans les bourſes. Les reſſorts ſont cou-
1742. verts & défendus par la chape qui eſt une lame de fer
N°. 458. mince, & courbée en demi-voute, qui ſert à les loger. La *ceinture* eſt attachée par une agraffe à l'anneau de fer qui tient à une des extrêmités de l'arbre, & après avoir fait le tour du corps, elle vient s'attacher à l'autre extrêmité du même arbre, où ſe trouve un crochet pour la recevoir. Sur cette ceinture à quelque diſtance de l'agraffe, eſt aſſujettie par une ganſe une courroie poſtiche, qui, lorſque le bandage eſt placé, deſcend par deſſous la cuiſſe du côté malade, & vient, en remontant en devant, s'attacher entre les queues des deux pitons, au petit crochet de la platine à laquelle tient la chape qui couvre les reſſorts. Cette courroie ne ſert qu'à fixer l'inſtrument, & a été ajoutée par l'Auteur, qui s'étoit apperçu que l'action de ſe baiſſer & de ſe relever *faiſoit un peu remonter l'inſtrument.*

M. Abeille, qui eſt *incommodé d'une hernie inguinale*, avoit éprouvé que, lorſque les muſcles du bas-ventre en touſſant, ou en faiſant quelque autre effort, étoient pouſſés en dehors, la pelotte du bandage ordinaire, qui par ce moyen s'écartoit de l'anneau du muſcle oblique externe, permettoit aux parties qui forment la hernie de gliſſer entre les piliers de ce même anneau, ce qui expoſoit la hernie à être comprimée, & contribuoit à augmenter l'écartement des piliers, pour remédier à ces inconvéniens, a imaginé le bandage dont nous venons de donner une deſcription ſuccinte, mais que l'on trouve plus détaillée dans le mémoire envoyé par l'Auteur.

L'utilité de ce bandage conſiſte en ce que lorſque les muſcles du bas-ventre ſont pouſſés en dehors par les efforts de la toux, ou autres, la partie de l'inſtrument qui doit s'oppoſer à la pouſſée de *l'inteſtin* & de l'épiploon, & par conſéquent à leur chûte, loin d'être déplacée, comme il arrive dans ce cas à la pelotte des bandages ordinaires, n'en devient au contraire que plus ferme & plus inébranlable; parce que la plaque de tole, qui est placée au-dessus de l'anneau du muscle oblique externe, & qui alors, c'est-à-dire, dans le temps de l'effort de la toux, est poussée en dehors, fait que les ressorts se bandent davantage, & s'appliquent plus immédiatement, & plus fortement tous deux, sçavoir, l'intérieur sur l'anneau par où pourroient sortir les parties qui font la hernie, & l'extérieur, sur le trajet qu'elle feroit; si elle étoit de nature à descendre jusque dans les bourses. On a plusieurs fois tenté de se servir de ressorts dans la construction des bandages; mais différens inconvéniens en ont toujours fait abandonner l'usage: il arrivoit, par exemple, que ces instrumens pressoient fortement la partie inférieure de l'anneau du muscle oblique externe, pendant qu'ils ne faisoient qu'une compression fort légere sur sa partie supérieure, ce qui donnoit issue aux parties qui forment la hernie, & pouvoient en occasionner l'étranglement: ces accidens, & d'autres semblables ont fait que jusqu'à présent on a été obligé de s'en tenir aux bandages ordinaires.

Le nouveau bandage de M. Abeille nous a paru d'autant plus heureusement imaginé, que les efforts des muscles du bas-ventre qui déplacent ordinairement les autres bandages, *ne faisant qu'affermir celui-ci dans sa* place, l'Auteur a sçu tourner à l'avantage de son instrument, & par conséquent des malades, les accidens qui sont la cause la plus fréquente de l'insuffisance des bandages ordinaires.

Nous croyons donc que l'on peut se servir utilement de ce bandage; mais quoique l'Auteur l'ait déja éprouvé, &, pour ainsi dire, mis en expérience sur lui-même l'hyver dernier pendant trois mois qu'il fut incommodé d'une toux très-violente, sans que, comme il l'assu-

re lui-même, son bandage se soit démenti, nous laissons
1742. néanmoins au temps & à l'usage, à mettre le public
N°. 458. en état d'apprécier l'utilité de ce bandage, & d'en juger définitivement.

MOULIN

Bandage pour les Hernies.

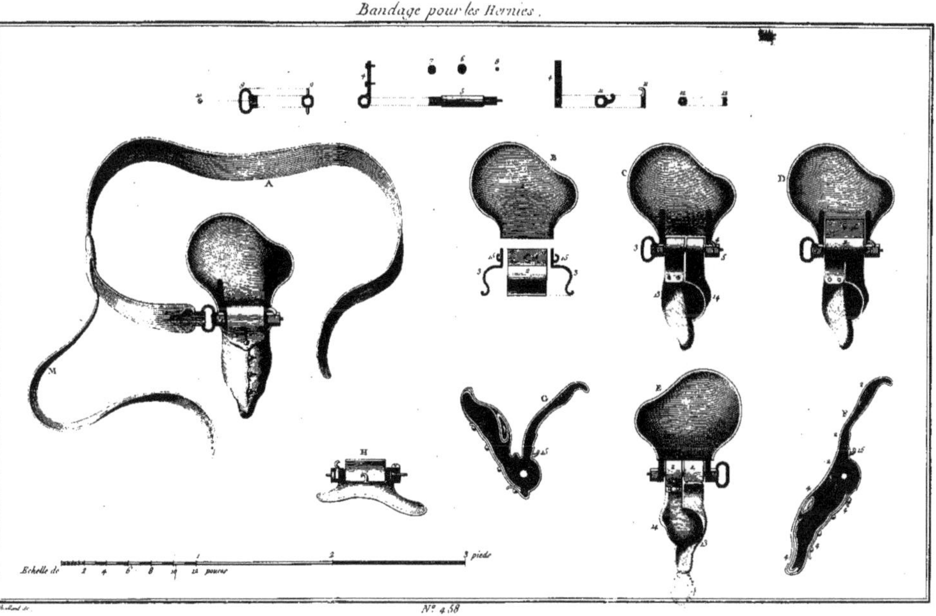

N° 458

1742. N°. 459.

MOULIN A PAPIER,

PERFECTIONNÉ

PAR M. DE GENSSANE.

CEtte machine eſt un coffre ABCD, figure 1, conſtruit de bons madriers de deux pouces d'épaiſſeur, d'un bois ſain & dur, d'une qualité arbitraire, pourvu que ce ne ſoit pas de chêne, parce que ce boit noirciroit la matiere dont on fait le papier. Dans l'intérieur de ce coffre eſt formée une eſpece d'ellipſe, dont le côté rentre en dedans dans ſon milieu pour laiſſer aux deux extrêmités du coffre deux capacités H, H, à peu-près rondes : cette eſpece de mortier eſt conſtruit de douves de bois blanc, inclinées, arrêtées par le haut contre les parois du coffre, & par le bas dans une rainure taillée ſur le fond même.

Au milieu du coffre & du mortier ſont arrêtés deux forts morceaux de bois E, F taillés en coins, & que l'on voit diſtinctement dans la figure 2, qui eſt un profil pris ſur le travers de la machine. Sur chacun ſont encaſtrées deux fortes lames d'acier P, Q, fig. 2 & 5, de deux pouces de largeur, qui regnent ſur toute la longueur, & qui ont une ſaillie d'un petit quart de pouce hors du bois : ces lames doivent être trempées & cannelées diagonalement en ſens contraire de la noix dont nous allons parler.

La noix G eſt faite en cône renverſé d'un bon bois d'orme, dont la ſurface, qui doit être dreſſée au tour, eſt garnie de petites lames d'acier, fig 4, poſées diagonalement, & enfoncées dans le bois, juſqu'à ce qu'elles

1742. N°. 459.

affleurent la ſurface; elles ſont retenues par des cercles L O, fig. 2 & 3, qui ne doivent pas non plus excéder la ſurface du bois. Lorſque toutes ces lames ſont arrêtées, on coupe le bois en chanfrein, de maniere que la ſurface extérieure des lames ſe trouve découverte d'un bon pouce ſur toute leur longueur & de la maniere dont le repréſente le plan de la noix, fig. 6.

Comme cette noix doit joindre plus ou moins contre les lames d'acier PQ, ſuivant que la matiere eſt plus ou moins battue, on s'en eſt procuré le moyen en lui donnant une figure conique, & en pratiquant à ſon extrêmité inférieure une eſpece de crapaudine renverſée Y, contre laquelle vient appuyer le pivot ſur lequel tourne la noix: le pivot traverſe le fond du coffre, où il eſt fortement retenu par deux bons colets de cuivre, un en-dehors & l'autre en-dedans du coffre: & afin que la matiere ni l'eau ne puiſſent pas s'échapper par-là, on garnit cette ouverture de deux ou trois rondelles de cuir ou de feutre, placées entre les colets & le bois, & qui joignent exactement contre le pivot dont la ſurface doit être unie & polie autour.

La partie inférieure du pivot appuie ſur une autre crapaudine V un peu enfoncée, & encaſtrée dans une forte traverſe de bois ou de fer X, qu'on éleve ou qu'on abaiſſe par le moyen des coins Z, Z, lorſque l'on veut donner plus ou moins de jeu à la noix.

Comme il eſt néceſſaire que le drapeau ſe lave à meſure que le moulin le réduit en une eſpece de bouillie, on y fait couler un filet d'eau par un petit canal quelconque, tel que N, fig. 3, lequel ſort enſuite par une ouverture d'environ trois pouces en quarré, pratiquée à l'endroit W; & afin que la matiere ne ſoit pas entraînée par cette eau, & qu'elle ne ſorte pas, on garnit cette ouverture en dedans du coffre d'une toile de tamis montée ſur un petit chaſſis à couliſſe.

On conçoit que l'effet de la noix en tournant est d'imprimer à la matiere un mouvement circulaire, & de la faire passer successivement entr'elle & les plaques d'acier PQ, où elle se brise au point qu'en quatre heures de temps elle est prête à être employée, l'expérience en ayant été faite.

1742. N°. 459.

Comme il pourroit arriver que l'effort de la noix en frottant contre les plaques, pourroit forcer le coffre de s'élargir & à fléchir, il est soutenu en cet endroit par un chassis RM, au moyen de trois traverses: ce chassis sert encore à porter la noix & la lanterne T, par laquelle on lui communique le mouvement, & porte de même la traverse X, sur laquelle appuie le pivot de la noix.

Comme il n'est pas fait mention de cette machine dans l'Histoire de l'Académie de 1737; ce qui ne fait qu'une faute d'omission, j'ai cru devoir rapporter ici le certificat d'approbation tel que M. de Genssane me l'a remis en original, & que j'ai encore entre les mains.

Extrait des Registres de l'Académie Royale des Sciences.
Du 4 Septembre 1737.

MEssieurs de Reaumur, Nicole, Dufay & Pitot, qui avoient été nommés pour examiner des changemens ou additions proposées par *M. de Genssane*, au moulin à papier de Hollande dont M. Gastionneau a obtenu l'établissement en France sur une approbation de l'Académie, en ayant fait leur rapport:

La Compagnie a jugé qu'il y avoit principalement deux propositions de M. de Genssane qui meritoient qu'on y eut égard.

1° Celle de substituer aux tringles tranchantes du moulin de Hollande des lames de fer dentelées en forme de rapes en bois, parce qu'elles couperoient & détrui-

1742. N°. 459. roient moins les fibres du drapeau ; mais quoique cela parut très-bien imaginé, il falloit apprendre de l'expérience si ces dents ne s'empâteroient point par les fibres du drapeau broyé.

2°. Celle d'augmenter l'effet du moulin par la seule disposition de deux plans inclinés sans augmenter le volume de la machine, ce qui ne se pourroit dans le moulin de Hollande.

Qu'enfin quoique les réflexions de M. de Genssane soient très-ingénieuses, il seroit à desirer qu'on en fit des expériences d'après les moulins de Hollande qui font du papier très-beau & très-uni, mais dont le défaut est de se casser plus facilement que celui qui se fabrique avec les moulins à pitons dans la plupart des Provinces du Royaume. En foi de quoi j'ai signé le présent certificat. A Paris le 6 Septembre 1742. *Signé* FONTENELLE, *Secrétaire perpétuel de l'Académie des Sciences.*

Moulin à Papier.

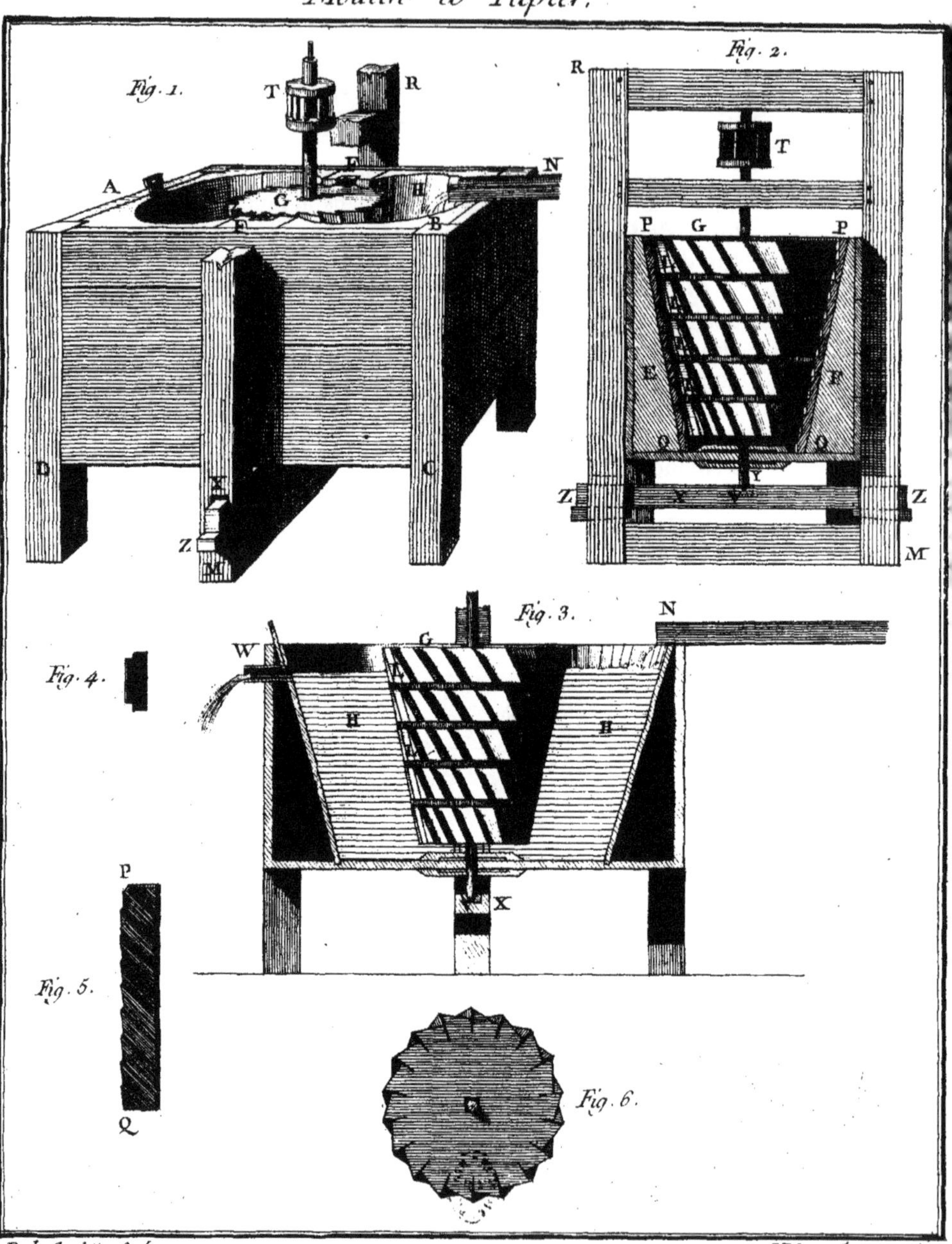

De la Gardette Sculp.

N.° 459

RECUEIL
DES MACHINES
APPROUVÉES
PAR L'ACADÉMIE ROYALE
DES SCIENCES.

ANNÉE 1743.

1743.
N°.460.

PANTOGRAPHE, OU SINGE PERFECTIONNÉ, PAR M. LANGLOIS, INGÉNIEUR POUR LES INSTRUMENS DE MATHÉMATIQUES.

JE donne ici la defcription, & le deffein de cet inftrument, d'apres une brochure in 4°, que le fieur Langlois a publiée au mois de Décembre 1743.

Cet inftrument eft compofé de quatre regles, deux grandes, & deux petites: les deux grandes font jointes enfemble à une de leurs extrêmités par une tige qui les traverfe, fermée par le haut avec un écrou qui laiffe mouvoir ces regles librement: au bas de cette tige eft une roulette excentrique, qui pèfe fur la table; les deux autres regles font attachées vers le milieu de chacune des grandes, & elles font jointes enfemble par l'autre bout; en forte que ces quatre regles forment *toujours un parallelograme*, en quelque façon *que l'on faffe mouvoir l'inftrument*.

Les deux grandes regles, & une des petites portent chacune une boîte qui fe place & s'arrête à tel endroit que l'on veut defdites regles, par le moyen d'une vis placée au-deffous; ces boîtes font chacune percées d'un trou cylindrique, dans lequel fe placent alternativement trois chofes, fçavoir, une pointe à calquer, un canon dans lequel fe loge un porte-crayon, qui fe hauffe ou fe baiffe de lui-même, fuivant l'inégalité du plan fur lequel on travaille, & enfin un fupport qui

1743. N°. 460.

se visse dans la table, & dont le haut est en cylindre pour entrer dans une des boîtes; c'est ce support qui sert de point fixe, & autour duquel l'instrument tourne quand on dessine. Il y a deux roulettes ambulantes qui servent à soutenir les regles, & à faciliter le mouvement: sur les regles sont des divisions marquées par des chiffres qni indiquent les endroits où il faut placer le biseau des boîtes, suivant la réduction que l'on se propose.

Cet instrument convient tant aux personnes qui dessinent qu'à celles qui ne sçavent que très-peu de dessein, & les mettra en état de copier promptement, avec grande facilité & exactitude, toutes sortes de desseins, soit figures, ornemens, plans, cartes géographiques, & autres choses semblables, pour réduire du grand au petit ou du petit au grand. Pour s'en servir, on attache le singe dessus une table par le moyen de son support *qui se visse dans ladite table. Si l'on souhaite copier* un dessein, ensorte que la copie soit de même grandeur que l'original, on fera entrer le support dans la boîte D, dont on fera convenir le biseau sur la ligne marquée $\frac{1}{1}$ proche D; le crayon sera mis à la boîte B, dont le biseau sera placé sur la ligne marquée B, de sa regle, la boîte A avec sa pointe sera mise sur la ligne marquée C de sa regle: en mettant un papier blanc dessous le crayon, & l'original dessous la boîte A, si on promene la pointe dans tous les principaux traits de cet original, sans qu'elle le touche, pour éviter de la gâter, le crayon formera la même chose, & de même grandeur sur le papier qui sera posé dessous. Si l'on vouloit que le dessein que l'on se propose de copier, fût réduit à la moitié, sans changer la position des boîtes, on placera le support à la boîte B, & le crayon à la boîte D, & en faisant comme ci-dessus, la copie sera de moitié plus petite que l'original.

Si

Si on veut que la copie soit 3, 4, 5, 6, 7, & 8 fois plus petite que l'original, c'est-à-dire, que la copie soit à l'original comme 1, à 3, à 4, à 5, &c. jusqu'à 8, on mettra la boîte A avec sa pointe sur la ligne marquée C de sa regle, & l'on fera convenir la boîte B & son support sur la ligne de la diminution que l'on se propose; si l'on veut, par exemple, que la copie soit de deux tiers plus petite que l'original, ou, ce qui est la même chose, si l'original ayant 12 pouces de haut, on veut que la copie en ait 4, on fera convenir la boîte B & la boîte D, avec son crayon sur la ligne marquée 3 du côté de D; alors la copie sera $\frac{2}{3}$ plus petite que l'original, ainsi qu'on le peut voir dans la 2e figure; on fera la même chose pour réduire jusqu'au huitieme, en observant de faire convenir le biseau des deux boîtes aux lignes marquées par les chiffres qui désignent la réduction, la boîte A avec sa pointe restant toujours sur la ligne C.

1743. N°. 460.

Si on vouloit que la copie fût plus grande que l'original, par exemple, d'un huitieme c'est-à-dire, si l'original ayant 8 pouces de haut on vouloit que la copie en eût 9, il faudroit placer le support à la boîte D, & mettre le crayon à la boîte A, qui sera placée sur la ligne marquée C, & les boites B & D seront mises chacune sur la fraction que l'on se propose; par exemple, si c'est d'un huitieme, la boîte B avec sa pointe sera mise sur la ligne marquée $\frac{1}{8}$, & la boîte D sera mise aussi avec son support sur la ligne marquée $\frac{1}{8}$, & alors la copie sera d'un huitieme plus grande que l'original; on fera la même chose pour les autres réductions, suivant les lignes marquées par leurs fractions, la boîte A restant toujours sur la ligne C.

On voit par ce qui vient d'être dit dans l'exemple précédent, que si l'on vouloit que la copie fût plus petite que l'original, on n'auroit, suivant l'observation faite

1743. N°. 460.

en parlant de la réduction à moitié, qu'à transposer le crayon & la pointe, mettant l'un à la place de l'autre, sans toucher aux boîtes, & alors la copie sera plus petite suivant la fraction où les deux boîtes auront été posées.

La figure 1 représente le singe vû géometralement avec toutes ses divisions: la figure 2 représente le même singe vû sur une table en perspective, dans la position où il doit être pour s'en servir; les boîtes **A, B, D**, sont placées pour réduire l'original au tiers de la grandeur; le support 1, qui se visse dans la table, est posé à la boîte B; ce support est fixe, mais on peut lui en substituer un mobile, qu'on décrira à la fin de cette instruction.

Au dessus de la figure 2 on a représenté séparément les diverses pieces qui s'appliquent aux regles. Les figures A & B représentent les deux boîtes: la figure E est le calquoir qui se loge dans la petite virole N; cette virole porte une queue O, qui sert à fixer le calquoir quand on le place à l'une des boîtes, en faisant passer cette queue sous le ressort qui est au-dessus de la boîte: la vis qui entre dans la virole N, sert pour arrêter le calquoir à la hauteur que l'on veut.

La figure F est le canon du porte-crayon qui est aussi garni de sa petite queue: la figure G est le porte-crayon qui doit être dans le canon F: il est garni d'un petit cordonnet de soie, qui sert à lever le crayon pour l'empêcher de toucher le papier, lorsqu'il est nécessaire de passer d'un endroit à un autre, & afin que ce fil soit toujours dessous la main, si, par exemple, on pose le crayon à la boîte B, on fera passer le cordonnet dans le trou d'une petite piece tournante, qui est au dessus de la jonction S des deux grandes regles, comme on le voit, & qui est représenté séparément à la lettre Q: de-là le cordonnet va passer dans un trou, qui eſt au haut du calquoir, & enſuite dans une petite fente, qui eſt au bout de la regle; mais ſi l'on plaçoit le porte-crayon à la boîte D, ainſi qu'il eſt repréſenté dans la figure 2, on feroit paſſer d'abord le cordonnet dans le petit trou qui eſt au-deſſus de l'écrou Z, qui joint la regle D à la regle B, & de-là à la jonction S des deux grandes regles, d'où on le conduit comme ci-deſſus, dans la fente qui eſt à l'extrêmité de la regle qui porte le calquoir.

1743. N°. 460.

Le cordonnet eſt repréſenté dans la figure 2, & montre que ſa longueur demeure toujours la même dans les différentes diſpoſitions des boîtes, parce qu'il ſuit toujours la direction des regles.

Le godet H, qui eſt au-deſſus du porte-crayon G, ſe viſſe dans la partie ſupérieure; il ſert à rendre le porte-crayon plus peſant, & à le faire appuyer davantage ſur le papier lorſqu'il en eſt beſoin, & cela en le rempliſſant de quelques poids.

La roulette L, qui a double chape *x* & *y*, ſe place à la regle B, par ſa chape inférieure *x*, quand on poſe le porte-crayon à la boîte B : ſi on le poſe à la boîte D, on y place auſſi la regle, la même roulette L, mais par la chape ſupérieure *y*.

Dans la deſcription précédente, nous avons parlé du ſupport fixe, & viſſé dans la table, ainſi qu'il eſt repréſenté dans la figure 2; mais comme ce ſupport ne peut copier que des ſujets de moyenne grandeur, le ſieur Langlois a imaginé un autre ſupport qu'il nomme ambulant; il eſt repréſenté par la figure P, c'eſt une plaque de plomb, aſſez peſante pour qu'elle ne puiſſe être dérangée par le mouvement de l'inſtrument; dans ſon milieu eſt viſſée une tige K, ſemblable à la tige I du ſupport fixe. La figure R eſt une petite rondelle, qui ſert également pour les deux ſupports; elle s'enfile à la tige I ou K, quand on place le ſupport à la boîte D; mais

Dd ij

on ôte cette rondelle quand on place le support à la
1743. boîte B, parce que celle-ci est moins éloignée du plan
N°. 460. de la table. Le sieur Langlois (qui fabrique ces sortes d'instrumens) donne encore plusieurs rondelles de différentes hauteurs, qui s'enfilent dans ces mêmes supports K & I : ce sera à l'intelligence de celui qui travaille, de placer les rondelles qui conviendront, pour que l'instrument soit le plus libre qu'il sera possible.

Avec ce support ambulant on peut copier un tableau ou dessein de quelque grandeur qu'il soit; car après avoir arrêté le tableau sur une table, on posera le support ambulant de façon que l'on puisse copier une partie du tableau, & quand on aura copié de ce tableau tout ce que l'instrument en pourra embrasser, ensuite on avancera le support vers le tableau; mais auparavant on marquera trois points sur le tableau, & autant sur la copie, qui serviront de repaire, pour retrouver la position du support & de la copie, par rapport à ce qui a déja été fait sur le tableau. Quand on aura trouvé la correspondance des trois points, on arrêtera la copie dans cette situation, avec un peu de cire molle, & on continuera de copier tout ce que le singe en pourra embrasser; on répétera cette opération, jusqu'à ce que le tableau soit entierement copié.

On voit par-là l'utilité de ce support ou point d'appui, puisque si l'original est bien grand, quand ce viendra à la fin, la copie & le point d'appui se trouveront sur le tableau; ce qui n'est point un inconvénient, puisqu'ils ne l'endommageront pas. On évite encore, par le moyen de ce support ambulant, la longueur des branches du singe, qui n'ont que 2 pieds 6 pouces ou environ: une plus grande longueur les rendroit moins justes, parce qu'alors il seroit impossible d'éviter la flexibilité des regles.

Comme il arrive souvent que la grandeur de la

copie que l'on veut faire, n'est pas une partie aliquote de l'original, & qu'en ce cas les divisions marquées 1743.
sur les regles deviennent inutiles, il faut alors chercher No.460.
un moyen de s'en passer, & de placer le crayon, la pointe & le support dans une position qui donne le rapport que l'on demande entre l'original & la copie.

Il faut observer d'abord que le principe fondamental duquel dépend toute la justesse de l'opération du singe, est que le support, le crayon & le calquoir ou la pointe, soient toujours en ligne droite: lorsqu'ils y seront, la copie représentera toujours fidélement l'original. Voici par quelle pratique on s'assurera que ces trois points sont dans une même ligne droite.

On prendra un fil double duquel les deux brins embrasseront la tige du support, & y demeureront arrêtés, comme on le voit aux petites figures 1, 2, & 3.

On conduira ces deux mêmes fils au porte-crayon, & delà au calquoir, mais de façon que la tige du crayon & celle du calquoir passent entre les deux fils: on arrêtera les deux fils en les tenant fixes avec la main, à la tige du calquoir marqué 3; & alors, si les trois points ne sont pas en ligne droite, ce sera la piéce qui sera à la boîte D, qui est marquée dans la figure par le chiffre 2, qui fera faire coude à ce fil: il faudra donc faire couler cette boîte de côté ou d'autre, jusqu'à ce que ces fils soient exactement paralleles; alors ces deux fils toucheront ces trois cylindres, comme on le voit aux petites figures 1, 2, & 3.

En observant ce principe pour la position des trois boîtes qui portent le support, le porte-crayon & le calquoir; si, par exemple, on donnoit un tableau ou dessein quelconque à réduire sur une grandeur, & que cette grandeur ne fût ni le tiers, ni le quart, ni le 5e, &c. de l'original, voici comme on opérera.

On examinera d'abord si cette grandeur donnée est

plus petite ou plus grande que la moitié de l'original.

1743. Si elle est plus petite, dans ce cas on placera tou-
N°.460. jours le support à la boite B, le crayon à la boîte D: & le calquoir restera toujours à la boîte A; & on fera convenir le support, le porte-crayon & le calquoir en ligne droite, suivant la méthode expliquée ci-dessus: après quoi on fera parcourir la pointe à calquer A sur toute la longueur ou largeur de l'original, & cela en ligne droite, & on examinera si le chemin parcouru par le porte-crayon s'accorde avec la grandeur donnée.

Si cela n'est pas, & que cette grandeur parcourue par le crayon, soit plus petite que la grandeur donnée, on approchera la boîte B vers la ligne B de la regle, & la boîte D vers D de sa regle.

Si au contraire cette grandeur parcourue par le crayon est plus grande que la grandeur donnée, on approchera les deux boîtes B & D vers la jonction Z des regles B & D, & en tatonnant on parviendra à trouver la grandeur donnée.

On voit que par cette méthode on peut copier un dessein sur quelque grandeur qne l'on voudra sans avoir égard aux divisions qui sont sur les regles.

Si la grandeur donnée est plus grande que la moitié de l'original, pour lors on placera toujours le support à la boîte B.

Si le tableau que l'on veut réduire est trop grand, & que l'instrument ne puisse l'embrasser, on peut prendre le tiers, le quart, &c. de cet original, en prenant aussi le tiers, le quart, &c. de la grandeur donnée, & faisant comme ci-dessus, on parviendra à une opération exacte pour la réduction.

Extrait des Regiſtres de l'Académie Royale des Sciences. 1743. N°. 460.

Du 20 Décembre 1743.

MEſſieurs Nicole & Montigny ayant examiné, par ordre de l'Académie, un pantographe changé & perfectionné par le ſieur Langlois, Ingénieur du Roi & de l'Académie pour les inſtrumens de mathématique, & en ayant fait leur rapport, l'Académie a jugé que les changemens & corrections du ſieur Langlois étoient utiles, & rendoient cet inſtrument auſſi commode qu'il peut l'être, pour copier & réduire en grand ou en petit toutes ſortes de figures, plans, cartes, ornemens, &c. avec beaucoup de préciſion & de promptitude: en foi de quoi j'ai ſigné le préſent certificat. A Paris ce 22 Décembre 1743.

Signé, DORTOUS DE MAIRAN, *Secrétaire perpétuel de l'Académie Royale des Sciences.*

HORLOGE

Pantographe, ou Singe.

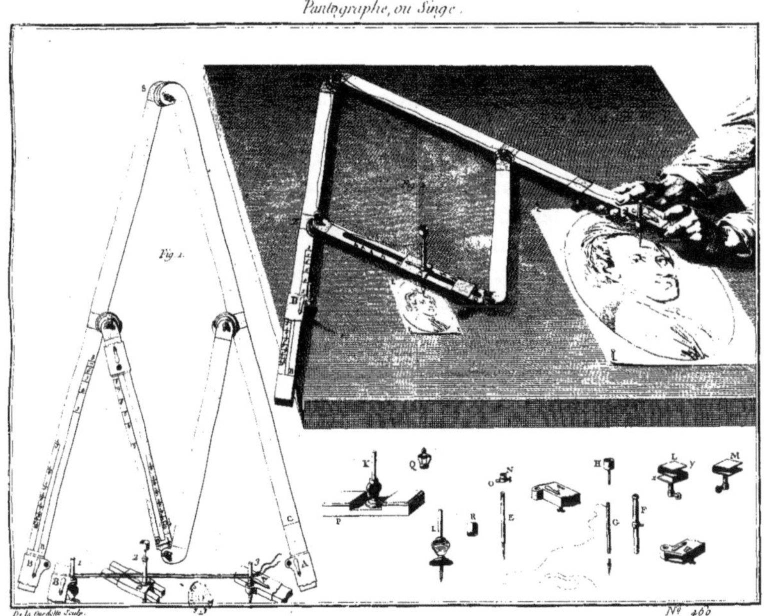

De la Gardette Sculp. N° 460

1743.
N°. 461.

HORLOGE D'UNE DEMI-MINUTE,

POUR L'OPÉRATION DU LOKE,

INVENTÉE

PAR M. GOURDAIN, HORLOGER.

CEtte horloge a pour partie principale l'échappement à repos du même Auteur, approuvé en 1742. Ell a été proposée pour être substituée à la place de sabliers ou de l'ampoulette, dont on se sert à la mer pour connoître les opérations du loke, & par conséquent la vîtesse du vaisseau.

Cette horloge (fig. 1.) est renfermée dans une boîte cylindrique E, avec son couvercle à vis; cette boîte, de même que toutes les autres parties de la machine, sont représentées de grandeur naturelle dans ce dessein.

Le cadran C, D, (*fig.* 1 & 2.) *qui tient au* mouvement, est divisé en 30 secondes, & chaque seconde subdivisée en 4 parties, qui sont autant de quart de seconde; toutes ensemble font 120 parties égales, nombre de vibrations que le mouvement doit faire, pour faire parcourir à l'aiguille l'espace ou la révolution entiere du cadran.

G est la détente qui passe au travers du cadran, & qui sert à dégager le rouage; après avoir bandé le ressort moteur de l'horloge, ce ressort se bande, en prenant l'aiguille H, I, par le bouton I, & lui faisant parcourir en ſens contraire vers DH, le tour du cadran & un peu plus, & dépaſſer le nombre 15 ; pour lors elle ſe trouve dans ſon repos.

1743.
N°. 461.

A l'axe de la roue R (fig. 3 & 4.) eſt un petit barillet K, qui contient le reſſort, & ſur ce barillet eſt un chaperon, ſur lequel eſt pratiquée une entaille à un endroit déterminé ; ſur ce chaperon poſe une détente briſée & à reſſort L, qui pendant le mouvement de la montre, fait tourner le chaperon à frottement léger, ſous la détente juſqu'à ce qu'elle rencontre l'entaille : alors le bout de la détente s'encoche & arrête le mouvement.

A l'arbre de ce même encliꝗage, eſt un reſſort M, qui frotte & s'appuie ſur le bord du balancier pour l'arrêter, pendant que la partie O de cet encliꝗage entre dans la platine du barillet, qui ne fait tourner l'arbre qu'après avoir pouſſé la detente G qui la fait ſortir de ſon entaille, & dans laquelle elle ne rentre qu'après la révolution entiere de l'aiguille & de cette même plaque, qui marchent enſemble. La piece N (fig. 4.) ſert à terminer la rencontre, & il faut obſerver que l'encliꝗage ſoit fait de 30 dents égales à la diviſion du cadran ; l'aiguille bat chaque ſeconde en 3 temps.

Le pignon P qui tient à l'arbre de la roue de rencontre Q, engrene dans la roue R, qui le fait mouvoir ; c'eſt parconſéquent de l'échappement que dépend la juſteſſe de cette horloge qui ſe manifeſte par les mouvemens de l'aiguille.

La platine SS (fig. 4 & 5.) eſt fixée verticalement ſur la platine du cadran ; elle porte le coq T, ſur lequel eſt une eſpece d'aiguille V, attachée par une vis, dont la queue X eſt garnie d'un petit cryſtal, contre lequel porte le pivot de la roue de rencontre : il y a, comme aux autres montres, un cadran W (fig. 5.) avec ſon aiguille, qui méne un rateau, pour avancer & retarder le mouvement; ce petit rouage est à l'ordinaire, mais il fait mouvoir la courbe tatée Z, dont il a déja été fait mention dans la description de cet échappement, dans laquelle on fait voir que l'usage de cette courbe est de régler parfaitement l'élasticité du spiral, contre lequel il s'applique.

Les pitons 1, 2, 3, (fig. 4.) sont pour tenir le cadran contre la platine, & les ouvertures 6 & 7 sont pour recevoir des ressorts qui tiennent à la boîte, & dans lesquels s'engage la platine du cadran qui porte le mouvement.

L'aiguille, au bout de sa course, arrête toujours à la 30e seconde juste, & ne peut depasser ce nombre.

Nous avons déja dit que la montre étant montée ne part qu'après avoir poussé la detente G, ce que l'on ne fait que dans l'instant où l'on veut commencer l'observation, & pour cela on lève cette détente pendant une seconde, & de suite l'aiguille fait sa révolution.

Lorsque l'on rencontre l'horloge, l'aiguille que l'on a tournée jusqu'à ce qu'on sente de la résistance, arrête quelquefois au-dessus de la 30e seconde, parce qu'on peut, en la remontant, faire rétrograder de quelques vibrations qui ne peuvent induire à erreur, puisque chaque vibration faisant un quart de seconde, l'on fait entrer ce plus dans le calcul avec les 30 secondes, & au surplus, il y a *moyen d'éviter ces calculs*, en faisant partir la *détente jusqu'à* ce que l'aiguille se soit remise sur la 30e seconde & en la levant ensuite.

Cette horloge peut non-seulement servir à la mer; mais elle peut être d'un grand secours à toute autre opération qui demande de la promptitude & de l'exactitude: elle est simple par elle-même, facile à construire; & pour en rendre l'exécution plus aisée, on pourroit y employer tout autre échappement; mais M. Gourdin persuadé que le cours de 30 secondes se fera

1743. N°. 461. avec plus d'égalité par son échappement à repos & sa courbe, qu'avec l'échappement ordinaire (quoique l'espace seroit parcouru dans le même intervalle de temps) a préféré l'un à l'autre. Il y applique aussi un rateau, pour servir en cas de besoin. Cette horloge coutera beaucoup moins qu'une montre à secondes, qui est d'un usage moins facile & moins sûr que l'horloge proposée.

Le sieur Gourdin m'a écrit en date du 31 Mars 1749, pour me prier d'informer le public à la suite de cette description, d'une erreur qui s'est glissée dans le Traité d'Horlogerie que le sieur Thiout a publié; il s'agit d'un remontoir de pendule, décrit dans cet ouvrage Tome II, page 204, plan. 7, fig. 1, que l'on donne pour être de l'invention de M. de Boistissendeau: il est bien certain que ce dernier l'a appliqué à une pendule qu'il a fait exécuter sous ses yeux à Paris; mais il n'en a fait usage qu'avec l'agrément du sieur Gourdin: c'est un fait dont je suis témoin. Cette méprise est d'autant plus singulière, que le sieur Thiout, (à ce que le sieur Gourdin assure) a d'abord annoncé cette découverte dans le Mercure de France du mois de Décembre 1735, pag. 2023, sous le nom de son véritable Auteur, c'est-à-dire, du sieur Gourdin, à qui j'ai cru ne pas devoir refuser ce témoignage pour sa satisfaction.

Horloge d'une demie Minute pour l'opération du Loke.

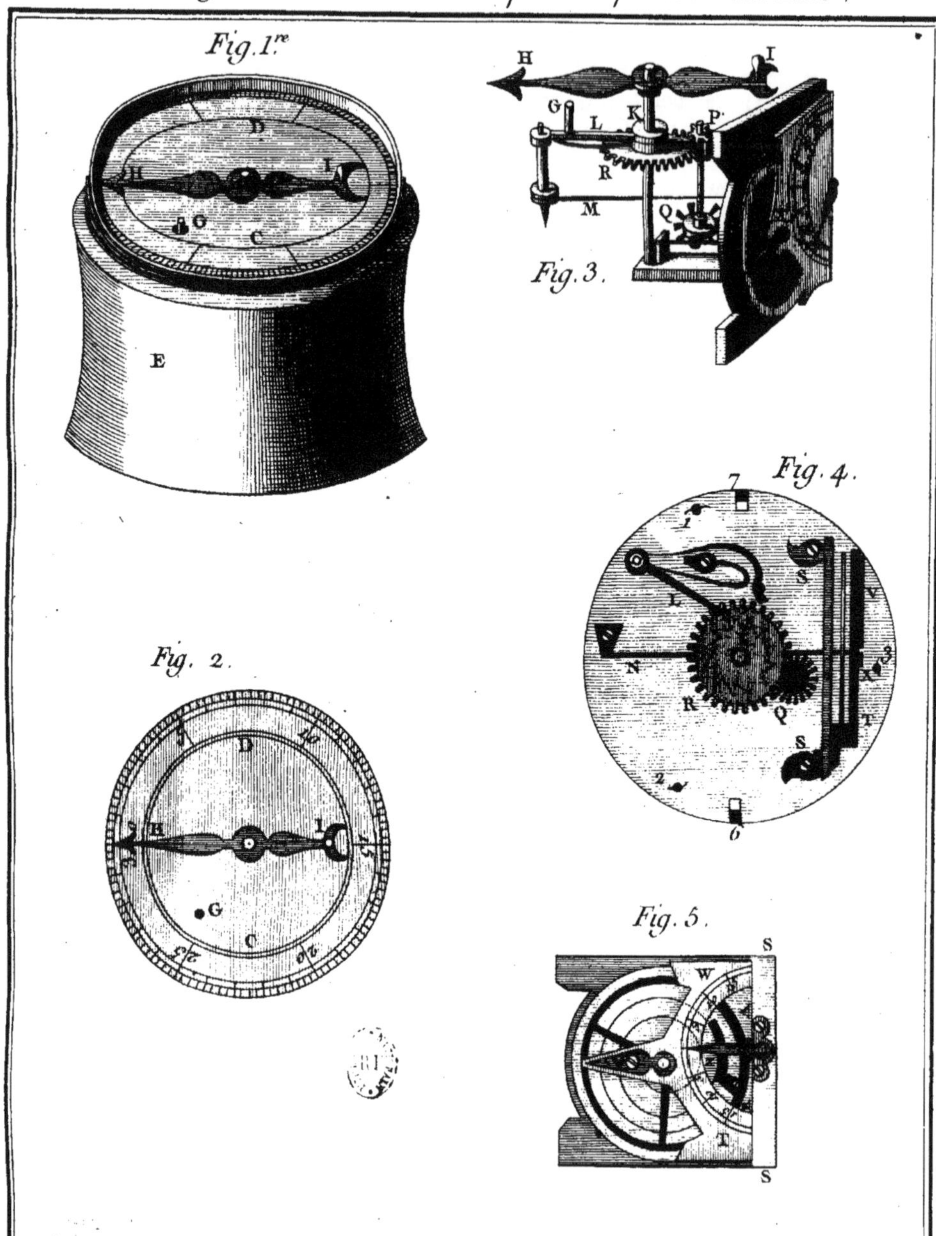

Dheulland Sc.

N. 461

RECUEIL
DES MACHINES
APPROUVÉES
PAR *L'ACADÉMIE* ROYALE
DES SCIENCES.

ANNÉE 1744.

1744. N°. 462.

MOULIN A DEGRAISSER ET A FRISER LES ÉTOFFES, *PROPOSÉ* PAR LE SIEUR DURAND, MAITRE TONDEUR A PARIS.

L'Académie n'a point approuvé ces sortes d'inventions comme nouvelles, puisqu'elles sont en usage dans plusieurs manufactures du Royaume. Mais comme l'on sçait que les Marchands Merciers de Paris se dispensent d'envoyer aux moulins d'Essonne plusieurs étoffes de laine, qui leur arrivent mal dégraissées de différentes Provinces pour les faire dégorger de leur huile, ainsi que les draps qu'*ils font* teindre en noir à Paris, lesquels salissent toujours le linge s'ils ne sont aussi dégorgés par les piles d'un moulin à foulon, & par un courant d'eau; *la* Compagnie a approuvé seulement *la proposition* que le sieur Durand a faite de les établir dans tels endroits de la Seine que l'on voudroit lui prescrire, ce qui contribueroit à rendre les teintures des étoffes plus unies, puisqu'elles pourroient être parfaitement dégraissées & à peu de frais avant que d'être teintes, & l'on ne se plaindroit plus des noirs, s'ils étoient dégorgés de même par les piles de moulins. Ce moulin proposé, qui est fait sur le modele de ceux de Languedoc, pourra servir, en cas de besoin, à fouler aussi-bien qu'à dégorger.

Ces machines ſont contenues dans un bateau AB
1744. (fig. 1); à la partie B ſont les foulons, compoſés de
No. 462. quatre maillets CD, CD, (fig. 1 & 2.) ſuſpendus par leur manche à des traverſes telles que EF: la partie C de ce manche qui porte ſur la traverſe, eſt taillée en couteau, de maniere qu'il a ſur cette tranche un mouvement de charniere, lorſque les mantonnets I, I, I, fixés à l'arbre horiſontal GH, que les vannes L, K mues par le courant font tourner, attrapent l'extrêmité D, par le tenon en deſſous de la maſſe qui bat dans le mortier M: à côté de ces mêmes mortiers, l'on place des gouttieres NO, qui fourniſſent continuellement de l'eau ſur l'étoffe que l'on veut dégorger. On voit par le profil de l'arbre horiſontal (fig. 3.), qu'il y a quatre mantonnets par chaque foulon ſur la circonférence, & qui ſervent à les élever ſucceſſivement.

La *machine à friſer eſt établie* au milieu du même bateau : elle eſt enfermée dans une *eſpece* de cage, & compoſée d'une ſeule roue à vanne P, à l'arbre de laquelle eſt fixé le rouet Q qui engrene dans la lanterne R, fortement attachée au dos d'une roue de champ S, d'un diametre & d'un nombre égal à la ſeconde roue de champ S, d'un diametre & d'un nombre égal à la ſeconde roue de champ T; ces trois pieces ſont centrées & fixées ſur le même arbre, qui porte de même à ſon extrêmité une ſeconde lanterne V d'un diametre plus petit que la premiere lanterne R; les deux roues de champ ST ménent les deux lanternes verticales X, X, dont les arbres ſont engagés dans une planche YY, (*fig.* 4.) qui friſe la ratine: les extrêmités ſupérieures des arbres de ces lanternes ſont taillées en excentrique, & s'engagent dans des trous pratiqués aux deux bouts de la planche, de ſorte que par les révolutions des lanternes, les pivots font fonction de manivelle, & procurent un mouvement de trépidation parallele à celle même qui fait le le frisé sur l'étoffe, la planche étant enduite d'une composition de sable dur & grenu. L'étoffe Z, à mesure qu'elle se frise par le frottement de la planche, est tirée en bas sur un cylindre 7 & 8, autour duquel elle s'enveloppe: ce cylindre, que les ouvriers appellent *l'ensſoupe*, est mis en mouvement par la lanterne horisontale V, qui engrene dans la roue 9; elle porte une lanterne 10, qui fait mouvoir la roue de l'ensſoupe 12: tout ce rouage est représenté séparément & distinctement par la fig. 5. Il faut remarquer que l'étoffe est tirée sur le cylindre par de vieilles cordes.

1744. N°. 462.

La machine à friser étant conduite par un mouvement uniforme, tel que celui de l'eau, frisera beaucoup mieux les ratines que toutes celles qui sont en usage à Paris; parce qu'on ne les fait agir qu'à bras d'hommes, ou par des chevaux, ce qui ne leur donne qu'un mouvement inégal & de secousses. Ainsi ce que le sieur Durand propose ne peut être que très-utile au commerce de Paris.

Le moulin qu'il a proposé dans le Mémoire qu'il présenta à M. le Contrôleur Général au mois de Mars 1742, n'étoit que pour dégraisser les étoffes & non pour les fouler : il devoit le construire de façon à ne pas faire dépérir les étoffes.

RAPPORT DES COMMISSAIRES.

NOus avons examiné, par ordre de l'Académie, un modéle de moulin à foulon & celui d'une machine à friser les ratines, montés l'un & l'autre sur un bateau garni de ses vannes, pour être mus par le courant de la riviere de Seine, & présenté par le sieur Durand, maître Tondeur à Paris.

Ce moulin & la machine à friser sont depuis long-temps en usage dans plusieurs manufactures du Royaume, & par conséquent assez connus pour que nous soyons

dispensés d'en faire la description. Nous sçavons qu'il y
1744. a plusieurs années que les Marchands Drapiers & les Mar-
N°.462. chands Merciers de Paris se dispensent d'envoyer aux moulins d'Essonne, plusieurs étoffes de laine qui leur arrivent mal dégraissées de différentes Provinces, pour les faire dégorger de leur huile, ainsi que les draps qu'ils font teindre en noir à Paris, lesquels salissent toujours le linge, s'ils ne sont aussi dégorgés par les piles d'un moulin à foulon & par un courant d'eau. Les moulins que le sieur Durand propose d'établir sur un bateau dans tel endroit de la Seine qu'on voudra lui prescrire, contribueroit à rendre les teintures des étoffes plus unies, puisque ces étoffes pourroient être parfaitement degraissées & à peu de frais, avant que d'être teintes: & l'on ne se plaindroit plus des noirs s'ils étoient degorgés de même par les piles du moulin. Ce moulin proposé, qui *est fait sur le modéle de ceux du Languedoc*, pourra servir, en cas de besoin, à fouler aussi bien qu'à dégorger. La machine à friser, étant conduite par un mouvement uniforme, tel que celui de l'eau, frisera beaucoup mieux les ratines que toutes celles qui sont en usage à Paris; parce qu'on ne les fait agir qu'à bras d'hommes, ou par des chevaux, ce qui ne leur donne qu'un mouvement inégal & de secousse. Ainsi nous croyons que ce que le sieur Durand propose peut être très-utile au commerce de cette ville. A Paris ce 22 Février 1744.

DE REAUMUR,

DUHAMEL DU MONCEAU,

HELLOT.

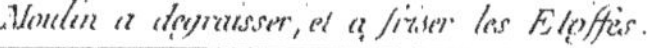

Moulin a degraisser, et a friser les Etoffes.

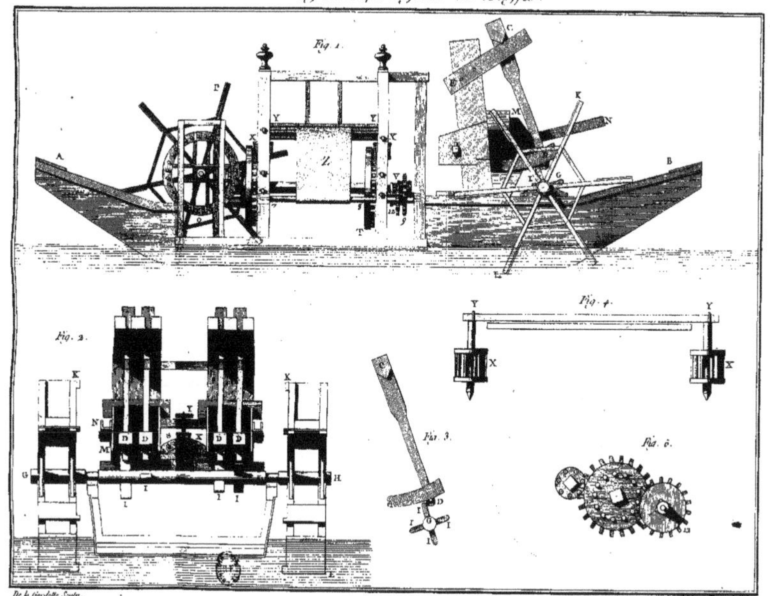

1744.
N°. 463.

MACHINE
POUR ÉLEVER L'EAU
PAR LE MOYEN DU FEU,
SIMPLIFIÉE
PAR M. DE GENSSANE.

CEtte ingénieuse machine à feu que tout le monde connoît, a été inventée au commencement de ce siécle, par *M. Savari*, exécutée en grand à Londres, de même *qu'en plusieurs* endroits de la grande Bretagne: depuis ce temps-là elle a été construite ailleurs qu'en Angleterre; on en trouve une à Fresne près de Condé, une au Sars près de Charleroy, où elles sont employées aux épuisemens des mines de charbon: il y en avoit aussi près de Namur pour les mines de plomb.

M. de Genssane, dans celle qu'il a présentée à l'Académie, & dont il est ici question, *se propose* de simplifier l'ancienne *machine Angloise, en lui retranchant plusieurs parties,* & y en substituant quelques autres, & par *cette premiere* vue d'en diminuer le volume.

Pour pouvoir concevoir le méchanisme de la machine de M. de Genssane, il faut connoître celui de la machine Angloise, & les personnes qui n'en ont aucune idée, auront recours à la description que j'en ai donnée dans le IVe Volume des Machines, pag. 185, d'après le dessein que Mrs Mey & Meyer ont présenté à l'Académie en 1726. Le Lecteur trouvera de suite, page 191, la même machine plus détaillée que la

1744. N°. 463.

premiere, & à laquelle M. de Bosfrand a fait quelques changemens, qu'il communiqua en 1727; & si l'on veut s'instruire sur l'invention de cette machine d'une maniere plus complette, on verra la description contenue dans l'Architecture Hydraulique, tome II, pag. 300. M. Bélidor a fait plusieurs voyages à Fresne, où il a examiné la machine à feu qui y est exécutée. Comme dans le temps que je m'occupois de la collection des Machines approuvées par l'Académie, je ne me suis pas trouvé à portée de profiter des mêmes avantages que M. Bélidor, je n'ai pu faire usage que *de la perspective fort embrouillée* *, que je viens d'indiquer, qui cependant peut suffire pour faire concevoir simplement le jeu de la machine; & ces connoissances supposées acquises, voici en quoi consiste la machine de M. de Genssane; mais avant que d'expliquer les piéces qui la composent, il est bon d'être prévenu de quelques circonstances qui sont propres à ces sortes de machines.

* Archit. hydr. T. II, pag. 311.

Pour appliquer la force du feu à l'usage des machines, on n'a rien trouvé de mieux que la vapeur que produit l'eau bouillante : cette vapeur étant renfermée peut produire deux effets différens, l'un par sa dilatation, l'autre par sa condensation.

A mesure que la vapeur se forme par l'action du feu, elle se dégage de l'eau, se dilate beaucoup, & acquiert une force d'autant plus grande, qu'elle se trouve successivement plus comprimée par celle qui se forme de nouveau; c'est cette force que l'on appellera ici *force de la dilatation*, & suivant Muschenbroeck dans son Essai de Physique, elle peut augmenter au point, qu'elle surpasse de beaucoup celle de la poudre à canon.

Si on fait refroidir cette vapeur étant renfermée, elle se condensera sur le champ, & formera un vuide égal à toute la capacité qu'elle occupoit, ce qui donnera lieu au poids de l'athmosphère d'agir dans toute sa force sur ce vuide; c'eſt cette action de l'air que l'on nomme *force de condenſation* de la vapeur: cette force ne peut augmenter ni diminuer, étant toujours égale au poids d'une colonne d'air, qui a pour baſe la ſurface du vuide occaſionné par la condenſation de la vapeur.

Pour tirer de la vapeur les effets dont nous venons de parler, elle doit avoir acquis un degré de compreſſion, plus ou moins grand, ſuivant l'application qu'on en veut faire; le moindre qu'elle puiſſe avoir eſt celui où ſa force ſeroit égale à celle de l'air, c'eſt-à-dire, lorſque l'effort de dilatation eſt égal à celui de condenſation.

L'expérience nous a appris que lorſque la vapeur eſt dans l'état que nous venons de dire, un volume déterminé d'eau bouillante produit dans l'eſpace d'une minute un volume de vapeur deux fois & demi plus grand que celui de l'eau, c'eſt-à-dire, que ſi on a une chaudiere H, fig. 7, qui contienne, par exemple, un muid d'eau, & qu'on en reçoive la vapeur dans le cylindre *a* pour lui faire pomper l'eau d'un puiſard quelconque, ce cylindre ſe remplira deux fois & demi dans l'eſpace d'une minute, ſi ſa capacité eſt égale à celle d'un muid; il ſe remplira 5 fois ſi la capacité n'eſt que d'un demi-muid; 10 fois ſi elle n'en eſt que le quart, 15 fois ſi elle n'eſt que le $\frac{1}{6}$, &c. d'où l'on tire cette regle eſſentielle, 1° que la quantité d'impulſion d'une machine à feu dépend de la capacité du cylindre qui reçoit la vapeur relativement au volume d'eau qui la produit : 2° qu'ayant un volume d'eau déterminé dans la chaudiere, on n'en tirera pas plus d'effet en faiſant donner à la machine plus ou moins d'impulſion, c'eſt-à-dire, en faiſant le cylindre plus ou moins grand, & dans ce cas on ne doit pas s'étonner ſi on voit de ces machines qui ne produiſent que 8 à 10 impulſions par minute, pendant qu'il y en a qui en produiſent 15, ou 16: cette regle eſt la ſuite de quantité d'expériences qu'il ſeroit trop long de détailler ici ; elle est d'ailleurs constatée par l'usage de ces sortes de machines.

1744. N°. 463.

Ce n'est pas que l'eau bouillante ne soit capable de produire un volume de vapeur bien plus considérable dans cet espace de temps: car quoique l'eau ne soit pas susceptible d'un degré de chaleur au dessus de celui qu'elle a acquise lorsqu'elle bout, cela n'empêche pas qu'elle ne s'évapore à proportion du feu qu'on lui donne, parce que l'évaporation dépend moins de la chaleur de l'eau que de l'agitation de ses parties; mais nous la prenons ici dans le cas de son moindre effet, & il suffit aussi que l'eau bouille en plein, pour produire la quantité de vapeur que nous avons dit.

Pour mieux sentir la composition de la machine, l'on commence par le détail de l'usage de chaque piéce en particulier. A (*fig.* 1.) est un vase de fer fondu, ou d'autre matiere, plus ou moins grand, suivant la grandeur qu'on veut donner à la machine à laquelle il sert de fourneau : il a une porte B, par laquelle on introduit le bois ou le charbon; le fond du vase est percé d'une ouverture proportionnée à sa grandeur : cette ouverture, qui est garnie d'une grille de fer, sert de passage aux cendres qui tombent, & à l'air qui entretient le feu : ce fourneau est un peu évasé par le haut, pour recevoir la chaudiere dont on va parler, & est garnie de deux tuyaux E, F, dont un F sert de cheminée, l'autre E s'adapte à un autre bout de tuyau G, fait en entonnoir, vers son extrêmité garni d'un collet, & destiné à porter une cuvette, dont on fera mention dans la suite. On voit donc que ce fourneau ne diffère pas de beaucoup de la partie inférieure de ces poîles ronds, dont on fait usage dans bien des maisons.

H (*fig.* 2.) est une chaudiere ordinaire, faite de fortes planches de cuivre ; & afin de la placer plus commodément dans le fourneau, elle a un rebord TV ;

qui s'appuie sur le bord du fourneau, & soutient en même temps le couvercle ou alambic I, fait en dôme, & de même matiere que la chaudiere. 1744. N°. 463.

La partie supérieure de ce couvercle est fermée par une plaque K, bien ajustée & vissée sur le couvercle; on l'ouvre lorsqu'on veut nétoyer la chaudiere; à cette plaque est soudé un collet X, qui porte une soupape L, lorsque par l'action du feu la vapeur devient trop forte, elle ne manqueroit pas de briser la chaudiere ou le couvercle, si elle ne trouvoit point d'issue pour se dissiper; mais lorsqu'elle a acquis un certain degré de force, elle ouvre la soupape, & se procure par-là une sortie qui met la machine hors de tout danger. Cette soupape a un autre usage, qui est de servir de regle au jeu qu'il convient de donner à la machine; lorsqu'on voit, par exemple, qu'il sort une quantité de vapeur par cette soupape, c'est une marque que la machine n'a point assez de vîtesse; elle en a trop au contraire, lorsqu'on ne voit point sortir de vapeur par la soupape; elle sert enfin à arrêter la machine lorsqu'on a fini de s'en servir, en l'ouvrant entierement. Le tuyau M qui est adapté au côté du chapiteau, sert de passage à la vapeur, pour se rendre dans le cylindre *a* (fig. 4.), le tuyau N *x* N sert premierement à remplir la chaudiere lorsqu'on veut faire jouer la machine, secondement à introduire de l'eau chaude dans la même chaudiere, à mesure que celle qui y est s'évapore; cette eau est fournie de la cuvette Z (fig. 3.) placée sur le tuyau G du fourneau.

Comme la hauteur de l'eau dans la chaudiere doit être fixée, & qu'on ne doit pas y en mettre ni plus, ni moins qu'il en faut, on a pratiqué sur le couvercle deux robinets R, S, l'un un peu au-dessus de l'autre; lorsqu'il s'agit de remplir la chaudiere, on ouvre le robinet supérieur R, après quoi on introduit de l'eau jusqu'à ce qu'elle commence à couler par le robinet qu'on referme ensuite.

Lorsque pendant le travail de la machine on veut
1744. sçavoir *si* l'eau est à une hauteur convenable, on ou-
N°.463. vre *les* robinets R, S, l'un après l'autre; s'ils donnent *tous* les deux de l'eau, c'est une marque qu'elle est *trop* haute; alors on ferme le robinet *y* du tuyau N; jusqu'à ce qu'elle soit baissée: si les deux robinets donnent de la vapeur, l'eau sera trop basse, & dans ce cas on ouvre la soupape L, ce qui donnera lieu à l'eau de la cuvette Z (fig. 3.) d'augmenter celle de la chaudiere: l'eau sera à la hauteur convenable, si le robinet supérieur donne de la vapeur & l'inférieur de l'eau. On verra ci-après que la machine supplée d'elle-même à toutes ces attentions.

Pour vuider commodément toute l'eau qui se trouve dans la chaudiere, lorsqu'on voudra la nettoyer, ou y faire quelques réparations, on y a placé le syphon O O, *avec deux robinets P, Q, qui* doivent toujours être fermés lorsque la machine joue. *Quand il s'agit* de vuider l'eau de l'alembic, on ouvre d'abord le robinet Q: si la partie du syphon OQ se trouve pleine d'eau, comme cela doit être, l'eau de la chaudiere se vuidera en entier sans autre secours; mais si par hasard la partie OQ se trouvoit vuide, il faudroit la remplir par le robinet P, afin que le syphon fasse son effet.

Z (fig. 3.) est une cuvette qui sert de réservoir provisionnel, ayant sa communication avec l'alembic qui *s'adapte* au tuyau N; comme l'eau diminue dans la chaudiere à mesure qu'elle s'évapore, & qu'il est cependant nécessaire qu'elle se tienne toujours à peu près à la même hauteur, elle y *est* successivement renouvellée par celle qui lui vient de la cuvette Z.

Cette cuvette qui doit être placée au-dessus de l'alembic, comme on voit, (fig. 6.) est garnie d'un collet W, qui s'attache solidement sur le tuyau G du fourneau, afin que l'eau qui va remplacer celle qui s'évapore, se

trouve

trouve toujours chaude, & n'interrompe pas le feu de la machine.

1744. N°. 463.

Pour faire ſentir de quelle maniere cette eau ſe peut renouveller d'elle-même, on ſçaura 1° que l'eau étant au point R dans la chaudiere (fig. 7) ſera en équilibre avec celle qui eſt dans le tuyau N, au point *x*.

2° Que *la* vapeur ne peut pas ſoulever la ſoupape L ſans preſſer en même temps la ſurface de l'eau en R, ce *qui* fera remonter celle du tuyau depuis *x* vers la cuvette en N; 3° Que l'effort de la vapeur agit d'autant plus efficacement, *qu'elle* s'y trouve plus comprimée; ainſi lorſque l'eau par ſa diminution ſera deſcendue de R en S, la vapeur ſe trouvant moins comprimée n'aura plus aſſez de force pour ſoutenir la colonne d'eau N *x* N Y *z*, qui ſe trouvant plus peſante que celle de l'alembic, la fera monter vers R juſqu'à ce que ſon poids, depuis Z Y *x*, ſe trouve en équilibre avec l'effort de la vapeur, & le poids de la ſoupape L.

Il eſt aiſé de remarquer que cet équilibre ſubſiſtera toujours quelques forces que la vapeur acquière, parce que cette force augmentant, la ſoupape s'ouvrira davantage & l'eau du tuyau remontera vers la cuvette Z, dès que la force de la vapeur viendra à diminuer, ce qui arrivera lorſque l'eau ſe trouvera au deſſous du point S; l'eau du tuyau N la fera remonter vers R, enſorte que par *cette viciſſitude l'eau de la chaudiere* ſe trouvera *toujours* à *la hauteur* qui lui convient naturellement, ſans qu'il ſoit beſoin d'y avoir aucune attention.

a b (fig. 4.) eſt un cylindre de métal fondu d'une grandeur proportionnée à celle de l'alembic, & compoſé de deux morceaux de tuyau *a*, *b*, joints enſemble par le collet *i*, ayant entre-deux un diaphragme de plaque de métal *i* fig. 5, dont on verra l'uſage ci-après. La partie *b* porte un bout de tuyau *k* qui ſe raccorde avec le

1744. N°. 463. tuyau M de l'alembic; elle eſt recouverte par une plaque viſſée ſur ſon rebord; la partie *a* eſt auſſi fermée par une plaque *l*, ſemblable à l'autre, avec cette différence que celle-ci porte deux bouts de tuyaux *d*, *e*, dont un *d* ſert de tuyau aſpirant, l'autre *e* de tuyau montant, ou de décharge, garnis l'un & l'autre de leurs ſoupapes *m*, *g*; le tout de la même maniere que cela ſe pratique dans une pompe foulante & aſpirante.

Lorſqu'on veut faire monter l'eau au-deſſus de la machine, on prolonge le tuyau montant vers *f*; lorſqu'au contraire on ſe contente de l'élever juſqu'à la machine ſeulement, en ſe ſervant du tuyau aſpirant, on lui donne ſon iſſue en *ff*.

Le diaphragme *j* dont nous avons parlé ci-deſſus, eſt une plaque de métal (fig. 5.) percée au point *n* d'un trou égal à l'orifice du tuyau *k* (fig. 4.); ce trou eſt garni d'un petit rebord élevé d'une bonne ligne au-deſſus du niveau de la plaque, afin qu'il ſoit fermé plus exactement par la ſoupape qu'on y applique. Cette ſoupape eſt une plaque de métal *p* bien polie par deſſous, ayant une queue *o* qui traverſe la mortoiſe du pivot *q*, de maniere qu'elle joue librement dans ladite mortoiſe, où elle eſt retenue par une goupille. Le pivot *q* a un tourillon par bas, qui tourne dans une crapaudine pratiquée ſur la ſurface du diaphragme, qui porte en même-temps un étrier *r*, traverſé par le colet du pivot, dont la partie *s* va ſortir par le trou *h* bien alaiſé dans l'épaiſſeur de la plaque qui ferme la partie ſupérieure du cylindre, s'emmanche quarrément dans la clef *t* du régulateur dont on parlera ci-après.

Ce que l'on vient de dire fait connoître 1° que lorſque la clef *t* ſe meut de *z* en *u*, la ſoupape ferme le trou du diaphragme, & qu'au contraire elle l'ouvre lorſque la clef ſe meut de *u* en *z*: 2° (fig. 7.) que lorſque la ſoupape eſt ouverte, la vapeur qui vient de l'alem-

bic par le tuyau M *k*, entre d'abord dans la partie *b* du cylindre, traverse le trou du diaphragme, & va ensuite remplir toute la capacité *a*, & qu'au contraire la soupape étant fermée, la vapeur n'a aucune communication avec la partie *a* du cylindre. 3° Que si on fait refroidir la vapeur qui se trouve renfermée en *a*, elle se condensera au point qu'elle laissera tout cet espace vuide; ce qui donnera lieu au poids de l'athmosphere de faire remonter l'eau par le tuyau *d* (dont on suppose l'extrêmité plongée dans un puisard), & d'en remplir tout le vuide *a* (*fig.* 4 & 7.) occasionné par la condensation de la vapeur. 4° Que la partie du cylindre étant pleine d'eau, & la soupape du diaphragme venant à s'ouvrir, la vapeur rentrera en *a*, & poussera sur l'eau, qui ne pouvant redescendre par le tuyau *d* à cause que la soupape *m* se trouve fermée, sera forcée de sortir par le tuyau *e* vers *f*, où elle sera retenue par la soupape *h*, jusqu'à ce que par une nouvelle manœuvre il s'y en introduise de nouvelle.

Tout se réduit donc à fermer ou ouvrir la communication de la vapeur avec la partie *a* du cylindre, ou, ce qui est le même, d'ouvrir, & fermer alternativement la soupape du diaphragme.

Pour faire condenser la vapeur dans la partie *a* du cylindre, on y pratique un *tuyau x que l'on nomme* tuyau d'*injection, parce qu'il sert, comme dans les autres machines de ce* genre, à injecter l'eau froide en forme de pluie dans le cylindre: à ce tuyau est adapté un robinet *y*, qui doit s'ouvrir & se fermer par le même mouvement que la soupape du diaphragme, avec cette précaution cependant que, lorsque la soupape est ouverte, le robinet soit fermé, & qu'au contraire il soit fermé lorsque la soupape est ouverte; ce tuyau reçoit son eau d'un réservoir quelconque, placé au-dessus de la machine qui lui fournit l'eau.

1744. N°. 463. Il faut à présent décrire le jeu du régulateur, c'est-à-dire, de la façon dont la soupape du diaphragme s'ouvre & se ferme pour procurer au jeu de la machine la vîtesse qui lui convient.

a 7 (fig. 8.) est un levier semblable au fleau d'une balance, mobile sur son axe 30, & portant au même point une fourche ou patte d'écrevisse 9, 10, dans laquelle est engagée la clef *t*, qui est enarbrée sur le tourillon de la soupape du diaphragme, de maniere que quand la partie 7 du fleau baisse, la branche 10 pousse la clef *t* (fig. 5 & 8.) & ouvre la soupape: quand au contraire *a* vient à baisser, la branche 9 ramene la clef & ferme la soupape. Aux extrêmités *a* 7, du levier sont suspendues deux tringles à moufle 12, 25, qui vont s'embrancher sur un balancier 13, qui porte deux petits seaux, 1, 17, garnis chacun d'une soupape par le fond, & suspendus de telle façon, qu'ils conservent toujours une situation horisontale, quelques mouvemens qu'ait d'ailleurs le balancier.

Derriere, & un peu au-dessus du balancier, est placée une cuvette 14, faite de plomb, ou d'autre métal, d'une grandeur proportionnée à celle des seaux, ayant à ses deux extrêmités deux soupapes 15, 16, disposées de façon que quand le balancier élève un des seaux, la soupape qui est vis-à-vis s'ouvre par le moyen d'une cheville placée sur la surface du seau, & qu'elle se referme lorsque ce seau vient à baisser.

Il suit de-là que si on maintient la cuvette pleine d'eau, & qu'on élève d'abord le seau 17, il ouvrira la soupape 16, & se remplira d'eau; devenu pour lors plus pesant que le seau 1, il descendra vers 18, où il se vuidera par la soupape qu'il a au fond, tandis que le seau 1 élevé vers la cuvette se remplira à son tour en ouvrant la soupape 15, & devenu en même-temps plus pesant que 17 qui se trouve vuide, l'élève de nou-

veau vers la ſoupape 16, ainſi alternativement. Or comme le balancier 13 ne peut faire ce mouvement ſans 1744.
le communiquer au levier *a* 7, il arrive que lorſque le N°. 463.
ſeau 17 deſcend, il ferme la ſoupape du diaphragme, & qu'elle eſt ouverte par la chûte du ſeau.

Il faut obſerver que les ſoupapes de la cuvette doivent être moindres que celles qui ſont au fond des ſeaux, afin qu'ils ſoyent plutôt vuidés que remplis; mais comme il arriveroit de-là que les ſeaux ne ſe rempliroient, & vuideroient à chaque inſtant, qu'autant qu'il leur faudroit de peſanteur pour ſe mettre en équilibre, & que non-ſeulement ils n'auroient plus aſſez de force pour ouvrir & fermer la ſoupape du diaphragme, mais qu'ils s'arrêteroient à forfait, on a placé au bas de leur chûte deux détentes ou contrepoids 18, 19, dont l'uſage eſt de retenir le ſeau qui vient de deſcendre juſqu'à ce que celui qui eſt monté ſoit rempli; ces contrepoids ſont chacun compoſés de deux branches 19, 21, & 18, 22, avec les poids 23, & 24, dont la force doit égaler à peu près les deux tiers de la peſanteur d'un des ſeaux pleins d'eau, ou, ce qui ſera le même, égaler la force qu'il faut employer pour ouvrir & fermer la ſoupape du diaphragme.

Lorſque le ſeau 17, par exemple, vient à deſcendre, il frappe ſur la branche 18 du contrepoids 23, qui retombant vers le ſeau appuie ſa branche 22 ſur l'extrêmité du balancier, & le maintient conſtamment dans cette ſituation, juſqu'à ce que le ſeau 1 ſoit aſſez plein & aſſez peſant pour relever la branche 22, & faire tomber le contrepoids de l'autre côté, ce qui arrivera lorſque le ſeau 1 ſera au $\frac{2}{3}$ plein d'eau, pour lors le ſeau 17 remontera, & le ſeau 1 viendra ſe placer à ſon tour ſous le contrepoids 24; d'où il ſuit que les ſeaux ne deſcendent jamais que lorſqu'ils ont acquis une force capable de lever le contrepoids, & par conſéquent d'ouvrir & fermer la soupape du diaphragme.

1744. Comme la patte d'écrevisse du levier *a* 7 est disposée
N°.463. de façon que quand le seau 1 & par conséquent la partie 7 se trouve en-bas, la branche 10 s'appuie immédiatement contre la clef *t*, il arrive que pour que la branche 9 s'appuie contre la même clef, il faut que le seau 17 soit descendu depuis o jusqu'à 2, & que conséquemment le contrepoids 24 soit échappé du balancier, au moyen dequoi toute la pesanteur des seaux est uniquement employée à ouvrir & fermer la soupape du diaphragme, qui n'ayant d'autre résistance que celle de son frottement n'exige, de la part des seaux & des contrepoids, qu'une force très-modique, & par conséquent un volume très-petit.

La tringle 25 du balancier porte une cheville 26, qui traverse une coulisse 27, laquelle sert de clef au robinet d'*injection y* (*fig.* 4, 6, 7 & 8.) de maniere que quand cette cheville descend, & que la soupape du diaphragme se ferme, le robinet s'ouvre, & qu'il se referme au contraire lorsque la soupape s'ouvre, & que la cheville remonte.

Quoique l'on ait placé le régulateur vis-à-vis la machine, on peut néanmoins le placer plus haut, ou plus bas suivant les emplacemens.

Les figures 6, 7 & 8, représentent l'assemblage & la situation respectives des piéces que nous avons détaillées; & afin de les distinguer avec plus de facilité, elles y sont désignées par les mêmes caracteres qui les distinguent dans les figures séparées. Lorsque la machine est d'un petit volume, on place cet assemblage dans une cage de bois (fig. 6, 7 & 8.) qu'on a soin de revêtir de platre aux endroits qui environnent le fourneau & l'alembic; mais lorsque la machine est d'un grand volume, au lieu de faire le fourneau en fer de fonte, tel que celui dont nous avons parlé, on le construit en maçonnerie, le surplus est soutenu par une charpente construite suivant l'emplacement. 1744. N°. 463.

Lorsque l'on veut faire jouer la machine, on commence par remplir d'eau l'alembic & la cuvette Z, comme on l'a dit ailleurs; on allume le feu, après quoi on dispose le régulateur de façon que le seau 17 (fig. 8.) soit élevé contre la cuvette, afin que la soupape du diaphragme soit ouverte, & que le robinet d'injection soit fermé. On attend que la vapeur ait acquis assez de force pour élever la soupape L (fig. 7 & 8.), pour lors on ouvre le robinet 28, placé au-dessus de la cuvette 14; l'eau qui en sortira remplira d'abord le seau 17, qui fermera par sa chûte la soupape du diaphragme, & donnera par-là le mouvement à la machine qu'elle entretiendra ensuite d'elle-même : si on s'appercevoit qu'elle aille trop vîte, on ferme un peu le robinet 28, afin que le seau se remplisse plus lentement; on ouvre au contraire un peu plus le robinet, lorsque la machine va trop doucement.

Il est aisé de voir, par le détail que l'on vient de faire, que cette machine peut être employée très-avantageusement dans tous les endroits où l'on a besoin d'eau, & même avec d'autant plus de commodité, qu'une de ces machines, dont la chaudiere n'auroit que 15 pouces de diametre, c'est-à-dire, capable de contenir seulement un pied cube d'eau, peut fournir dans l'espace d'une heure à 60, & même à 80 pieds de hauteur, la quantité de 150 pieds cube d'eau sans autres soins ni travail que celui de faire bouillir l'eau qui est dans ce petit alembic.

Si l'on peut (comme l'Auteur le prétend) construire facilement des machines à feu d'un aussi petit volume & les rendre par-là portatives, on pourroit s'en servir dans tous les endroits où il seroit question de faire quelques épuisemens d'eau considérables, & éviter par-là tous les travaux de main qu'on est obligé d'employer à ces sortes d'opérations.

1744. N°. 463.

Si on donnoit à l'alembic de cette machine une grandeur capable de contenir 24 ou 25 muids d'eau, comme cela se pratique dans la plupart de celles qu'on établit sur les mines, elle pourroit faire tourner des rouages avec beaucoup de force, ainsi qu'on va le demontrer; il sera seulement question d'avoir un puits qui fournisse à mesure dequoi remplacer l'eau qui s'évapore.

Soit un terrein quelconque AB (fig. 9), sur lequel on construit une pareille machine, qui éleve l'eau du réservoir C, pratiqué sur le terrein, jusqu'au réservoir F à 25 pieds de hauteur; parce que nous avons constaté au commencement de cette description, que cette machine fournira, dans le réservoir F, 60 muids d'eau dans l'espace d'une minute, c'est-à-dire, 480 pieds cubes.

Qu'on établisse sur le même terrein une roue DE, qui n'ait que 16 pieds de diametre, pour que le volume ne soit pas embarrassant, qu'on pratique un canal depuis F jusqu'en D sur la roue, par la supposition ce canal sera de 9 pieds, différence entre la hauteur du réservoir & celle de la roue.

Par les regles de la chûte des corps, la vîtesse que l'eau aura acquise au bas de ce canal, sera de 23 pieds & quelques pouces par seconde: or le produit ci-dessus, avec une pareille vîtesse formera un courant de 49 pouces quarrés de jauge, ou, ce qui est le même, la surface frappée par le courant en D sera de 49 pouces deux tiers, qui par la loi du choc des corps produiront un effort de 219 livres.

On sçait que pour qu'une roue reçoive de la part d'un courant le plus grand effet possible, sa vîtesse doit être environ le tiers de celle du courant, & alors l'effort qu'elle en recevra sera les $\frac{4}{9}$ de la force absolue du courant;

rant, ce qui donnera dans le cas présent une vîtesse à la roue de 8 pieds par seconde, & une force de 97 $\frac{1}{3}$ livres.

Mais comme l'eau, en frappant la roue au point D, s'introduit dans les godets qui sont disposés sur la circonférence, elle lui communiquera un second effort, qui sera exprimé par la pesanteur de l'eau qui se trouvera successivement distribuée sur la partie DGE, de la roue.

Le produit de l'eau *étant de 8 pieds* cubes par seconde, & *la vîtesse de la* roue pendant ledit temps étant de 8 pieds, elle recevra un pied cube d'eau à chaque pied de la circonférence; & comme la moitié de la circonférence est de 25 pieds, elle sera chargée de 1750 liv.; mais comme ce poid est distribué sur toute la demi-circonférence, son action ou moment se réunit au centre de gravité de la demi-circonférence; c'est-à-dire, à 5 pieds, 1 pouce, 6 lignes de distance du centre de la roue, à cause qu'elle a huit pieds de rayon, d'où il suit que la pesanteur de l'eau distribuée sur la demi-circonférence est à l'effort qu'elle lui imprime à l'extrêmité de son rayon, comme le rayon est à la distance du centre de gravité du centre de la roue, ce qui donnera dans le cas présent à peu près 1121 *liv.* de force que la roue recevra *de la pesanteur de l'eau, qui étant* jointes à *celle qu'elle* reçoit du courant 97 $\frac{1}{3}$ liv. donnent 1218 *liv.* (en établissant le poids d'un pied cube d'eau à 70 *liv.*) qui exprimeront la puissance totale que la machine à feu ci-dessus peut communiquer à une roue avec une vîtesse de huit pieds par seconde, & cela dans la supposition qu'elle n'éleveroit l'eau qu'à 25 pieds de hauteur, ce qui paroît un effet inférieur à celui dont elle est capable.

Il ne paroît pas que l'on ait pensé jusqu'ici à se servir de l'action du feu pour faire mouvoir des roues de ma-

1744. N°.463. chine, & l'application que M. de Genssane a faite de cette méthode, paroît nouvelle, & peut faire travailler toutes sortes de machines mues par des roues à godet, ce qui rend cette découverte d'un usage assez général.

Outre ces avantages, M. de Genssane a rempli son objet du côté de la composition de la machine : car l'on voit qu'il supprime le grand balancier, & par conséquent les quatre parties qui y sont attachées, sçavoir, le piston du cylindre, la coulisse qui ouvre & ferme le régulateur, aussi-bien que le tuyau d'injection, la tige qui meut les pompes aspirantes, & enfin l'attirail de la pompe refoulante & cette pompe même; cette machine est donc plus simple que la machine angloise, & préférable à celle que M. de Bossrand a présentée à l'Académie en 1727.

RAPPORT DES COMMISSAIRES.

Nous avons examiné, par l'ordre de l'Académie, un mémoire de M. de Genssane, contenant la description & le dessein de toutes les parties d'une machine hidraulique mue par l'action du feu.

L'objet que M. de Genssane se propose dans la construction de cette machine à feu, est de simplifier celle qu'on appelle communément la machine à feu angloise, en lui retranchant plusieurs parties, & y en substituant quelques autres, & par cette premiere vue d'en diminuer le volume. Il se propose encore d'en construire de tel volume qu'on voudra, pour pouvoir être transportée partout où il sera nécessaire de faire des épuisemens d'eau, en épargnant tous les travaux de main qu'on est obligé de faire dans ces sortes d'opérations; mais pour pouvoir donner une idée de la machine de M. de Genssane, il nous a paru nécessaire de rappeller la machine angloise.

De toutes les machines hidrauliques, celle qui fait le plus d'honneur à l'esprit humain, est cette ingénieuse machine. Elle a été inventée au commencement de ce siecle, par M. Savari, & exécutée & construite en grand à Londres, & en plusieurs autres endroits de la grande Bretagne. Depuis ce temps-là, elle a aussi été construite ailleurs qu'en Angleterre : on en trouve une à Fresne, petit village près Condé, pour y puiser l'eau des mines à charbon. 1744. N°. 463.

Tout le jeu de cette machine dépend de l'effet alternatif de l'eau chaude & de l'eau froide joint à l'action de l'athmosphère.

Son méchanisme principal dépend en général d'un grand balancier, dont un des extrêmités répond à un piston qui joue dans un cylindre, & l'autre extrêmité aux pompes aspirantes qui élevent l'eau d'un puits.

Ce cylindre est placé verticalement, & au-dessus d'un grand alembic de cuivre, avec lequel il communique par le moyen d'un autre cylindre de diametre beaucoup plus petit; une partie de la hauteur de ce petit cylindre est introduite dans le grand, & la partie inférieure est liée avec le haut du chapiteau de cet alembic, qui a forme d'un dôme. La partie inférieure de cet alembic est une chaudiere un peu évasée par le haut, qui occupe plus de la moitié de la hauteur de l'alembic, & dans laquelle quand la machine est en mouvement on entretient toujours la même quantité d'eau bouillante par le moyen d'un fourneau placé sous cette chaudiere. La vapeur de l'eau bouillante passe du chapiteau de l'alembic dans le cylindre, chasse d'abord l'air renfermé dans la partie de ce cylindre inférieur au piston; cet air sort par le moyen d'un petit tuyau fort court, placé à peu de distance du fonds du cylindre; à l'extrêmité de ce tuyau est un godet de cuivre dans le fond duquel est la soupape nommée *reniflante;* cette soupape est chargée de plomb, & est suspendue à un ressort de fer pour la maintenir toujours dans la même direction lorsqu'elle joue.

1744. N°.463.

La vapeur de l'eau bouillante éleve ensuite le piston contenu dans le cylindre, malgré le poids de la colonne d'air dont il est chargé; & dès qu'il est parvenu à sa plus grande hauteur, un diaphragme nommé régulateur, & placé au haut du chapiteau de l'alembic, vient boucher sa communication avec le cylindre. Aussi-tôt il se fait une injection d'eau froide *en forme de pluie* dans le cylindre, par un autre tuyau toujours rempli d'eau froide, & garni d'un robinet; cette eau froide condense la vapeur de l'eau bouillante dont la force s'anéantit, ce qui produit un vuide, & donne lieu à la colonne d'air, qui passe sur le piston joint au poids du piston, de le chasser de haut en bas pour le ramener d'où il étoit parti, & par ce mouvement élevant l'autre bras du levier, fait monter l'eau du puits par le moyen des pompes aspirantes qui y sont attachées.

Le mouvement de la clef du régulateur qui interrompt la communication de l'alembic avec le cylindre, & celui de la clef du robinet du tuyau d'injection qui le suit immédiatement, l'un & l'autre dans ces mouvemens se font par le moyen d'une coulisse attachée au même bras du balancier où est attaché le piston à une distance convenable de l'attache du piston. Cette coulisse est maintenue dans une situation verticale, elle a une fente dans son milieu, traversée d'un boulon, & porte une cheville sur chacune des faces de ses côtés extérieurs & opposés; ces deux chevilles, l'une en haut & l'autre en bas, sont à peu près à égale distance du boulon. Près de cette coulisse on a établi solidement deux poteaux qui soutiennent un essieu horizontal & mobile, auquel est attachée du côté de l'alembic, une patte de fer à deux griffes, & du côté de la coulisse une tige de fer, au bout de laquelle il y a un poids; de ce même côté sont aussi attachées à l'essieu deux branches de fer, dont l'une est rencontrée par le boulon de la coulisse lorsqu'elle s'éleve & fait tourner l'essieu & toutes les parties qui y tiennent de droite à gauche. L'autre branche de fer est rencontrée par la cheville d'en-bas de la coulisse, lorsqu'elle descend, & oblige à son tour l'essieu & toutes les parties qui y tiennent, de tourner en sens contraire de gauche à droite.

1744. N°. 463.

Par le premier de ces deux mouvemens alternatifs, la tige de fer, & le poids qui y tient, parviennent à la verticale qui passe par l'essieu, & aussi-tôt après qu'il l'a passée, ce poids tombe & imprime à une des griffes de la patte de fer, une force qui agit sur le boulon d'un étrier (dont les anneaux sont enfilés par le même essieu), fait reculer cet étrier en arriere, & fait agir la clef du régulateur, par le moyen de la queue d'une fourche, qui tient d'un côté à cette clef, & de l'autre à l'étrier; ce mouvement ferme le régulateur.

Le second de ses deux mouvemens alternatifs étant exactement le même que le premier, & se faisant en sens contraire, ouvre le régulateur.

Quant au mouvement de la clef du robinet du tuyau d'injection, pour s'ouvrir & se fermer, il se fait par le moyen d'une patte d'écrevisse de fer attachée à cette clef, & posée horizontalement; une broche de fer est dans cette patte, & la frappe par un mouvement de vibration, tantôt à droite, & tantôt à gauche; l'un de ces coups ouvre le robinet & l'autre le ferme; cette broche tient à l'essieu soutenu en l'air d'un levier, qui a un marteau à l'une de ses extrêmités; ce bout de marteau tient à une échancrure faite à une planche horizontale, dont un bout n'est soutenu que par des cordes, & peut s'élever, l'autre bout de cette planche ayant une charniere qui permet ce mouvement.

Pour entendre la relation que toutes ces parties ont avec la coulisse qui les doit mouvoir, en s'élevant & s'abaissant alternativement, il suffit de dire que lorsque cette coulisse est à sa plus grande élévation, la cheville supé-

rieure qui est attachée à une de ses faces, souleve la plan-
1744. che dont on vient de parler; cette planche cessant d'être
N°.463. horizontale, fait que le marteau se dégage de l'échancrure qui le retenoit; ce marteau tombe & fait que la broche donne un coup à la patte d'écrevisse qui fait ouvrir le tuyau d'injection. Lorsque la coulisse redescend, la même cheville rencontre l'autre bout du levier du marteau, fait remonter ce marteau pour aller se rattacher à la planche, & qui en remontant oblige la broche de donner un autre coup en sens contraire à la patte d'écrevisse qui fait fermer le tuyau d'injection.

Pour donner une idée suffisante de cette singuliere machine, il nous reste encore à parler d'une de ses parties essentielles.

Nous avons dit qu'au grand balancier étoit attaché à un de ses bras le piston qui joue dans le cylindre, & la *coulisse qui ouvre & ferme le régulateur*, aussi-bien que le tuyau d'injection; qu'à l'extrêmité de l'autre bras est attachée la tige qui meut les pompes aspirantes, pour élever l'eau du puits; cette eau se décharge dans une basche ou réservoir, où elle est entretenue toujours à une même hauteur; à ce même bras du grand balancier est encore attachée une chaîne aboutissant au cadre du piston d'une pompe refoulante, qui éleve une partie de l'eau de la basche par un tuyau montant dans une cuvette: une partie de l'eau de cette cuvette sert à entretenir le tuyau d'injection, qui se subdivise en une autre branche, pour porter sans cesse de l'eau dans le cylindre au-dessus du piston, en humecter le cuir & empêcher par-là que l'air extérieur ne s'introduise dans le vuide du cylindre par la circonférence du piston, lorsque ce piston descend (ce qui arrêteroit tout le jeu de la machine) cette eau, quand le piston remonte, se décharge, par le moyen d'une conduite, dans un réservoir provisionnel d'eau froide, le superflu de l'eau de la cuvette en sort par un tuyau descendant, & va se rendre dans le même réservoir provisionnel d'eau froide, qui sert par une décharge à remplir d'eau la chaudiere, en commençant l'opération.

Ce réservoir provisionnel sert encore, par le moyen d'une pompe refoulante, à remplir d'eau pour la premiere fois la cuvette d'injection, lorsqu'on n'a pas eu le soin, avant d'arrêter la machine, de fermer le robinet d'injection.

L'eau qui a été injectée dans le cylindre, & qui s'y est échauffée, ne peut pas sortir par l'alembic, parce que le tuyau qui sert de communication de l'alembic avec le cylindre, s'y introduit jusqu'à une hauteur convenable; mais elle sort par un autre tuyau aboutissant à la base de ce cylindre; ce tuyau se divise en deux rameaux inégaux, dont le plus grand en évacue les trois quarts, & se détermine au fonds d'une petite citerne; à l'extrêmité de ce rameau est une soupape suspendue à un ressort de fer; cette soupape, qui est fermée quand le piston descend, & qui est toujours baignée d'eau, afin que l'air extérieur n'y puisse entrer, est chargée de plomb, de maniere que le poids de l'eau qui remplit ce rameau, ne puisse élever à chaque injection la soupape qu'il ne soit aidé par la force de la vapeur. Cette citerne, par le moyen d'une conduite, entretient un second réservoir provisionnel d'eau chaude.

Le petit rameau, qui ne contient que le quart de l'eau qui a été injectée, & qui sort tiède, conduit cette eau dans la partie supérieure d'un tuyau perpendiculaire, qui plongeant dans l'eau bouillante de la chaudiere, s'éleve en perçant le chapiteau jusqu'en un point tel, que son extrêmité supérieure qui est bouchée, soit au-dessus de la jonction; par ce moyen la chaudiere est nourrie d'autant d'eau, qu'il s'en évapore par l'ébullition. Voilà en général la description & le jeu des principales parties de la machine à feu angloise: nous disons en général, car quoi-

1744. que cette description ne soit peut-être que trop longue, elle ne donne cependant pas une idée complette de cette
N°. 463. fameuse machine; mais elle nous a paru suffisante pour faire entendre les changemens que M. de Genssane se propose d'y faire.

M. de Genssane supprime le grand balancier, & par conséquent les quatre parties qui y sont attachées; sçavoir, le piston du cylindre, la coulisse qui ouvre & ferme le régulateur, aussi-bien que le tuyau d'injection; la tige qui meut les pompes aspirantes, & enfin l'attirail de la pompe refoulante, & cette pompe elle-même. Sa machine est composée d'un vase à trois pieds de fer fondu, servant de fourneau; ce vase a une porte pour y mettre le bois ou le charbon, & est percé par le fond garni d'une grille, pour laisser tomber les cendres & servir de passage à l'air qui entretient le feu.

De la partie moyenne de ce fourneau partent deux tuyaux, l'un à droite & l'autre à gauche, dont l'un sert de cheminée & l'autre qui se termine en entonnoir sert à recevoir une cuvette pleine d'eau qui s'y échauffe. Ce fourneau est évasé par le haut, & sa partie supérieure se termine par un rebord propre à soutenir la chaudiere remplie d'eau bouillante, qui a un semblable rebord un peu plus haut que sa partie moyenne, & qui s'enfonce de toute cette hauteur dans le fourneau. L'eau bouillante de cette chaudiere est toujours entretenue à la même hauteur, par le moyen d'un tuyau de communication avec la cuvette dont on vient de parler.

Cette chaudiere faite de fortes planches de cuivre, ainsi que son chapiteau qui a la forme d'un dôme, est semblable à celle de la machine angloise; au sommet du dôme, on y a mis une soupape qui sert en l'ouvrant à arrêter la machine quand on le veut, & à indiquer si le jeu de la machine est trop prompt ou trop lent, par la quantité de vapeur qui en sort & qui force la soupape à se lever.

De

De la partie supérieure du chapiteau, sort un tuyau horizontal, qui va s'introduire dans un cylindre posé verticalement à côté de la chaudiere; ce cylindre qui est de fer fondu, est de grandeur proportionnée à celle de l'alembic; il est bouché par le haut environ aux trois quarts de sa hauteur : immédiatement au-dessous de sa communication avec l'alembic, on a pratiqué un diaphragme ou plaque de métal, percé d'un trou, dont le diametre est égal à celui du tuyau de communication.

Ce trou est alternativement ouvert & bouché par le moyen d'une soupape qui se meut horizontalement; à peu de distance de ce diaphragme & au-dessous, le tuyau d'injection s'introduit dans le cylindre; enfin le fond de ce cylindre est encore percé de deux trous, dont l'un répond à un tuyau aspirant, qui part du fond du puisard qu'on veut dessécher, & l'autre sert d'ouverture à un tuyau qui est d'abord descendant, & qui en se recourbant devient montant, lorsqu'on veut porter fort au-dessus de la machine, l'eau qui a été élevée du puisard. Quand on se contente d'élever cette eau à la hauteur de la machine, ce second tuyau devient le tuyau de décharge : ces deux tuyaux ont chacun leur soupape, l'une où le tuyau aspirant s'abouche avec le cylindre, l'autre placée dans le tuyau montant, à la hauteur du fond du cylindre.

On voit par le détail de toutes ces piéces, que la vapeur de l'eau bouillante passe d'abord dans la partie du cylindre qui est au-dessus du diaphragme; qu'ensuite la soupape de ce diaphragme s'ouvrant, cette vapeur passe dans la grande portion de ce cylindre qui est au-dessous; que son premier effet est de chasser l'air qui y est contenu, & qui sort par la soupape du tuyau montant; que lorsque cette capacité du cylindre est remplie de la vapeur de l'eau bouillante, la soupape du diaphragme se ferme, & aussi-tôt après le tuyau d'injection s'ouvre, qui introduisant de l'eau froide en forme de pluie dans cette

1744. N°.463. vapeur, la condense; alors il se forme un vuide dans le cylindre, qui donne lieu par l'action de l'athmosphère, à l'eau du puisard de s'élever par le tuyau aspirant, & d'aller remplir toute cette capacité du cylindre.

Dans cet état la soupape du diaphragme s'ouvre une seconde fois, & permet à la vapeur de l'eau bouillante d'appliquer toute sa force sur la superficie de l'eau : l'effet de cette force est de faire baisser l'eau contenue dans le cylindre, en fermant la soupape du tuyau aspirant, & en ouvrant celle du tuyau montant. Cette eau s'élevera donc dans le tuyau montant, & y sera soutenue par la soupape qui se ferme aussi-tôt qu'une nouvelle injection d'eau froide a condensé de nouveau la vapeur.

C'est par de semblables aspirations & refoulemens successifs, que cette machine peut élever l'eau, d'abord du *fond du puisard au cylindre*, & ensuite du cylindre à *une hauteur relative à la quantité de la* vapeur de l'eau bouillante que l'on emploie, & à la force de la *dilatation*.

Il ne nous reste plus qu'à expliquer la maniere dont M. de Genssane regle les mouvemens de cette machine, pour que la durée de chaque aspiration soit égale, ainsi que la durée de chaque refoulement.

Pour cela M. de Genssane établit bien solidement, & près du cylindre, un cadre de bois de même hauteur que lui, & posé verticalement; le milieu de ce quadre répond à la partie du cylindre la plus éloignée de l'alembic; ce quadre est traversé horizontalement par quelques autre piéces de bois : au milieu de la piéce d'en-haut de ce quadre, & au milieu d'une de ses traverses, posée au quart de la hauteur du quadre, on a attaché deux axes, sur chacun desquels balance un levier de fer semblable au fleau d'une balance; les bras du levier supérieur sont plus courts que les bras du levier inférieur; des deux extrémités du bras du levier supérieur partent deux tringles à moufle aussi de fer; ces tringles paralleles, & de même longueur, vont s'attacher à deux points des bras du levier inférieur également éloignés du point d'appui. 1744. No. 463.

De cet assemblage du levier ou balancier supérieur, des deux tringles & d'une partie du levier ou balancier inférieur, se forme un rectangle, qui par le balancement plus ou moins grand, & par le jeu de ces piéces, menagé dans les quatre angles, devient un parallelogramme plus ou moins étroit.

On a placé sur le centre du balancier supérieur une patte d'écrevisse à deux branches de fer, qui y est liée, & dans laquelle est engagée la clef de la soupape du diaphragme.

On a aussi attaché sur une des tringles une cheville de fer, qui traverse une coulisse aussi de fer, laquelle sert de clef au robinet du tuyau d'injection.

Enfin à peu de distance des deux extrêmités du balancier inférieur, on a attaché deux petits seaux garnis d'une soupape dans le fond, & suspendus de telle sorte, qu'ils conservent toujours une situation horizontale; derriere & un peu au-dessus de ce balancier, on a placé une cuvette toujours remplie d'eau, & de longueur égale à la distance des seaux, cette cuvette à chacune de ses extrêmités a une soupape disposée de façon, que lorsque le balancier élève un des seaux jusqu'à elle, cette soupape s'ouvre par le moyen d'une cheville placée à la surface supérieure du seau; alors ce seau se remplit d'eau, descend ensuite, & en descendant oblige l'autre à monter, pour aller à son tour se remplir d'eau en ouvrant la seconde soupape de la cuvette qui lui répond.

Pour que ce second seau ait le temps de se remplir, le premier descendu avant de se vuider a rencontré sur la fin de sa chûte une détente, par le moyen de laquelle un contrepoids suffisant vient s'appliquer sur ce seau qui se vuide alors, & est retenu en cet état, jusqu'à ce que

1744. N°. 463. l'autre soit rempli; aussi-tôt après le second seau redescend, & le premier en commençant à remonter se dégage du contre-poids qui le retenoit par l'application de l'extrêmité du balancier sur une branche de fer qui meut ce contre-poids, & le rétablit dans son premier état; il arrive ensuite au second seau toutes les mêmes choses qui sont arrivées au premier : c'est par ces alternatives d'ascension & de descente des deux seaux qui se font en temps égal, que les mouvemens de la machine de M. de Genssane sont réglés; le premier seau ne pouvant monter, qu'il ne ferme d'abord la soupape du diaphragme qui est dans le cylindre, & un moment après n'ouvre le tuyau d'injection, & qu'ensuite il ne peut descendre ou l'autre seau remonter, qu'il ne ferme d'abord les tuyaux d'injection, & un moment après qu'il n'ouvre la soupape du diaphragme.

Voilà la description, & à peu près le jeu de toutes les parties de la machine à feu que M. Genssane propose.

Outre les usages auxquels on a jusqu'ici employé les machines à feu, qui est de dessécher l'eau des mines, en élevant cette eau à la hauteur de la machine, on a vu que M. de Genssane compte l'élever à une plus grande hauteur, par exemple, à vingt-cinq pieds au-dessus, & de se servir de cette eau élevée & rassemblée dans un réservoir placé à cette hauteur, pour faire tourner une roue de seize pieds de diametre par le moyen de la chûte de cette eau de neuf pieds de hauteur, ce que l'on sçait être très-possible.

Avec cette puissance nouvelle, M. de Genssane se propose de mouvoir toutes les autres machines dont on a besoin pour le travail des mines, comme d'élever ou des marteaux ou des pilons, ce qui se pourra toujours, pourvu, comme le marque M. de Genssane, qu'on ait d'ailleurs assez d'eau pour réparer la quantité qu'il s'en évapore par le jeu de la machine.

1744. N°. 463.

Par l'examen que nous avons fait de cette machine de M. de Genssane, & par la comparaison que nous en avons faite, avec une machine de même nature, présentée à l'Académie en l'année 1727, par M. de Boffrand, pour élever l'eau par le moyen du feu, il nous a paru que celle de M. de Genssane étoit plus simple que la machine angloise, ainsi que celle de M. Boffand; mais de plus qu'elle méritoit la préférence sur cette derniere par quelques circonstances, & sur-tout par le régulateur que M. de Genssane a heureusement appliqué à sa machine, celle de M. Boffrand ayant besoin continuellement de la main d'un homme pour ouvrir & fermer un robinet.

Nous croyons donc que cette machine de M. de Genssane peut être utilement employée pour le desséchement des mines, sur-tout dans les lieux où le bois & le charbon sont à *bon marché.*

Nous croyons aussi qu'il sera utile & commode d'avoir de ces machines en petit volume, & par-là portatives, pour pouvoir s'en servir par-tout où l'on voudra épargner la main d'œuvre.

Fait à l'Académie, ce 29 Février 1744.

DE RÉAUMUR.

NICOLE.

Machine pour élever l'Eau par le moyen du Feu.

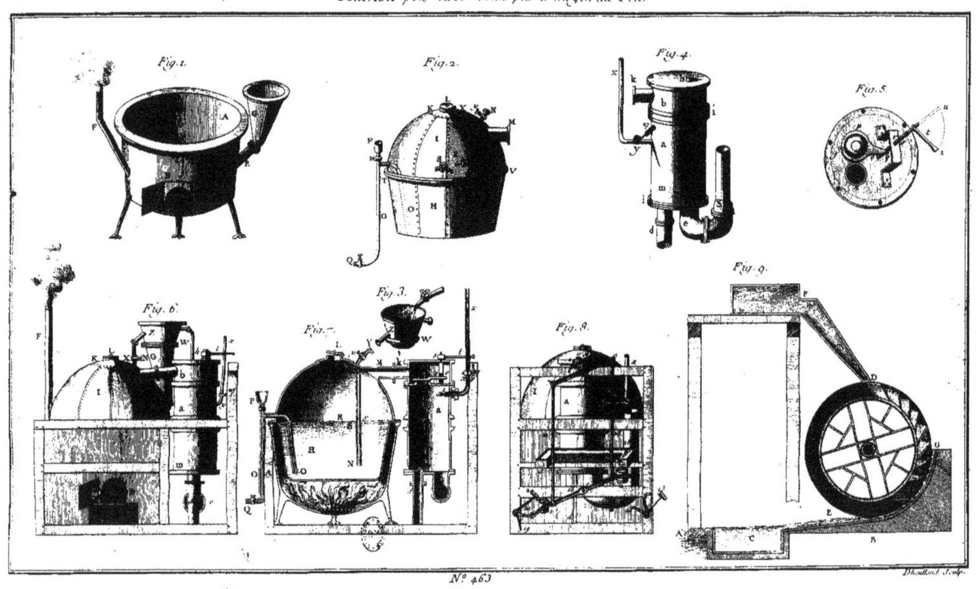

N° 463

1744. N°. 464.

TRAI-FILLERIE,

POUR LE FIL A PIGNON,

PAR M. BLAKEY.

DE tous les *Arts*, l'Horlogerie est celui où l'on recherche le plus de facilité dans l'exécution, en conservant la justesse & la précision dont chaque partie est susceptible.

Avant de trouver les machines à refendre les roues, les Artistes étoient obligés de les diviser & de les fendre à la main; il en étoit de même pour les pignons; tel que A, tant pour la pendule que pour la montre: ce travail étoit long, pénible, & sujet à bien des erreurs, & par-là il ne se trouvoit que très-peu de bonne piece d'horlogerie.

La machine à refendre les roues n'a pas été plutôt imaginée, que l'on a cherché à se procurer le même avantage, pour les pignons du grand volume, c'est-à-dire, des pendules, & on y est parvenu par différentes inventions, qui *presque toutes ont rempli les vues de* l'ouvrier. *Il n'en étoit* pas de même des pignons du petit volume, *c'est-à-dire*, des montres; on ne pouvoit faire usage des machines à cause de leurs petits diametres.

On a imaginé de tirer du fil à pignon tel que B, par des filieres dont les trous sont divisés & refendus en différens nombres d'ailes, comme on le voit en C; on comprend bien que quand on veut faire un pignon, on coupe un morceau de ce fil, de la longueur de toute la tige, & on ne réserve de partie canelée qu'autant qu'il en faut pour déterminer la longueur du pignon, que l'on finit

1744. ensuite à la lime.

N°. 464. Les Anglois étoient seuls en possession de cette découverte depuis plus de 40 ans, lorsque le sieur Blakey a présenté ce travail à l'Académie.

Outre les filieres formées par des trous de tout nombre ordinaire, il se sert principalement d'un tour DE assez semblable à ceux dont les Orfevres se servent pour tirer leur fil d'argent; ce tour a 2 pieds de rayon, & fait mouvoir le treuil F, G, sur lequel s'enveloppe une grosse corde F H; à l'extrêmité H est un anneau de fer N, qui tient les branches de la tenaille I, qui tire le fil à pignon du trou de la filiere K; cette filiere est retenue par le montant L M. L'établi sur lequel se fait ce tirage doit être solide, & inébranlable; il doit avoir 1 pied 3 pouces de large, & sa longueur ordinaire est de 10 pieds: il est composé de plusieurs parties que l'on met les unes au bout des autres pour l'alonger, lorsque le fil est fort long, car chaque brin se tire en une opération, on ne le reprend point pour ne pas gâter avec la tenaille les parties du fil canelé, qui ont déja passé; on enduit ce fil de cire avant de l'introduire dans la filiere. Le sieur Blakey a bien voulu travailler en ma présence,* & voici les observations que j'ai pû faire dans les opérations.

* Le 18 Mars 1749.

Le premier tirage est en rond, comme le fil de fer ordinaire; il a 1 ligne de diametre, & un morceau d'acier de 3 pieds s'est allongé de 3 pouces dans ce premier tirage: ensuite on le passe dans une filiere dont l'ouverture est à six pans, & après l'avoir tiré 4 à 5 fois dans cette forme, on le recuit, & on le tire en creux pour faire des pignons de 6. Un morceau de 2 pieds 11 pouces, après le premier tirage en creux s'est allongé de 3 pouces, après la deuxieme cuisson le même morceau s'est allongé de 5 pouces, & enfin après le troisiéme il s'est augmenté de 7 pouces. Le sieur Blakey est aussi le premier qui ait tiré l'acier l'acier à pignon d'un assez fort diametre pour être employé aux pignons des pendules. 1744. N°. 464.

En conséquence de l'approbation de l'Académie, ledit sieur Blakey a obtenu le privilége exclusif qu'il desiroit.

RAPPORT DES COMMISSAIRES.

MOnsieur le Contrôleur Général ayant demandé, par sa lettre du 24 Avril dernier, l'avis de l'Académie, sur la bonté & sur l'utilité d'un acier tiré à pignons pour montres & *pendules*, qui lui a été présenté par le sieur Blakey, comme le produit d'un art qu'on a tenté plusieurs fois inutilement de découvrir en France, & dont les Anglois étoient seuls en possession depuis plus de quarante ans : Nous Commissaires nommés par l'Académie, avons examiné cet acier tiré par filiere en pignons à tous les nombres *d'aîles qu'on* peut employer dans l'Horlogerie, & l'ayant trouvé au moins aussi parfait que l'acier à pignons d'Angleterre, auquel nous l'avons comparé ; nous nous sommes transportés chez le sieur Blakey, pour le faire travailler en notre présence. Nous l'avons trouvé bien fourni de toutes les machines & filieres dont il a dû se servir pour tirer les différens aciers à pignons qu'il a présentés ; & ce qu'il a fait devant nous prouve qu'il est véritablement possesseur de cet art. Nous croyons pouvoir assurer *qu'il est le premier qui l'ait porté à sa perfection dans ce pays ; qu'il est* aussi le premier qui ait tiré l'acier à pignons d'un assez fort diametre, pour être employé aux pignons des pendules que les Horlogers tant en Angleterre qu'en France, étoient obligés de fendre eux-mêmes. Cette découverte n'a pu se faire qu'après une longue suite d'essais qui ont dû lui couter beaucoup ; mais il est presque impossible d'évaluer cette dépense, à laquelle il faut ajouter les frais d'un moulin qu'il a été obligé d'équiper à Crecy en Brie, pour préparer ses aciers. Nous

1744. N°. 464. avons fait faire des pignons de cet acier tiré, & les ayant fait tremper, recuire & polir, nous les avons trouvés aussi bons que les pignons faits de fil d'acier d'Angleterre, auxquels nous les comparions. Il est même presque impossible que l'acier de ces pignons soit mauvais, parce qu'il ne pourroit pas passer tant de fois par les filieres, s'il n'étoit bien choisi & très-doux. Nous croyons que la découverte du sieur Blakey mérite d'être récompensée par le privilége exclusif qu'il demande. Il en résultera un avantage pour l'Etat, parce que offrant de vendre cet acier d'un tiers moins cher que celui qu'on tire d'Angleterre, les Anglois cesseront vraisemblablement d'être les seuls qui puissent en fournir à tous les Horlogers de l'Europe. Nous ne donnons pas ici la description de ses machines, ni le détail des moyens qu'il emploie pour mettre son acier en état d'être tiré à pignons : ce seroit courir le risque de lui faire tort en découvrant son secret avant qu'il eut un privilége, après l'obtention duquel il offre de le rendre public.

Fait à Paris ce 15 Juillet 1744.

CAMUS. PAJOT D'ONS-EN-BRAY.

DE MONTIGNY. HELLOT.

Trai-fillerie pour le Fil a Pignon.

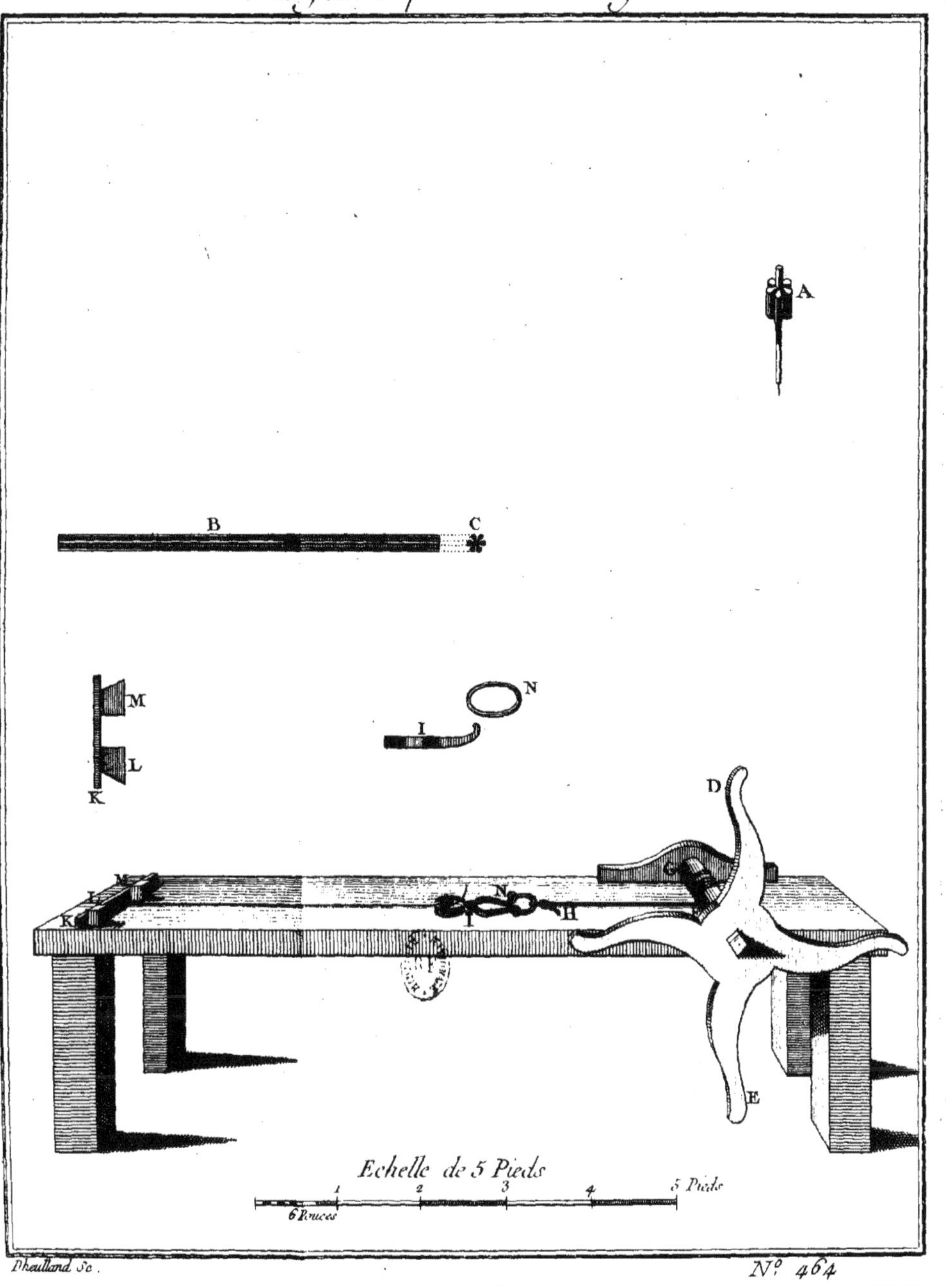

Dheulland Sc.

1744.
N°. 465.

MACHINE POUR NETTOYER LES PORTS ET ENLEVER DU SABLE, *INVENTÉE* PAR M. MACARY.

CEtte machine consiste en deux bateaux A, B, fixés par les deux ancres C, D, à l'endroit du port ou de la riviere que l'on veut nétoyer.

Le premier bateau A, plus petit que le second, ne contient qu'une roue E, qu'un seul homme fait mouvoir au moyen des chevilles dont la circonférence se trouve garnie; l'axe de cette roue est un treuil, sur lequel s'enroule le cordage F G, dont l'extrêmité est attachée à la partie inférieure de la cuiller I; cette pelle ou cuiller qui est de fer, a 4 pieds de largeur sur 3 de profondeur & un & demi de hauteur; elle est suspendue par 4 cordages; sçavoir, deux tel que K, fixés sur le derriere de la pelle, & deux autres tels que L, pareillement attachés sur le devant; les deux premiers cordages K passent sur deux poulies comme M, & les deux autres cordages L sur deux poulies comme N; ces poulies sont portées aux extrêmités d'une bascule formée par deux longues piéces de bois, parallelement assemblées; mais cette figure n'étant qu'un profil, on ne peut voir que la piece N P Q: il faut donc imaginer cet assemblage comme un rectangle mobile au point P, & assujetti par un tourillon au grand montant R de la cage qui renferme la machine.

Dans l'intérieur de la bascule, est une roue S, dont la circonférence est garnie de chevilles horisontales, &

qui dépassent de part & d'autre le plan de la roue : un
1744. homme, (comme on le voit dans ce dessein) suffit pour
N°. 465. la faire mouvoir ; c'est sur l'axe de cette roue que vient s'entortiller la corde L N, & la corde K M vient de même s'enrouler sur le treuil T, auquel on applique aussi un homme. L'extrêmité Q de la bascule est abaissée, lorsque l'on veut élever la cuiller I, par le secours d'un palan V, frappé dans le fond du bateau, & le dormant du cable dont il est garni, est placé en X ; ce cable, après avoir passé sur les moufles d'en-bas en V, & sur la poulie de renvoi en X, vient enfin s'enrouler autour du treuil Y. Les deux bateaux A B sont entretenus à la distance déterminée par la longrine Z, & quoiqu'il ne soit aucune mention dans ce qu'a présenté l'inventeur, qu'il y eut un manche à la cuiller, il en paroît un W tiré par un homme, *dans le profil de cette machine, que le sieur Macary a fait graver d'après lequel on a fait ce dessein.* On trouve dans la même gravure une maniere fort simple d'enlever les sables ; on y emploie deux bateaux, qui portent chacun un treuil ; & un troisième bateau placé entre les deux autres, dans lequel est un homme qui guide une cuiller poussée & tirée alternativement par les treuils des deux autres bateaux ; mais comme il n'est point question de cette invention dans le certificat de l'Académie, je n'ai pas cru devoir la joindre ici. Voici le jeu de la machine principale, que je viens de décrire.

Les bateaux supposés fixés, & bien assujettis ensemble, on commence par lâcher avec précaution les roues T, S, Y, & l'on fait tourner le quatrième treuil E du bateau A ; le cordage F G tire en arriere la cuiller I à mesure qu'elle descend, jusqu'à ce qu'elle soit placée à l'éloignement nécessaire ; on fait ensuite tourner le treuil T, pour l'élever par derriere, & l'obliger à piquer du devant ; on abandonne pour lors le treuil E, & l'on fait tourner les roues S, T, qui en tirant la cuiller l'oblige de labourer, & de se charger des vases ou sables du fond de la riviere. Lorsqu'elle est arrivée à l'aplomb de l'extrêmité N du balancier, qui pendant cette opération a toujours été baissé : pour lors en continuant de tourner les roues S, T, l'on fait aussi mouvoir le treuil Y, qui fait abaisser l'extrêmité Q de la bascule, pendant que l'autre bout N s'élève aussi bien que la cuiller qui y est attachée; on fait ensuite passer dessous un petit bateau, dans lequel on la vuide, comme on le voit à l'inspection de la figure. On sent bien que pour vuider entierement cette cuiller, il faut lâcher le cordage LN de la roue S, qui soutient la partie antérieure, & tirer au contraire le cordage KM du rouet T, qui soutient la partie postérieure, & par l'addition du manche W on parvient à renverser entierement cette cuiller.

1744. N°. 465.

On remarquera que le mouvement en arriere de la cuiller que lui procure le treuil E, se peut faire sans beaucoup d'effort, puisqu'elle est alors vuide, & qu'il ne faut vaincre que son seul frottement contre le fond.

On trouvera dans le rapport suivant à quoi se réduisent les forces employées à cette machine, de même qu'une partie de ses effets, abstraction faite des frottemens.

RAPPORT DES COMMISSAIRES.

NOus avons examiné, *par ordre de l'Académie, une machine proposée par le sieur Macary, pour nettoyer les ports*, & nous en avons vu diverses expériences.

Cette machine que l'Auteur avoit déja proposée à l'Académie, mais à laquelle il a fait depuis différens changemens, consiste principalement à une pelle ou cuiller sans manche, qui est mue dans le fond de l'eau par divers cordages tendus par des roues ou treuils distribués sur deux bateaux, qui sont à l'ancre, & dont l'un est placé à assez de distance au-devant de l'autre : la pelle qui dans la machine que nous avons vue, est de fer, a 4 pieds de lar-

geur sur 3 de profondeur, & un & demi de hauteur; elle
1744. est d'abord traînée en avant & à rebours par un treuil ou
N°.465. cabestan horisontal, qui est placé sur le bateau de l'avant: ce mouvement se fait sans beaucoup d'effort, puisque la cuiller est alors vuide, & qu'il ne faut vaincre que son seul frottement contre le fond. Lorsqu'elle est à assez de distance, on la retire vers l'autre bateau sur lequel est principalement établie la machine: ce sont deux cordages qui étant attachés à la cuiller ou pelle, produisent cet effet; ils passent sur deux poulies qui sont à l'extrêmité de deux longues piéces de bois qui sont paralleles, & qui étant liées l'une à l'autre par deux autres piéces, forment une bascule qui a la figure d'un long rectangle, & ces cordages viennent se rouler sur l'axe d'une roue qui a environ 4 pieds de rayon, & qu'on fait mouvoir par le moyen des chevilles qui sont appliquées à sa circonférence. En même temps que la pelle est tirée de cette sorte, elle l'est encore par deux autres cordages qui sont appliqués aux deux extrêmités de sa largeur, mais à la partie supérieure, & qui venant s'entortiller sur l'axe d'une plus petite roue située au-devant de la grande, font incliner la cuiller, & lui donnent la facilité de labourer le sol, & de se charger du sable ou de la vase du fond. Il n'y a qu'à continuer à faire agir ces quatre cordages, par le moyen des deux roues que nous venons de spécifier, la cuiller s'approche non-seulement du bateau ou ponton qui soutient la machine; mais lorsqu'elle est arrivée sous l'extrêmité de la bascule qui porte les poulies, sur lesquelles passent les cordages; elle est obligée de s'élever & de venir, en sortant de l'eau, se joindre presque à l'extrêmité de la bascule. Alors on fait agir une troisième roue qui est vers la poupe du ponton, & qui faisant descendre, par le moyen d'un cordage, l'extrêmité voisine de cette bascule, fait élever l'autre avec la cuiller qu'elle soutient. On a après cela la liberté de faire venir un troisième bateau se mettre sous

la cuiller, qu'on réussit à incliner & même à renverser, pour qu'elle se vuide, en lâchant les deux cordages qui soutiennent sa partie antérieure, ou en continuant à tirer les deux autres, qui soutiennent sa partie postérieure. 1744. N°. 465.

Toute cette suite de différentes opérations a été exécutée en notre présence en trois minutes & demie, ou quatre minutes, parce que le sable est très-mouvant dans l'endroit où s'est fait l'expérience; & qu'outre cela il n'y avoit que très-peu d'eau. La pelle peut se charger de plus de 12 à 13 pieds cubes de matiere, & elle en contiendra beaucoup davantage si on lui donne six pieds de largeur, comme se le propose l'Auteur, & comme il paroît qu'on le peut faire sans inconvénient, pourvu qu'on rende toutes les parties plus fortes à proportion. Dans l'état actuel des choses, elle peut peser avec sa charge 2000 livres lorsqu'elle commence à sortir de l'eau, & la disposition particuliere de la machine fait que la moitié de ce poids qui est soutenue par la grande roue, est diminuée environ 12 fois: ainsi supposé qu'on n'appliquât que deux hommes à la grande roue, & autant à la petite, dont l'effet est d'une fois moindre, il faudroit que les deux premiers fissent chacun un effort de plus de 40 livres, & les deux autres de plus de 80; & cela en faisant abstraction des frottemens. A l'égard de la troisième roue située vers la poupe du ponton, laquelle sert à faire jouer la bascule, elle est deux fois plus petite que la grande; mais d'un autre côté la bascule forme un levier qui double l'action.

Comme il est assez difficile de faire sentir par une simple explication, diverses particularités de la machine, qui marquent de l'adresse de la part de l'Auteur, nous devons nous borner à cette description ou idée générale. Quoique toutes les machines destinées à nettoyer les ports ne puissent pas manquer d'avoir de grandes conformités, nous remarquons cependant d'assez grandes différences entre celle-ci & les autres qu'on a proposées: celle

dont il s'agit a plus de rapport avec les especes de dragues dont on se sert en quelques endroits; mais celle-ci
1744.
N°. 465.
a cet avantage d'élever ensuite verticalement sa charge hors de l'eau, & que tous ses mouvemens sont assujettis à une méchanique bien réglée. Il n'est pas douteux qu'elle ne doive réussir pour le moins aussi-bien que les autres, lorsqu'il n'y a pas beaucoup d'eau, & lorsque le fond est de vase ou de sable mouvant: mais ce qui nous porte à l'approuver, c'est qu'il nous paroît extrêmement facile de lui conserver ses avantages dans les autres rencontres, & de lui donner la meilleure disposition pour creuser: on y réussira, soit en portant d'abord la cuiller à une grande distance de la machine, conformément à la pensée de l'Auteur, soit en substituant des bouts de chaînes à la partie des deux principaux cordages, immédiatement attachés à la cuiller, ce qui préviendra la rupture, & fera en même temps, à cause du poids des deux chaînes, que la pelle ne sera pas soulevée par le devant; soit encore en appliquant ces deux chaînes à des points un peu plus élevés de la cuiller, ou même en faisant porter la partie postérieure sur des roulettes, ce qui joint au tranchant de la partie antérieure, lui feroit faire sur les fonds trop tenaces, le même effet qu'un large soc de charrue qui laboureroit. Il est d'autant plus facile de choisir entre tous ces divers expédiens, qu'on peut d'avance en faire l'essai même hors de l'eau. En un mot la machine dans l'état où elle est actuellement, ne nous paroît faite & disposée que pour les endroits peu profonds, & où les matieres du fond sont faciles à enlever; mais il y a si peu de changement à faire à la pelle, lorsque la nature du terrein sera différente, que nous croyons qu'on peut s'en rapporter dans ces autres cas à l'industrie du Machiniste. Fait au Louvre le 5 Septembre 1744.

NICOLE.

BOUGUER.

NOUVEAU

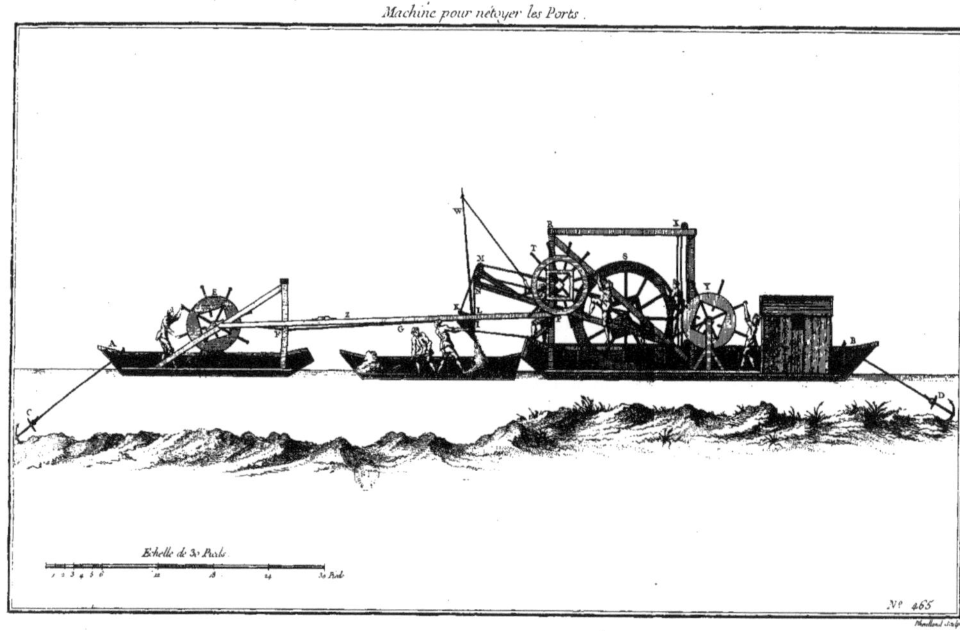
Machine pour nétoyer les Ports.
Echelle de 30 Pieds.
1 2 3 4 5 6 12 18 24 30 Pieds
Nº. 465

1744. N°. 466.

NOUVEAU TOUR
A TIRER LA SOIE DES COCONS,
INVENTÉ
PAR M. ROUVIERE.

CE tour est composé d'un seul haspe ou dévidoir AB, monté sur un chassis CD, soutenu par deux chevalets que l'on peut approcher ou éloigner de la roue E, & on les fixe dans la position que l'on souhaite par des coins, de la même maniere dont on arrête les poupées d'un tour ordinaire.

L'arbre de l'haspe, qui peut tourner librement dans les chevalets qui le soutiennent, porte à son extrêmité un rouet de poulie I, (fig. 1 & 2.) sur laquelle passe une corde sans fin, qui enveloppe de même la roue E: la poulie I est à la roue E comme 1 à 7, par conséquent l'haspe fait 7 tours pour un de la roue E. On fait tourner cette roue par le moyen d'une manivelle F ajustée à l'extrêmité de son arbre; à son autre extrêmité G est une lanterne qui engrene dans un hérisson K (fig. 1.) dont l'arbre vertical LM assujetti à la cage de la machine porte un plateau N: sur ce plateau & à deux pouces du centre, est adapté le va-&-vient OPRST (fig. 1 & 2.) lequel est composé de deux piéces droites qui tiennent aux branches SP d'une équerre fixée par son sommet sur un petit cylindre R; cependant l'équerre est mobile sur son centre, de même que les autres branches du va-&-vient le sont autour des cloux qui les assemblent; le tout est maintenu

1744. N°. 466.

dans une situation horisontale, par le petit cylindre R, & par le montant Q, dans lequel la partie ST peut se mouvoir librement & à coulisse. Cette piéce porte deux griffes V, X, daus l'ouverture desquelles on fait passer les brins de soie, pour les tirer à la croisade, c'est-à-dire, après avoir croisé les 5 brins que l'on tire à la fois à chaque tirage comme on le voit en Y. Les cocons sont dans la chaudiere Z, dessous laquelle on entretient du feu : la planche W est pour éloigner les soies, afin qu'elles ayent le temps de refroidir avant de parvenir sur le devidoir.

Les considérations particulieres & essentielles sont : 1°. d'observer le degré de chaleur pour les cocons que l'on met dans la chaudiere : car si l'eau est trop froide, la soie se brûle. On retire les bouts de soie en les fouettant avec des verges, qui d'abord ôtent le cotton, & *ensuite font paroître* un bout de soie sur chaque cocon : ce bout est unique.

2° Il faut éloigner la soie de maniere qu'elle soit seche avant de parvenir sur l'haspe : c'est aussi pour cette raison que l'on tire à la croisade, qui fait que l'eau s'en exprime bien mieux, & qu'elle acquiert du nerf ; on évite aussi, par cette machine, l'inconvénient du vitrage, qui sont les soies recroisées les unes sur les autres.

Le rapport des Commissaires que l'on trouve ci-après, fait connoître que le sieur Rouviere a présenté deux tours à tirer la soie des cocons à M. le Contrôleur général ; il sollicitoit un privilége exclusif pour la vente de ces machines ; il ne m'a communiqué que celle dont je viens de donner la description, il l'estime pour la meilleure : en effet elle est conforme aux changemens qu'on lui a conseillé de faire, & que l'on trouve détaillés dans le rapport suivant, ce qui contient aussi les procédés, qu'on a observés dans la comparaiſon que l'on a faite de ce tour, avec celui qui eſt en uſage dans le Languedoc.

1744. N°. 466.

RAPPORT DES COMMISSAIRES.

NOus avons examiné, par ordre de l'Académie, deux tours à tirer la ſoie des cocons, préſentés à M. le Contrôleur général par le ſieur Rouviere, pour leſquels il demande un privilége : le chaſſis, ſur lequel toutes les piéces de ce tour ſont montées, a 5 pieds de long ſur 3 pieds 4 pouces de large. Deux haſpes ou devidoirs, dont le diametre a plus de 20 pouces, & qui ont un axe commun, y ſont placés ſur deux chevalets fixes; & à cet axe eſt attachée fixement une poulie, qui a environ 6 pouces de diametre dans ſa rainure: elle eſt embraſſée par une corde à boyau qui embraſſe auſſi une grande roue de trois pieds de diametre, à laquelle eſt adaptée la manivelle de la tourneuſe; ainſi ces haſpes font environ ſix tours pendant que cette roue n'en fait qu'un. L'axe de la grande roue porte une roue de bois, taillée en étoile, ou en molette d'éperon, qui fait mouvoir une autre roue de même grandeur, auſſi de bois, & taillée de même. L'arbre horiſontal de cette ſeconde roue en étoile porte encore un petit rouet, qui engrene dans un autre rouet *fixé* à un arbre *vertical*, au *haut duquel eſt* un plateau ou rondelle, dont un point excentrique, placé à deux pouces du centre de cet axe, fait mouvoir un va-&-vient briſé, dont une regle eſt parallele à la longueur du chaſſis, & l'autre parallele à l'eſſieu des haſpes : ces deux regles ſont aſſemblées par un équerre mobile ſur ſon ſommet & les extrêmités de ſes branches tiennent aux regles.

La regle des va-&-vient qui eſt parallele à l'axe de l'haſpe, eſt garnie de deux griffes de verre, qui diſtri-

1744. N°. 466.

buent fort également la soie sur l'haspe en deux écheveaux de 4 pouces de largeur. Un seul tour de la grande *roue* fait faire trois allées & venues à ce va-&-vient; ensorte qu'il faut que la soie fasse environ quatre tours & demi pour aller d'un bord de l'écheveau à l'autre. Deux griffes de laiton fixées à la tablette, qui sont les premieres où la tireuse passe le fil de soie, composé de plusieurs brins tirés des cocons, sont éloignées de 16 pouces des griffes de verre du va-&-vient. C'est dans cet intervalle que se fait la croisure de la soie, & cette croisure nous a paru exprimer assez bien l'eau dont les brins sont chargés en sortant de la bassine. Des griffes du va-&-vient jusqu'au centre de l'haspe il y a une distance de 3 à 4 pieds 5 pouces; mais cette distance nous a paru trop grande, & nous en parlerons dans la suite. L'axe auquel la poulie est fixée, porte deux *haspes, comme nous l'avons* dit; mais ils y sont ajustés de telle sorte, que l'un des deux *peut* être arrêté & tourné avec la main en sens contraire, sans que le mouvement de l'autre haspe soit interrompu.

Le sieur Rouviere, en mettant ces deux haspes sur un même axe, s'est proposé de faire travailler deux tireuses à une seule bassine ovale, & par conséquent à un seul & même feu. Ce seroit une épargne, s'il est vrai, comme on nous l'a dit, que chaque feu dépense 22 sous par jour. Cependant si le lieu où se fait le tirage de la soie avec le tour, n'est éclairé que d'un côté, l'une des deux tireuses sera placée à contre-jour: il sera nécessaire aussi que l'une des deux travaille à gauche, & ce sera une habitude à acquérir pour celles qui sont dans l'usage de ne travailler que de la main droite.

Le premier tour que le sieur Rouviere avoit présenté au Conseil, étoit construit différemment: nous en parlerons incessamment. Quelques personnes qui l'avoient vu agir, ont cru que la ſoie s'appliquoit trop tôt ſur l'haſpe en ſortant de la baſſine, & qui arrivant encore chaude & mouillée, elle devroit ſe coller: ce qui ſeroit un inconvénient conſidérable pour le devidage de ces écheveaux qui ſe fait dans les fabriques. Il a cru éviter ce défaut, en mettant entre le va-&-vient & le centre de l'haſpe, une diſtance de trois pieds 4 à 5 pouces, qui eſt à peu près la diſtance preſcrite par un réglement du Roi de Sardaigne pour les tours qui ſont en uſage dans le Piémont; mais dans ces tours la manivelle eſt fixée à l'axe de l'haſpe, & par conſéquent la ſoie n'eſt pas tirée avec la même rapidité qu'elle l'eſt par les haſpes des tours du ſieur Rouviere. Il nous a paru que cette diſtance de 3 pieds 4 à 5 pouces, dont l'axe eſt éloigné du va-&-vient, eſt trop grande au moins d'un pied. La ſoie s'y fatigue, ſelon l'expreſſion de *la tireuſe*, & ſe caſſe trop *ſouvent*.

1744. N°. 466.

Nous ne croyons pas que ce ſoit un avantage de mettre ſur l'axe deux haſpes, dont l'un puiſſe être arrêté ſans que l'autre le ſoit, parce qu'il y aura toujours perte de temps, lorſque les fils d'un haſpe viendront à rompre. Chaque haſpe demande une perſonne pour chercher le fil rompu & le donner à la tireuſe qui ne doit point ſortir de ſa place. Si c'eſt la tourneuſe qui fait cette fonction, *elle ſera obligée* d'abandonner la *manivelle de ſa roue & les deux haſpes* ſeront arrêtés en même temps. Le chaſſis du premier tour que le ſieur Rouviere avoit préſenté au Conſeil, n'a que 4 pieds de long ſur 2 pieds de large: il porte ſur deux chevalets deux haſpes ou devidoirs, dont les axes ſont paralleles: le diametre de ces haſpes n'a que 14 pouces, ce qui donne des écheveaux trop courts; mais il eſt aiſé de corriger ce défaut, une ſeule grande roue de 35 pouces de diametre les fait mouvoir tous les deux par le moyen d'une corde à boyau & de deux

1744. N°. 466.

poulies, qui mesurées du fond de leurs rainures, ont 4 pouces de diametre; par conséquent un seul tour de la grande roue fait faire environ neuf tours à ces deux haspes, dont l'un peut être arrêté & tourné en sens contraire, sans que l'autre cesse d'aller, comme dans le tour dont nous avons parlé ci-devant. Le même tour de la grande roue fait faire trois allées & venues au va-&-vient par le moyen d'engrenages de bois à peu près semblables à ceux du précédent, mais plus parfaits. Il n'y a que 13 pouces de distance des griffes de ce va-&-vient au centre de l'haspe: la soie se distribue & s'applique fort également sur le devidoir; mais cette distance pourra paroître un peu trop petite. Il faut deux fourneaux, deux bassines & deux tireuses à ce tour, placés à chaque extrêmité de son chassis; enfin chaque haspe de ce tour aura besoin, comme ceux du précédent, d'une personne qui en ait soin.

Le sieur Rouviere ayant dit, dans le mémoire qu'il a présenté à M. le Contrôleur général, que son tour tiroit moitié plus que celui qui est en usage dans le Languedoc, nous ne pouvions vérifier ce fait, sans en faire la comparaison. Nous avons sçu que S. A. S. Madame la Duchesse du Maine avoit un de ces tours: cette Princesse a eu la bonté de permettre qu'on en fît usage. Dans ce tour la manivelle est fixée à l'axe de l'haspe; par conséquent on ne peut accélerer son mouvement que par la vîtesse du poignet: l'haspe a 20 pouces de diametre, & de son centre aux griffes du va-&-vient, il y a une distance de deux pieds 10 pouces.

Le sieur Rouviere s'étant pourvu d'une tireuse habile, nous nous sommes rendus le 4 de ce mois au magasin Royal des marbres, où les trois tours ci-dessus décrits avoient été portés. Nous avons demandé que la tireuse travaillât sur chacun pendant 30 minutes: ce qui a été exécuté par elle avec une adresse uniforme,

ensorte que nous ne nous sommes point appercus qu'elle ait voulu faire réussir l'un au désavantage de l'autre. 1744.
Les 30 minutes de travail sur chacun des tours étant N°.466.
expirées, nous avons enfermé dans une boucle de fil, cacheté de notre cachet, un des deux écheveaux devidés sur chacun des haspes des trois tours dont nous avons parlé, afin qu'on ne pût pas les changer, en nous les apportant pour les peser lorsqu'ils seroient parfaitement secs.

Nous avons remarqué que lorsque la tireuse jettoit un brin sur le *fil de soie composé de 7 à 8 brins*, que l'haspe tournant tiroit des cocons; ce brin pressoit ou s'attachoit d'abord & dans l'instant au fil tiré par les haspes du tour du sieur Rouviere, & étoient emportés rapidement sans se séparer des autres *à la* croisure, & que lorsqu'elle travailloit au tour du Languedoc elle étoit souvent obligée de jetter *le même* brin sur le fil jusqu'à *trois ou* quatre fois pour le faire prendre; encore arrivoit-il quelquefois qu'il se séparoit on se rebroussoit à la croisure; ce qui est un défaut notable dans ce tour & dans tous ceux qui sont faits comme celui qui nous servoit à la comparaison.

Le sieur Rouviere nous ayant apporté les trois écheveaux par nous cachetés, & dont les cachets se sont trouvés entiers, nous avons trouvé que l'écheveau devidé par le premier tour, décrit dans ce rapport, & dont les haspes ont près de 20 pouces de diametre, pesoit 130 grains.

Que l'écheveau, devidé avec le tour qui avoit été présenté le premier au Conseil, & dont les haspes n'ont que 14 pouces de diametre, pesoit 99 grains.

Enfin que l'écheveau levé de dessus l'haspe du tour de Languedoc ne pesoit que 93 grains, quoique le diametre de l'haspe soit de 20 pouces comme celui des haspes du grand tour du sieur Rouviere.

1744. No. 466. La différence dans l'action de ces tours comparés est donc à peu près de moitié, comme le sieur Rouviere le *dit* dans son mémoire, puisqu'à diametre égal nous *la* trouvons de 130 à 93. Nous la croyons assez grande pour que le tour qu'il propose merite d'être préferé au tour ordinaire. La soie que son tour a tirée est unie & nerveuse, quoique les cocons qui l'ont fournie fussent assez mal choisis, le sieur Rouviere n'en ayant pas trouvé de meilleurs à Paris. Nous ne pouvons porter de ce tour qu'un jugement avantageux : cependant pour éviter toute erreur nous croyons qu'il conviendroit de l'envoyer en Languedoc lorsqu'il sera rectifié, & d'engager M. l'Intendant à y faire travailler en sa présence plusieurs tireuses, afin de sçavoir si elles n'y trouvent point quelques défauts que la longue habitude à tirer les soies pourroit peut-être leur faire reconnoître, & que nous n'aurions pas apperçus.

Les rectifications ou corrections que nous proposons sont de déterminer la distance la plus avantageuse du va-&-vient à l'haspe, ou de faire ensorte, par le moyen de chevalets mobiles, que l'haspe puisse être rapproché ou éloigné du va-&-vient ; de mettre au chassis une grande roue pour chaque haspe, de fixer chaque haspe à son axe : enfin de ne point tailler les roues des engrenages en étoiles, parce que le mouvement de l'une ne se communique pas uniformément à l'autre, & qu'il en résulte un mouvement par sault au va-&-vient. Nous ne doutons pas qu'après ces corrections le tour du sieur Rouviere ne soit d'un usage plus avantageux que tous les tours dont on s'est servi jusqu'à présent. A Paris ce 9 Mai 1744.

CAMUS.

HELLOT.

LANTERNE

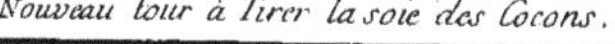
Nouveau tour à Tirer la soie des Cocons.

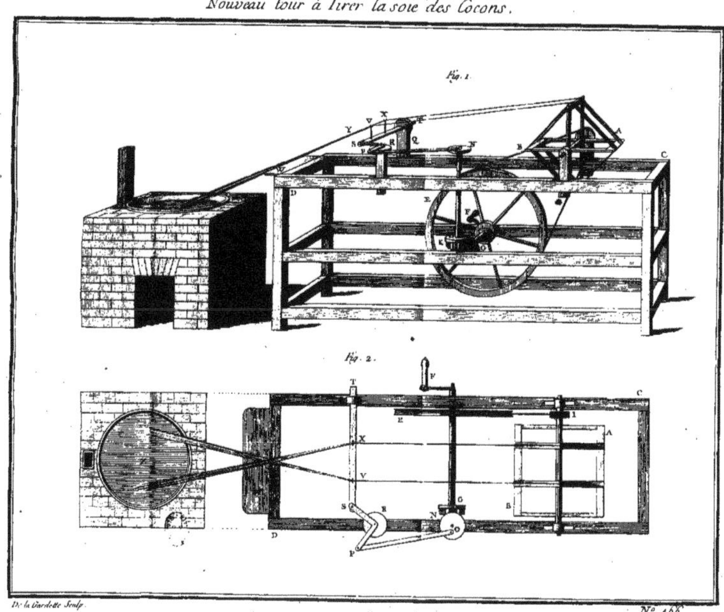

De la Gardette Sculp.

N° 466

1744.
N°.467.

LANTERNE
A RÉVERBERE,
INVENTÉE
PAR M. BOURGEOIS DE CHATEAUBLANC.

Le corps de la lanterne à réverbere eſt formé d'un cône de verre blanc ABC, & le deſſus AECDF peut être ou de cuivre ou de fer blanc. Au centre de ce couvercle qui eſt convexe, eſt adapté la cheminée FG; cette cheminée ſe ſépare parallelement à ſon axe, & emporte avec elle une partie ECD, du deſſus, comme on le voit, fig. 2; l'autre partie FAE, fig. 1, reſte toujours fixe, de même que la moitié de la cheminée qui y eſt ſoudée.

L'intérieur de cette cheminée, fig. 2, eſt faite d'un tuyau LM, plus petit que le premier G, placé concentriquement & à un demi-pouce de diſtance; il eſt percé d'un grand nombre de trous par où la fumée s'échappe & ſort tout-à-fait du corps de la lanterne par des ouvertures que l'on pratique au-deſſous du couvercle Z, auquel tient un fort piton par lequel la lanterne eſt ſuſpendue.

L'intérieur de la lanterne eſt compoſé du porte-meche PR, fig. 2, qui tient par deux tuyaux PY, au réſervoir d'huile N, fixé au point C de la partie mobile du couvercle. Le tuyau OP diſtribue l'huile dans ce porte-meche PR; & comme il eſt percé par ſon extrêmité R, on le renferme dans le ſecond tuyau ST: on comprend que le garde-meche n'eſt percé dans toute

sa longueur que pour donner la facilité d'y introduire
1744. la meche.

N°. 467. Le second tuyau Y est recourbé; il entre dans le garde-meche par sa partie recourbée, & son autre extrémité communique dans le réservoir N, de maniere que, quand l'huile est brûlée jusqu'au-dessous de son orifice inférieur, l'air qui y passe oblige l'huile de descendre par le second tuyau P O.

Le réservoir N porte un entonnoir V, dans l'intérieur duquel est un tuyau X, qui descend dans le réservoir & qui sert à l'échappée de l'air, lorsqu'on en verse de l'huile en provision, cet entonnoir est couvert & garni de son couvercle; il tourne sur lui-même, & fait fonction de robinet pour donner alternativement de l'huile au réservoir & à la lampe.

L'idée de la lanterne à réverbere n'est pas nouvelle, non plus que la construction des lampes que M. Bourgeois emploie dans les siennes; mais on n'avoit pas pensé à leur donner des formes qui les rendissent propres à éclairer les cours, corridors, escaliers, &c. L'avantage de ces lanternes consiste premierement au moyen du réverbere, à donner beaucoup plus de lumiere que les lanternes ordinaires enfermées par des vitrages; 2°. en ce qu'elles n'ont pas, comme celles-ci, l'inconvénient de jetter une ombre considérable au-dessous du lieu où elles sont établies: enfin ces lanternes peuvent être utiles à ceux qui voudront les soigner: car elles sont sujettes à se ternir en très-peu de temps par la fumée qui s'y attache, pourvu aussi que leur avantage ne soit pas compensé par le prix.

Lanterne à reverbère.

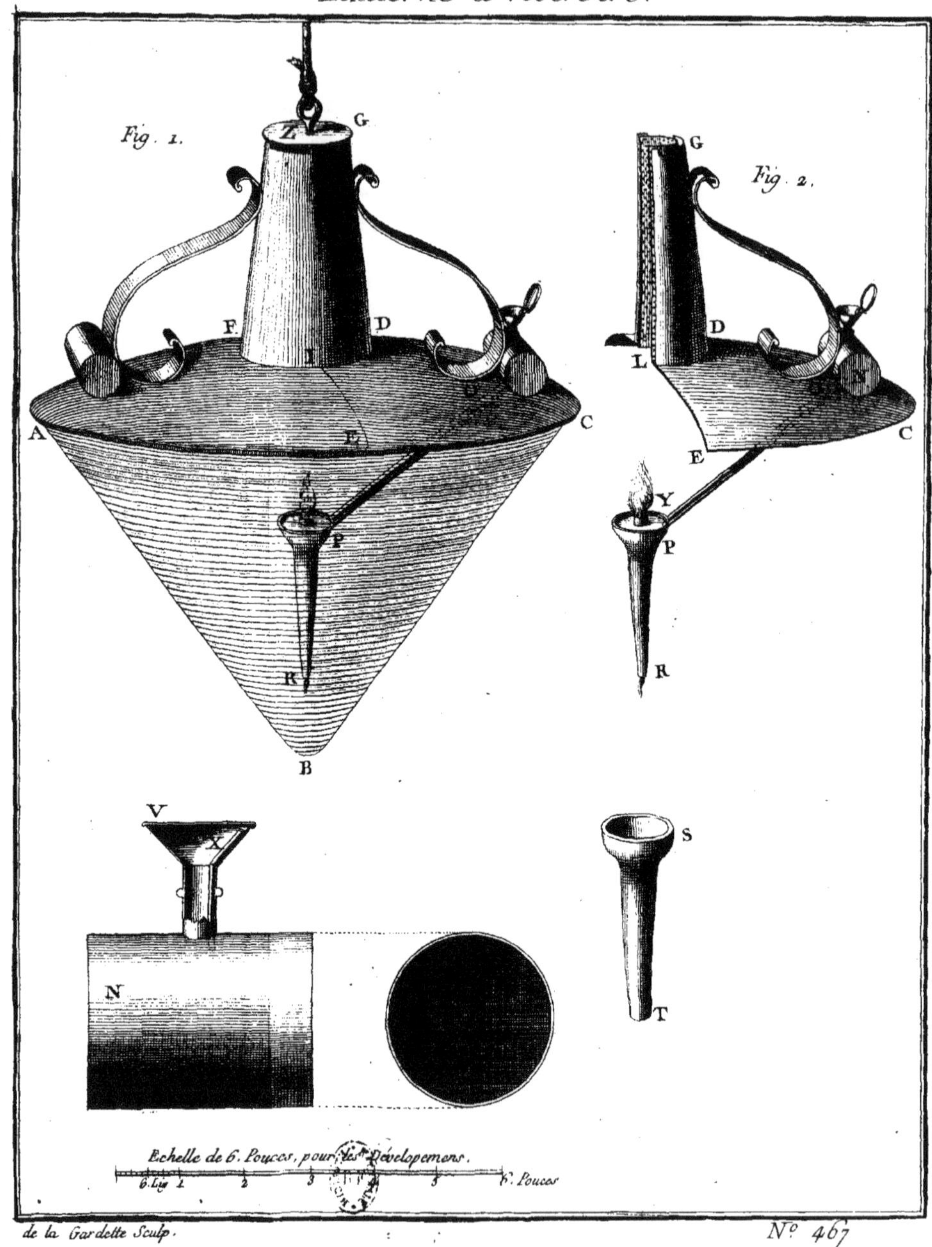

de la Gardette Sculp.

RECUEIL DES MACHINES APPROUVÉES PAR L'ACADÉMIE ROYALE DES SCIENCES.

ANNÉE 1745.

1745. N°. 468.

MACHINE POUR ÉLEVER LES EAUX, PROPOSÉE PAR M. AMY, AVOCAT AU PARLEMENT DE PROVENCE.

CEtte machine eſt un balancier ABC, fait de deux fortes piéces de bois aſſujetties enſemble, & ſuſpendues au point *B* : aux deux extrêmités de ce balancier ſont deux *coffres D*, *E* faits de façon qu'ils puiſſent contenir l'eau dont ils ſont ſucceſſivement remplis par le tuyau de communication FFF.

Sur le milieu de cette balance qui eſt auſſi le centre de mouvement, eſt ſolidement attachée une groſſe piéce de bois G, qui ſert à l'aſſemblage des écharpes qui doivent ſervir à la ſolidité de la conſtruction de la machine; la cage qui la renferme doit être compoſée de pluſieurs montans d'un équarriſſage convenable à l'effet que l'on ſe propoſe de lui faire produire : la charpente de cette cage eſt d'une conſtruction arbitraire, ſuivant la diſpoſition des endroits où on l'établit; on doit la compoſer de maniere que le balancier ſoit dirigé dans ſon mouvement de rotation, & qu'il ne puiſſe ſe déjetter ni de côté ni d'autre : car il doit conſerver un mouvement doux & ſans ſaut.

Le coffre D porte une baye H qui reçoit l'eau du robinet I : cette eau entre dans le coffre par une ouverture quarrée, pratiquée près du bord ſupérieur du

coffre; aux *deux* bouts de ce coffre font deux tuyaux
1745. de fonte, *tel* que L (fig. 2.); la partie extérieure de
N°.468. ce tuyau, c'eſt-à-dire le couvercle, eſt percée de quatre ouvertures diametralement oppoſées & en forme de *ſecteur* de cercle, qui s'ouvrent & ſe ferment par une plaque de cuivre M, de même diametre & de même figure, & dont les ſecteurs s'appliquent exactement ſur le fond du tuyau, au centre duquel elle eſt ajuſtée à frottement: elle tourne & retourne ſur elle-même, au moyen d'un levier N, enſorte que ce levier ſuppoſé dans la ſituation horiſontale, le ſecteur *a* bouche l'ouverture *b*; mais le levier ayant parcouru l'eſpace NO, le ſecteur *a* ſe trouve ſur le plein *c*, & l'ouverture *b* ſe trouve libre. On conçoit que tous les ſecteurs de la plaque M étant preſque égaux, & correſpondant aux ſecteurs du fond du tuyau L, une des ouvertures ne peut être *débouchée que les autres* ne le ſoient, & c'eſt par ces eſpeces de robinets que l'eau *ſe répand dans les* deux réſervoirs P, Q (fig. 1.): ce ſont les deux crochets R, S, fixés ſur les bords de ces réſervoirs, qui ſervent à ouvrir les robinets, après leſquels deux autres crochets ſemblables au crochet T ſont deſtinés à les fermer. Il faut que ce mouvement ſoit fait avant la diſtribution de l'eau du robinet I dans la baye H: voici le mouvement de ce robinet. Le robinet I tient à une corde horiſontale attachée à un point fixe V, & l'autre extrêmité de cette corde qui paſſe ſur une poulie tient un poids 7 ſuſpendu & capable de faire tourner le robinet: ſur le deſſus du coffre D eſt une piéce de fer X, qui prend la corde entre le point V & le point I; *le balancier* par ſa chûte tire de gauche à droite l'ajutage du robinet vers la baye où l'eau ſe diſtribue toujours tant que *le balancier* reſte dans cette ſituation; mais lorſqu'il s'éleve & qu'il abandonne la corde, le poid 7 à ſon tour retourne le robinet, qui ferme le

passage à l'eau du grand réservoir Y, que l'on suppose ici être une eau dormante qu'il faut ménager.

1745. N°. 468.

Le coffre E doit être d'une plus grand capacité que le coffre D, & cette différence doit être d'environ un demi-pied cube. Il n'a qu'un seul robinet à un de ses bouts, & semblable à ceux du premier coffre, c'est-à-dire, à la *fig.* 2. Il s'ouvre & se ferme par deux crochets Z, W : le premier Z sert à le fermer, & le second W sert à l'ouvrir.

Nous avons déja dit que la communication de l'eau de l'un à l'autre de ces coffres, se fait par le tuyau de conduite FFF ; mais il faut être prévenu que l'entrée de l'eau dans le tuyau se fait par la partie supérieure du coffre D, à l'endroit marqué 4, après avoir été entierement rempli, & que l'orifice consiste en un bout du tuyau quarré *lm* (*fig.* 3.), dont l'extrêmité coupée en sifflet est fermée par une espece de soupape ou plaque de fonte à charniere *p*, qui laisse le tuyau ouvert pour le passage de l'eau, tant que le balancier est de niveau, mais qui s'applique & ferme la partie coupée en sifflet, lorsque le coffre vient à s'élever.

Nous faisons quant à présent abstraction des poids & des cordes employées dans cette machine, j'en détaillerai les différens usages, après avoir expliqué le jeu du balancier & les conditions principales, pour lui faire produire l'effet que l'on doit en attendre.

L'on suppose aussi toutes les piéces faites avec soin & bien ajustées.

La premiere condition est qu'il faut que le coffre D, vuide, & cette partie du levier, soit plus pesant que le coffre E, également vuide, afin qu'en supposant le balancier dans la situation verticale entre les deux réservoirs P Q, il puisse descendre suivant l'arc 55 L, & se présenter au robinet I, en portant sur la traverse cottée 10.

Ensuite il faut que le coffre E plein pese plus que
1745. le coffre *D* plein, pour que le coffre E, en décri-
N°.468. vant l'arc L 6, 6, puisse faire monter le premier coffre *D*. Cela supposé :

Le balancier étant d'abord attaché perpendiculairement au réservoir P, si on lâche cette partie, le coffre D descendra du point 5 suivant l'arc 5, 5 L, pour se placer sur la traverse 10; le levier N doit rencontrer le crochet T, qui fera fermer le tuyau L, & dans le même instant la piéce X doit baisser la corde qui fait tourner le robinet I de la droite à la gauche : l'eau du réservoir Y qu'il distribue, remplit la baye H, delà passe dans le coffre D, qui étant une fois rempli, & le robinet I fournissant toujours l'eau, passe à l'orifice 4, coule le long du tuyau de conduite FFF, vient remplir le second coffre E, qui étant plein est plus pesant *que le coffre D, l'emporte* suivant l'arc L 5, 5, en parcourant aussi lui-même l'arc L 6, 6 : *les crochets* R, S retenant les leviers N N, font ouvrir le coffre supérieur; pendant que le crochet W fait de même ouvrir le robinet du coffre E, tous les deux se vuident; mais ce coffre supérieur D distribue deux fois plus d'eau que le coffre inférieur E, parce qu'il a deux robinets, & que l'autre n'en a qu'un; cette précaution est nécessaire, parce que le coffre D vuide & son bras de levier pesent plus que le second coffre E; ainsi tout est égouté avant de réiterer l'opération, c'est-à-dire, avant de faire agir de nouveau le robinet de distribution I.

Tout le méchanique de cette machine ne consiste que dans cette seule proposition, que le plus grand poids éleve le plus petit, ce qui est confirmé par l'usage journalier des balances.

La chûte des coffres, par les balancemens alternatifs de bas en haut & de haut en bas, occasionneroit une trop grande vîtesse, dont il résulteroit des chocs nuisibles;

bles, & même capables de détruire la machine. M. Amy propose différens moyens de régler le mouvement, & remédier à ce défaut.

1745. N°. 468.

On a déja fait voir que le coffre D étant aux points R, S, lorsque le coffre E est en W, le premier D descendra par un mouvement réglé, parce que le coffre E ayant vuidé, une grande partie de son eau remontera par degré en achevant de vuider le reste ; cette diminution successive peut bien ralentir la vîtesse, mais elle n'évitera pas le choc contre les traverses 10 & 9, qui doivent retenir le balancier de niveau.

Soit la traverse 9 posée à quelque distance au-dessus de ce niveau, on y suspendra quatre piéces de bois 8, 11, 12, & 13, enfilées par des cordes, & à 6 pouces environ d'intervalle l'une de l'autre; cette espece de chapelet descendra aussi à quelque distance au-dessous du niveau, ensorte que la traverse 13 étant rencontrée par le balancier moderera son impulsion; la seconde piéce 12 rencontrée & portée par la piéce 13 augmentera la charge; il en sera de même de la 3e, 11, & de la 4e, 8, qui enfin s'appuyera contre & en-dessous de la traverse fixe cottée 9. Ces piéces ou poids pendants peuvent être de fer, puisqu'elles n'ont d'autre propriété que de servir de contrepoids sur le balancier, pour en diminuer la vîtesse. On observera seulement que les 4 poids pris ensemble, avec celui du coffre E vuide, pesent moins que le coffre D vuide, afin qu'il reste à la barre de fer X, une puissance capable de faire tourner le robinet I, & de faire aussi mouvoir les leviers qui ferment les robinets L. Je ferai remarquer ici, que j'ai affecté de représenter les poids 8, 11, 12 & 13, au-dessus du niveau du balancier pour en faire mieux distinguer l'assemblage : car dans l'état où se trouve le balancier, elles devroient être repliées les unes sur les autres en maniere de faisceau; j'ai préféré

l'intelligence du méchanisme à la régularité du dessein
1745. dans cette partie, qui eut même jetté une sorte de con-
N°. 468. fusion dans la figure.

S'il est important d'éviter le choc des extrêmités du balancier, contre les traverses 9, 10, il ne l'est pas moins de régler les mouvemens des leviers N, des robinets L, des coffres contre les crochets W, R, S, c'est même où il faut apporter le plus de précision, afin que les plaques mobiles M ne fassent que le chemin nécessaire pour boucher & déboucher les tuyaux L, ou d'empêcher les efforts contre les obstacles, que l'on pourroit établir pour le déterminer : car la chûte du coffre plein E sera toujours plus violente que celle du coffre vuide D.

Le premier moyen consiste en une corde que l'on attache par un de ses bouts à un anneau au point 14, *qui passe sur la poulie 15*, & vient ensuite s'attacher par son autre bout au poids 16, *posé sur un plan fixe* & solide : l'on suppose que la quantité de corde lâchée que l'on voit autour de ce poids, soit égale au chemin que doit parcourir le coffre E, dans son abaissement, de même que le coffre D. dans son ascension, à un demi-pouce près. Il est certain qu'en ménageant bien ce petit intervalle, la rapidité du mouvement diminuera par la gravité du contrepoids ; mais cet effet se produira par une secousse qui n'a plus lieu dans le second moyen que l'on propose.

Soit encore une corde attachée au point 17 en-dessous du balancier, laquelle passe dessus la poulie 18 ; cette corde est garnie de cinq poids 19, 20, 21, 22 & 23, ensorte qu'ils soient attachés par intervalle, on doit aussi les entretenir droits dans des coulisses, afin qu'ils puissent poser les uns sur les autres : on aura de même attention de distancer les poids de maniere, que tous les brins de corde lâche pris ensemble, fassent la longueur que doit parcourir en montant le coffre D, & toujours à un demi ou à un quart de pouce près (si l'on peut parvenir à ce point de justesse); par cette construction, il est clair que la force motrice du coffre E diminuera à mesure que le coffre D montera, puisque ce bras de levier sera chargé successivement des poids 19, 20, 21, 22, & le poids 23 ne s'élevant que d'un quart de pouce, ne donnera que le temps nécessaire au mouvement des leviers retenus par les crochets W, R, S à l'ouverture des robinets L des coffres.

Il est certain que ce second moyen est préférable au premier, puisqu'il indique de plus une grande facilité pour faire descendre le coffre D: car le coffre E conservera encore beaucoup d'eau lorsque le poids 23 fera son effort pour reprendre sur le terrein une partie de son assiette qu'il aura perdue, & successivement le poids 22 descendra & fera remonter le coffre E, & ainsi des autres, jusqu'à ce qu'ils soient descendus tous les uns sur les autres, ensorte qu'il y aura toujours un poids plus ou moins grand, pour faire équilibre à proportion de la dépense d'eau qui s'écoule par le robinet du coffre E; mais dans tout cet arrangement il faut conserver la condition principale que je répéte, qui est 1° que le coffre D vuide pese plus que le coffre E également vuide: 2° que le coffre E plein soit d'un plus grand poids que le coffre D plein: 3° que les quatre poids 19, 20, 21 & 22 ensemble soient inférieurs en puissance à la pesanteur de l'eau contenue dans le tuyau de communication FFF, qui agit sur le coffre E dès la premiere inclinaison.

Le troisieme moyen de régler les mêmes mouvemens, proposé par l'inventeur, est d'appliquer des leviers 24, 25, placés dessous le bras B, C du balancier, & d'attacher aux extrêmités de ces leviers des cordes

qui passeront sur des poulies, telle que la poulie 26, avec
1745. des poids 27, 28, 29, 30 & 31, qui auront les mê-
N°.468. mes propriétés que ceux qui sont appliqués à la poulie 18, avec cette différence qu'il faudra ici deux poulies & dix poids paralleles, pour faire mouvoir les extrêmités 24 & 25 des leviers dans le même instant; en ce cas le balancier ayant une direction plus droite, se trouvant conduit par les deux leviers 24 & 25, pourroient réduire la vîtesse à un plus grand point de justesse.

A la place du robinet I, on pourroit y substituer un simple tuyau tel que L (fig. 2.) fermé par la plaque mobile M, & au lieu d'un levier, il n'y auroit qu'à attacher la partie I de la corde à la circonférence de cette plaque, que la piéce X pourroit faire tourner pour ouvrir, & le poids 7 pour fermer.

On peut encore supprimer les robinets L des coffres *D, E*, en construisant des coffres comme la figure 4 le représente, & en adaptant sur le dessus deux tuyaux A, B, tournés & placés de maniere, que l'eau puisse couler dans les réservoirs supérieurs P, Q, & qu'il ne répande l'eau que quand le balancier aura pris la situation verticale, & ne mettre qu'un semblable tuyau au coffre inférieur E, afin de conserver toujours la même harmonie dans la machine.

Enfin si l'eau que l'on veut élever est courante & abondante, la machine se réduit au simple balancier, parce que l'un & l'autre de ces coffres, augmentant de pesanteur alternativement, il s'ensuivra que le coffre D se présentera au courant qui lui sera dirigé quand le coffre inférieur E aura perdu son eau.

Cette machine ne peut être propre à élever des eaux à une grande hauteur sans que l'on ne multiplie les équipages; voici la maniere dont on peut l'employer en pareil cas.

Soit le réservoir A (fig. 5) d'une eau dormante, & élevée au-dessus de la plaine d'une certaine quantité, on pratiquera dans cette partie le premier balancier C D, qui portera l'eau dans le baquet E; cette même eau passe par une conduite dans le second réservoir F, cette même eau est portée par le balancier G H dans le second baquet I, & delà par un tuyau de conduite I L dans le troisieme réservoir M, où le balancier N O la vient encore chercher, pour l'élever de suite dans le quatrieme réservoir P: elle est reprise par le 4e balancier Q R pour être déchargée dans le dernier réservoir S, auquel est adapté le tuyau de distribution ST, pour former, par exemple, le jet d'eau X. On remarquera que l'eau des coffres inférieurs O H peut être ménagée en la faisant passer dans le réservoir A, de même l'eau du coffre R peut être conduite dans le réservoir M; ainsi il ne peut avoir en entier & en pure perte que l'eau du premier coffre inférieur D: on voit aussi que l'on a employé pour le mouvement des robinets de distribution aux quatre réservoirs A F M P, le méchanisme pour l'eau dormante, expliqué en détail dans la premiere figure: ce méchanisme est indispensable pour les trois réservoirs P M F, à moins que l'on ne pût trouver des situations assez favorables pour trouver des courants à toutes les différentes hauteurs où l'on voudroit placer des balanciers.

L'élévation de l'eau prise au premier balancier se fait à proportion de la pente, quoique l'on puisse changer les longueurs des bras du balancier; car supposé que l'élévation du réservoir A soit de 10 pieds au-dessus du niveau du terrein, & qu'on veuille monter la premiere plus haut, on allongera le bras C, Y, & on racourcira l'autre partie Y D, en observant toujours que les coffres puissent avoir l'un sur l'autre une puissance alternative. Si on veut laisser les bras égaux, on trou-

1745. N°. 468.

vera le moyen d'augmenter la longueur des équipages : car si on éleve à 8 pieds de hauteur l'eau du premier réservoir A, qui a, supposé, 10 pieds de pente, on pourroit élever l'eau de l'équipage GH à 18 pieds, en lui donnant la longueur pour descendre, comme on l'a donnée au levier NO : enfin on proportionnera les leviers suivant la disposition des réservoirs, & l'on fera toujours ensorte, que le coffre inférieur puisse se décharger dans un baquet supérieur, d'où l'on puisse faire usage de l'eau, qui sans cela seroit répandue sans aucun avantage.

M. Joly de Dijon a présenté une semblable machine dont j'ai donné la description dans le premier Tome du Recueil des Machines, page 75.

L'une & l'autre de ces machines, quoique simples en apparence, présentent bien des difficultés dans l'exécution ; & pour ne parler que de celle que je viens de décrire, il faut 1° considérer la quantité d'eau que l'on peut perdre : car un de ces balanciers n'élevera pas la moitié de l'eau que l'on employeroit à la faire agir. Si c'est une eau dormante simplement fournie par des sources, il faudra comparer ce produit à la perte.

2° Si c'est un courant que l'on dirige, la perte par rapport à la machine est encore beaucoup plus considérable, puisque pendant l'élévation du coffre, l'eau qui ne cesse point de couler, ne sert de rien au réservoir où on la veut porter ; ainsi il faudra compter sur un courant capable de fournir continuellement & sans interruption.

3° Si on emploie dans l'un & l'autre cas les robinets de distribution que l'inventeur propose, il sera très-difficile d'en régler les mouvemens, qui se font par des cordes, susceptibles des impressions différentes de l'air, & assujettira à des soins & à des entretiens journaliers.

Pour calculer les effets de cette machine il faudra 1° calculer la dépense de l'ajutage du robinet *I*, voir le temps que les coffres employeront à se remplir.

2° Le temps que les coffres employeront de même à parcourir l'espace, celui qu'ils mettront à se vuider, & à redescendre pour recommencer leurs opérations.

3° Calculer séparément l'eau portée dans les baquets supérieurs, & celle qu'il faut consentir à perdre.

4° Avoir égard aux autres pertes d'ailleurs, par exemple, celle qui se répand de droite & de gauche, sans entrer dans *les baquets P*, *Q*, *celles* des robinets, & celle de *la baye* H, qui en enlevera *toujours* une partie, sans entrer en entier dans le coffre D.

5° Les bras de levier, la capacité des coffres rélativement à la quantité d'eau que l'on peut *dépenser*.

6° Les frottemens sur l'axe B provenant de la pesanteur spécifique de la bascule, *de son assemblage*, des coffres, du *poids de l'eau* lorsqu'elle est dans sa plus grande charge, des poids employés tant au robinet I, que ceux qui servent de modérateur à la vîtesse du balancier, & des frottemens des poulies sur leurs axes, des résistances successives de chaque poids, des tensions des cordes, & des résistances de la part des robinets dans l'accrochement des leviers qui servent à les ouvrir ou à les fermer.

7° Bien réflechir *sur la dépense de la construction*, & sur les frais de l'entretien de cette machine, les comparer aux avantages que l'on se propose d'en tirer suivant les dispositions locales.

RAPPORT DES COMMISSAIRES.

LE Samedi 4 Septembre 1745, M. Bouguer a lu le rapport suivant sur une Machine hydraulique de M. Amy.

1745. No. 468. J'ai examiné, par ordre de l'Académie, un mémoire de M. Amy, Avocat au Parlement de Provence, sur une machine qu'il propose pour élever les eaux, en se servant du poids d'une certaine quantité d'autre eau qu'il consent de perdre. Cette machine qui consiste en une longue piéce de bois ou bascule soutenue par le milieu, qui a deux vaisseaux à ses deux extrêmités avec un tuyau de communication, ne differe pas de celle de M. Joli de Dijon, dont on trouve la description dans le premier Tome du Recueil des Machines présentées à l'Académie (pag. 75.). Le second Auteur a aussi pensé, de même que le premier, qu'on pouvoit mettre un second & un troisieme équipage de bascules & de vaisseaux, les uns au-dessus des autres, lorsqu'il s'agissoit de porter l'eau à une plus grande hauteur; mais le premier avoit fait dépendre le mouvement de toutes ses *bascules de la premiere*, au lieu que M. Amy, en rendant le jeu des siennes *indépendant les unes des autres*, rend la perte de l'eau moins grande; parce qu'il reconduit au premier réservoir qui fournit l'eau toute celle dont le poids a fait mouvoir les bascules supérieures. C'est cette attention qui me paroît appartenir plus particuliérement à M. Amy. Ainsi il a contribué par quelques modifications à rendre encore plus utile une machine connue depuis long-temps, & déja approuvée par la Compagnie.

MACHINE

Machine pour élever les Eaux.

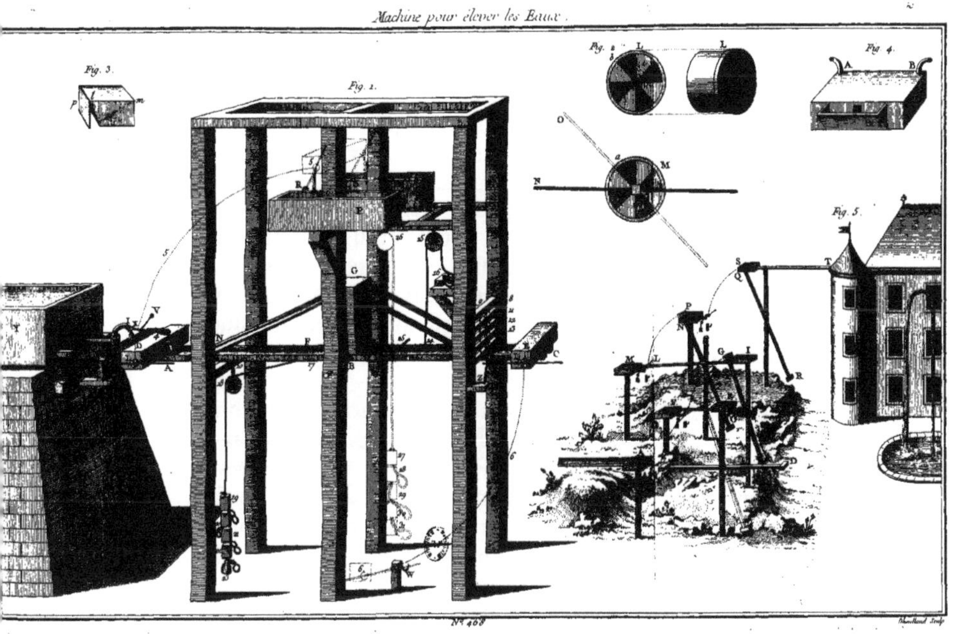

N° 468

1745.
N°. 469.

MACHINE
POUR PURIFIER L'EAU,
INVENTÉE
PAR M. AMY, AVOCAT.

CEtte machine consiste en une caisse AB, dont les côtés AC, CD sont percés de plusieurs trous, dans lesquels on fait entrer à demeure autant de cornets EEE, &c. que l'on bouche avec des éponges; chaque cornet, comme on le voit par le profil FG, est fixé de maniere que sa plus grande base E, qui est de 6 pouces, est extérieure, & la petite base I de 3 pouces est en-dedans de la caisse; on peut aussi substituer à la place de cette grande caisse, un bateau que l'on percera, & auquel on appliquera les mêmes cornets dont le nombre & l'arrangement est arbitraire. On joint à cette caisse un bateau KR, qui reçoit l'eau clarifiée par le moyen d'un manche de cuir L attaché aux tuyaux M, N, & pour une plus parfaite purification, on partage la capacité du bateau KR en 3 ou 4 compartimens, par les cloisons O, P, Q, qui sont percées de même que la caisse AB d'une quantité de trous, qui portent de semblables cornets que l'on bouche aussi avec des éponges, de sorte que l'eau qui sera dans la partie QR aura été filtrée quatre fois.

L'inventeur a proposé de joindre la caisse AB, au bateau KR par deux tuyaux de fonte ST; mais en ce cas il faudroit que les deux tuyaux fussent assez solides pour qu'un des corps flottant pût imprimer son mou-

1745. No. 469. vement à l'autre sans se rompre, sur-tout dans une riviere un peu agitée, on lie les deux bateaux par quelques longrines ou autres piéces de bois capables de les unir solidement ensemble.

L'on conçoit que tous ces espaces d'entonnoir étant garnis d'éponges, que l'eau filtrera au-travers, & qu'elle remplira peu à peu le coffre AB, de même que le bateau K R, l'un & l'autre s'enfonceront également, & pour éviter que le clapotage des vagues ne surmonte le bord, & que l'eau sale ne se mette point avec celle qui est purifiée, on observera que la derniere rangée d'entonnoirs soit à quelque distance au-dessous des bords de la caisse, ou du bateau, si on en emploie un. Il est évident que l'on peut étendre & multiplier ce méchanisme à un usage général, ce que l'on n'avoit point pensé avant M. Amy. Les filtrations jusqu'ici n'ont guère été connues que chez les Apothicaires, & les Limonadiers. On peut aussi se servir du même filtre dans le particulier, il ne s'agira que d'avoir plusieurs vans de plomb ou de terre, percés de plusieurs trous, tels que la fig. X, & boucher chaque trou par autant d'éponges : on étendra cette clarification aussi loin que l'on voudra en raison de l'augmentation des vaisseaux posés les uns sur les autres.

L'eau admise dans les vases au travers des éponges, déposera dans ces mêmes éponges; mais il sera facile par la figure des cornets de les en faire sortir pour les laver : on pourra aussi par cette figure rendre la filtration plus ou moins exacte, en resserrant plus ou moins l'éponge dans l'entonnoir.

Les éponges ne pourront donner aucune mauvaise qualité à l'eau qui y aura passé, si elles sont bien préparées & lavées ensuite dans l'eau chaude, pour lui faire perdre toutes les parties salées & bitumineuses qu'elles renferment; la sujétion d'ailleurs de les relaver n'est pas plus grande que celle de nettoyer le sable des fontaines sablées, & cette sujétion de laver & de pouvoir changer les éponges devient un avantage dont on ne jouit pas lorsqu'on se sert de pierres poreuses, ou lorsqu'on fait usage de pots-de-terre demi-cuite & choisie exprès, ainsi qu'il se pratique en quelques endroits.

1745.
N°. 469.

RAPPORT DES COMMISSAIRES.

LE Samedi 4 Décembre 1745, Mrs Nicole & Bouguer lisent le rapport suivant du filtre de M. Amy.

Nous avons examiné, par ordre de l'Académie, une machine proposée par M. Amy, Avocat au Parlement de Provence, pour purifier l'eau. Il doit être difficile d'imaginer quelque moyen de filtration, qui s'éloigne beaucoup de ceux qu'on connoît déja. On se sert quelquefois d'un entonnoir bouché en-bas avec du coton: M. Amy emploie des vases percés de plusieurs trous, qu'il ferme avec des morceaux d'éponges; & il met plusieurs de ces vases les uns au dessus des autres, afin de réiterer sans perte de temps la filtration.

Lorsqu'il veut avoir une quantité beaucoup plus grande, il donne à un de ses vases la grandeur & la forme d'un bateau, & il le met sur une riviere: ce grand vase ou ce bateau admettra l'eau par toutes ses ouvertures garnies d'éponges: l'eau se communiquera par une manche à un autre bateau dont la capacité sera partagée en plusieurs cellules, & elle se purifiera encore en passant de l'une à l'autre, au travers des cloisons construites sur le même principe. M. Amy ne prétend pas ôter par ces filtrations successives les mauvaises qualités qui dépendroient de causes trop inhérentes; mais c'est faire beaucoup, selon lui, que de séparer très-promptement toutes les matieres grossiérement dissoutes, ou simplement mêlées, qui rendent souvent l'eau

1745. N°. 469.

peu propre à divers usages. Il nous paroît effectivement qu'il facilite beaucoup la filtration, en y destinant une grande partie de la surface du fonds de ses vases, & lorsqu'il l'oblige outre cela à se faire par tout le poids que l'eau reçoit de sa hauteur. Il pourra renouveller ses éponges ou les laver, de même qu'on est obligé de laver le sable des fontaines sablées. Un autre avantage dont on ne jouit pas, lorsqu'on se sert de pierres poreuses, ou lorsqu'on emploie en leur place des pots-de-terre demi-cuite & choisie exprès, comme on le fait quelque part; c'est qu'on peut, en pressant plus ou moins les éponges, rendre la filtration plus ou moins difficile, selon les divers besoins. Ces raisons nous font regarder la proposition de M. Amy comme susceptible d'utilité en diverses rencontres, d'autant plus que les petits vases qu'il prescrit pour les usages domestiques, peuvent être faits de plomb ou de terre; ce qui donnera aux gens les plus pauvres la commodité de s'en servir.

Machine pour purifier l'Eau.

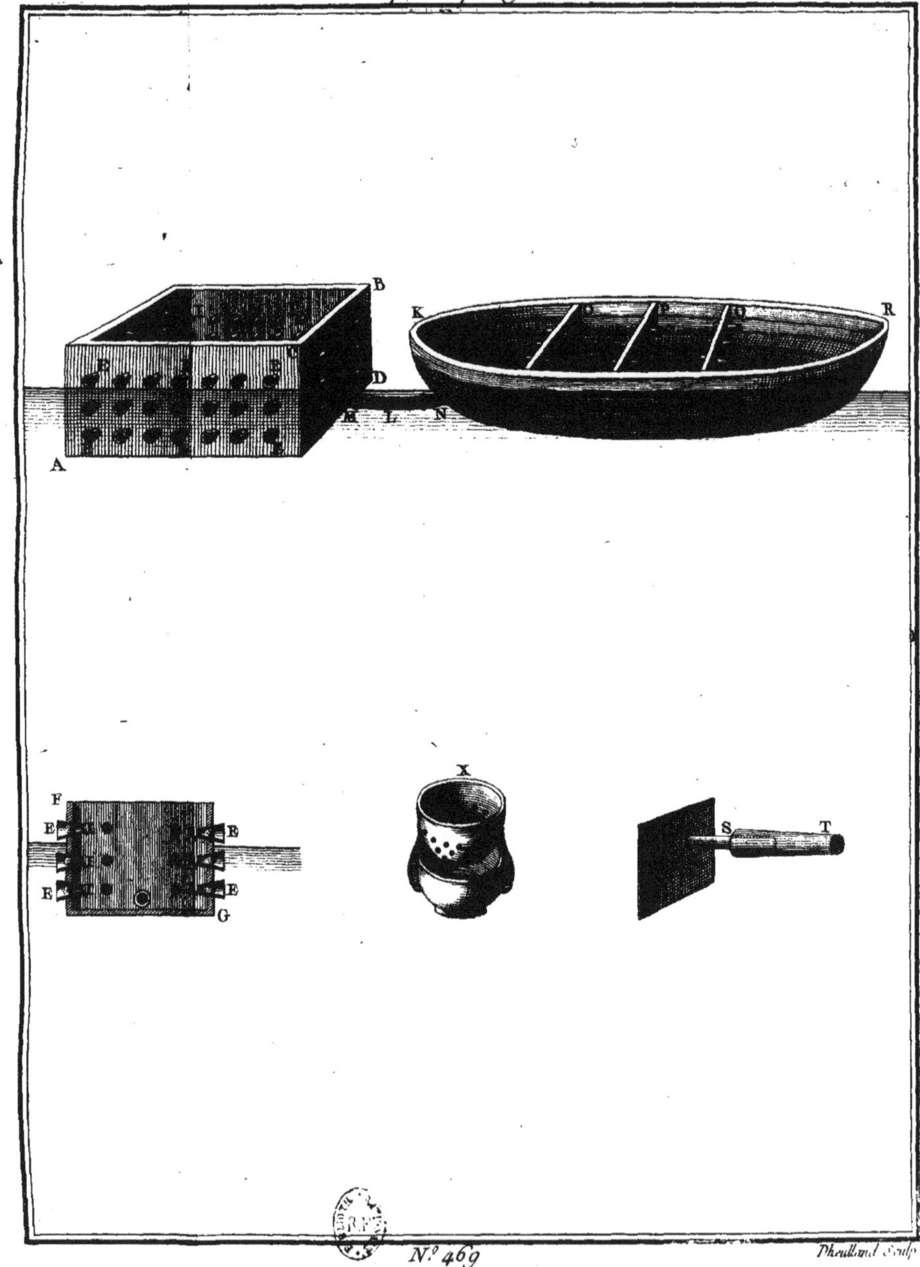

1745. N°. 470.

MACHINE A FILER,

INVENTÉE

PAR M. ANDRÉ L'AINÉ.

LE rapport des Commissaires nommés par l'Académie pour l'examen de cette machine, & que l'on trouvera ci-après, s'explique d'une maniere assez exacte sur les propriétés & les usages que l'on peut tirer de cette découverte, pour me dispenser d'un plus grand détail : je ne ferai donc qu'indiquer simplement par lettres de renvoi les différentes parties dont ce même rapport fait mention.

La corde sans fin s'enveloppe sur les deux roues A, B ; la premiere A est menée par la manivelle C.

D, E, F, broches & épinglier.

G, G, G, Quenouille.

I, I, I, petite poulie de bois à l'extrêmité de l'axe de chaque bobine, & qui s'appuie en frottant contre la corde sans fin.

L, L, L, petit chassis vertical, qui peut s'élever & s'abaisser dans une coulisse, pratiquée dans chaque poteau M N : on peut élever ce chassis comme on le voit en X.

O P pédale, qui sert à élever ou à abaisser chaque chassis ; elle est jointe à charniere à une planchette P Q ; en s'approchant jusqu'au point R, (fig. 2.) le chassis est obligé de monter au point S, pour lors la poulie abandonne la corde ; si par un mouvement contraire, on fait revenir la planchette du point R en P, le chassis retombe sur la corde.

1745. N°.470. Y seconde roue fixe sur l'arbre de la roue B, sur laquelle passe une corde sans fin, qui enveloppe une seconde petite roue du devidoir Z.

A la place de la poulie Y, on pourroit mettre une lanterne avec un engrenage, c'est même une idée de l'inventeur ; mais comme il n'a pas détaillé d'une maniere bien claire, le méchanisme qu'il prétend appliquer à cet usage, je n'ai pas cru devoir chercher à le pénétrer : d'ailleurs il y a en ce genre une infinité de moyens dont les gens du métier pourront se servir, suivant les différentes circonstances du travail.

RAPPORT DES COMMISSAIRES.

LE Mercredi 4 Août 1745, Mrs Hellot & de Montigny lisent le rapport suivant sur un rouet du sieur André l'aîné.

Nous avons examiné, par ordre de l'Académie, une machine que propose le sieur André l'aîné, de St Jean en Royans en Dauphiné, pour filer le lin, le chanvre, la filoselle, & généralement toutes les matieres que les femmes filent au rouet.

Une corde enveloppée & tendue sur deux roues, dont une est menée par une manivelle, distribue le mouvement à toutes les parties tournantes de la machine, c'est-à-dire, à tel nombre de bobines que l'on juge à propos d'y appliquer. Les bobines garnies de leurs broches & épingliers sont horisontales & paralleles entr'elles, répondant à un pareil nombre de quenouilles semblablement posées.

A l'extrêmité de l'axe de chaque bobine est une petite poulie de bois, qui s'appuyant sur la corde, & frottant sur elle, en reçoit un mouvement de rotation ; cet axe & tout ce qui appartient à la bobine est monté sur un petit chassis vertical qui peut s'élever & s'abaisser dans une couliſſe; en l'élevant la poulie ceſſe de toucher la corde, & la bobine ceſſe de tourner ſans rien déranger au mouvement de ſes voiſines. 1745. N°. 470.

On donne ces mouvemens au chaſſis en tirant ou repouſſant par une légere impreſſion du pied une petite pédale qui poſe ſur le plancher; elle eſt jointe par une charniere à une planchette qu'une ſeconde charniere attache au chaſſis; la planchette, en s'inclinant plus ou moins pour ſuivre la pédale, éleve ou rabaiſſe le chaſſis dans ſa couliſſe, ainſi chaque fileuſe arrête à volonté ſa bobine pendant que les autres bobines continuent de travailler.

Le principal de cette machine eſt d'épargner en même temps à un grand nombre de fileuſes la peine de tourner un rouet avec le pied, mouvement qui ne laiſſe pas que de fatiguer à la longue, elles ſont plus libres & poſées plus commodément pour voir, conduire & nettoyer le fil qui coule horiſontalement devant elles; le filage eſt plus égal, les bobines ayant à peu près la même vîteſſe donnent à chaque fil à peu près le même tors.

Comme cette machine ne demande que le mouvement des doigts pour chaque fil, & l'attention d'une fileuſe, on y peut employer les femmes incommodées des jambes, les enfans de huit à dix ans & les infirmes des hôpitaux.

Dans les endroits où l'on auroit la facilité de ſubſtituer à la manivelle qui mene cette machine une roue mue par un courant d'eau, on pourroit avec des renvois faire tourner à la fois un très-grand nombre de bobines, on pourroit y joindre des devidoirs, des bobines pour monter les chaines des étoffes ou toiles, & la quantité de ces ménagemens produiroit quelque avantage pour les manufactures; mais l'avantage ſeroit plus grand ſi l'on pouvoit en même temps employer à quelque autre usage toute la force qui est épargnée par cette machine.

1745. N°. 470. Au reste elle est très-simple quant à sa construction, & nous croyons qu'elle mérite l'approbation de l'Académie.

RAME

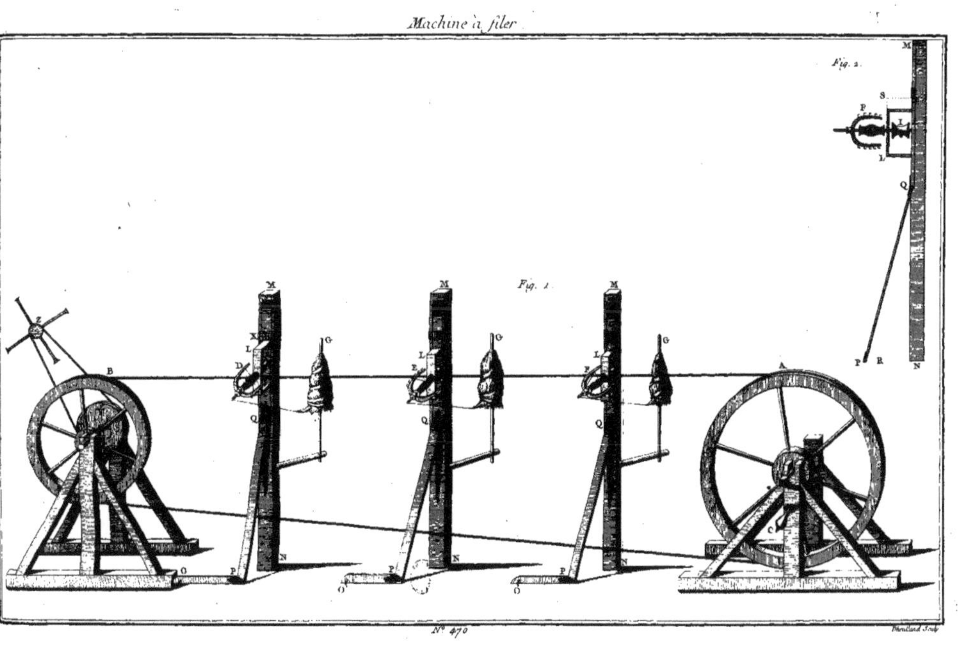
Fig. 1
Fig. 2
M
N
Q
P
R
S
L
Z
B
A
C
D
E
F
G
X
O

1745. N°.471.

RAME TOURNANTE,

INVENTÉE

PAR M. L'ABBÉ MASSON,

DE L'ACADÉMIE DE DIJON.

LA rame proposée est brisée comme un fleau. AB est un arbre horisontal, qui tient à la manivelle C; cet arbre s'introduit dans le navire par des trous pratiqués dans l'intervalle des sabords.

L'aviron GDE est suspendu à cet arbre par une forte cheville, qui traverse le manche G, fait en fourchette pour recevoir l'extrêmité B de l'arbre horisontal; & comme par cette construction cette rame se place tout-à-fait verticalement, les parties extérieures de cette machine sont beaucoup plus courtes que la rame ordinaire.

Le manche de l'aviron doit être de 5 pieds ou environ depuis la charniere jusqu'à la ligne d'eau, ce qui au surplus doit être réglé suivant la grandeur du vaisseau. La pale E doit avoir aussi 4 ou 5 pieds de longueur, & 1 pied 6 pouces ou 2 pied de largeur, par conséquent toute la partie extérieure sera de 9 à 10 pieds dans les grands vaisseaux. Pour que la rame ne se plie que d'un sens, on taille l'extrêmité en espece de biseau, qui porte dans le fond de la charniere, comme on le voit en F, fig. 2.

La charniere de la pale est soulagée par une fourchette de fer coudée O P R, fermement attachée à l'arbre AB; & tourne par conséquent avec lui. A l'égard de la

1745. N°. 471.

partie intérieure, elle ne consiste que dans une manivelle C, qui tient à l'arbre AB par un bout, & se termine par l'autre à une épontille, de maniere qu'elle peut occuper toute la demi-largeur du navire. Le coude de cette manivelle a 2 pieds, de sorte que la partie recourbée de l'axe décrit une circonférence de cercle de 4 pieds de diametre, & cette partie étant fort longue, on peut appliquer dessus jusqu'à une quinzaine de rameurs dans les plus grands vaisseaux; les hommes qui la font tourner la chargent de tout leur poids, lorsqu'elle a déja commencé à descendre; ils agissent avec un bras de levier qui a de longueur les 2 pieds du coude, & leur action oblige la rame de choquer l'eau avec force. Le grand effort ne cesse que lorsque l'axe coudé a déja été porté fort bas, & alors la rame est aussi sur le point de sortir de l'eau; mais outre ce mouvement par lequel elle produit son choc, elle en a un autre qui la fait éloigner du navire, & se redresser entierement, parce que pendant son mouvement de rotation de la partie intérieure, le talon D glisse sur les bords d'une hélice de charpente LIHK, appliquée sur un avant-corps MN, construit pour racheter les façons du flanc du navire. Cette hélice par son inclinaison pousse la rame en dehors, & elle se trouve étendue horisontalement, & en ligne droite avec la partie intérieure, & dans cette position elle ne sçauroit se renverser à cause des biseaux B, F, fig. 2, de la charniere: il y a de plus une espece de bride Z, qui s'oppose au renversement. L'effort des rameurs pendant ce mouvement, se réduit à peu; leur plus grande peine est de vaincre la pesanteur de la manivelle, & de la faire remonter, & cette charge est diminuée par le poids des parties extérieures. Dès que la manivelle est parvenue vers le haut de sa révolution, la rame qui étoit étendue horisontalement, commence à retomber vers le navire, & les rameurs travaillent ensemble avec toutes leurs forces, & donnent un seconde coup de rame.

1745. N°. 471.

L'on trouvera ci-après dans le rapport des Commissaires, le calcul de la vîtesse du navire poussé par les rames, dont le résultat est de faire 12 ou 14 cents toises par heure, ou environ une demi-lieue.

En conséquence de l'approbation de l'Académie, M. le Comte de Maurepas promit à l'inventeur des nouvelles rames, par une lettre datée du 26 Juillet 1745, d'en faire faire l'épreuve à *Toulon*, aussitôt qu'il seroit possible d'employer les ouvriers de la marine à tout autre ouvrage qu'aux constructions & aux armemens. M. l'Abbé Masson ayant lieu d'espérer que les épreuves proposées par l'Académie pourroient être faites, pria la Compagnie de lui confirmer de nouveau son approbation, en y comprenant un changement qu'il fait à son appareil, qui consiste à substituer à la place de l'hélice de charpente, une forte lame de fer appliquée au gabaris, par une de ses extrêmités, tandis que l'autre extrêmité s'éloigne de plus en plus du navire, & s'éleve en s'éloignant. Des barres de fer coudées contrebutent cette lame, & la fixe dans la position où elle doit être; elles sont recues d'un côté dans une suite d'anneaux ou de colets de fer que la lame porte à sa partie postérieure, & de l'autre dans une suite de colets de fer fixés dans le gabaris. Cette construction a été jugée plus simple & plus commode que celle de l'hélice de charpente, & l'Auteur en a obtenu un certificat d'approbation en date du 17 Juin 1750, & qui confirme aussi l'approbation du 23 Juin 1745.

M. l'Abbé Masson a fait l'application de ce même méchanisme, aux bateaux qui remontent les rivieres peu rapides & des barques chargées, qui entrent dans les embouchures des fleuves; les Commissaires nommés pour l'examen de cette idée, font mention dans

1745. N°. 471.

leur rapport du 1 Juillet 1750, de plusieurs inconvéniens, qui empêchent qu'on ne puisse espérer autant d'effet *que* l'Inventeur se promettoit de cette découverte; & comme il a eu communication de ce rapport, il s'est occupé à remédier aux defauts de ces especes de rame: effectivement il est parvenu à les diminuer; cependant le résultat du rapport du 24 Juillet 1751, fait à l'occasion de ces dernieres corrections, est que l'on ne doit principalement regarder cette construction de rames, que comme un objet propre à être employé sur les vaisseaux, & non pas à la navigation des rivieres.

RAPPORT DES COMMISSAIRES.

LE Mercredi 23 Juin 1745, Mrs Pajot d'Ons-En-Bray & Bouguer lisent le rapport suivant sur la *rame tournante de M. l'Abbé Masson.*

Description des nouvelles rames.

Nous avons examiné, par ordre de l'Académie, une nouvelle disposition de rames propres à servir dans les vaisseaux, proposée par M. l'Abbé Masson, de l'Académie de Dijon.

On sçait combien il seroit important dans diverses rencontres de pouvoir faire marcher les plus grands vaisseaux, lorsqu'ils sont hors d'état de gouverner pendant le calme, & que le défaut de vent rend leurs voiles absolument inutiles. On sçait aussi qu'il n'est pas possible de leur appliquer les rames ordinaires, parce qu'il faudroit donner de trop grandes dimensions à ces rames, si on vouloit qu'elles fussent soutenues sur le bord même du navire; & que d'un autre côté leur partie *intérieure* ou s'éleve toujours trop, ou doit avoir trop de jeu, pour qu'elle puisse être admise dans l'entrepont des plus grands vaisseaux. M. l'Abbé Masson évite ces différens obstacles, en se servant de rames brisées, qui se plient comme un fleau par une espece de charniere,

& dont les parties intérieures s'introduisent dans l'entrepont le plus bas, par des trous faits exprès au flanc dans les intervalles que laissent les canons. La partie extérieure est beaucoup plus courte que dans les rames ordinaires, à cause de la liberté qu'elle a de se mettre tout-à-fait verticalement, pour prendre l'eau & pour la choquer. La charniere à laquelle elle est suspendue, est élevée de 5 pieds ou 5 pieds & demi au-dessus de la surface de la mer, avec quelque différence selon la grandeur du navire. La partie extérieure de la rame doit nécessairement avoir cette longueur; & de plus celle de la pale qui longue de 4 ou 5 pieds, aura un pied & demi, ou deux de largeur: ainsi toute la partie extérieure dans les plus grands vaisseaux, sera longue de 9 ou 10 pieds; la charniere qui joint les deux parties, est soulagée & fortifiée par une fourchette de fer qui étant attachée à l'extrêmité de l'intérieur fait, par rapport à l'autre, le même effet que la fourchette de nos horloges par rapport au pendule qu'elle gouverne. Quant à la partie intérieure, elle a la forme d'un axe coudé, & peut occuper toute la demi-largeur du navire, en venant se terminer à une épontille, ou pilier, qu'on place au milieu de la largeur du pont. Le coude a environ 2 pieds; desorte que la partie recourbée de l'axe décrit une circonférence de cercle qui a 4 pieds de diametre: & comme cette partie est fort longue, on peut appliquer dessus un grand nombre de rameurs, & jusqu'à une quinzaine dans les plus grands vaisseaux. Les hommes qui la font tourner comme une longue manivelle, la chargent de tout leur poids, lorsqu'elle a déja commencé à descendre; ils agissent avec un bras de levier qui a de longueur les deux pieds du coude, & leur action oblige la rame de choquer l'eau avec force. Le grand effort ne cesse que lorsque l'axe coudé a déja été porté fort bas, & alors la rame est aussi sur le point

1745. N°. 471.

de sortir de l'eau : mais outre ce mouvement par lequel elle produit son choc, elle en a un autre qui la fait s'éloigner du navire & se redresser entierement ; parce que pendant qu'elle tourne pour suivre le mouvement de rotation de la partie intérieure ou de l'axe coudé, elle glisse sur une hélice de charpente, qui est appliquée contre le flanc du navire, & qui la pousse en dehors par son inclinaison. La partie extérieure étant redressée par ce moyen & à l'aide d'une espece de talon qu'elle a & qui est encore plus repoussé, se trouve étendue horisontalement & en ligne directe avec la partie intérieure, pendant que les rameurs continuent à agir sur cette derniere. La charniere qui unit les deux parties, ne permet pas que l'extérieure se renverse, & il y a outre cela une barre de fer ou une chaîne qui, comme une bride, s'oppose encore à ce renversement : les rameurs n'ont, pendant toute cette partie du mouvement de cette machine, que peu d'effort à faire ; leur plus grand travail se borne à vaincre la pésanteur de l'axe coudé & à le faire monter ; pendant qu'ils y sont un peu aidés par le poids de quelques-unes des parties extérieures que nous avons nommées. Mais enfin l'axe coudé a-t-il presque achevé un tour, ou est-il parvenu vers le haut de sa révolution ; la rame qui étoit étendue horisontalement, & qui ne formoit qu'une ligne droite avec la partie intérieure, commence à retomber vers l'eau & vers le navire ; & les rameurs en travaillant ensemble avec toute leur force, donnent un second coup de rame.

Nous croyons qu'il suffit d'avoir donné cette idée générale de la machine, sans qu'il soit nécessaire d'entrer dans un plus grand détail, ni d'expliquer les facilités que l'Auteur a sçu se procurer, pour en monter & en démonter toutes les piéces commodément : on pourroit même, à ce qu'il paroît, la laisser quelquefois en place dans les combats, en mettant en haut la partie recourbée de l'axe, & en l'arrêtant dans cette situation. Comme on peut introduire une de ces nouvelles rames dans chaque intervalle des sabords de la premiere batterie, il y en aura 14 ou 15 de chaque côté dans les plus grands vaisseaux ; & on n'a point d'obstacles à craindre pour le jeu de l'axe, puisqu'il n'a besoin que d'un peu plus de 4 pieds d'espace, & qu'il y a plus de 7 pieds entre les canons. Il seroit à souhaiter qu'on pût augmenter la grandeur du coude, afin de donner plus de longueur au levier auquel la force des rameurs est appliquée; mais le cercle que leurs bras parcourront, ayant déja plus de 12 pieds de circonférence, il n'est pas possible de l'augmenter, & peut-être vaudroit-il mieux au contraire en retrancher quelque chose, afin de ne pas exposer les rameurs à de si grands mouvemens, & de leur donner lieu d'exercer plus long-temps leur force, au risque même d'imprimer au navire une moindre vîtesse. Mais enfin si un des bras du levier n'est pas fort long, on doit considérer que l'autre ou que la partie extérieure est aussi très-courte, & qu'on la racourcira encore quelquefois, en élargissant la pale. Il faut outre cela faire attention que les rameurs sont en grand nombre sur chaque rame, & que de plus ils agissent tous avec la même force rélative : au lieu qu'il s'en faut beaucoup que ce soit la même chose dans l'usage des rames ordinaires.

Calcul de la vîtesse du navire poussé par les rames.

Si l'on suppose qu'il y ait 12 rames de chaque côté, & 10 hommes sur chacune, on peut mettre à 45 ou 50 livres l'effort de chaque homme & à 11 ou 12 milliers l'effort des 240 qui agiront ensemble. Mais cet effort se réduira environ à 3000 livres à cause de la longueur de la partie extérieure de la rame, qui le fait diminuer dans le même rapport qu'elle est plus grande: ainsi il n'est plus question pour découvrir la vîtesse que

cet effort sera capable d'imprimer, que de connoître la
1745. surface & la figure de la proue: puisque nous sçavons
N°. 471. par diverses expériences avec combien de vîtesse il faut que l'eau frappe un pied quarré, pour faire une impulsion donnée, nous croyons pouvoir évaluer cette surface à environ 110 pieds quarrés dans les vaisseaux du 3me rang ou de 60 canons, c'est-à-dire, que la surface antérieure de leur carene, quoiqu'elle soit beaucoup plus grande, se réduit à peu-près à cette quantité à cause de sa convexité ou de sa saillie qui diminue la résistance de l'eau, en rendant les angles d'incidence plus petits à l'égard de chaque partie de la surface. Or un plan de 110 pieds quarrés doit se mouvoir dans l'eau de mer avec une vîtesse d'environ 4 pieds & demi par seconde, pour éprouver une résistance de 3000 livres. Ainsi les vaisseaux du 3e rang prendroient, par *le moyen des nouvelles rames, une vîtesse à faire environ 2600 toises* par heure, *si l'action que* nous avons trouvée de 3000 livres étoit continue, au lieu qu'elle ne peut durer tout au plus qu'une des trois ou quatre parties du temps que durera chaque révolution de l'axe coudé. Il ne faut pas reprocher à l'Auteur cette perte: car outre que c'est la même chose dans les galeres où l'on a tâché de tirer parti de tout, ce n'est pas un mal, vû la maniere dont nous sommes capables d'agir, qu'il y ait dans le travail des rameurs comme une espece de repos qui donnant lieu au renouvellement des forces, les mette en état de frapper l'eau tous ensemble avec une certaine vîtesse. Si on rendoit l'effort continu en répandant également l'action sur toute la durée de la révolution, l'effort se trouveroit beaucoup moins grand, la rame agiroit avec une extrême lenteur, & il n'y auroit presque plus d'impulsion; parce qu'il n'y auroit plus cette espece de *saccade* dont dépend la grandeur du choc. Tout considéré, le vaisseau ne peut guere faire que

que 13 ou 14 cens toifes par heure, ou environ une demi-lieue; mais on réuffira à faire aller un peu plus vîte les navires moins grands, parce qu'on rendra la partie extérieure de la roue moins longue.

Cette évaluation que nous venons de faire de la vîteffe montre qu'il faut fe tenir en garde dans cette rencontre, comme dans la plupart des autres, contre les trop grandes promeffes qu'on ne manque prefque jamais de fe faire, lorfque quelques inventions utiles nous frappent la premiere fois; mais il faut cependant reconnoître qu'il y a beaucoup de génie dans le projet des nouvelles rames, & qu'on doit en attendre un avantage qu'on n'avoit pas réuffi à fe procurer, malgré les diverfes tentatives qu'on a faites jufqu'à préfent. La chofe enfin nous paroît affez importante pour mériter d'être réduite en pratique : on peut en faire de premieres épreuves en fe fervant des ouvertures même des fabords; & il y a lieu de croire que l'expérience fournira encore quelques moyens de perfectionner cette difpofition à certains égards, quoiqu'elle foit déja affez fimple.

Rame tournante.

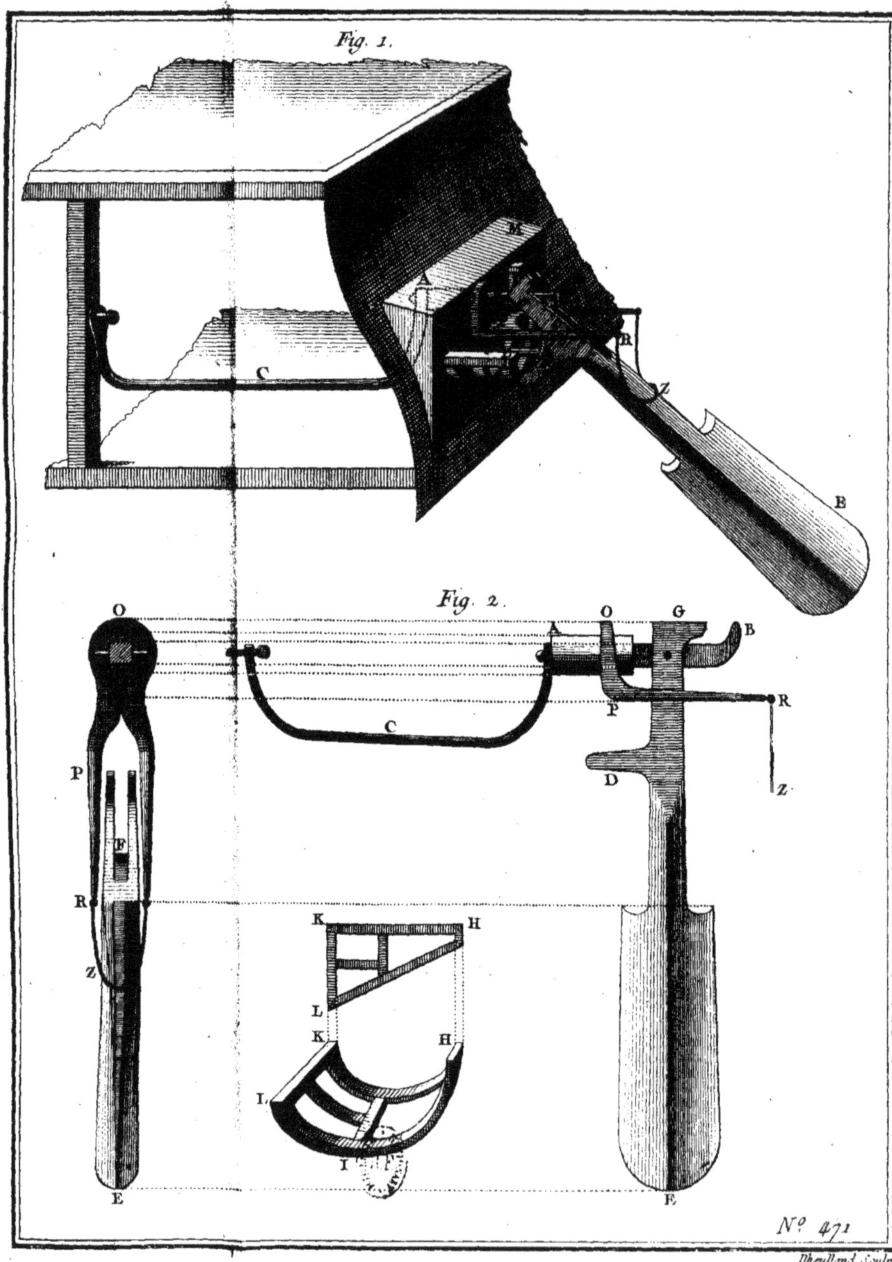

Dheulland Sculp.

1745.
N°. 472.

MARMITE,

INVENTÉE

PAR M. PIGAGE,

ARCHITECTE DU ROI DE POLOGNE

A LUNEVILLE.

LA marmite ABC est ovale, afin de ménager la place des viandes, & celle du fourneau.

Le fourneau ED passe dans la marmite, & s'éleve de 2 pouces ou environ au-dessus des bords de la cuvette; ce fourneau fait en maniere de tuyau, est un cone tronqué, dont la plus grande base est soudée autour d'un trou fait au fond de la cuvette; au-dessous & autour de ce trou qui fait la base du cone & du fourneau, il y a trois crampons, pour recevoir une grille garnie d'un cendrier & d'un manche, ce qui ressemble au fond d'un petit rechaud K, qu'on peut ôter & mettre à volonté. Le couvercle de la marmite est percé de deux trous, l'un pour laisser passer le bout supérieur E du fourneau, l'autre pour donner de l'air à la marmite & voir ce qui se passe au dedans; ce second trou est garni d'un couvercle percé d'un fort petit trou pour servir de ventouse.

Le fourneau a un couvercle I, pour amortir la trop grande ardeur du feu, & ce couvercle est encore percé d'un trou où il y a un registre qui sert à gouverner le feu. Toute la marmite est posée sur trois pieds, & garnie d'une anse H, ensorte qu'on la peut poser, ou suspendre par-tout où l'on voudra; voici l'usage de cette marmite.

Lorsqu'on a mis dans la marmite AB, autant d'eau
1745. qu'on en veut, on remplit le tiers, ou le quart du
N°.472. fourneau ED, de charbon allumé, & le reste avec du charbon noir; on met dans la marmite les viandes & les legumes dont on veut composer le bouillon; on la couvre, & on laisse le fourneau ouvert jusqu'à ce qu'on s'apperçoive que le feu a pris une certaine activité; alors au moyen du convercle du fourneau & du registre, on est maître de moderer le feu, ou de l'augmenter selon le besoin.

Mrs les Commissaires nommés pour l'examen de cette marmite, ont fait plusieurs expériences sur les effets que peut produire ces sortes de marmites: ils en rendent compte dans le rapport suivant.

RAPPORT DES COMMISSAIRES.

LE Mercredi 22 Decembre 1745, Mrs Duhamel du Monceau & Camus lisent le rapport suivant d'une marmite du sieur Pigage.

Nous avons examiné, par ordre de l'Académie, une marmite de nouvelle construction, présentée par M. Anselme Pigage, Architecte du Roi de Pologne à Luneville, pour diminuer la trop grande consommation du bois & du charbon qu'on emploie dans les cuisines pour faire le bouillon.

Ces marmites sont de forme ovale pour y mieux ménager la place des viandes & celle du fourneau: ce fourneau passe dans la marmite; & s'éleve de deux pouces ou de deux pouces & demi au-dessus des bords de la cuvette; c'est un tuyau qui a la forme d'un cou tronqué, dont la plus grande base est soudée autour d'un trou fait au fond de la cuvette. Au-dessous & autour du trou qui fait la base du cou & du fourneau, il y a trois crampons pour recevoir une grille, garnie d'un cendrier & d'un manche, ce qui ressemble assez au fond d'un petit rechaud qu'on peut ôter & mettre à volonté. Le couvercle de la marmite est percé de deux trous, l'un pour laisser passer le bout supérieur du fourneau, l'autre pour donner de l'air à la marmite, & voir ce qui se passe au-dedans; ce second trou est garni d'un couvercle percé d'un fort petit trou, pour servir de ventouse.

1745. No. 472.

Le fourneau a aussi un couvercle pour amortir la trop grande ardeur du feu, & ce couvercle est encore percé d'un trou, où il y a un registre qui sert à gouverner le feu. Toute la marmite est posée sur trois pieds, & garnie d'une anse, ensorte qu'on la peut poser ou suspendre par-tout où l'on voudra. Voici l'usage de cette marmite: lorsqu'on a mis dans la marmite autant d'eau qu'on en veut, on remplit le tiers ou le quart du fourneau de charbon allumé, & le reste avec du charbon noir; on met dans la marmite les viandes & les legumes dont on veut composer le bouillon; on la couvre, & on laisse le fourneau ouvert jusqu'à ce qu'on s'apperçoive que le feu a pris une certaine activité: alors au moyen du couvercle du fourneau & du registre, on est maître de modérer le feu ou de l'augmenter à volonté.

Expérience.

Nous avons ajusté sur un fourneau de réverbere une marmite ordinaire de cuivre à peu près de même grandeur que celle que nous voulions éprouver. Il est bon de remarquer que par la disposition de cette marmite sur le fourneau de réverbere, l'action du feu étoit bien mieux ménagée, qu'elle ne peut l'être dans les cuisines. Nous mîmes dans chacune des marmites une pareille quantité d'eau; nous pesâmes ensuite trois livres de charbon pour chacune des marmites.

Nous mîmes dans chacun des fourneaux une même quantité de charbon allumé, & nous y ajoutâmes suffisamment de charbon noir que nous prenions aux tas différens que nous avions destinés pour chacune des marmites. L'eau de la marmite nouvelle bouillit un quart d'heure plutôt que celle de l'ancienne; mais il est bon de remarquer que l'ancienne marmite étoit assez épaisse ce qui pouvoit bien retarder son ébullition.

1745.
N°. 472.

On continua de mettre du charbon dans les deux fourneaux, & de faire bouillir l'eau de deux marmites, jusqu'à ce que le lot de charbon qui étoit destiné à l'ancienne marmite fût entierement consommé, ce qui dura environ depuis deux heures jusqu'à sept heures du soir, où le feu étoit entierement éteint sous l'ancienne marmite, pendant qu'il en restoit encore dans le fourneau de la nouvelle; alors on découvrit les marmites pour les laisser se refroidir. L'eau de la nouvelle étoit assez chaude pour qu'on eût peine à y tenir les doigts; celle de l'ancienne étoit à peine tiede, & son fourneau étoit tout-à-fait réfroidi.

Nous mesurâmes ensuite l'eau qui étoit contenue dans chacune des marmites, pour juger par la diminution si l'une avoit autant bouilli que l'autre : la quantité d'eau se trouva pareille dans l'une & dans l'autre marmite; mais nous devons faire remarquer que l'ébullition avoit été bien plus uniforme dans la nouvelle marmite que dans l'ancienne, à cause de la facilité que l'on a à bien conduire le feu.

Nous pesâmes ensuite ce qui restoit de charbon noir du lot de la nouvelle marmite; il s'en trouva près de deux livres: ainsi le fourneau de la nouvelle marmite n'a consommé qu'un tiers du charbon de celui qu'on a mis sous l'ancienne. Cette différence est considérable; néanmoins elle l'auroit été encore plus, si on avoit placé l'ancienne marmite sur un fourneau de cuisine où l'action du feu n'auroit pas été si bien ménagée que dans le fourneau de reverbere.

Autre expérience.

Comme cette marmite est destinée à faire du bouillon, il convenoit d'éprouver si celui qu'on feroit dedans, n'auroit point quelque défaut; pour cela nous avons fait faire avec $\frac{3}{8}$ liv. à $\frac{5}{6}$ liv. de viande un bouillon fort simple, c'est-à-dire, où il y avoit peu de légumes, pour que les moindres défauts du bouillon se pussent appercevoir.

1745.
N°.472.

Le bouillon a été très-bien fait en quatre heures de temps & avec seulement la quantité de charbon nécessaire pour remplir le fourneau, ce qui fait environ trois quarterons. Tous ceux qui ont gouté de ce bouillon l'ont trouvé fort bon; mais la viande paroissoit trop cuite & desséchée: nous ne devons pas négliger de faire remarquer qu'au moyen de ce fourneau, il est très-aisé d'entretenir une ébullition uniforme qui doit être avantageuse pour bien faire le bouillon. On n'a point à craindre que l'étamure de la marmite se détruise promptement, *puisqu'elle n'est* jamais exposée à l'action du feu, & pour cette raison le cuivre de la marmite doit aussi durer fort long-temps; mais si le corps du fourneau qui est noyé dans le bouillon se brûloit ou se desétamoit, il y auroit à craindre que le bouillon n'en contractât une mauvaise qualité; mais il n'y a point à craindre qu'il se brûle, parce qu'il est toujours rafraîchi par le bouillon, & cette même raison fait croire que l'étamure subsistera du temps, *sur-tout quand on fait* attention que *le* charbon *ne brûle* qu'auprès de *la grille*, & qu'il *est noir* dans presque toute la hauteur du fourneau.

M. Pigage profite de la chaleur qui s'échappe par le haut du fourneau, pour y brûler ou y faire du café en même temps que la viande se cuit.

Pour brûler le café il a fait un ballon de cuivre à col court & large, qui s'ajuste au haut du fourneau. Dans ce ballon qui s'ouvre en deux, il met un petit cylindre de tole, traversé par une broche, & sem-

1745. N°. 472.

blable à ceux qu'on emploie ordinairement pour brûler le *café*.

Il *place* aussi sur le fourneau un trepied, dont les *jambes* entrent dans le fourneau sur lequel on peut faire *chauffer* de l'eau, & y faire du café.

Autre expérience.

Enfin nous avons cru devoir essayer encore si ces marmites étoient propres à faire du bouillon, & pour varier l'expérience, nous avons mis avec la viande beaucoup de différentes especes de légumes; elles s'y sont très-bien cuites, & on en a fait d'excellent potage sans avoir été obligé d'employer plus de charbon que les trois quarterons qui sont nécessaires pour remplir le fourneau.

Conclusion.

L'idée de placer un fourneau au milieu de l'eau que l'on veut échauffer, n'est point nouvelle: l'application de ce moyen d'échauffer l'eau se voit dans les grandes cuisines pour les chaudieres à laver la vaisselle. Les Hollandois en font usage pour avoir toujours de l'eau chaude pour faire leur thé; enfin on en a vu quelques-uns très-utilement employés pour des fourneaux de chymie; mais on a l'obligation à M. Pigage d'avoir étendu l'usage de ce fourneau, & d'en avoir fait une application qui peut être très-avantageuse & très-économique sur-tout, pour les petites familles.

Les expériences que nous avons faites sur cette marmite, nous persuadent qu'en les suspendant comme les boussoles marines, elles pourroient être utiles à la mer, sur-tout pour la chaudiere de l'équipage, & nous croyons qu'il conviendroit d'en faire l'épreuve pour la marmite des malades; mais il auroit été bon que M. Pigage eut pu déterminer quel diametre il conviendroit de donner au fourneau rélativement à la grandeur de la marmite.

RECUEIL

Nouvelle Marmite

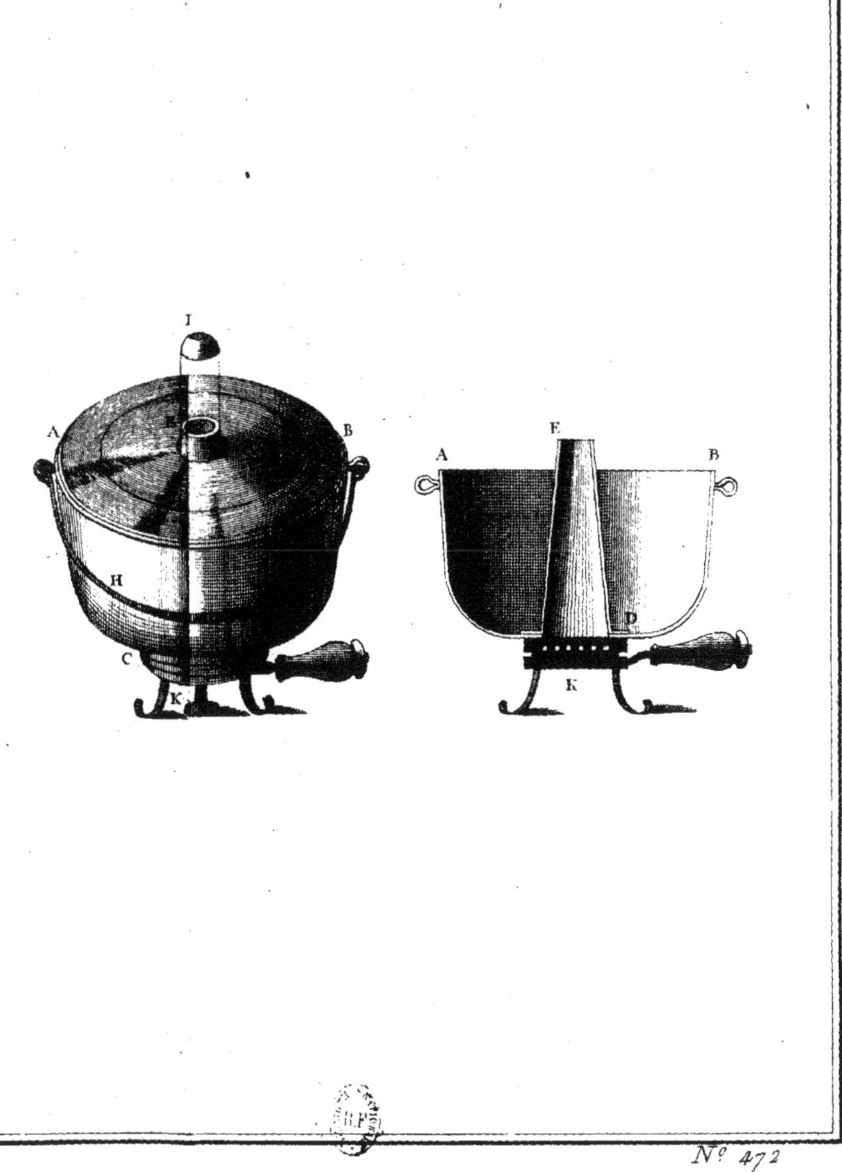

N° 472

RECUEIL
DES MACHINES
APPROUVÉES
PAR L'ACADÉMIE ROYALE
DES SCIENCES.

ANNÉE 1746.

1746.
N° 473.

COMPAS D'ENGRENAGE,

INVENTÉ PAR M. GALLONDE, HORLOGER.

L'Inventeur de ce compas le propose pour le substituer à la place des instrumens à charniere qui sont en usage parmi les Horlogers, & qui portent aussi le nom de compas d'engrenage : ces sortes d'outils servent à mesurer, le plus exactement qu'il est possible, la distance qu'il faut mettre entre deux roues qui doivent s'engrener mutuellement.

Cet instrument est composé de deux paires de platines de cuivre A, B, C, D, (fig. 1 & 2,) élevées perpendiculairement sur une autre platine E horisontale, qui leur sert de base.

Les platines AD sont faites en équerre, ainsi qu'on le voit par le profil, fig. 2 de la machine, de maniere que la branche FG doit s'appliquer & glisser facilement sur sa plateforme E : cette équerre est formée de deux quarrés longs joints ensemble, & de largeur égale; les parties verticales DC, AB, sont aussi de même hauteur & largeur, & semblables à la figure M, leurs bords supérieurs, tels que CI, portent des entailles angulaires & égales entre elles; leur angle doit être vif & moindre que le droit.

Toutes ces platines s'approchent & s'éloignent toujours parallelement, par exemple, la platine D s'approche de la platine C, pour recevoir, & soutenir dans

leurs entailles le pivot de la roue N ; de même la pla-
1746. tine A s'approche vers la platine B, pour porter la roue
N° 473. O; mais outre ce mouvement de A en B, elles en ont un ſecond qui eſt de pouvoir joindre les deux plaques C, D, afin de faire engrener la roue O dans le pignon P, ou la roue N dans le pignon R, après les avoir placé ſur la même ligne, & vis-à-vis l'un de l'autre.

Il faut à préſent obſerver (fig. 3,) que la plaque CI eſt fixée contre le bord S de la plateforme, & que la platine BH eſt mobile le long du même bord S, contre lequel cette plaque eſt aſſujettie par des gonds à reſſorts T, T, qui tiennent à des vis, qui paſſent dans la couliſſe V: cette plaque BH chemine en avant, & vers la plaque CI, par le moyen d'une vis X, le long de laquelle coule l'écrou Y qui traverſe la plateforme, & qui tient à la partie inférieure de la plaque BH : à *l'égard de la platine AZ, fig.* 1, qui doit auſſi faire le même mouvement, je ne lui en ſache pas d'autre que celui qu'on lui imprime d'une main, pendant que de l'autre on fait tourner la vis X.

Ces deux paires de platines étant ſuppoſées ſupporter chacune une roue, avec ſon pignon, & les ſuppoſant rapprochées parallelement les unes aux autres, de maniere que la roue O engrene dans le pignon P, & qu'après les avoir fait tourner pluſieurs fois à la main, elles s'engrenent avec la préciſion requiſe, on prend avec un compas ordinaire l'intervalle qu'il y a du fond de l'entaille où poſe l'arbre de la roue, à l'autre entaille des plaques CI, BH, fig. 3, que l'on porte enſuite aux endroits où on veut les placer, ce qui donne préciſément la diſtance où il faut faire les trous.

On fait le parallele de cet outil au compas d'engrenage ordinaire, dans le rapport qui ſuit; on y fait auſſi connoître les défauts de ceux-ci & les avantages de l'inſtrument propoſé par M. Gallonde.

RAPPORT DES COMMISSAIRES.

1746. N° 473.

LE Mercredi 12 Janvier 1746, Mrs. Nollet & Camus lisent le rapport suivant, sur un outil à engrenage de M. Gallonde.

L'Académie nous ayant chargé d'examiner une machine qui lui a été proposée par le sieur Gallonde, Horloger, nous sommes convenus après l'examen, d'en faire le rapport qui suit.

Cette machine est un compas d'engrenage que l'Auteur propose de substituer aux instrumens à charnieres qui portent ce nom, & qui sont en usage parmi les Horlogers, pour mesurer, le plus exactement qu'il est possible, la distance qu'il faut mettre entre deux roues qui doivent s'engrener mutuellement. On sait combien il est important d'avoir un moyen sûr, pour ne point faire de faux trous, & pour procurer aux rouages un jeu qui ne soit ni gêné ni trop libre.

Le nouvel instrument que nous avons examiné, est composé de deux paires de platines de cuivre, élevées perpendiculairement sur une autre platine horizontale, qui leur sert de base commune.

Chaque platine verticale est un quarré long, dont le côté le plus élevé porte plusieurs entailles angulaires, & égales entre elles.

Les platines de chaque paire s'approchent & s'éloignent parallelement l'une de l'autre, autant qu'il le faut pour recevoir dans leurs entailles les pivots d'une roue : l'autre paire, disposée de même, & portant dans ses entailles les pivots d'une autre roue, ou d'un pignon, s'approche de la premiere par un mouvement parallele, qui est réglé par une vis : de sorte que l'engrenage étant pris tel qu'il convient, si l'on place les pointes d'un compas dans le fond des entailles où reposoient les pivots, on a facilement la juste distance qu'il faut donner aux trous de la cage où les roues doivent être placées.

1746.

No 473.

Le mouvement parallele des deux paires de platines entre elles, est préférable au mouvement de charniere du compas d'engrenage ordinaire; par ce moyen, les diametres des deux roues, dont on essaie l'engrenage, peuvent toujours être exactement dans la même ligne. Les pivots étant portés dans des entailles, c'est sur eux-mêmes qu'on mesure la distance qu'il faut donner à leurs trous, ce qui est bien plus sûr que de prendre cette distance, comme on fait ordinairement de la pointe du pivot d'une roue, à la pointe du pivot d'une autre roue; car il peut arriver que les pointes soient excentriques à la circonférence qui engrene.

Quand l'instrument dont on se sert pour essayer un engrenage, soutient les roues par les pointes de leurs arbres, & que ces arbres ne sont point de même longueur, on est obligé de rapporter ensuite les points de suspension vis-à-vis l'une de l'autre, pour mésurer la distance qui est entre eux; & cette opération peut jetter dans l'erreur. Le nouveau compas n'a point cet inconvénient; on place l'arbre même dans les entailles, quand les platines sont trop près l'une de l'autre pour recevoir les pivots.

On a prévu aussi que les pivots d'un même arbre ne seroient pas toujours égaux en grosseur, ou qu'une entaille portant un pivot fort menu, l'entaille correspondante recevroit quelquefois l'arbre même, ce qui feroit prendre au plan de la roue une situation oblique, par rapport à celle qui doit l'engréner : pour prévenir ce défaut, chaque platine est faite de deux pieces, dont une glisse sur l'autre de haut en bas, de maniere que la partie d'en-haut, qui porte les entailles, peut s'arrêter à telle hauteur que l'on veut.

Cet outil nous a paru nouveau pour sa construction, & d'un usage plus sûr & plus étendu, qu'aucun autre qui ait paru jusqu'ici sous le même nom. Il a encore le mérite d'être simple, solide, & tel qu'un ouvrier, médiocrement habile, pourra facilement l'imiter : enfin nous le regardons comme une nouvelle preuve des talens que le sieur Gallonde a déja fait connoître qu'il a pour la perfection de son art.

1746. N° 473.

LIT

Compas d'Engrenage

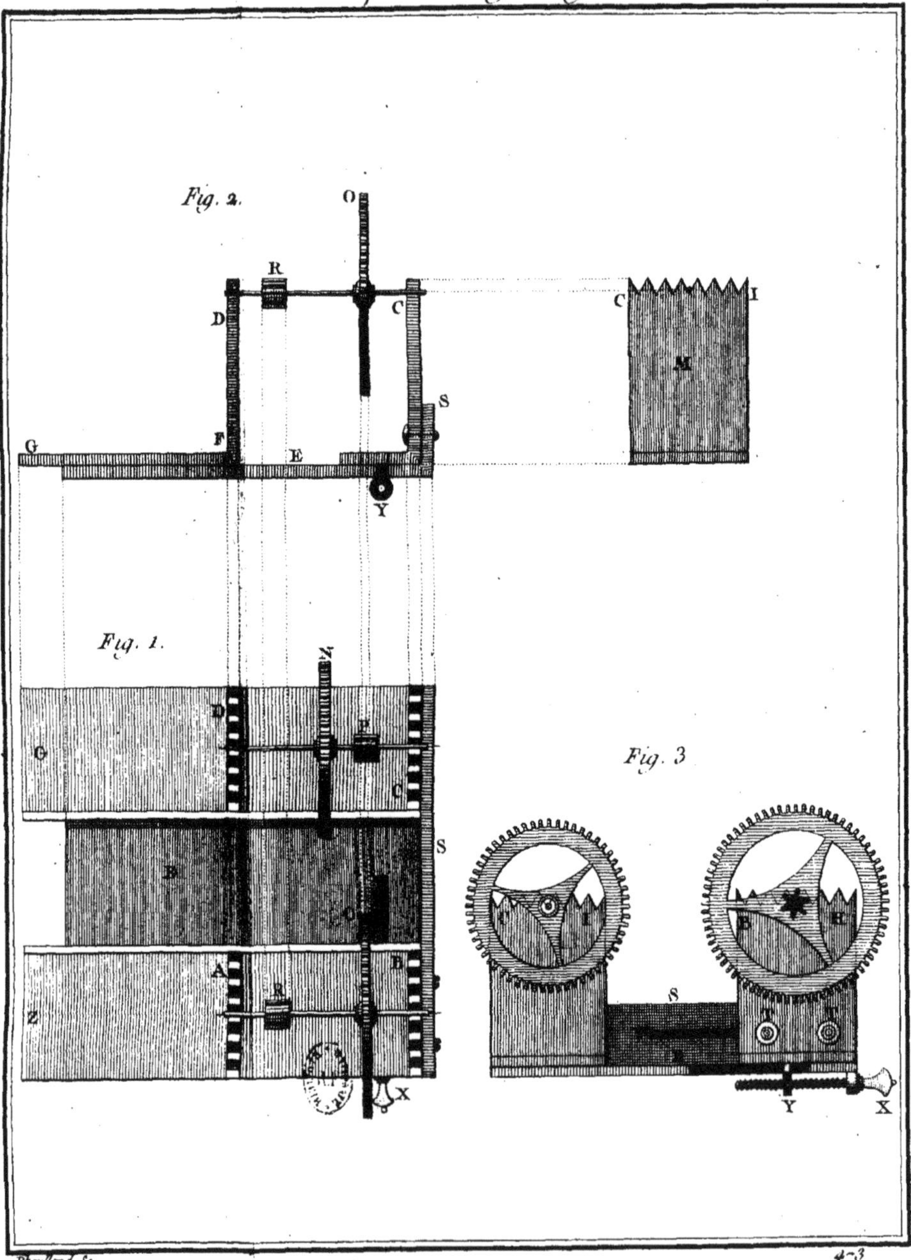

Dheulland Sc.

1746.
N°. 474.

LIT MILITAIRE,

INVENTÉ

PAR M. FRESNEL.

CE lit est une application du hamac, si connu sous le nom de *branle*, ou lit de matelot, dont la suspension est portée par deux supports CD, EF, de deux pieds six pouces de haut : chaque support est composé de trois morceaux, qui se replient l'un sur l'autre en faisceau, & qui, étant écarté, sont assujettis en trépieds d'une ouverture déterminée par des lames G, H, qui doivent être ou de tole ou d'autre fer fort mince, assemblées de maniere qu'elles puissent aussi se replier & se loger entre les pieces de bois, lorsqu'on les réunit ensemble.

Une barre de bois IKLMN, d'environ sept à huit pieds de longueur, dont les extrêmités I, N sont garnies de pointes de fer, sert à contenir les supports à la distance nécessaire pour placer le branle; cette barre est de trois pieces qui se brisent aux endroits K, L, & dont la partie arcquée en M, répond à la tête de celui qui y est couché.

La tige V, placée à la brisure L, porte le pavillon TT.

Le branle AB est fait d'un couti double bien matelassé; ses extrêmités sont tenues écartées quarrément, par des arcs de bois tels que SX, percé de quantité de trous, dans lesquels passent les cordes du hamac, qui se joignent ensuite en forme de deux martinets, saisis par une corde à boucle R qui s'accroche à la tête de chaque support, & porte sur une gorge P que l'on y a ménagée : les arcs de bois SX servent à écarter les cordons l'un de l'autre, & à remédier par-là au peu de distance des deux supports, en s'opposant à la trop prompte réunion des cordons.

1746. Il se trouve, dans cette espece de lit, des inconvéniens qui en font abandonner l'usage : 1°. peu accoutumé
N°. 474. à cette façon de se coucher, il en coute dans les premiers jours, par les coups que l'on se donne contre la barre, la courbure qui répond au dessus de la tête, ne pouvant pas être assez exhaussée pour les éviter.

2°. Ces sortes de lit n'étant faits que pour s'en servir en été & en campagne, on ne sauroit s'y enfermer, ni se garantir de l'importunité des cousins & autres insectes, sans renoncer à la respiration ; moyennant quoi le pavillon devient inutile.

Toutes ces incommodités m'ont été confirmées par l'expérience même : j'ai vu dans les campagnes dernieres, quelques Officiers, qui ont voulu s'en servir après les avoir éprouvés; ils ont tous cherché à s'en défaire, pour reprendre le lit-de-camp ordinaire.

RAPPORT DES COMMISSAIRES.

LE Mercredi 16 Mars 1746, Mrs. de la Condamine & Duhamel du Monceau lisent le rapport suivant, sur un Lit Militaire du sieur Fresnel.

Nous avons examiné, par ordre de l'Académie, le lit militaire présenté par le sieur Fresnel. Les lits, connus sous le nom de Hamacs, que les Sauvages d'Amérique font d'un réseau d'écorce d'arbre ou d'un tissu de coton, & suspendent, par les deux extrêmités, à deux branches d'arbre, ou à deux pieux enfoncés en terre, & qu'on peut également suspendre à deux murailles, ont paru d'un usage si commode dans les pays chauds, que toutes les Nations de l'Europe les ont adoptés dans leurs colonies, où plusieurs en font leurs délices, particuliérement les Portugais, qui en ont porté la mode à Goa, dans les Indes Orientales. Cette espece de lit de Matelot, qu'on appelle branle sur nos vaisseaux, n'est autre chose qu'un hamac raccourci. Depuis qu'on connoît les hamacs en Europe, il est comme impossible que quelqu'un n'ait pas essayé de s'en servir à l'armée. Deux difficultés ont vraisemblablement empêché que l'usage n'en devint commun & familier : l'une, le défaut de deux points d'appui portatif pour tendre le hamac promptement & sûrement, en quelque lieu que ce soit : l'autre, l'incommodité du froid, auquel l'expérience a dû faire connoître qu'on étoit exposé dans nos climats, même les nuits d'été, dans un lit suspendu où l'air a de toutes parts un libre accès.

1746. N°. 474.

Le sieur Fresnel a remédié à ces deux inconvéniens, dans le lit militaire qu'il propose : il a matelassé le fond du hamac, ce qui met à l'abri du froid sa partie inférieure, qui ne pouvoit en être garantie commodément comme la supérieure, par le moyen d'une couverture. Il le suspend à deux supports en trépied, de deux pieds & demi de haut, lesquels arcboutent l'un contre l'autre au moyen d'une barre de bois longue de sept pieds, qui communique d'un support à l'autre, & sur laquelle on peut commodément tendre un pavillon. Cette barre est brisée & de trois pieces ; elle est de plus courbée & garnie à l'endroit où répond la tête de celui qui y est couché ; afin qu'il puisse se lever sur son séant sans se heurter. L'Auteur a transporté à sa machine l'usage des deux arcs, ou courbes de bois qu'on a coutume d'appliquer aux branles des matelots dans les vaisseaux. Ces deux arcs, ajustés aux deux bouts du hamac, sont percés d'autant de trous que le hamac a de cordons de suspension, & servent à écarter ces cordons l'un de l'autre, & à remédier par-là au peu de distance des deux supports ; en s'opposant à la trop prompte réunion des cordons, & empêchant par-là que le poid du corps ne fasse faire au hamac des plis trop incommodes. Tout le lit ainsi cons-

1746. N°. 474.

truit, *consistant* dans le hamac matelassé, ses arcs, ses cordons, un petit oreiller, deux supports à trois pieds, une *barre* de bois de trois pieces, avec sa ferrure & ses *couplets*, le pavillon, & le sac où le tout est contenu, ne pese que vingt-deux livres; ce qui n'est pas le tiers du poids d'un lit de camp ordinaire. Deux de ces nouveaux lits au moins peuvent tenir, tout montés, sous une canoniere ordinaire, & le jour étant pliés, ils n'occuperont que la place d'un siége. L'usage & la pratique pourront indiquer divers changemens, additions ou retranchemens propres à perfectionner ou à simplifier cette machine, suivant les temps & lieux où on s'en servira; par exemple, si on n'avoit qu'un lit à placer, & qu'on eut déja une tente ou une canoniere tendue, il ne faudroit alors ni supports ni barre : les deux mâts de la tente y suppléeroient avantageusement, & tendant de l'un à l'autre une corde, *elle serviroit* à soutenir le pavillon. *Dans l'état actuel, le* lit du sieur *Fresnel* peut être tendu en un instant en quelque lieu que ce soit, même en pleine campagne.

Il nous a paru qu'il devoit être d'un usage commode dans les camps, sur-tout dans les marches & détachemens, par son peu de poids & son petit volume qui le rendent facile à transporter & à peu de frais, ce qui peut contribuer à diminuer le nombre des chevaux de bât, & l'embarras des gros équipages dans les armées.

Lit Militaire.

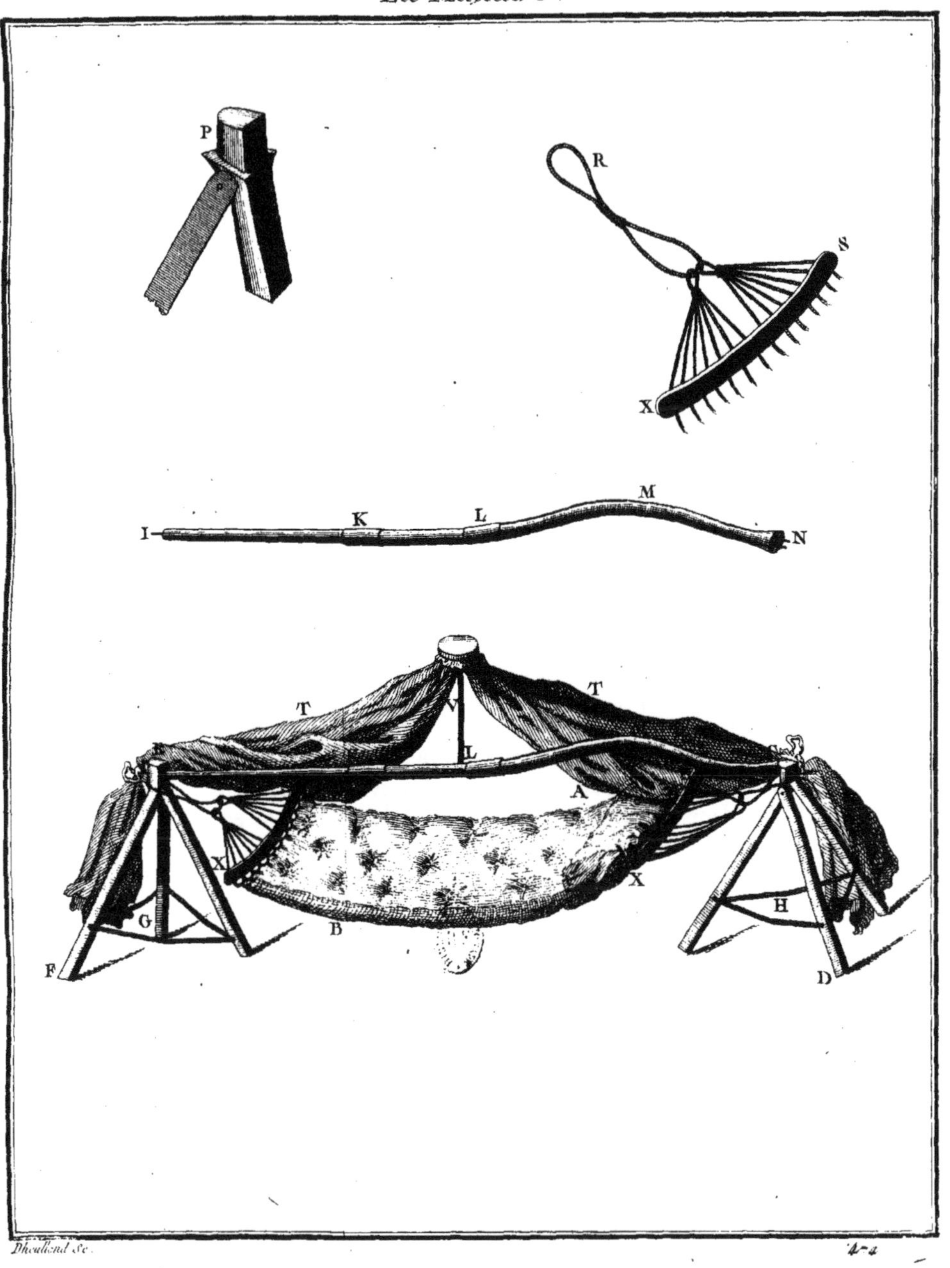

Dheulland Sc. 4-4

1746.
N°. 475.

ÉCHAPPEMENT DE PENDULE, INVENTÉ PAR M. L'ABBÉ SOUMILLE.

LA principale partie de cet échappement consiste en un grand pendule ABCDE, (fig. 1.) de dix-neuf pieds de longueur, & qui pourroit avoir jusqu'à cent pieds, si l'endroit où l'on voudroit l'appliquer le pouvoit permettre. On perce les planchers supérieurs CB, d'une ouverture d'environ deux pouces, & la pendule D, à laquelle on destine l'échappement, se place de maniere qu'elle ne soit qu'à environ trois pieds huit pouces au-dessus de la lentille E.

L'échappement (fig. 2.) est composé d'une manivelle F, qui tourne entre les deux colonnes paralleles IK, LM, dont l'assemblage IKLMNO est appliqué au pendule AE, par le moyen de la vis N. On voit de face cette manivelle dans la troisieme figure : *a* est le pignon du mouvement; *c*, *d*, *e*, *f* est la manivelle; la partie *g* est de fer, & fait équilibre pour tenir la manivelle *c*, *d*, *e* en balance dans toutes les situations où elle se trouve en tournant. PR est la cage du rouage qui peut avoir toutes sortes de figure, de nombre & d'arrangement, excepté que l'on change la roue de rencontre en une roue ordinaire.

La lentille E est de cinquante livres, poids de Montpellier; la verge du pendule a dix-neuf pieds & demi, depuis la suspension jusqu'au centre de la lentille; sa

1746. N°. 475.

grosseur est de six lignes en quarré ; comme une branche de cette longueur ne peut être d'une seule piece, elle est formée de plusieurs morceaux que l'artiste assemblera de la maniere qu'il jugera la meilleure. L'échappement n'est éloigné de la lentille, (comme on l'a déja dit), que de trois pieds huit pouces. L'auteur l'a appliqué à différentes élévations, & quoique les vibrations fussent plus larges, elles lui ont toujours paru fort isocrones : l'échappement à trois pieds huit pouces, la lentille ne branle qu'un pouce.

La manivelle F, en tournant, décrit un cercle d'environ dix lignes, & l'espace intérieur entre les deux colonnes L, I, est de cinq lignes $\frac{1}{2}$. Dans l'essai que M. l'Abbé Soumille a fait de cet échappement, il n'a fait les colonnes LM, IK que de quatorze lignes de hauteur ; mais il recommande dans son Mémoire de les élever davantage; afin de les élever ou de les abaisser à mesure qu'elles s'usent : leur épaisseur est de trois lignes en quarré; elles sont de fer, mais le laiton bien écroui est préférable.

L'échappement proposé qu'on peut appeller *parallele*, est 1°. de tous ceux de ce genre qu'on a pratiqué jusqu'ici, le plus facile à faire & le moins sujet à s'arrêter, toutes choses étant égales d'ailleurs. 2°. On peut, au moyen de cet échappement, faire agir des pendules de toute longueur avec la même facilité. 3°. La lentille ne branle qu'un pouce sans que ces courtes vibrations occasionnent aucun arrêt; on sait d'ailleurs que plus un pendule prend d'étendue dans ses vibrations, & plus il est sujet à varier par rapport au changement d'air; car l'air étant plus pesant en certain temps que dans d'autres, une lentille qui décrit de grands arcs, doit trouver plus ou moins de résistance dans sa marche, ce qui ne peut manquer de déranger son mouvement. En voici la différence : le pendule de dix-neuf pieds bat quatorze cens quarante fois par heure, & ne branle qu'un pouce; & celui de trois pieds huit lignes $\frac{1}{2}$, bat trois mille six cens par heure, & branle trois pouces au moins, sans quoi il courroit risque de s'arrêter : trois mille six cens multipliés par trois pouces, font dix mille huit cens pouces de chemin par heure, tandis que le pendule de dix-neuf pieds ne fait que mille quatre cens quarante pouces dans le même espace de temps, c'est-à-dire, sept fois moins; ensorte que le même air, qui dérangera d'une seconde le pendule à rochet, ne dérangera celui-ci que de $\frac{1}{7}$ de seconde.

1746.
N°. 475.

4°. Cet échappement exige peu de poids, & par conséquent le rouage s'usera moins vîte : tout le monde sait que les derniers mobiles d'un mouvement sont les premiers à s'user, sur-tout quand le pendule est court, ce qui commence par les trous du coq qui s'agrandissent, ceux de la roue de rencontre, ou rochet, dont les dents s'émoussent aussi insensiblement, & font en même temps une empreinte sur les palettes du balancier; si on se sert du grand pendule, tous ces défauts sont bien diminués: premiérement l'agrandissement des trous du coq ne peut avoir lieu; la lentille ne décrivant qu'un arc d'un pouce, le couteau en forme de T, qui est au centre, peut être regardé moralement comme immobile : les trous, il est vrai, dans lesquels roule la manivelle, sont bien dans le cas de s'user; on pourroit même croire que cette manivelle faisant plus de tours que la roue à rochet, les trous s'agrandiront plutôt; mais d'un autre côté, cette manivelle agissant avec beaucoup moins de force, (parce qu'elle prend le pendule à cent cinquante-six pouces du centre) & d'ailleurs le levier de cette manivelle étant beaucoup plus court que celui de la roue à rochet; les trous en souffriront moins, ou ne souffriront pas davantage, ce qui rend le défaut égal dans les deux échappemens: l'altération des dents du rochet, contre les palettes,

1746. N°. 475.

doivent produire une vibration beaucoup plus grande sans comparaison, que celle qui peut arriver par une pareille diminution des colonnes paralleles & de la manivelle par leur choc continuel : car supposons que dans un pendule à rochet & à seconde, chaque branche de l'ancre soit d'un pouce de longueur; supposons encore que le choc des dents contre les palettes a produit dans un certain temps une diminution de $\frac{1}{36}$ de ligne; supposons enfin que le pendule pris à un pouce du centre de suspension, (ce qui sera égal à la branche de l'ancre), & poussé par cet ancre & ces dents, (que l'on a supposé avoir diminué en total de $\frac{1}{36}$ de ligne) décrive un arc *diminué également* de $\frac{1}{36}$ de ligne, il arrivera que la lentille qui se trouve à trente-six pouces du centre, diminuera son arc de $\frac{36}{36}$ ou d'une ligne.

Revenant à présent au pendule de dix-neuf pieds $\frac{1}{2}$, & supposant que les colonnes & la manivelle sont usés également de $\frac{1}{36}$ de ligne, il arrivera que l'arc vis-à-vis l'échappement ne sera diminuée que de $\frac{1}{36}$ de ligne; & comme il ne reste qu'environ la cinquieme partie du pendule, depuis l'échappement jusqu'à la lentille, l'arc de la lentille ne sera diminué, (au surplus de celui de l'échappement), que de la cinquieme partie de $\frac{1}{36}$ de ligne, c'est-à-dire de $\frac{1}{180}$, ce qui, étant ajouté à $\frac{1}{36}$, fera $\frac{6}{180}$ ou $\frac{1}{30}$ de ligne : il paroît donc évident que le dérangement qui arrivera au pendule à seconde, par un échappement à rochet, est plus fort de trente contre un que celui qui arrivera au pendule de deux $\frac{1}{2}$ secondes, par un échappement à manivelle. En considérant cet échappement en lui-même, & sans aucun rapport au rouage, on peut, ce semble, assurer qu'il sera plus constant, & s'usera moins que les autres.

L'Auteur assure avoir eu sur cet échappement, pendant dix mois, un succès qui passoit ses espérances, quoiqu'il ne l'ait appliqué qu'à un rouage fort usé, & qu'il avoit totalement abandonné.

Il faut convenir que plus un pendule est long, & plus il doit entrer de justesse dans ses vibrations : tout le monde convient de ce principe, & l'expérience en demeure d'accord; plus aussi un pendule est long, & plus il est aisé à régler, parce que les espaces dont il faut hausser ou baisser la lentille, sont beaucoup plus grands & plus divisibles : au contraire dans les pendules courts, la moindre petite ordure qui se trouve sur chaque vibration, devient considérable, par le grand nombre de ces mêmes vibrations, & souvent pour vouloir faire avancer le pendule d'une seconde, on le fait avancer de quatre. L'échappement parallele paroît plus propre qu'aucun autre à remédier à ces défauts : il n'est point borné à cet égard; car si l'on pouvoit avoir un point de suspension de cent toises, on pourroit faire branler le pendule avec facilité & sans augmenter le poids. Il est aisé de poser cet échappement dans sa juste & véritable position, en poussant ou retirant la piece OKI (*fig.* 2.), en fixant ensuite par la vis N, & il est d'ailleurs à présumer que quand cet échappement seroit placé à deux lignes près du vrai point, la piece n'arrêteroit pas pour cela; elle bat seulement une vibration plus longue que l'autre, alternativement : c'est une remarque que l'Auteur a faite lui-même, pour se convaincre de plus en plus de la simplicité & de la solidité de cet échappement. Il est vrai que cette fausse position de l'échappement mesure le temps différemment que quand il est bien placé; mais le mouvement n'en est pas moins égal; c'est-à-dire, que si le pendule ainsi mal posé avance de deux minutes sur vingt-quatre heures, il avancera de quatre en deux jours, & de six en trois jours. On objectera peut-être que le pendule, étant suspendu beaucoup au dessus du rouage, exige une longue caisse qui ne seroit pas du goût de tout le monde : on peut même n'avoir pas une place convenable dans toute une maison; on peut dire à cela que les curieux n'y regarderont pas

1746. N° 475.

1746. N° 475.

de si près, & préfereront l'utile à l'agréable : disons aussi qu'on peut mettre le pendule dans une piece, & le rouage dans l'autre, la muraille entre-deux, en allongeant l'arbre de la manivelle, &c. Il résulte encore de cet échappement à long pendule une incommodité à l'égard des observations astronomiques, qui est de ne pouvoir pas distinguer les secondes *une à une* : celle du grand pendule proposé ne bat que deux fois en cinq secondes ; il reste à savoir s'il ne vaut pas mieux avoir des secondes marquées seulement de cinq en cinq, qui soient exactement vraies, que de les avoir une à une, mais dont on peut douter en plusieurs occasions.

Les tuyaux de cuivre que l'on a imaginés pour corriger la dilatation & la contraction des métaux, ne soutiendroient pas le poids de la lentille de cinquante livres, ni la pesanteur d'un pendule de vingt pieds de longueur ; ainsi il faudra renoncer à cette espece de régulateur, dont la suppression nécessaire dans cette construction semblera diminuer d'autant plus le prix de l'invention, que l'on sera naturellement porté à croire que les effets de l'air seront plus sensibles sur une verge de fer de cette longueur, qu'ils n'ont coutume de l'être sur des verges de pendule ordinaire. L'on peut cependant dire que la dilatation & la contraction des métaux ne sauroit produire un effet plus nuisible dans les longs pendules que dans les courts ; car de même que l'allongement qui arrivera sur un pendule de douze pieds, sera quadruple de celui qui arrivera sur un pendule de trois pieds ; de même aussi l'espace dont il faut baisser la lentille d'un pendule de douze pieds, pour gagner, par exemple, une minute sur vingt-quatre heures, sera quadruple de celui dont il faudra baisser la lentille d'un pendule de trois pieds, pour gagner la même minute ; ainsi l'un se trouve compensé par l'autre ; l'on croit au contraire qu'il y auroit à gagner pour le long pendule : on a déja commencé à grossir la branche du pendule, ce qui a bien réussi, suivant les observations de M. le Monier, de l'Académie des Sciences, comme il est rapporté à la page 274, tom. II du *Traité d'Horlogerie*, mis au jour par le P. Thiout. En effet, on a bien de la peine à s'imaginer que la chaleur, ou le froid naturel, puisse ébranler également toutes les parties d'une barre de fer d'un pouce en quarré : l'on veut qu'il fasse quelques impressions sur les parties extérieures, celles du milieu n'y seront pas sensibles, & une barre ne peut s'allonger qu'autant que toutes les parties s'allongent à la fois : aussi voyons-nous qu'une barre de fer qu'on fait rougir se gonfle beaucoup plus à proportion qu'elle ne s'allonge, parce que les parties du métal trouvent moins de résistance à pousser du côté le plus court.

L'unique fonction du pendule est de modérer la vivacité du rouage, en s'opposant sans cesse à ses efforts, ne lui permettant de couler que peu à peu, & toujours d'un pas égal. C'est pour cela que tous les échappemens sont placés à une très-petite distance du point de suspension, afin que la lentille, qui s'en trouve beaucoup plus éloignée, soit plus en état, (suivant les regles du levier), de retenir le rouage : ainsi quand la lentille est une fois en branle, le rouage n'ayant pas la force d'abréger ses vibrations, il est forcé d'en attendre le retour, & les vibrations sont égales, ou *isochrones*. L'on peut objecter qu'il n'en seroit pas de même dans le nouvel échappement; car le rouage agissant dans un point tout opposé, c'est-à-dire, fort loin du centre, il doit agiter le pendule à son gré, & lui faire perdre la gravité de ses vibrations : ce n'est plus le pendule qui modere la vivacité du rouage, ce doit être le rouage qui regle les vibrations du pendule, suivant l'impression plus ou moins forte qu'il reçoit lui-même du poids ou du ressort. Voici quelle est la réponse de l'Inventeur du nouvel échappement, à cette objection.

Qu'il est vrai que le pendule est le modérateur du

rouage; mais qu'il n'eſt pas moins vrai que le rouage à
1746. ſon tour entretient le mouvement du pendule, qui ſans
N° 475. ce ſecours deviendroit bientôt oiſif : ainſi le pendule & le rouage ſe donnent mutuellement la main; c'eſt une eſpece d'équilibre réciproque, qui ſe détruit & ſe répare ſans ceſſe. Toute l'adreſſe de l'artiſte conſiſte donc à chercher ce juſte équilibre, & tous les moyens ſont louables, quand ils rempliſſent cet objet. Il ne faut pas croire que la raiſon, pour laquelle tous ces échappemens ſont poſés près du centre, ſoit uniquement pour donner plus d'avantage au pendule ſur la force du rouage : on s'y trouve forcé par la nature même de ces échappemens; car ſi l'on vouloit un peu plus s'écarter du centre, il faudroit écarter d'autant les dents du rochet ou de la roue de rencontre, & ces roues ſeroient alors, ou fort grandes ou fort courtes en nombre, ce qui ſeroit également incommode. Examinons maintenant ſi, par le moyen du nouvel échappement, on peut trouver cet équilibre réciproque, qui doit attirer toute l'attention de l'artiſte.

Dans les échappemens ordinaires, une lentille légere, appliquée à un long bras de lévier, gagne aſſez de force au centre pour entretenir l'équilibre. Dans l'échappement parallele, une lentille très-peſante renferme en elle-même aſſez de force pour entretenir l'équilibre en queſtion: tout revient au même de ce côté-là; il y a cependant une différence qui tourne à l'avantage du nouvel échappement, c'eſt que tout rouage étant obligé d'entretenir le mouvement du pendule, il a beſoin de beaucoup plus de poids quand il agit près du centre, que quand il agit proche de la lentille : or, moins une piece eſt chargée, & plus elle eſt durable.

Dans le nouvel échappement, la groſſe lentille, au bout d'une longue branche, branle ſi naturellement & ſi long-temps, qu'il ne faut preſque rien (à ce que l'Auteur aſſure) pour entretenir ſes mouvemens. Il ajoute que s'il enleve tout-à-coup le poids de sa pendule, & qu'il le remette cinq minutes après, le pendule continue d'aller comme si le poids n'avoit point été supprimé. Il ne faut pas croire pour cela que cette facilité de branler donne trop d'avantage au rouage sur le pendule; car le retour que chaque vibration fait faire à la manivelle, est une preuve que le rouage ne le gouverne pas à son gré, & qu'il est obligé d'attendre le retour de la vibration, comme dans les échappemens ordinaires : on remarquera cependant que l'aiguille des secondes ne se sent presque point du retour de la manivelle, parce qu'entre le pignon de celle-ci & la roue des secondes, il y a une roue moyenne qui fait disparoître ce retour.

Enfin, dans l'examen que M. l'Abbé Soumille a fait de son échappement, il a trouvé que la manivelle détachée du pendule avec dix livres de poids, ne peut enlever qu'un poids de vingt-trois à vingt-quatre grains, ce n'est qu'un $\frac{1}{24}$ d'once, ou $\frac{1}{384}$ de livre. Comparons ce petit poids à la lentille de cinquante livres, ce sera dix-neuf mille deux cens, contre un : à quoi si l'on ajoute la distance de trois pieds huit pouces, depuis l'échappement jusqu'à la lentille, son poids sera encore plus difficile à pousser, ce qui doit faire juger que le pendule conserve encore assez d'avantage sur la manivelle, pour pouvoir en modérer l'effet. Remarquez aussi que la *trainée* de près de quatre lignes, que fait la manivelle sur chaque colonne par vibration, augmente beaucoup la force, qui sans cela seroit insuffisante.

Cet échappement seroit très-bon pour une grosse horloge de Ville, avec un pendule de soixante ou quatre-vingts pieds, & la lentille à proportion.

Enfin cet échappement pouvant être placé aussi haut & aussi bas que l'on veut, il est facile de choisir un point sur la tige du pendule où le rouage n'ait que la force qui lui faut pour être modéré suffisamment, & entretenir le mouvement du pendule.

1746.
N° 475.

Extrait des Registres de l'Académie Royale des Sciences. Du 21 Février 1746.

MEssieurs du Hamel & Camus, qui avoient été nommés pour examiner un nouvel échappement de pendule, proposé par M. *l'Abbé Soumille*, Bénéficier de Villeneuve-lès-Avignon, en ayant fait leur rapport; l'Académie a jugé que la simplicité de cet échappement, jointe à la facilité de la construction, méritoit des éloges, & qu'on en fit des épreuves pour s'assurer plus positivement de l'exactitude qu'on en doit attendre : en foi de quoi j'ai signé le présent certificat. A Paris, le 5 Février 1746.

Signé, GRANDJEAN DE FOUCHY, *Secrétaire perpétuel de l'Académie Royale des Sciences.*

Echapement de Pendule.

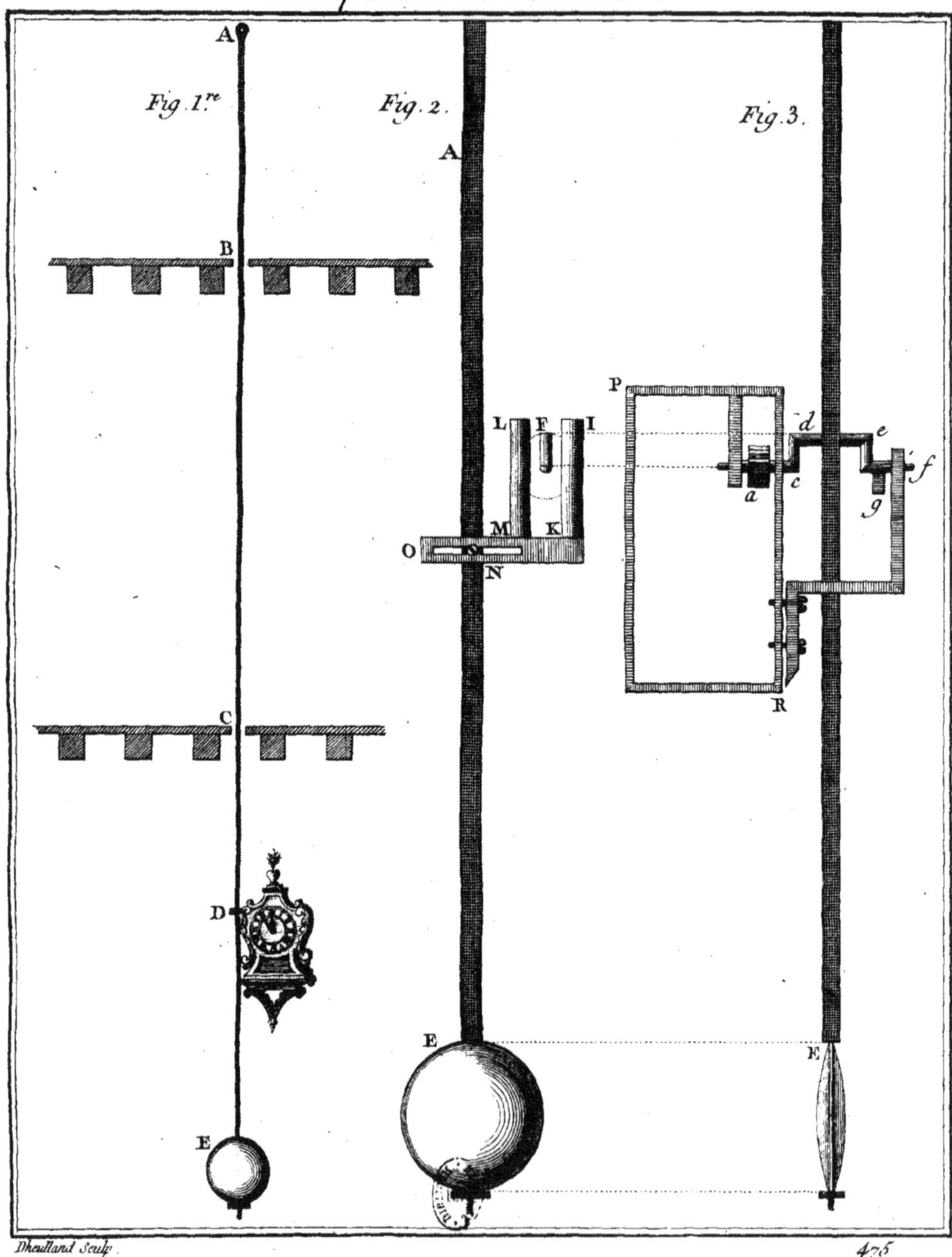

Dheulland Sculp.

1746.
N° 476.

RÉGULATEUR, INVENTÉ PAR LE R. P. PERONNIER, RELIGIEUX MINIME, A NANCY, *PERFECTIONNÉ* PAR M. LE ROY, FILS.

ON souhaiteroit souvent qu'un tuyau donnât toujours la même quantité d'eau, ou, ce qui est la même chose, qu'un réservoir fournit une quantité d'eau constante par une même ouverture; mais il est manifeste qu'à moins qu'on n'entretienne l'eau à la même hauteur dans le réservoir, la chose est impossible.

Le P. Peronnier propose un moyen facile & fort ingénieux, de proportionner l'orifice horisontale du fond d'un réservoir, aux différentes chûtes ou hauteurs de son eau; afin que depuis la plus grande jusqu'à la plus petite, elle puisse par cet orifice s'écouler également, pour faire tourner une roue avec une vîtesse toujours uniforme.

Soit le réservoir AB (*fig.* 1.) dont l'eau sort par l'orifice CD, dans un canal fermé, & au dessous du même orifice est un étui vertical attaché au canal, & la longueur de cet étui surpasse un peu la plus grande différence que l'on peut avoir entre les différentes hauteurs de l'eau du réservoir. Cet étui renferme le cône EF, qui doit remplir une partie plus ou moins grande de l'orifice, suivant les différentes hauteurs de l'eau dans le réservoir: pour cet effet, la pyramide ou le cône tronqué EF

1746. N° 476. eſt ſuſpendu au corps flottant G H, qui monte & deſcend ſuivant les différentes hauteurs de la ſurface I K de l'eau du réſervoir. Le corps flottant eſt toujours entretenu au deſſus de l'orifice, par une ou deux barres de fer telle que L, qui paſſe dans des anneaux ajuſtés aux extrêmités de la caiſſe ou du bateau G H. On voit donc clairement que l'eau étant montée dans le réſervoir, une partie M N répondra à l'ouverture C D, & que cette partie étant plus grande que la partie O P au deſſus qui y répondoit avant, diminuera la capacité de l'ouverture; d'où il ſuit qu'il ne s'écoulera pas plus d'eau dans cet inſtant, qu'il ne s'en écouloit auparavant, lorſque l'eau étoit plus baſſe dans le réſervoir, pourvu que la capacité de l'ouverture diminue toujours dans la même proportion que les écoulemens augmentent par la hauteur de l'eau.

Pour régler la figure du conoïde, le P. Peronnier a cherché quelle devoit être l'ouverture de l'orifice du réſervoir, pour laiſſer écouler la quantité d'eau dont il avoit beſoin : l'eau étant la plus haute dans le réſervoir, il a cherché pareillement quel devoit être l'ouverture de l'orifice, pour laiſſer écouler la même quantité d'eau, l'eau étant la plus baſſe dans le réſervoir : enſuite, comme l'ouverture pratiquée au fond de ſon réſervoir étoit trop grande, même pour la moindre hauteur de l'eau du réſervoir, il a fait une pyramide ou cône tronqué d'une longueur égale, à la différence de la plus grande & de la plus petite hauteur de l'eau, en faiſant enſorte que la petite baſe du tronc put boucher une partie de l'orifice, égale à celle dont il étoit trop grand dans les plus baſſes eaux, & que la plus grande baſe put boucher auſſi une partie de l'orifice, égale à celle dont le même orifice ſe trouvoit trop grand dans les plus hautes eaux.

Un des fils de M. Julien le Roy, ayant vu le Mémoire du P. Peronnier entre les mains de M. ſon pere, qui étoit chargé de le préſenter à l'Académie, s'apperçut de ce qu'il

qu'il manquoit à l'invention de ce Religieux, & détermina la courbure que devoit avoir le solide, qui, par 1746.
ses élévations & ses abaissemens dans l'ouverture CD, N°.476.
donneroit toujours la même quantité d'eau dans les différentes hauteurs de l'eau dans le réservoir. Voici la démonstration.

Supposant le réservoir AB (fig. 2.) indéfiniment prolongé vers A, & de même que le solide ou conoïde FE s'étende aussi indéfiniment vers XX, prenant D *h* pour l'abcisse de la courbe, *h* *z* pour l'ordonnée, les écoulemens de l'eau, par une ouverture donnée, étant comme les racines quarrées des hauteurs, on aura, si l'on suppose l'eau infiniment bas dans le réservoir, comme dans la ligne NT, que l'écoulement de l'eau par l'ouverture entiere, sera à l'écoulement de l'eau qui se feroit par la même ouverture, l'eau étant à la hauteur IK, comme les racines quarrées de ces hauteurs, d'où il suit que pour que les quantités d'eau qui s'écoulent soient les mêmes, il faut que les ouvertures par où elles s'écoulent soient en raison renversées des racines des hauteurs de l'eau dans le réservoir, ce qui donnera lieu à la courbe suivante; car appellant *a* la hauteur infiniment petite OQ, l'abcisse D *h* que l'on suppose avoir son origine au même point qu'*a*, *x*; l'ordonnée *h* *z*, y; & supposant la surface du trou égale bb, on aura $\sqrt{x} . \sqrt{a} :: bb, yy$, ce qui donne $bb\sqrt{a} = yy\sqrt{x}$, d'où l'on tire $ab^4 = xy^4$, pour l'équation de la courbe; c'est-à-dire, qu'un conoïde formé par la révolution de cette courbe autour de son axe, placé dans cette ouverture, ensorte que son sommet fut au niveau de l'ouverture quand l'eau seroit fort basse, donneroit toujours la même quantité d'eau, quelque hauteur que l'eau eut dans le réservoir.

La construction de cette courbe n'est pas fort difficile: on voit par son inspection qu'elle est asymptotique, &

que les *côtés* OX, VX de l'ouverture prolongée en sont
1746. les asymptotes. Au reste, M. le Roy n'a résolu le pro-
N°. 476. blême que géométriquement, c'est-à-dire, qu'il n'a pas fait entrer dans la considération de la courbe plusieurs causes physiques, qui pourroient y apporter quelques changemens; & c'est ce qu'il faudroit faire si l'on vouloit exécuter cette machine avec la derniere justesse.

RAPPORT DES COMMISSAIRES.

LE Mercredi 16 Mars 1746, MM. Camus, Vaucanson & Nollet lisent le rapport suivant, sur le Régulateur du P. Peronnier, & Problême de M. le Roy, fils.

Nous avons examiné, par ordre de l'Académie, un Mémoire du P. Peronnier, Religieux Minime, à Nanci, qui a pour titre : *Moyen facile de proportionner l'orifice horizontal du fond d'un réservoir, aux différentes chûtes ou hauteurs de son eau; afin que depuis la plus grande jusqu'à la plus petite, elle puisse par cet orifice s'écouler toujours également, pour faire tourner une roue avec une vitesse toujours uniforme.*

Le moyen que le P. Peronnier emploie pour régler l'écoulement de l'eau de son réservoir, est effectivement très-simple; l'eau sort par l'orifice dans un canal fermé, dont elle ne peut sortir que par l'extrêmité. Au dessous du même orifice, est un étui vertical, attaché ou soudé au canal; & la longueur de cet étui surpasse un peu la plus grande différence que l'on peut avoir entre les différentes hauteurs de l'eau du réservoir. Cet étui est destiné à renfermer un conoïde, qui doit remplir une partie plus ou moins grande de l'orifice, suivant que l'eau est plus ou moins haute dans le réservoir. Pour régler la figure du conoïde, le P. Peronnier a cherché quelle devoit être l'ouverture de l'orifice du réservoir, pour laisser écouler la quantité d'eau dont il avoit besoin, l'eau étant la plus haute dans le réservoir; il a cherché pareillement quelle devoit être l'ouverture de l'orifice, pour laisser écouler la même quantité d'eau, l'eau étant la plus basse dans le réservoir. Ensuite, comme l'ouverture pratiquée au fond de son réservoir étoit trop grande, même pour la moindre hauteur de l'eau du réservoir, il a fait une pyramide ou cône tronqué, d'une longueur égale à la différence de la plus grande & de la plus petite hauteur de l'eau, en faisant ensorte que la petite base du tronc put boucher une partie de l'orifice égale à celle dont il étoit trop grand dans les plus basses eaux, & que la plus grande base put boucher aussi une partie de l'orifice égale à celle dont ce même orifice se trouvoit trop grand dans les plus hautes eaux.

1746. N°.476.

Enfin le P. Peronnier a suspendu ce tronc de pyramide ou de cône à un corps flottant sur la surface de l'eau, afin que ce tronc put monter & baisser de la même quantité que l'eau du réservoir, & boucher une plus grande ou une moindre partie de l'orifice, suivant que l'eau sera plus ou moins haute.

L'idée du P. Peronnier, pour régler l'écoulement de l'eau qui sort d'un réservoir, nous a paru ingénieuse & bonne dans le fond : mais si le P. Peronnier avoit voulu donner toute la précision à sa machine, il n'auroit pas dû employer un tronc de cône ou de pyramide, pour fermer une partie plus ou moins grande de son orifice; il auroit dû prendre un conoïde du genre hyperbolique.

M. le Roy le jeune, fils de M. Julien le Roy, à qui le P. Peronnier avoit envoyé son Mémoire pour le présenter à l'Académie, a fait des observations sur ce Mémoire, & a rectifié le cône du P. Peronnier, en faisant voir que

a étant la plus petite hauteur de l'eau,

r le rayon de l'ouverture de l'orifice, convenable par la moindre hauteur de l'eau, x la hauteur variable de l'eau,

1746. N°. 476. y le rayon variable du conoïde.

On aura pour l'équation de la courbe du conoïde,

$$\frac{rx - ra}{rx} = \frac{yy}{rr}.$$

Nous sommes d'avis que la solution de M. le Roy est bonne, si l'on néglige comme lui les frottemens de l'eau contre les bords de l'orifice, & si l'on ne fait point attention aux différentes contractions de la veine.

Regulateur.

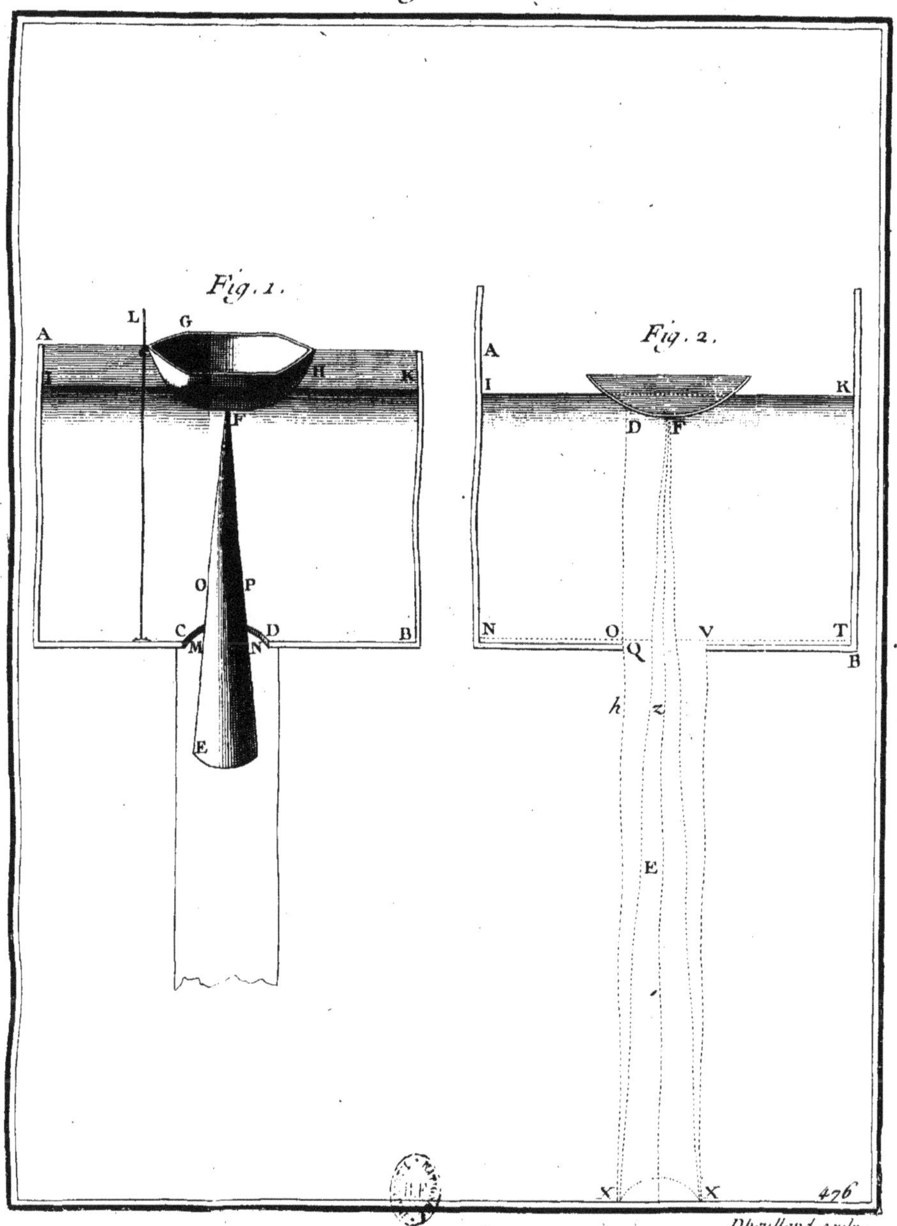

Dheulland sculp.

1746. N°. 477.

TÉLESCOPE
DE RÉFLEXION,
APPLIQUÉ AU QUART-DE-CERCLE,
AVEC UNE NOUVELLE MANIERE DE LE DIVISER,
INVENTÉ
PAR M. PASSEMEMT.

SI l'Astronomie a fait des progrès rapides depuis la fin du siecle passé, on en est redevable à la perfection qu'on a donnée au quart-de-cercle : le pendule à seconde appliqué à l'horloge, n'y a pas peu contribué ; mais son usage auroit été bien borné sans les lunettes, & le micrometre appliqué au quart-de-cercle.

Pour rendre au public un détail exact des découvertes de M. Passement, qui tendent à la perfection de cet instrument, j'ai cru ne pouvoir mieux faire que de donner le mémoire qu'il m'a communiqué, tel qu'il est, & sans y rien changer ; c'est donc cet artiste qui va parler.

Il y a beaucoup d'observations délicates qui demanderoient, dans le quart-de-cercle, plus de précision que ce qu'on a eu jusqu'à présent ; & on peut réduire les défauts qui s'y trouvent à trois principaux.

Le premier défaut vient de la division, excepté le point de soixante degrés, dont la position est certaine : la corde de cet arc étant égale au rayon, tous les autres points sont fondés sur l'estime ; l'arc de soixante degrés se divise en deux arcs de trente degrés ; ces arcs de trente degrés se divisent en deux arcs de quinze : il s'agit à chaque opération de partager le

1746. No. 477.

grand arc en deux autres arcs qui soient précisément égaux. La méthode que M. Graham a trouvé la plus sûre, c'est de tracer légerement avec un compas à verge, deux petits arcs très-près l'un de l'autre, & de poser un point au milieu de cet intervalle. On divise de la même maniere chaque arc de trente degrés en deux autres de quinze degrés. Quoique les yeux soient armés de loupe, il est certain qu'il est comme impossible de placer ce point exactement au milieu ; mais où la difficulté augmente, c'est dans le partage des arcs de quinze degrés.

Le second défaut vient de la difficulté qu'il y a à juger si le fil qui porte le plomb, ou le cheveu attaché à l'alidade, coupe le point du limbe en deux parties égales ; on pourra aisément, en se servant d'une loupe, diminuer l'erreur ; mais on ne parviendra point à la derniere précision : ainsi ce même point, qui se trouve déja sujet à erreur dans sa position, lorsqu'on divise l'instrument, devient encore une source d'erreur, lorsqu'il s'agit de juger à chaque observation si le fil, qui porte le plomb ou le cheveu de l'alidade, le coupe en deux également.

Le troisieme défaut vient du peu de sensibilité du mouvement de la lunette, qui est sur l'alidade du quart-de-cercle ; s'il a trois pieds de rayon, on y applique une lunette de pareille longueur ; si on hausse ou baisse l'alidade qui la porte de deux ou trois secondes, on ne s'en apperçoit presque point : ce petit arc est comme insensible. Une lunette de six pieds, appliquée à un quart-de-cercle de six pieds de rayon, ne rend point encore assez sensible un si petit arc. Tels sont les défauts du quart-de-cercle auxquels il seroit avantageux de remédier ; corriger la division ordinaire, donner un moyen facile pour juger exactement de la position de l'alidade sur la division, rendre le mouvement ou la hauteur de l'arbre qu'on observe, aussi sensible sur un instrument de trois pieds de rayon, qu'il le pourroit être sur un de vingt pieds de rayon. Quand on ne procureroit au quart-de-cercle que ce dernier avantage, on pourroit déja le regarder comme très-consi-

dérable; car tant qu'on ſera obligé de ſe tenir ſur un quart-de-cercle d'une lunette qu'on peut baiſſer ou hauſſer de pluſieurs ſecondes, ſans preſque s'appercevoir de ſa variation, il reſtera toujours quelque choſe à deſirer.

Les cieux ſont dans un mouvement continuel : dans un même inſtant, l'eſprit d'un obſervateur ſe trouve partagé; il fixe ſes regards ſur l'aſtre; il éleve l'alidade par la vis qui la ſoutient, juſqu'à ce que le filet fixe de ſon micrometre raſe le bord inférieur de l'aſtre : il fait mouvoir le filet mobile pour raſer le bord oppoſé; ſon oreille eſt attentive aux ſecondes qui s'écoulent à ſa pendule : on ne peut par conſéquent lui rendre un plus grand ſervice que de lui procurer, pour des obſervations auſſi difficiles, toute la facilité poſſible. Le moyen, c'eſt de ſubſtituer un téleſcope de réflexion aux lunettes ordinaires : on diminuera la grandeur du quart-de-cercle, & en même temps, on en augmentera conſidérablement l'effet; ſi on met un téleſcope de deux pieds huit pouces, ſur un quart-de-cercle de trois pieds de rayon, on aura des obſervations auſſi exactes qu'on les auroit avec un quart-de-cercle de vingt pieds de rayon, ſur lequel il y auroit une lunette ordinaire de pareille longueur, ſur-tout ſi on joint à une bonne diviſion le moyen de la rendre ſenſible, comme on verra dans la ſuite; ainſi l'on aura dans un petit inſtrument l'avantage d'un grand; on ménagera la dépenſe, & on évitera les inconvéniens auxquels le poids qui eſt inſéparable des grandes pieces les rend ſujettes.

Conſtruction d'un Téleſcope appliqué au quart-de-cercle.

Pour mettre le téleſcope de réflexion ſur le quart-de-cercle, il en faut un peu changer la conſtruction; car on peut regarder comme un obſtacle à la perfection qu'on ſe propoſe, le mouvement qu'on eſt obligé de donner aux petits miroirs, pour avoir des points de vue convenables aux vues des différens

1746. N°. 477.

observateurs, puisque la moindre variation du petit miroir causeroit un dérangement considérable : mais il y a un moyen assuré pour remédier à cet inconvénient ; il faut commencer par éloigner le petit miroir à une distance raisonnable pour une vue ordinaire, pour voir distinctement les objets qui sont à de grandes distances. Ce point étant trouvé, on arrête dans le télescope la piece qui porte le petit miroir, de telle sorte qu'elle soit invariable ; la tringle que l'on met sur le télescope ordinaire devient inutile, & doit être supprimée. Pour suppléer au mouvement du petit miroir, il faut que le verre oculaire puisse avancer ou reculer, suivant qu'il sera nécessaire pour l'œil de l'observateur, de la même maniere que l'on fait mouvoir l'oculaire d'une lunette ordinaire appliquée à un quart-de-cercle.

Pour cet effet, le verre oculaire A (*fig.* 1.) *& la petite plaque noircie, seront montés sur un petit tuyau* C, *qui entrera dans le tuyau* D *qui porte le verre intermédiaire* E *& le diaphragme* F. *Le tuyau* D *qui porte le diaphragme porte le micrometre* G, *dont les fils doivent être placés, aussi bien que le diaphragme, à l'endroit où les images des objets sont formés.*

Le télescope ainsi construit, appliqué au quart-de-cercle, aura un effet aussi constant qu'une lunette ordinaire. Si l'on compare l'effet d'une lunette de trois pieds, avec l'effet d'un télescope de deux pieds huit pouces, on verra combien l'on gagne au changement. Une lunette de trois pieds grossit vingt-quatre fois ; le télescope de deux pieds huit pouces grossit cent douze fois, c'est près de cinq fois davantage : avec une lunette de trois pieds, à un quart-de-cercle de trois pieds, l'on juge de cinq secondes, par conséquent avec le télescope qui grossit cinq fois davantage, on juge d'une seconde : mais que sera-ce, si dans la suite on applique un télescope de huit pieds, comme je compte en avoir un (c'est toujours M. Passement qui parle) *sur un quart-de-cercle de huit pieds de rayon ? Le télescope de six pieds, dont j'ai parlé dans le traité de la construction*

truction des télescopes que j'ai donné en 1738, grossit deux cens seize fois; celui de huit pieds grossira deux cens quatre-vingt-huit fois sans trop forcer, & surpassera de $\frac{60}{288}$ partie le grand verre objectif de cent vingt-trois pieds de foyer, de M. Huguens, qu'on a en Angleterre, lequel, au rapport de M. Smit, grossit deux cens vingt-huit fois. On pourra alors juger d'un tiers de seconde : il y a même des cas où on pourroit le faire grossir cinq à six cens fois, & on jugeroit même de la sixieme partie d'une seconde. Cette précision du télescope ne seroit cependant pas encore d'une grande utilité, si on ne trouvoit pas le moyen de diviser le quart-de-cercle avec la derniere exactitude, & rendre la division du moins aussi sensible à l'observateur : mais avant que d'en parler, il est nécessaire de donner une description du quart-de-cercle, avec quelques observations sur sa construction.

1746. N°. 477.

Description du quart-de-cercle.

Le quart de cercle ABC (*fig.* 2.) *a trois pieds de rayon; l'alidade* DE *porte le télescope de réflexion* FG *: un microscope* M *est attaché sur l'alidade, & est perpendiculaire au limbe; on l'ôte après la division : un second microscope* IL *est attaché à l'alidade, & est parallele au télescope* FG.

Comme le centre demande une grande précision, il est bon d'imiter celui que M. Graham a fait faire au quart-de-cercle de l'Observatoire de Grenvich, dont le principal avantage est de pouvoir être changé en cas d'usure sans rien déranger.

La piece A (*fig.* 3.) *qui doit porter toutes les autres, doit être attachée avec des vis à tête perdue, & percée d'un trou rond d'environ six lignes de diametre, remplie exactement par un cylindre* B *de pareille grosseur, lequel porte une plaque ronde* G *de quinze lignes de diametre & trois lignes d'épaisseur. Ce cylindre & la plaque ronde* G *seront tournés avec tout le soin possible, & la plaque ronde sera arrêtée avec des vis à tête perdue. L'alidade* D *est garnie d'une virole* E, *qui*

y est attachée avec des vis, & tournée sans aucun jeu sur la
1746. plaque ronde C, qui fait le centre du quart-de-cercle : ce
No.477. sont ces deux pieces dont on peut changer lorsqu'elles viennent à s'user. Les proportions de ces pieces & leurs constructions sont détaillées dans Robert Smith, page 335, planche 49.

L'alidade étant montée sur son centre, on met par dessus, pour l'empêcher de quitter le centre, une plaque ronde F, dont les bords sont minces, & font ressort ; cette piece s'attache sur le centre par plusieurs vis.

G est un petit cylindre qu'on place dans le trou qui est dans le gros cylindre B ; ce petit cylindre porte un point qui est le centre du quart-de-cercle. K est la coupe de la virolle E.

Pour éviter l'usure du centre, M. Graham fait mettre derriere son quart-de-cercle, une fausse alidade, dont le centre est sur le mur où est attaché le quart-de-cercle, & vis-à-vis le centre du quart-de-cercle. Cette alidade excede le centre environ de la sixieme partie de sa longueur : ce bout porte un poids qui contre-balance les deux alidades ; l'autre bout porte l'extrémité de l'alidade du quart-de-cercle : mais l'alidade étant horizontale, le centre n'est déchargé que de la moitié du poids ; étant perpendiculaire, tout le poids est sur le centre.

Il n'y auroit qu'à mettre une chaîne qui porteroit l'alidade par son centre de gravité, & passeroit sur une poulie fort élevée au dessus du quart-de-cercle, ayant un poids à l'autre bout qui contre-balanceroit le poids de l'alidade.

Sur le limbe on percera, à deux lignes près du bord extérieur, des trous de trois lignes de diametre, de degré en degré, tel que P : tous ces trous seront tarodés & remplis avec des vis de cuivre qui y entreront, & dont les extrémités seront à fleur du limbe : la tête de chacune de ces vis, qui sera dessous le limbe, sera quarrée, afin qu'on puisse les faire tourner du côté qu'on jugera à propos : autant de vis que de trous ; il faudra ensuite unir le limbe, pour que toutes ses parties soient dans un même plan : les moyens dont on s'est *servi jusqu'à présent, sont insuffisans. Si l'on se contente de juger de l'exactitude d'un plan par des fils tendus en divers sens, & d'ôter à plusieurs reprises les inégalités dont on s'apperçoit, quelques peines qu'on prenne, on n'aura qu'un plan très-imparfait; car quand même le plan d'un quart-de-cercle de trois pieds de rayon ne s'éleveroit ou ne s'abaisseroit que de la seizieme partie d'une ligne, cela feroit cependant secondes de temps d'erreur & quarante-cinq secondes de degré.* 1746. N°. 477.

La méthode de M. Graham évite ce grand inconvénient. AB (*fig.* 4.) *est un arbre de fer qu'on éleve sur le plan du quart-de-cercle au dessus du centre, de maniere qu'il y soit perpendiculaire : à chaque bout de cet arbre est un pivot sur lequel il peut tourner; la barre* BC, *qui est retenue par la barre* AC *qui sert d'arc boutant, porte un rabot placé au dessus du limbre; si l'on fait mouvoir cette barre* BC, *qui porte le rabot en avant & en arriere, on sera assuré d'avoir un plan parfait. Il s'agit à présent de la division.*

Diviser le limbe.

La division ordinaire, lorsqu'on l'examine avec attention, se trouve incertaine, & sujette à erreur, même dans les points essentiels, comme ceux de soixante & trente degrés. Le rayon du quart-de-cercle à la vérité est égale à la corde de soixante degrés; mais lorsqu'après avoir tracé l'arc sur le limbe avec le compas à verge, on place ces deux points sur l'arc, on a bien le premier point de la division & le point de soixante degrés, mais il n'est pas sûr que cet arc soit égal à la distance des deux points : car lorsqu'on marque ces deux points, s'il se trouve à côté d'un des points, la moindre petite inégalité, ou même un pore très-petit de la matiere, lequel échappe à la meilleure vue, & souvent est caché dessous une partie de cuivre très-mince, la pointe coulera dedans, & l'autre pointe en même temps forcera son trou & l'agrandira. A tous les points qu'on pose, on peut appréhender que cela n'arrive,

lorſqu'on partage l'arc de ſoixante degrés en deux arcs de trente,
1746. on trace d'une même ouverture de compas, deux petits arcs
N°. 477. très-près l'un de l'autre; mais peut-on répondre que la pointe n'eſt
point dérangée d'un côté ou d'un autre en l'agrandiſſant? lorſqu'il s'agit de placer un point entre les deux petits arcs, l'erreur
n'eſt point aſſez ſenſible. Si l'on ſe ſert ſeulement d'une loupe;
& ſi l'on prend un microſcope, comment le placer & la pointe
en même temps dans une ſituation où il ſoit perpendiculaire
au limbe? C'eſt-là une partie des obſtacles qu'on rencontre
en diviſant ſuivant la maniere ordinaire, & qu'on évitera
en ſuivant la méthode que je propoſe, qui ne demande d'abord
qu'une diviſion commune, mais qu'on a la facilité de corriger
comme l'on veut avec la derniere préciſion.

Après avoir mis au milieu du cylindre B, (*fig.* 3.) qui fait le centre de l'inſtrument, le petit cylindre G qui porte au milieu un point très-fin, on trace, de ce point comme centre, ſur le limbe un arc de quatre-vingt-dix degrés, dont le trait ſera léger, & paſſera à travers le bord de toutes les vis qui ſont à fleur du limbe. Avec cette même ouverture de compas, on marque l'arc de ſoixante degrés en poſant une pointe ſur la premiere vis, & l'autre ſur celle qui y répond. Cet arc ſe ſubdiviſera en deux autres arcs de trente degrés, & le point ſe placera ſur la vis qui y répondra : en ajoutant l'arc de trente à celui de ſoixante, on aura quatre-vingt-dix; ce point ſe placera ſur la derniere vis : ces arcs ſe ſubdiviſeront, ſe placeront ſur les vis qui y répondront & ſeront mobiles. Par ce moyen on ſera en état de porter la diviſion à la derniere exactitude, comme on le va voir dans la ſuite : une diviſion ordinaire ſuffira pour cette premiere opération; la vérification lui donnera ſa perfection.

Vérifier la diviſion.

Il faut avoir un compas à verge VX (*fig.* 5.) garni d'une vis T, pour faire mouvoir la piece V qui coule ſur la *regle du compas à verge. Cette piece portera un microscope qui grossira cent vingt fois le diametre des objects. On peut pour cet effet prendre une lentille de trois lignes de foyer, avec un verre oculaire d'un pouce de foyer; éloignez les deux verres de quatre pouces de distance, les images seront éloignées de la lentile de trois pouces, & seront augmentées en raison des angles, laquelle raison est comme douze à un. Outre cela, un objet vu avec un oculaire d'un pouce de foyer, est dix fois plus près de l'œil que s'il étoit vu sans aucun verre, & fait au fond de l'œil un angle dix fois plus grand; ainsi l'image sera encore augmentée de dix fois, & sera par conséquent amplifiée cent vingt fois. Ce microscope aura deux fils placés sur le diaphragme qui sera au foyer de l'oculaire : ces fils se croiseront à angle droit. A l'autre bout du compas à verge, il y aura encore une piece quarrée qui pourra aussi couler sur la regle, & s'arrêter où on jugera à propos, par le moyen d'une vis. Cette piece quarrée portera un microscope* R *semblable au premier : on arrêtera ce dernier microscope sur le point du centre du quart-de-cercle, ensorte que les deux fils qui se croisent partagent ce point en quatre parties égales : le microscope qui sera à l'autre bout se placera de façon que les fils qui se croisent coupent aussi le point du limbe, marqué zéro, en quatre également. Les deux microscopes étant arrêtés à cette distance, ils serviront à vérifier le point de soixante degrés, en en plaçant un sur ce point, & l'autre sur le point zéro. Si ce point soixante n'est pas placé comme il faut, on fera tourner la vis, & par conséquent le point qui sera dessus, du côté qu'il conviendra. Pour donner ce mouvement à la vis, on place, sur le bout qui est sous le limbe, lequel est quarré, une roue* A *qui a un trou quarré de même grandeur au milieu de son axe, qui tourne sur une plaque de cuivre qu'on attache sur le limbe du quart-de-cercle, par le moyen d'une vis* B. *Sur cette plaque, il y a une vis sans fin* C, *qui engrene dans la roue; c'est par le moyen de cette vis sans fin, qu'on fait mouvoir avec une clef, qu'on donne*

1746. N°. 477.

1746. N°. 477.

à la roue, & par conséquent à la vis qui porte le point mobile, si peu de mouvement qu'on peut avoir besoin; on ôte ensuite ce petit ajustement, & on le place à une autre vis, & ainsi jusqu'à la fin de l'opération.

Au moyen du compas à verge & des deux microscopes, on vérifiera de la même maniere les arcs de trente degrés, de quinze, de cinq, & enfin chaque degré l'un après l'autre: comme tous les points sont mobiles, il sera aisé de les placer avec beaucoup de précision.

Le quart-de-cercle étant ainsi divisé, il sera facile d'avoir sur le limbe plusieurs autres divisions fixes & invariables & de la même exactitude: on arrêtera sur l'alidade, au dessus des points mobiles, un microscope qui grossira autant que les précédens; outre cela, l'alidade portera sur le côté une petite piece de cuivre CD à charniere, ou seulement mince & élastique. A cette piece sera attaché un poinçon E, dont la pointe sera très-fine, pour marquer de nouveaux points sur le limbe, à quelques distances des points mobiles. Au dessus de ce poinçon sera établi un petit marteau F fort léger, & qu'on élevera toujours à la même hauteur, afin qu'en tombant sur le poinçon avec une même force, tous les points soient semblables, tant pour leur largeur que pour leur profondeur.

Sur le bout de l'alidade, il y aura encore un autre petit poinçon semblable au premier, attaché à une piece de cuivre B, à charniere ou élastique, qui servira à marquer les mêmes divisions fixes sur l'épaisseur du limbe.

On arrêtera, sur l'alidade, au milieu d'une grande ouverture faite à l'endroit qui est au dessus de la division par point mobile, un fil de ver-à-soie, qui se trouvera placé directement sous la lentille du microscope; ce fil représentera une partie d'un rayon du quart-de-cercle.

Tout étant ainsi disposé, on ajustera l'alidade de maniere que le fil, vu dans le microscope, coupe en deux parties le premier zéro du limbe. On élevera le marteau, on le laissera *tomber sur le poinçon, & on marquera sur le limbe le premier point de la division fixe. On fera marquer en même temps au second poinçon un point pareil sur l'épaisseur du limbe: on transportera ensuite l'alidade, le microscope & le poinçon au point suivant, éloigné du précédent d'un degré, & on le marquera de la même maniere, tant sur le limbe que sur son épaisseur; on divisera ainsi tout le limbe.*

1746.
N°. 477.

Il faut remarquer qu'indépendamment de la hauteur déterminée pour l'élévation du marteau, chaque poinçon porte encore un petit plateau qui détermine aussi l'enfoncement de la pointe; par conséquent les points de division seront toujours d'une parfaite égalité. Quand même le poinçon ne seroit pas perpendiculaire au limbe, comme c'est l'alidade qui le conduit sur tout le limbe, les points seront tous inclinés de la même maniere, & par conséquent ils seront à une distance exacte.

Quand les points seront placés, la machine de M. Graham, (fig. 4.) qui aura servi à dresser le limbe, servira encore à le polir, afin de ne point user un point plus que l'autre.

Le point mobile, lorsqu'il change de place quand on tourne la vis qui le porte, parcoure un très-petit arc; c'est peut-être la dixieme partie de ce même point; ainsi la distance du centre du quart-de-cercle, ne change presque pas sensiblement; mais quand même cette distance changeroit sensiblement, cela ne produira aucune erreur, parce que la soie du microscope est placée de maniere qu'elle fait partie d'un rayon du quart-de-cercle.

Il faudra après cela (fig. 8.) diviser tous ces degrés de cinq minutes en cinq minutes, par le moyen d'un micrometre dont voici la construction.

A B est une plaque de cuivre sur laquelle se meut une petite regle G qui porte un écrou D qui est fendu, afin de faire ressort & d'embrasser plus exactement la vis E, qui porte un bouton F pour le faire tourner. C I est une plaque ronde divisée en cent parties, qui sert de cadran pour compter les

1746. N°. 477. parties de chaque tour, par le moyen de l'aiguille C attachée à la vis. K est une seconde aiguille qui est attachée sur la regle mobile, & qui marque chaque tour de vis sur une division faite sur la plaque inférieure AB.

On arrête ce micrometre sur le commencement du limbe, de maniere qu'en tournant la vis ou l'aiguille C, la petite regle mobile G poussera par le bout A l'alidade qui portera le micrometre.

Lorsqu'on voudra diviser chaque degré de cinq en cinq, le micrometre étant arrêté sur le limbe, & le microscope sur le premier point de la division, on fera tourner la vis, & on remarquera le nombre de tours qu'elle fera, depuis que le fil du microscope commencera à quitter le milieu du point du limbe marqué zéro, jusqu'à ce que ce même fil soit arrivé au milieu du point suivant, ce qui fera un degré : on fera ensuite tourner la vis en sens contraire, afin de ramener le fil du microscope à zéro, en comptant encore exactement. Si on a le même nombre de tours & de parties, on verra par le calcul quel sera le nombre de ces parties qui conviendra à quinze minutes, & ensuite celui qui conviendra à cinq. Lorsque l'aiguille en tournant donnera le nombre qui conviendra à quinze, à compter de l'instant où le fil du microscope aura commencé à quitter le milieu du premier point de la division, on élevera le petit marteau, & on marquera un point qui sera le premier quart de degré ; on divisera ainsi tout le limbe en quart de degré, ensuite par la même méthode on le divisera de cinq minutes en cinq minutes.

Si l'on examine l'exactitude à laquelle cette division est portée, on en sera surpris ; car supposé que le microscope grossisse cent vingt fois, (comme sur un quart-de-cercle de trois pieds de rayon, un quart de ligne vaut environ deux minutes de degré), & que ce quart de ligne qui est grossi cent vingt fois paroîtra occuper un pouce & demi d'étendue, il s'ensuit que chaque seconde de degré paroîtra occuper un quart de ligne dans le chassis du microscope.

Il

Il ne me reste plus à présent qu'à donner le moyen de juger aussi facilement d'une seconde de degré sur le limbe en observant, qu'on en juge en le divisant. 1746. N° 475.

Rendre la division sensible à l'observateur.

Le microscope dont on vient de se servir pour la division, ne sera pas moins utile pour les observations : un moyen même de s'en servir qui paroît d'abord fort simple ; c'est d'ôter seulement le microscope de dessus les points mobile, & de le placer au dessus des points fixe. Mais il y a un grand inconvénient : le microscope pour donner les secondes doit avoir dans son champ un micrometre semblable à ceux des lunettes ordinaires, appliquées au quart-de-cercle ; ainsi on ne compare plus l'image du point avec l'image du fil, placés tous deux hors du microscope, comme on vient de faire pour la division ; mais on compare l'image du point formé dans le champ du microscope, avec le filet même placé dans le champ : par conséquent si le microscope est perpendiculaire au limbe, & si en changeant de place il vient à pencher un peu, le champ varie aussi alors, le fil quitte l'image, & il n'y a plus d'exactitude.

C'est pour éviter ce défaut considérable que j'ai pensé à coucher le microscope sur l'alidade, en le mettant parallele au télescope, & vis-à-vis des points fixes marqués sur l'épaisseur du limbe.

Le dernier inconvénient, c'est l'obscurité où se trouve le bord du limbe. Pour y remédier, je place sur le bout I *(fig. 2.) du microscope un petit miroir de réflexion concave, pour recevoir la lumiere qu'il reçoit sur le point qu'on observe. De cette maniere, quoique le point par lui-même soit dans l'obscurité, il sera fort éclairé, & même plus qu'il ne le seroit sur le plan du limbe sans un pareil secours.*

Le microscope I L *(fig. 2.) étant ainsi placé, comme l'on voit deux points du limbe en même temps dans le champ du*

1746. N° 475. *microſcope, l'on met le filet fixe ſur un point, & le filet mobile ſur l'autre point qui ſuit immédiatement. On marque le point où l'aiguille ſe trouve ſur le petit cadran, & le point où la ſeconde aiguille eſt ſur la plaque* AB (*fig.* 8.) *L'on fait tourner la vis juſqu'à ce que les deux fils conviennent enſemble; l'on marque un ſecond point ſur le petit cadran; vis-à-vis la pointe de l'aiguille; l'on diviſe l'eſpace parcouru en ſoixante parties; l'on a les ſecondes, leſquelles paroîtront occuper* $\frac{1}{4}$ *de ligne dans le champ du microſcope, s'il groſſit ſeulement cent vingt fois, comme on vient de voir.*

Après une obſervation, l'alidade étant arrêtée ſur le limbe, on a déja les degrés & les minutes de cinq en cinq, & le micrometre donne le ſurplus : ſi le filet fixe ſe trouve préciſément ſur un point, il n'y a point de ſeconde; mais s'il en eſt éloigné, on meſure cette diſtance, en faiſant paſſer le filet mobile du milieu du point ſur lequel on le place, au filet fixe avec lequel on le fait convenir. L'on remarque le nombre de tours que l'aiguille fait, la diviſion du cadran où elle s'arrête, & l'on a par ce moyen la valeur de la diſtance du filet fixe au point en minute & ſeconde; cette conſtruction convient à un quart-de-cercle mural.

Si l'on vouloit que le quart-de-cercle fut portatif & monté ſur un pied, pour prendre des angles & des hauteurs, il n'y auroit qu'à ajouter une ſecond téleſcope fixe ſur le limbe.

Pour prendre des hauteurs correſpondantes, il faudroit un fil qui pende du centre ſur le premier point zéro; il y auroit un microſcope placé vis-à-vis du fil du point zéro, ſur une piece qui le couvre, qu'on nomme garde-filet, & qui ſert à garantir le fil de l'agitation de l'air, & l'on ſe ſerviroit de l'alidade mobile comme ſur le quart de cercle mural.

Tels ſont les différens procédés que M. Paſſement propoſe d'employer dans la conſtruction des quarts-de-cercle : toutes ces méthodes tendent à les rendre d'un uſage plus étendu & plus ſûr que ceux dont on s'eſt ſervi juſqu'ici. L'on trouvera peut-être cette deſcription un peu longue ; mais comme elle intéresse particuliérement les Astronomes & les Artistes en ce genre, on ne sçauroit entrer dans des détails trop circonstanciés ; & s'il leur restoit encore quelques éclaircissemens à desirer, ils pourroient s'adresser à M. Passement, (ou plutôt à ses successeurs qui demeurent actuellement Cour du vieux Louvre audessus de l'Académie Françoise :) ils s'offrent de même à faire exécuter ces quarts-de-cercle sous leurs yeux, ou à fournir les télescopes que l'on voudra y appliquer : ils en ont de six pouces de longueur, de neuf pouces, d'un pied, de seize pouces, de trente-deux pouces, de cinq pieds, & même de huit à dix pieds.

Je ne dois pas omettre de joindre ici le jugement de l'Académie, sur toutes les découvertes de M. Passement dont il vient d'être question : l'on trouvera de suite la réponse aux objections contenues dans le certificat d'approbation.

Extrait des Registres de l'Académie Royale des Sciences.
Du 12 Avril 1746.

MEssieurs Bouguer & le Monier, qui avoient été nommés pour examiner un Mémoire de M. Passement, sur la division d'un quart de-cercle, auquel est appliqué le télescope de réflexion, en ayant fait leur rapport, l'Académie a jugé que la maniere de diviser par des points placés chacun sur l'extrêmité d'une vis, telle que le propose M. Passement, étoit ingénieuse & utile, en ce qu'elle procure des points mobiles qui facilitent le moyen de porter la division à une grande justesse.

Que quoique la méthode de vérifier la division avec le microscope ne soit pas nouvelle, la position qu'il donne à son microscope, & l'expédient de marquer les points sur l'épaisseur du limbe, étoient des moyens de la rendre plus sûre.

Et qu'à l'égard de l'application qu'il prétend faire

1746. No 475.

d'un téleſcope de deux pieds huit pouces, à un quart-de-cercle de même rayon, lequel il croit devoir donner la même préciſion qu'un quart-de-cercle ordinaire de vingt pieds de rayon; quoiqu'il y ait lieu de douter de ce dernier article, & que même il ſe préſente des difficultés conſidérables, comme le déplacement des miroirs qu'on peut être obligé de repolir, & les vérifications fréquentes que cet inſtrument exigera; cependant ce que l'Auteur propoſe eſt d'aſſez grande importance pour mériter qu'on l'encourage à l'exécuter : en foi de quoi j'ai ſigné le préſent certificat. A Paris, le 10 Octobre 1748.

Signé, GRANDJEAN DE FOUCHY.

Obſervations de M. Paſſement ſur les objections contenues dans le Certificat ci-deſſus.

C'eſt M. Paſſement qui parle.

Il paroît par le troiſieme article du certificat de l'Académie, qu'elle appréhende que le téleſcope de deux pieds huit pouces ne faſſe pas autant d'effet qu'une lunette de vingt pieds; mais c'eſt qu'alors on n'avoit pas encore comparé de mes téleſcopes à de pareilles lunettes.

M. Caſſini, au mois d'Août 1748, a comparé un des téleſcopes que j'ai fait pour M. le Chancelier, avec des lunettes de Campani de dix-huit pieds. M. Caſſini pere obſervoit une émerſion d'un ſatellite de Jupiter avec mon téleſcope de trente-deux pouces. M. Thury obſervoit avec une lunette de Campani de dix-huit pieds, M. Maraldi obſervoit avec une autre, & le même jour M. de Liſle obſervoit la même émerſion au dôme du Luxembourg, qui eſt ſur la méridienne de l'Obſervatoire, avec une lunette de vingt-deux pieds; & tous les quatre Obſervateurs ont obſervé l'émerſion dans la même ſeconde, ſoit avec le téleſcope ſoit avec les lunettes. Donc le téleſcope fait autant d'effet; car s'il ne groſſiſſoit pas autant, & n'avoit pas la même clarté que les lunettes de Campani, l'émersion auroit paru beaucoup plus tard. 1746. N° 475.

A l'égard de repolir les miroirs, ma matiere n'a pas besoin de cette réparation, elle résiste à l'air. M. Buffon a vu de mes télescopes revenus de la Louisiane en Amérique, & du Senegal; ils étoient aussi vifs que si on venoit de les faire, quoique la ferrure de la boîte fût toute rougie par la rouille.

A l'égard du déplacement des miroirs, j'ai des moyens pour les assurer, de sorte qu'ils ne changeront de place en aucune façon; & j'ai, outre cela, des moyens de vérifications propres pour s'en assurer.

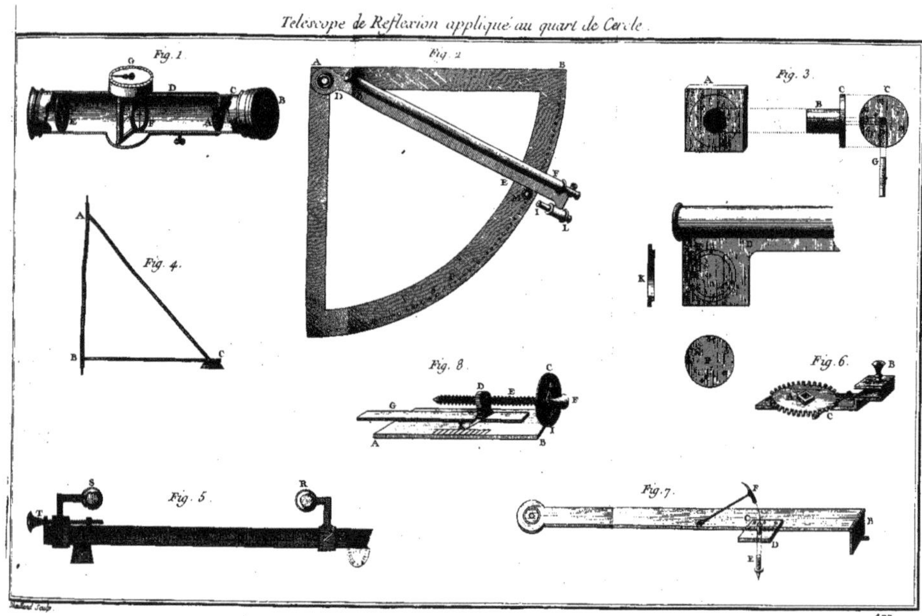
Telescope de Reflexion appliqué au quart de Cercle.
Fig. 1
Fig. 2
Fig. 3
Fig. 4
Fig. 5
Fig. 6
Fig. 7
Fig. 8

RECUEIL
DES MACHINES
APPROUVÉES
PAR L'ACADÉMIE ROYALE
DES SCIENCES.

ANNÉE 1747.

COMPAS

1747.
N°.478.

COMPAS DE VARIATION,

PAR M. LE MAIRE, FILS, INGÉNIEUR EN INSTRUMENS DE MATHÉMATIQUE.

LEs différens détails que je vais donner de cet instrument, sont tirés de l'imprimé publié par l'inventeur du compas, lu & approuvé par M. Cassini, le 4 Mai 1747, & auquel *je n'ai fait qu'ajouter les lettres de* renvoi, *relativement à la description qu'en fait le sieur* le Maire.

Tout le monde sait l'usage qu'on fait en mer de la boussole, pour se diriger dans sa route, & le besoin où l'on est d'observer fréquemment la variation de l'aiguille aimantée, ce qu'on fait ordinairement avec une boussole suspendue comme la lampe de Cardan, & dont la boîte a deux pinnules qu'un observateur dirige sur l'image du Soleil, lorsqu'il se leve ou lorsqu'il se couche, pendant qu'un autre observateur examine à quel degré de la rose répond la pinnule, d'où on conclut la déclination de l'aiguille, par la comparaison du degré observé au degré d'amplitude que fournissent les tables.

On n'insiste que sur cette circonstance, parce que le reste de l'observation doit être à peu près pareil, soit qu'on se serve de la boussole ordinaire ou de celle du sieur le Maire. Le concours de deux observateurs a toujours été regardé comme un grand inconvénient, &

c'est en quoi differe la nouvelle bouſſole, à laquelle il
1747. ne faut qu'un obſervateur. L'Auteur convient que c'eſt
N°.478. le nouveau Quartier Anglois qui a donné lieu à cette découverte, & d'après les idées que lui ont fait naître l'inſtrument de M. Hadley, qui a ſi heureuſement employé la double réflexion de l'image du Soleil. Le ſieur le Maire a donc penſé qu'on pouvoit auſſi avantageuſement faire une ſemblable application à la bouſſole, pour obſerver plus commodément la variation de l'aiguille, en portant par une double réflexion l'image du Soleil, aſſez près de la circonférence de la roſe du compas réfléchie, pour que l'obſervateur puiſſe voir d'un coup-d'œil le Soleil, & le degré du compas auquel il répond.

Ce compas eſt formé d'une boîte ABCD, d'environ huit pouces de longueur, ſur ſept pouces de largeur: le fond & les trois côtés de cette boîte ſont de bois; le quatrieme E eſt de glace, de même que le deſſus de la boîte F : elle renferme une roſe ordinaire G, mais dont la fleur de lis doit être tournée vers le ſud, afin que la bouſſole, regardée dans le miroir, paroiſſe bien diſpoſée. Il y a ſur le côté du devant un petit miroir de métal I, qui forme, avec le fond de la boîte, un angle de cent vingt degrés : ce miroir eſt mobile, & on peut, au moyen des vis LLL fig. 2, l'incliner de différens ſens, ſelon le beſoin.

Au deſſus de la face des deux angles ſupérieurs de la boîte, s'élevent deux bras M, M qui portent un miroir mobile RS, ſur l'axe horiſontal NO : il y a au haut de cette glace deux petites parties PP qui ne ſont pas étamées, & il faut remarquer qu'elles peuvent être plus ou moins inclinées vers la boîte, au moyen de l'axe qui eſt aſſemblé avec les bras par deux tourillons, & être fixée à telle inclinaiſon qu'on veut par un quart-de-cercle MN, & une vis T.

Outre le mouvement qu'a le miroir R S sur son axe horisontal, il est encore mobile dans un autre sens, & on peut par les vis V, X, fixer le miroir à telle position oblique ou droite, que l'on juge à propos. Ce miroir étant aussi mobile sur son centre Y, la vis Z est pour le poser respectivement parallele au petit miroir I; enfin le grand miroir R S est divisé verticalement par un trait de diamant, & le petit miroir I, par un cheveu. 1747. N°. 478.

W est un couvercle pour garantir une partie de la glace de dessus F, & empêcher que celui qui bornoye dans le miroir R, ne la ternisse par son haleine.

Avant de se servir de cet instrument, il le faut rectifier; pour cela, il faut premiérement faire ensorte que l'image du cheveu du petit miroir réfléchi dans le grand coïncide bien avec le trait de diamant, tracé sur le grand miroir R S, & que ces deux lignes, qui alors n'en font plus qu'une, passent exactement par le centre de la rose G, réfléchie dans le grand miroir.

On parviendra à faire coïncider ces lignes, en inclinant plus ou moins le grand miroir R S dans le plan de son axe; & quand on aura trouvé la vraie situation de ce miroir, on l'assujettira en serrant les vis V, X, qui sont derriere: secondement, il faut rendre les plans des deux miroirs R S, I, bien paralleles l'un à l'autre: on connoîtra s'ils le sont, quand on verra l'horison à travers les parties non étamées P, P; & le même horison, réfléchi d'abord par le petit miroir, comme dans la partie étamée du grand miroir, former une ligne droite; si cette ligne est interrompue, c'est signe que les deux miroirs ne sont pas paralleles. On rétablira le parallelisme en tournant un peu la vis qui soutient le petit miroir, ou même la vis Z, derriere le grand miroir; mais on ne touchera à cette vis que quand la différence sera très-petite: il faut encore qu'en penchant l'instrument à droite ou à gauche, l'horison réfléchi ne se quitte point; car s'ils ſe ſéparoient, ce ſeroit ſigne que le parallelisme ne ſeroit pas exact.

1747. N°. 478.

L'uſage où l'on ſera de ſe ſervir de cet inſtrument, en rendra les manœuvres plus faciles, qu'elles ne le paroiſſent dans la deſcription.

La rectification ſuppoſée faite, voici la maniere de ſe ſervir de ce compas.

On prend la boîte entre les deux mains, comme ſi on vouloit ſe regarder dans le grand miroir, & on ſe tourne du côté du Soleil, puis inclinant un peu la boîte en avant ou en arriere, on fait enſorte que l'image de l'aſtre qui eſt réfléchie par le petit miroir, ſoit peinte dans la portion étamée du grand miroir, faiſant enſorte que le diſque ſoit coupé en deux parties égales, par le trait perpendiculaire qui eſt ſur le grand miroir, & que ce trait coïncide bien avec l'image du cheveu qui eſt ſur le petit miroir; alors & du même coup d'œil, on voit, par l'image de la roſe qui ſe peint dans le grand miroir, & tout près de l'aſtre, l'endroit où la roſe eſt coupée par le trait, ce qui indique l'amplitude.

Les avantages de ce nouveau compas ſont 1°. qu'il ne faut qu'un obſervateur;

2°. Qu'en inclinant un peu la boîte, on peut obſerver lorſque l'aſtre eſt élevé de quinze à dix-huit degrés au deſſus de l'horiſon;

3°. En inclinant davantage le grand miroir ſur le plan de la roſe, on peut obſerver quoique l'aſtre ſoit élevé de plus de quarante-cinq degrés au deſſus de l'horiſon; mais il faut, avant de toucher au grand miroir, l'avoir rectifié comme on vient de le dire;

4°. Cet inſtrument a l'avantage que l'image du Soleil ne quitte point l'horiſon, lorſque pendant l'obſervation il arrive des mouvemens de roulis & de tangage;

5°. Quoiqu'il ſoit bon de tenir ce compas de niveau le plus qu'il eſt poſſible, le niveau parfait n'eſt pas nécessaire pour avoir une observation exacte, si l'astre est très-près de l'horison; 1747. N°.478.

6°. Ce compas, par la facilité de voir du même coup d'œil l'objet & le degré, est plus commode pour le relevement des côtes, pour celui du sillage du vaisseau, & pour celui d'un objet quelconque, qu'aucun de ceux qui sont en usage à la mer;

7°. Si on y ajoutoit une lumiere, on pourroit observer l'azimuth des étoiles, en sachant l'heure & la minute, & déduire la variation de l'aiguille.

RAPPORT DES COMMISSAIRES.

LE Samedi 28 Janvier 1747, MM. de la Condamine & Bouguer lisent le rapport suivant du compas de variation de M. le Maire.

Nous avons examiné, *par ordre de l'Académie, le nouveau compas de variation* du sieur le Maire le fils, Ingénieur en instrumens de mathématique, dans lequel, par le moyen de deux miroirs paralleles, & d'une double réflexion de l'image du Soleil, il fait concourir cette image avec celle de la rose du compas une fois réfléchie; ensorte qu'un seul observateur peut d'un coup-d'œil remarquer à quel degré de la circonférence de la boussole répond l'image du Soleil, & observer par ce moyen l'amplitude ou l'azimuth de cet astre.

Deux glaces étant *paralleles, il est évident que le rayon réfléchi de l'une à l'autre*, fera des angles alternes sur les deux glaces, & par conséquent redeviendra après la seconde réflexion parallele au rayon incident. Comme l'usage le plus ordinaire du compas de variation est l'observation des amplitudes du Soleil : dans le nouveau compas, l'Auteur *fait faire* à ses deux miroirs des angles de cent vingt degrés d'une part, & de soixante de l'autre, avec le fond de la boîte de la boussole, ensorte que lors-

1747.
N°. 478.
que le Soleil *est à l'horizon*, en tenant la boîte horizontalement, *le* Soleil est vu après la double réflexion par un *rayon horizontal*; il s'ensuit delà que pour voir le *Soleil* dans la glace, quand il est au dessus de l'horizon, *ou il* faut incliner la boîte, ce qui ne tire pas à conséquence quand le Soleil est peu élevé, ou il faut changer l'angle commun d'inclinaison des deux glaces sur le plan de la boîte. C'est pourquoi l'Auteur a rendu ses deux miroirs mobiles.

La double réflexion de l'image du Soleil si heureusement employée par M. Hadley dans son instrument, pour observer la hauteur en mer, n'avoit pas encore été appliquée au compas de variation; & l'application qu'en fait le sieur le Maire, nous a paru propre à procurer à cet instrument une perfection considérable, en donnant à un observateur le moyen de faire seul les observations *d'amplitude & d'azimuth, qui, avec les instrumens ordinaires*, exigeoient deux observateurs nécessairement, ce qui entraînoit plusieurs inconvéniens.

Nous n'avons pas de connoissance qu'il y ait eu de compas de variation où le cours de deux observateurs ne fût pas nécessaire, avant celui qui est décrit dans les Mémoires de l'Académie de 1733 & 1734, proposé par un des Commissaires soussignés, & exécuté par le sieur le Maire même. Celui que cet artiste propose aujourd'hui a le même avantage; & l'auteur du précédent compas, reconnoît que la demi-sphere ou calotte de verre, qui lui est absolument nécessaire pour couvrir son stile vertical, & qui ne peut être que difficilement remplacée en cas d'accident, forme un attirail incommode dont le nouveau compas est exempt.

Nous ne doutons pas que le sieur le Maire, qui a déja donné des preuves de son intelligence & de son industrie, ne trouve les moyens de perfectionner son compas & d'étendre son usage, en rendant facile & prompt le chan-

gement d'inclinaiſon de ſes deux miroirs, ſans que leur parallelisme en ſoit dérangé. Tel qu'eſt aujourd'hui cet 1747.
inſtrument, nous le jugeons préférable aux compas de N°. 478.
variation ordinaire, & nous croyons qu'il ſeroit utile qu'on en diſtribuât de la nouvelle conſtruction dans les ports du Royaume, pour les faire connoître aux Marins, & les mettre à portée d'en faire l'eſſai ſur mer.

MOULIN

Compas de Variation.

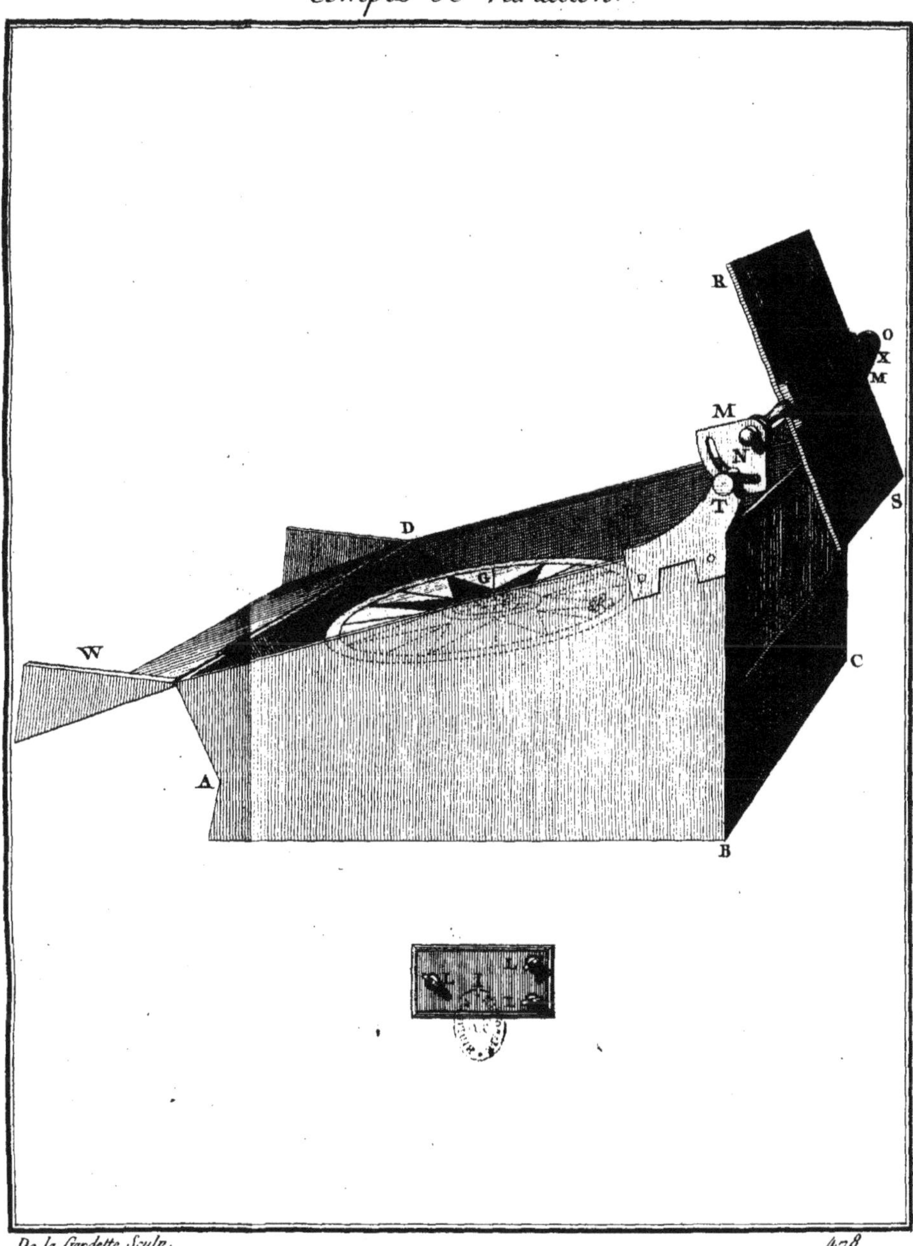

De la Gardette Sculp.

1747. N°. 479.

MOULIN PROPOSÉ POUR LE RHÔNE, PAR M. DUBOST.

CES especes de moulins pourroient se construire d'une maniere fixe sur les rives d'un courant, en bâtissant des cages de mâçonnerie ou de charpente; mais ils conviennent mieux sur bateaux, à cause de la commodité que l'on a de les changer, & de les transporter dans toutes rivieres navigables, pourvu qu'elles aient quatre pieds de profondeur.

Dans le premier bateau A (*fig.* 1.) *sont établis le rouage* & les meules, *que le rouet* B *fait mouvoir*. Les engrenages ne different point des moulins ordinaires, à l'exception que la meule ne fera que quatre tours, quand la roue B en fera un.

L'arbre C D du rouet est joint à un second arbre E F, par des anneaux de fer, & soutenu par un petit bateau G, dans lequel on construit une charpente qui puisse ménager une juste pente pour la roue motrice, faite à l'extrêmité d'un troisieme arbre H I K, de maniere que la roue *I K*, *avec les deux autres arbres*, ne *fasse en* tournant qu'une seule ligne droite.

La longueur du premier & du second arbre C D, E F, peut être plus ou moins grande, suivant l'éloignement du courant : elle peut cependant se fixer à douze ou quinze pieds chacun, lorsque le courant ne sera qu'à vingt-cinq ou trente pieds du bord. Le troisieme arbre H I K peut être fort long ; il ne sauroit avoir moins de trente pieds, sur un pied trois pouces de grosseur

1747. No 479. du côté de la *racine*, la pointe diminuant à proportion, quoiqu'il *soit libre* de le laisser d'une grosseur uniforme, & *pour le* mieux on le taillera à huit pans.

Pour construire la roue IK, on prend vingt-quatre *pieds* du côté de la pointe; on fait vingt-quatre mortoises, distribuées à distance égale sur chaque pan de l'arbre, en forme de spirale. Ces mortoises sont faites pour recevoir autant d'ailerons, faits avec des bouts de planches clouées, sur un rayon de bois de chêne, dans lequel on observe une taille oblique pour l'application des planches, afin que ledit rayon puisse avoir, (par rapport à la ligne courante du grand arbre), une inclinaison à peu près semblable à celle des ailes des moulins à vent verticaux, dont cette roue imite parfaitement le principe de force, & comme le fait encore celle des tournebroches à la fumée.

Un angle de quarante-cinq degrés, tracé sur une surface *ronde de l'étendue du diametre que l'on* veut donner à la roue, est la juste mesure & la figure que doit avoir chaque aileron.

La roue LM (fig. 2.) doit avoir plus ou moins de diametre, suivant la profondeur de la riviere, ce qui donne lieu de faire des moulins plus grands ou plus petits; & à l'égard du diametre, il faut observer qu'une roue qui a trois pieds de rayon du côté du gros de l'arbre, ne doit avoir que deux pieds trois pouces vers la *pointe* M, *qui est toujours plus enfoncée* dans l'eau que le reste de l'arbre.

Comme il faut que la roue de ce moulin cherche toujours par elle-même à s'éloigner du bord pour se jetter dans le courant, ce que l'effort qu'on lui oppose lui fait faire, & dont elle devient plus victorieuse à mesure qu'elle entre dans une eau plus rapide, il faut observer qu'il n'y ait qu'un peu *plus de la moitié*, ou les deux tiers tout au plus de cette roue qui soit dans l'eau, &

que l'obliquité des ailerons, qui cause l'effet, soit à droit ou à gauche, suivant l'emplacement du moulin vers l'une ou l'autre rive; car la roue n'a d'autre appui que l'eau même dans laquelle elle flotte.

1747. N°. 479.

On ne s'attachera point ici à la construction particuliere de cette roue, dont le principe de force est connu depuis long-temps : il n'y a de nouveau que l'application que le sieur Dubost en fait, pour aller chercher fort loin un mouvement que l'on conduit dans un moulin.

On pose cette machine diagonalement sur la riviere; & pour ne point embarrasser la navigation, on fixe au point N (fig. 3.) sur le bord, la proue du bateau, & le reste OP va chercher le courant.

A l'extrêmité R de cette roue, est fiché, dans le bout de l'arbre, un tourillon de fer, qui tourne dans une piece de bois qui flotte avec ledit arbre; & au bout de cette piece de bois, est attachée une corde RS qui sert à empêcher que la roue ne se jette trop avant dans le courant, & pour la tirer sur les rives quand il est nécessaire.

Cette roue flottant toujours ne peut essuyer de dommage de la part des chocs des bateaux, auxquels ils n'opposent aucune résistance, ce qui cependant ne peut arriver que par un bateau échappé ou mal conduit. Mais il n'en seroit pas de même des radeaux, qui pourroient, en passant, s'accrocher entre les ailerons qui ne seront pas en état de résister; mais ce mal peut être réparé en peu de temps.

RAPPORT DES COMMISSAIRES.

LE Mercredi 22 Mars 1747, MM. Duhamel, Camus & Bouguer lisent le rapport suivant des moulins du Rhône.

Nous avons examiné, par ordre de l'Académie, un Mémoire dans lequel on propose de changer la forme des moulins, qui rendent la navigation du Rhône extrêmement dangereuſe aux environs de la Ville de Lyon, principalement au lieu nommé la Quarantaine. Les moulins qui y ſont établis actuellement, ſont ſoutenus ſur deux bateaux ; l'un grand, l'autre petit, entre leſquels eſt placée la roue qui les fait agir. Le tout forme une largeur de trente-cinq à trente-ſix pieds, qui ſont à retrancher de celle du Rhône, lequel a peu de largeur en cet endroit. Le péril eſt augmenté par la ſituation de ces moulins, préciſément dans le milieu du canal, & outre cela, par l'eſpece de bouche qu'offrent ces bateaux couplés. L'ouverture, entre l'extrêmité des proues, a vingt-cinq pieds de largeur ; & c'eſt une eſpece de gouffre, dont il n'eſt pas poſſible de ſe retirer, lorſqu'on a eu une fois le malheur de s'y engager. Les accidens funeſtes que cauſe tous les jours le concours de ces circonſtances, obligent de penſer ſérieuſement à y apporter du remede. On ſe propoſe pour cela de ſubſtituer aux moulins anciens, les moulins nouveaux du ſieur Duboſt, dont l'Académie prit connoiſſance le 7 Août 1743 ; mais que l'Auteur a conſidérablement ſimplifié & perfectionné depuis.

1747.
N°. 479.

La roue motrice dans ces nouveaux moulins, n'eſt pas appliquée ſur le côté du bateau, mais à la poupe ; & cette roue en eſt moins une, qu'une vis ſans fin qui eſt couchée ſur l'eau, & qui agit par le choc de ce fluide, à peu près comme les vis ſans fin ordinaires ſont obligées de tourner par l'impreſſion de quelque corps qui s'appuie deſſus. Cette eſpece de vis eſt formée d'une longue piece de bois, qui porte les aubes arrangées tout autour obliquement, ſelon deux hélices qui ſont paralleles entre elles. L'eau, en agiſſant ſur les aubes, fait tourner cette piece de bois, qui communique ſon mouvement à l'axe du moulin, dont elle eſt, pour ainſi dire, le prolongement. Cette piece de bois eſt attachée à l'extrêmité de l'axe, & l'axe eſt ſitué ſelon la longueur du bateau : non-ſeulement le moulin tourne, le choc de l'eau produit encore un autre effet, à cause du sens dans lequel on incline les aubes. Il fait prendre au bateau & à la vis une situation oblique par rapport au courant, ce qui permet de mettre la proue du bateau presque à terre, & ce qui doit rendre la navigation plus libre. L'avantage nous paroît indubitable à cet égard : mais obligés de juger sur les seules pieces qui nous ont été remises, & sur le plan qui y est joint, nous n'oserions pas affirmer qu'il fût absolument nécessaire, pour se le procurer, de renoncer entiérement aux anciens moulins. Il nous paroît qu'il ne faut attribuer la plupart des accidens fâcheux, qui sont arrivés jusqu'à présent sur cette partie du Rhône, qu'à la trop grande avidité pour le gain qu'ont eu les Meuniers ou les Propriétaires des moulins. Ils n'ont pas sans doute voulu consentir à moudre moins vîte qu'on le fait dans les autres endroits du Rhône, aux environs de la Ville : ils se sont même proposé peut-être de l'emporter, & ils n'ont pas fait difficulté d'avancer leurs bateaux jusque dans le milieu du courant, sans avoir égard ni à la difficulté qu'ils causoient à la navigation, ni au péril auquel ils s'exposoient eux-mêmes. Si, pour que des moulins soient capables d'action sur le Rhône, sur un de ses principaux bras, & dans un endroit où il n'a pas, selon le plan, quarante toises de largeur, il étoit absolument nécessaire de se servir de la plus grande vîtesse de ce fleuve rapide, comment feroit-on sur toutes les autres rivieres, dont la vîtesse est considérablement moins grande? Apparemment qu'on rapprocha trop les bateaux du rivage, lorsque les ordres en furent donnés, il y a dix ou douze ans. Mais ne pourroit-on pas se contenter de les rapprocher de vingt-cinq ou trente pieds du bord occidental, ce qui ne les feroit sortir que peu de l'endroit le plus rapide, & ce qui les laisseroit toujours dans un lieu plus avantageux que celui qu'on destine aux nouveaux moulins?

1747. N°. 479.

1747. N°. 479. On pourroit joindre à cette précaution celle d'ôter le premier *moulin* d'Amont, qui doit être la principale cause & la plus fréquente de tous les accidens : au lieu de *cela*, on pourroit, en rapprochant chacun de ces *moulins* du rivage occidental, les placer plus bas, d'une cinquantaine de pieds : il n'y auroit qu'à mettre au dessous quelques moulins de plus pour suppléer à la diminution du moulage qu'auroient souffert les autres, en supposant que cette diminution fut sensible. Nous reconnoissons volontiers que c'est aux personnes éclairées, qui sont sur les lieux, à prononcer sur la validité de ces précautions : nous n'en ferions même aucune mention, si nous ne remarquions qu'on s'est peut-être un peu trop hâté de conclure qu'on ne peut pas faire le moindre changement à la position des moulins anciens, parce que celui qu'on fit il y a douze ans, & qui sans doute *fut porté trop loin, se trouva nuisible*. Nous le répétons, parce que la chose nous paroît de *conséquence*, que nous avons tout lieu de croire que ce n'est qu'à Lyon, & parce que le Rhône est extrêmement rapide, qu'on néglige de se servir de différens endroits du fleuve dont on tireroit parti. Ainsi c'est à l'autorité supérieure à y tenir la main, & à mettre des bornes à l'émulation des Propriétaires, qui seront presque toujours plus attachés à leur intérêt particulier, que déterminés par l'obligation de ne pas embarrasser la navigation du fleuve par de nouveaux *obstacles*.

Nous insistons sur tous ces expédiens, parce que nous craignons que les nouveaux moulins, quelque ingénieux & quelque bons qu'ils soient, ne répondent pas parfaitement à tous les avantages qu'on a en vue. Il nous paroît que cette espece de queue à hélice, qui leur sert de roue, aura besoin de temps en temps de réparations très-considérables. La piece de bois qui soutient les aubes doit être sujette à se courber, lorsque le moulin vaque,

& à se tordre au contraire pendant le travail. Cette piece de bois a cinquante pieds de longueur dans le moulin qu'on a déja construit, & elle a un effort très-considérable à soutenir, qui tend à lui donner de la torsion : le frottement outre cela doit être très-grand, aussi-tôt que cette piece de bois n'est pas exactement en ligne directe avec l'axe du moulin. Un autre inconvénient, c'est que la meule du moulin déja construit, n'a que cinq pieds de diametre, & qu'il doit être difficile de l'augmenter avec succès. On propose de la faire de six pieds de diametre, afin d'augmenter la quantité du moulage d'environ une moitié en sus : mais outre que la quantité de matiere qu'il s'agira de mouvoir sera plus grande, elle formera une résistance relative, qui se trouvera d'autant plus augmentée, que la distance au centre sera plus grande, ce qui nous persuade qu'il faudra une force environ double, pour produire l'effet qu'on se propose. Cependant il est visible qu'on ne peut guère donner de plus grande dimension à la queue à hélice, qui a déja cinquante pieds de longueur, & environ neuf pieds ½ de diametre. Il y a donc tout lieu de croire que les moulins nouveaux ne fourniront pas autant de farine que les anciens. Mais est-il bien sûr que ceux qui en seront les Propriétaires supporteront patiemment cette diminution ou ce moindre produit, & qu'invités par l'attrait d'un plus grand gain, ils n'éloigneront pas insensiblement leurs bateaux du rivage occidental ; non pas assez pour les mettre dans le plus grand courant, mais assez pour que leurs queues à hélice viennent y tomber. Il n'y a que la vigilance & l'autorité du Magistrat qui puisse empêcher cet abus, comme elle pourroit seule empêcher actuellement de mettre les bateaux couplés des anciens moulins dans le milieu du canal. Rien n'empêche d'assigner à ces bateaux des places plus voisines de la terre, & l'on peut prendre diverses précautions pour empêcher qu'on ne passe les *limites* qui seroient prescrites. On peut pousser l'*attention* jusqu'à ne pas permettre qu'on afferme ces *moulins plus* chers que les autres : on peut même fixer un *terme* à leur vîtesse, ne permettant qu'un certain nombre de tours de roues dans un quart-d'heure. Nos Meuniers de Paris, qui font de très-belles farines, sont très-contents lorsque les roues de leurs moulins font deux tours en une minute.

1747. N°.479.

Enfin tout considéré, il nous semble qu'il suffiroit, pour un premier essai, de ne supprimer que les deux ou trois premiers moulins anciens d'*Amont*, en les remplaçant par des moulins de nouvelle fabrique : on employeroit, à l'égard des autres moulins anciens, les expédiens que nous venons d'indiquer ; & après une expérience de quelques années, on seroit incomparablement mieux en état qu'à présent de se déterminer par rapport à *la substitution des nouveaux moulins du sieur Duboft* aux anciens.

SOUFFLET

Moulin proposé pour le Rhône

Fig. 1re

B D E F H I K

Fig. 2

L M L

Fig. 3.

O P R S

RECUEIL
DES MACHINES
APPROUVÉES
PAR L'ACADÉMIE ROYALE
DES SCIENCES.

ANNÉE 1748.

1748.
N°. 480.

SOUFFLET, OU VENTILATEUR,

POUR RENOUVELLER L'AIR DES SALLES DES MALADES,

ÉTABLI POUR ÉPREUVE À L'HÔTEL ROYAL DES INVALIDES.

LE rapport des Commiſſaires chargés d'examiner cette machine, explique les propriétés des parties qui compoſent le ventilateur : ils rendent compte auſſi des expériences qu'ils en ont faites dans la Salle du Bon-Paſteur aux Invalides, où on l'a établi pour eſſai. Je m'en tiendrai donc à rapporter ſimplement, par lettres de renvoi, l'arrangement de ces mêmes parties entre elles.

Le Journal de Trévoux du mois d'Avril 1751, page 806, indique un Mémoire ſur la corruption de l'air dans les Vaiſſeaux, par M. Bigot de Morogne, Capitaine de Vaiſſeaux, & *Correſpondant de l'Académie. Cet Officier* dit dans ſon traité avoir fait uſage du ventilateur de M. Halés, dans le Vaiſſeau le *Sorbay*. Cette machine n'avoit que quatre pieds de long, vingt pouces de large, douze d'épaiſſeur. Avec le travail de deux hommes, elle répandoit plus de vingt-cinq mille pieds cubes d'air par heure, & *cette quantité étoit ſuffiſante pour renouveller, plus de quinze fois pendant ce temps-là, l'air de la cale aux vivres, dans un Vaiſſeau tel que le Sorbay.*

A B, la caiſſe du ventilateur, dont les bouts A D,
1748. B C ſont terminés en portion de cercle, pour répondre
N°.480. au jeu des volets.

E, F, (fig. 1 & 2.) les deux grands côtés, chacuns percés de quatre ouvertures H, I, K, L, pour l'entrée de l'air, & M, N, O, P pour la ſortie. Chacune de ces ouvertures eſt de vingt-un pouces de longueur, & ſix de hauteur : le profil (fig. 3.) fait voir la poſition reſpective de quatre ſoupapes I, K, N, O.

Q R, cloiſon qui ſépare la capacité du ventilateur en deux portions égales.

V, centre de mouvement des volets.

Y, demi-cercle de fer, qui ſert à donner le mouvement de balancement aux volets, au moyen d'un manche de quatre à cinq pieds de longueur, qui y eſt ſoudé.

Z, cheminée qui communique avec le ſoufflet, qui fait que *l'air infect, que le ventilateur a tiré* de la Salle, ne *peut pas ſe mêler avec celui qui le remplace.*

RAPPORT DES COMMISSAIRES.

LE Mercredi 27 Mars 1748, MM. Ferrein, Morand, Duhamel du Monceau, & Camus liſent le rapport ſuivant.

Nous avons examiné, par ordre de l'Académie, un ſoufflet ou ventilateur, qui a été établi à l'Hôtel des Invalides, pour en faire l'épreuve, dans le deſſein de l'employer enſuite pour renouveller l'air des Salles des malades.

Comme ce ventilateur eſt différent, à quelques égards, de ceux que M. Halés a décrit dans ſon Livre, nous allons commencer par donner la deſcription de celui des Invalides : nous parlerons enſuite de ſon établiſſement relativement à la Salle dont on veut pomper l'air, & enfin nous rapporterons les expériences que nous avons faites pour nous aſſurer de l'effet de cette machine.

Description du Ventilateur des Invalides.

Il faut se représenter une caisse de bois A B, qui forme un parallelipipede de huit pieds de longueur, quatre de largeur & deux de hauteur; le tout pris dans œuvre, & non compris l'épaisseur des bois.

Les deux bouts de cette caisse A D, B C se terminent par une portion de cercle ou de cylindre, pour s'ajuster au jeu des volets intérieurs, dont nous parlerons dans un instant. Les deux grands côtés A B E F de la caisse, tout percés de quatre grandes ouvertures, qui ont vingt-un pouces de longueur, sur six de hauteur; & ces ouvertures sont recouvertes par autant de soupapes, dont quatre d'un côté H, I, K, L permettent à l'air d'entrer dans la caisse, & les quatre de l'autre côté M, N, O, P permettent à l'air d'en sortir. Cette caisse est partagée dans son milieu par une cloison verticale Q R, & cette cloison est divisée horizontalement par une ouverture d'un pouce de hauteur, qui s'étend de toute sa longueur.

On place, à la moitié de la hauteur de la caisse, un second fonds, fait de planches minces, qui est exactement de toute la grandeur de l'intérieur de la caisse; ainsi il faut s'imaginer une table de bois mince, qui, passant par l'ouverture de la cloison verticale, dont on vient de parler, touche exactement, par ses bords, les côtés de la caisse. Cette table est soutenue dans son milieu par deux tourillons, sur lesquels elle roule de façon que successivement elle se place suivant les deux diagonales qui se croisent au centre des tourillons.

On conçoit maintenant qu'en donnant à la table intérieure des mouvemens de balancement, qui la placent successivement suivant les deux diagonales, il en doit résulter le même effet que du ventilateur de M. Halés.

On donne ce mouvement de balancement au moyen d'un demi-cercle de fer Y, de dix-huit pouces de rayon,

dont les deux branches traversent le fond de la caisse,
1748. & dont les deux extrêmités sont fermement attachées à
N°. 480. la table mobile du milieu.

Au milieu de ce demi-cercle est soudé un levier de fer de quatre à cinq pieds de longueur, qui, étant mu suivant la longueur de la caisse, imprime à la table intérieure, le mouvement de balancement qu'on desiroit, & pour peu que l'on y réfléchisse, on appercevra que l'air doit continuellement entrer par deux soupapes, & sortir par deux autres.

Etablissement du Ventilateur.

Les quatre soupapes d'aspiration sont placées vis-à-vis une ouverture en forme de fenêtre, qui répond dans la Salle dont on veut pomper l'air, & cette ouverture est environ à un pied & demi de distance du plafond de cette Salle.

Les quatre soupapes d'expiration répondent à un tuyau semblable à celui d'une cheminée, qui s'éleve de plusieurs pieds au dessus du toit, & qui ne communique qu'avec le soufflet, ce qui fait que l'air infect, que le soufflet a tiré de la Salle, ne peut pas se mêler avec celui qui le remplace.

Nous ferons remarquer en passant qu'un des avantages du ventilateur, actuellement établi aux Invalides, sur celui de M. Halés, est que celui des Invalides a toutes les soupapes d'aspiration placées d'un côté, & celles d'expiration placées d'un autre côté, ce qui fait qu'on peut se débarrasser bien plus aisément de l'air infecté, qu'avec le ventilateur de M. Halés, qui a les soupapes d'aspiration & d'expiration du même côté.

Détail des expériences.

La Salle, dont on s'est proposé de tirer l'air, a vingt-cinq pieds de largeur, sur vingt-sept pieds de longueur & dix de hauteur; ainsi elle contient six mille sept cens cinquante pieds cubes d'air.

Le ventilateur à chaque coup de soufflet ou deux coups de bringueballe, doit aspirer soixante-quatre pieds cubes d'air; ainsi s'il n'avoit aspiré que l'air contenu dans la chambre, & qu'il ne s'y fut point mêlé de l'air extérieur, qui venoit pour le remplacer, tout l'air de la Salle auroit été aspiré en cent six coups de soufflet.

Nous avons tellement rempli cette Salle de fumée de paille, qu'on étoit prêt d'y être suffoqué, & qu'on n'appercevoit point les croisées; alors on a fait jouer les soufflets pendant douze minutes; & cinq cens cinquante coups de soufflet qu'on a donnés pendant ce temps, ont tellement dissipé la fumée, qu'on n'appercevoit plus qu'un petit nuage qui ne fatiguoit point la respiration. Pendant l'expérience, *on appercevoit sensiblement la fumée qui sortoit par le tuyau de cheminée qui étoit au* dessus du toit.

Conclusion.

Nous croyons que si on avoit établi le ventilateur immédiatement au niveau du plafond, la fumée en auroit été plutôt dissipée; mais la disposition du ventilateur nous a paru très-bonne, & préférable, dans l'occasion présente, au ventilateur que M. Halés a décrit : nous pensons aussi que ce renouvellement d'air ne peut être qu'avantageux aux *malades & à ceux qui les soignent*, sur-tout quand il regne des maladies contagieuses, quand les Salles sont fort basses, les croisées petites, &c.

ECHAPPEMENT

Soufflet, ou Ventilateur, pour renouveller l'air des Salles des Malades.

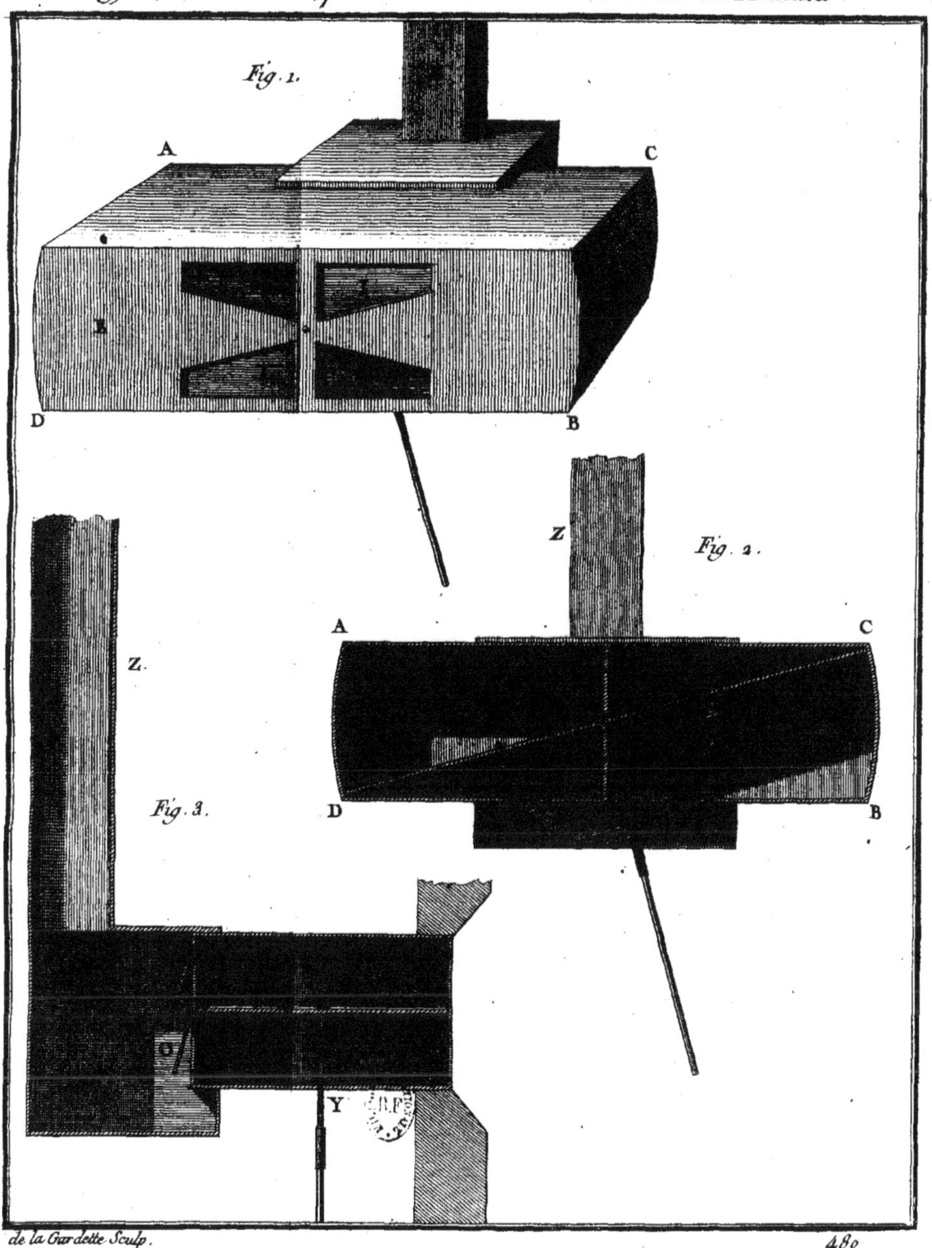

de la Gardette Sculp.

1748. N°.481.

ÉCHAPPEMENT A DÉTENTE,

INVENTÉ

PAR M. LE ROY, FILS AINÉ, HORLOGER.

LA régularité des montres & des pendules dépend de deux causes principales : la premiere est l'uniformité constante de la force qui entretient le régulateur en mouvement ; la seconde consiste dans la plus grande puissance & liberté de ce régulateur. Il faut donc que la force motrice & le rouage, au moyen duquel elle agit, soient le plus constans & le plus uniformes qu'il est possible : comme ils influent sur la durée des vibrations, ils ne peuvent changer sans altérer la régularité de la montre dont ils font partie.

Dans le rouage des montres ordinaires, les pivots des dernieres roues ont beaucoup de vîtesse ; la force employée pour surmonter le frottement qui s'y rencontre, en est d'autant plus petite : delà naissent des erreurs considérables ; car les moindres variétés dans le frottement de ces pivots, ou dans la ténacité de l'huile qu'on est obligé d'y mettre pour le diminuer, changent sensiblement la force avec laquelle la roue de rencontre agit sur le régulateur. En effet, l'expérience montre que les plus petites altérations dans la liberté des dernieres roues, produisent des erreurs dans les montres ; cependant de très-grands changemens dans les pivots de la fusée du barillet ou de la roue du centre, n'y apportent aucune variation sensible.

1748. No 481.

On diminue beaucoup cet inconvénient en posant la roue de rencontre à côté du régulateur sur la platine de coq : par-là sa grandeur devient égale à celle du balancier, sans que celui-ci en souffre aucune diminution. Nous rapporterons les avantages de cette construction après avoir décrit les parties qui la composent.

N O est la platine du coq, sur laquelle est établie la roue de rencontre G H, & le balancier T V.

Le plan inférieur de la roue G H est divisé en quarante-quatre parties égales, & porte autant de chevilles limées en biseau, de façon que le plan de chacune forme une espece de triangle : le profil de cette roue est représenté en *g h*.

Au dessous du balancier, sur son axe, est entée à canon une courbe A E tellement disposée, que la roue de rencontre, en la poussant, a toujours une force proportionnelle aux différentes tentions du ressort spiral.

Sur ce même axe, mais au dessus du balancier & au dessous du spiral, est aussi fixé le demi-cylindre C I, dont l'extrêmité C est arrondie, & de laquelle une ligne tirée au centre du balancier, formeroit, avec la courbe A E, un angle mixte de quatre-vingts degrés, à très-peu près.

L'emploi de cedit cylindre C I, ou plutôt du point C, est de pousser à chaque vibration l'extrêmité de la branche P Q du levier recourbé Q P X, & de faire entrer X dans les dents de la roue de rencontre. Sans cet effet, le ressort R M tendant toujours à retenir la branche P X contre la cheville K, où l'extrêmité X ne peut plus être rencontrée par les dents, la roue de rencontre & tout le rouage tourneroient librement & avec accélération.

Effet de cette construction.

Lorsqu'on vient de remonter la montre, la dent qui se trouve au point D écarte la courbe, tend le ressort ſpiral, & fait parcourir au balancier un arc d'environ trente degrés, dans le même temps le point C du demi-cylindre pouſſant le levier recourbé Q P X qu'il rencontre, l'extrêmité X entre dans les dents de la roue, la dent D quittant la courbe A E, la dent G eſt arrivée un peu en-deça de l'angle X du côté de G, où elle fait tourner encore un peu le levier en parvenant à l'angle X: par ce moyen aucune partie de la branche Q P ne touchant plus ſur le demi-cylindre C I, le balancier continue ſa vibration comme s'il étoit iſolé; ſa vîteſſe s'étant enfin conſumée à tendre le reſſort ſpiral, ce reſſort le ramene, accélere ſon mouvement juſqu'au point de repos, & fait rentrer la courbe A E dans la roue de rencontre: pourſuivant ſa route, le balancier, par la courbe & au moyen de la dent D, fait reculer la roue d'environ la moitié de l'eſpace contenu entre deux dents. La branche X du levier, ne ſe trouvant plus arrêtée, ſort d'entre ces dents par l'action du reſſort R M, & tombe contre la cheville K; enfin la roue de rencontre repouſſe la courbe, & recommence à agir comme elle a fait d'abord.

Pour prévenir cette objection, il eſt bon de faire remarquer, avant d'aller plus loin, que le frottement au point C ſur les pivots P, & la réſiſtance du reſſort R M, doivent être regardés comme nul.

1°. L'action du reſſort R M eſt extrêmement petite, n'étant que ſuffiſante pour faire mouvoir le lévier recourbé Q P X, dont les dents ſont très-fines.

2°. Cette action devient encore moins conſidérable en C, d'autant que la longueur M Q eſt ſupérieure à la longueur M P.

3°. L'arc parcouru par le lévier n'étant que ſuffiſant pour que l'extrêmité X entre dans les dents, on ſent bien que l'eſpace parcouru par les pivots devient preſque nul.

4°. Quand même ces légers frottemens ſeroient de

1748. No.481.

quelque considération, comme ils n'ont point lieu dans le temps où le balancier agit sans la roue de rencontre, mais seulement quand elle chasse la palette lorsque la force du régulateur est la plus grande, ils n'influeroient que très-peu sur le temps des vibrations.

5°. Si d'un côté la petite résistance du ressort RM, dérobe une quantité presqu'infiniment petite du mouvement que la roue de rencontre tend à imprimer au balancier, cette quantité même, quoique la plus petite qu'on puisse imaginer n'est point totalement perdue, elle est restituée en partie par ce même ressort RM, lorsque dans le recule, son action, au moyen du plan incliné, concourt avec celle de la courbe AE.

Enfin une expérience qui fait voir que la résistance du levier recourbé ne doit être de nulle considération, c'est qu'on peut augmenter ou diminuer considérablement la bande du ressort RM, sans qu'il en survienne aucune différence dans les arcs parcourus par le balancier, ni dans le temps employé pour chacune de ses vibrations. Voici les propriétés que l'Auteur trouve dans son échappement.

Celle qu'on y remarque d'abord, c'est une liberté du régulateur beaucoup plus grande que dans toutes les autres constructions : pour en avoir une preuve sensible, arrangez le levier QPX, d'une des montres de M. le Roy, de façon que le ressort R étant retranché, l'extrêmité X ne put sortir des dents de la roue de rencontre, & que cette roue ne put tourner qu'en arriere, non dans le sens GK, comme quand la montre marche; cela fait, ayant remonté la montre, l'on a écarté le balancier & son ressort spiral, d'un angle de quatre-vingt-dix degrés de leur point de repos; ayant ensuite donné la liberté au régulateur, quoique dans chaque vibration la roue reculât un peu par l'action de la courbe A, comme lorsque le levier pouvoit sortir d'entre les dents; ces vibrations ont cependant duré quinze à ſeize ſecondes.

Un ſecond avantage de cet échappement, c'eſt qu'il ne s'y fait aucune chûte de la roue de rencontre ſur le régulateur, ou ſur des palettes fixées ſur ſon axe : la courbe vient rencontrer la dent en repos, la fait reculer, & toute la chûte ſe fait enſuite ſur un obſtacle entiérement étranger au balancier; c'eſt-à-dire en X : mais dans l'échappement ordinaire, après avoir écarté l'une des palettes, la roue de rencontre tombe ſur l'autre avec accélération; elle détruit par-là une partie du mouvement qu'elle venoit d'imprimer au balancier; elle en dérange la vibration, & cette chûte occaſionne en outre beaucoup d'uſure; c'eſt un défaut qui regne dans tous les échappemens qui ont paru juſqu'ici.

1748. N°.481.

La troiſieme propriété de l'*échappement à détente* eſt une compenſation des inégalités du moteur ſupérieur, de beaucoup à celle que produit la conſtruction ordinaire, ſans qu'il ſoit beſoin d'y mettre de l'huile, & ſans aucun ſurcroit de frottement; il paroîtroit d'abord que n'y ayant qu'une moitié des vibrations libres pour une diminution donnée, le retard, qui nait dans une des montres de M. le Roy, devroit être moitié ſeulement de celui qui ſurvient dans une montre ordinaire par cette même diminution. Pour entendre comment ce retard y ſera encore plus diminué, il faut remarquer que non-ſeulement une moitié des vibrations eſt totalement libre par le nouvel échappement, mais que de plus ces vibrations libres deviennent plus lentes que celles qui ſe font à l'aide de la force motrice, & du reſſort ſpiral combinés; d'où il ſuit que le retard, produit par la diminution de force motrice, décroît néceſſairement & par la liberté d'une moitié des vibrations, & par le moins de temps employé pour chacune de celles qui ſe font à l'aide du ſpiral, joint à la force motrice.

Pour confirmer ce raiſonnement, M. le Roy a detendu

le grand reſſort d'une de ces nouvelles montres, de façon
1748. qu'il n'y eut au haut de la fuſée que la ſeule force qui ſe
N°. 481. trouvoit avant au grand diametre : cela n'a produit qu'un retard de quarante-cinq ſecondes à peu près en une heure; cependant la même opération faite ſur une montre ordinaire y occaſionne toujours un retard de trois minutes dans le même temps.

On a auſſi trouvé que ſi ce ſpiral, le balancier & le demi-cylindre C I, reſtant dans la même ſituation, l'on détournoit la courbe A E en telle ſorte que l'extrêmité E ſe trouvât vers S, & que la courbe fit reculer la roue ſeulement de la quantité requiſe pour dégager X, alors la compenſation étoit parfaite, & l'opération précédente ne produiſoit aucun changement dans la durée des vibrations. Cette propriété pourra être d'un grand uſage dans les ouvrages à reſſort ſpiral & à balancier, qui ne ſont point portatifs.

Pour jouir de tous ces avantages, il a fallu donner une autre forme à la couliſſe & au rateau; c'eſt ce que l'Auteur a fait en diminuant conſidérablement les êtres, & en évitant un défaut qui ſe rencontre dans la pratique ordinaire. On y agit ſur le rateau par le moyen d'un engrenage, dont le jeu fait ſouvent croire que l'on a avancé ou retardé ſa montre, tandis que le ſpiral eſt toujours reſté de la même longueur.

Voici les nombres qui ont paru les plus convenables pour cette nouvelle conſtruction; l'arrangement des roues entr'elles eſt repréſenté par la *quadrature, fig. 2.*

6 tours de reſſort dans le barillet, ſçavoir 1 tour & demi de bande,

3 & $\frac{1}{2}$ pour 6 tours de chaîne ſur la fuſée, & 1 tour de reſte.

50. dents à la roue de fuſée, pignon de . . 10

60. roue du centre, pignon de. 10

42. troiſieme roue, pignon de. 7

38. quatrieme roue, pignon de 7

Roue de rencontre 44; vibration en une heure 17243; arc parcouru par le balancier 180 degrés.

Le nombre des tours de chaque roue diminuant, leur pignon en devient beaucoup plus gros; on acquiert d'autant plus de facilité pour augmenter le nombre de leurs aîles, qui dans les montres ordinaires ne peut jamais être assez grand pour procurer une force toujours uniforme.

La roue de rencontre, vu sa grandeur, pouvant avoir trois fois plus de dents que celles des montres ordinaires, un de ses tours équivaut à trois des autres : au lieu donc de faire comme celle-là près de six cens révolutions par heure, elle n'en fait que deux cens, & le frottement de ses pivots diminue des deux tiers.

Les huiles qui sont à ces pivots venant à s'épaissir, l'obstacle qu'ils apportent au mouvement est neuf fois moins considérable; car le pignon ne faisant que le tiers du chemin, la force qui lui est appliquée devient trois fois plus grande pour vaincre la même résistance : mais comme au lieu d'être la même, cette résistance n'est que le tiers, l'espace parcouru décroissant dans ce rapport, elle diminue dans une raison doublée inverse.

Les mêmes avantages se trouvant aussi dans les pivots de la troisieme & la quatrieme roue, comme elles ne sont point obligées de faire faire autant de révolution à la roue de rencontre, elles peuvent elles-mêmes en faire beaucoup moins; au lieu de soixante-douze tours par heure que fait la roue de champ dans les montres ordinaires, celle qui lui répond dans cette nouvelle construction n'en fait que trente-six; & au lieu de neuf que fait la troisieme, celle-ci n'en fait que six.

L'on a aussi disposé les choses de façon que la montre allat lorsqu'on la remonte. *Nota.* La fusée est ajustée à canon, & peut tourner librement sur son arbre. Cet arbre porte un pignon de douze aîles, lequel engrene dans

1748. No.481. un autre de *dix*, tournant ſur une vis à tige adapté ſur la grande roue ; ce dernier pignon engrene dans une roue à lanterne de trente dents, ajuſtée dans l'intérieur de la fuſée parallelement à ſa baſe.

Effet.

Lorſqu'on remonte la montre, on fait tourner le pignon de douze, qui, par le moyen de celui de dix & de la roue à lanterne, fait tourner la fuſée en ſens contraire, d'où l'on voit 1°. qu'il faut remonter ces ſortes de montres à rebours.

2°. Que le grand reſſort a toujours ſa même action ſur la grande roue, quoiqu'on la remonte ; parce que le point d'appui, par le moyen duquel la fuſée eſt remontée, ſçavoir la vis à tige ſur laquelle tourne le pignon de dix, eſt *fixé ſur la grande roue.*

On avoit bien fait des fuſées par leſquelles les montres alloient en les remontant ; mais il falloit pour remonter un temps ſix fois plus long que dans la conſtruction ordinaire, & deux fois plus conſidérable que dans celle de M. le Roy.

Tous ces avantages ne ſont pas les ſeuls de cette conſtruction ; il paroît que par la poſition de la roue de rencontre, 1°. ſans aucune multiplication d'ouvrage, ſes pivots, comme ceux du balancier, ſont toujours abondamment pourvus d'huile, & s'appuient, par leurs extrêmités, ſur des matieres dures; cela ne peut ſe pratiquer dans les conſtructions ordinaires. 2°. On ſupprime l'engrenage de la roue de champ toujours déſavantageux. 3°. L'engrenage des deux dernieres roues ſe fait dans le milieu de leur tige, les pignons y étant ſitués; dans les montres ordinaires, il n'y a qu'un de leurs pivots qui en ſouffre l'effort : le trou dans lequel roule ce pivot s'uſe peu à peu ; le changement qui en réſulte dans l'engrenage produit

produit des irrégularités d'autant plus considérables, que les pignons sont ordinairement fort petits. 1748. N°. 481.

Pour ce qui est de la puissance régulatrice, le rouage de cette montre étant plus uniforme & plus constamment le même, les frottemens y étant considérablement diminués, le régulateur devient nécessairement beaucoup plus puissant.

Dans les constructions ordinaires, le balancier est placé fort près d'un de ses pivots : delà naissent deux inconvéniens, les secousses violentes font casser ce pivot; il est de plus sujet à s'user, ainsi que le trou dans lequel il roule. Dans la nouvelle montre, le spiral étant situé près du coq, le balancier approche beaucoup plus du milieu de sa tige, les frottemens partagés deviennent moins dangereux, & le pivot supérieur n'est plus si sujet à se rompre.

Le *spiral ainsi placé devient beaucoup plus grand*, d'où naissent des avantages dont M. de la Hire a parlé. (Mémoire de l'Académie, année 1700).

M. le Roy avoue qu'il n'est pas le premier qui ait placé sa roue de rencontre hors la cage. Feu M. Dutertre, Horloger, avoit mis dans son échappement à deux balanciers, ces deux rochets sur la platine de dessus. Mais il avoit si peu en vue dans sa construction le principe qui a guidé M. le Roy dans la sienne, qu'au lieu de multiplier les dents de sa roue de rencontre, il les avoit au contraire réduites à six, & avoit ajouté une roue dans le mouvement.

RAPPORT DES COMMISSAIRES.

Du Vendredi 6 Septembre 1748.

MEssieurs Camus & Fouchy ont parlé ainsi sur un échappement de M. le Roy, fils.

Nous avons examiné, par ordre de l'Académie, un

nouvel échappement à repos, présenté par M. le Roy, fils. Une roue platte sur le plan, de laquelle est rangée une couronne de dents en forme de chevilles taillées en prisme triangulaire, prend en passant une seule palette courbe, attachée à l'arbre du balancier, & lui fait parcourir un certain arc : lorsque la dent de la roue quitte la palette, une autre dent se trouve à l'instant engagée dans une petite fourchette placée à l'extrêmité d'un levier coudé, fixée sur la platine de la montre ; & c'est en cela que consiste le principal avantage de l'échappement de M. le Roy : car par ce moyen, le balancier ramené par le ressort spiral, est parfaitement libre dans son retour, & n'essuie point le frottement causé par la pression de la dent de la roue de rencontre, inévitable dans les échappemens à repos ordinaires, aussi bien que l'usure de la pointe de ces dents : au lieu que dans celui-ci, *la roue pose, pendant une demi-vibration*, sur une piece *immobile* & étrangere au balancier. *A la fin* du retour du balancier, la palette rencontre une autre dent & la fait reculer un peu, ce qui permet au levier poussé par un ressort de se dégager, & à la roue de prendre de nouveau la palette, & de faire recommencer au balancier une seconde vibration. Cette idée nous a paru bonne, & mériter d'être suivie par l'Auteur, qui est en état d'en tirer tout le parti qu'on en peut espérer. A Paris, ce 6 Septembre 1748.

1748. N°. 481.

Signés, CAMUS & DE FOUCHY.

Echapement à Detente.

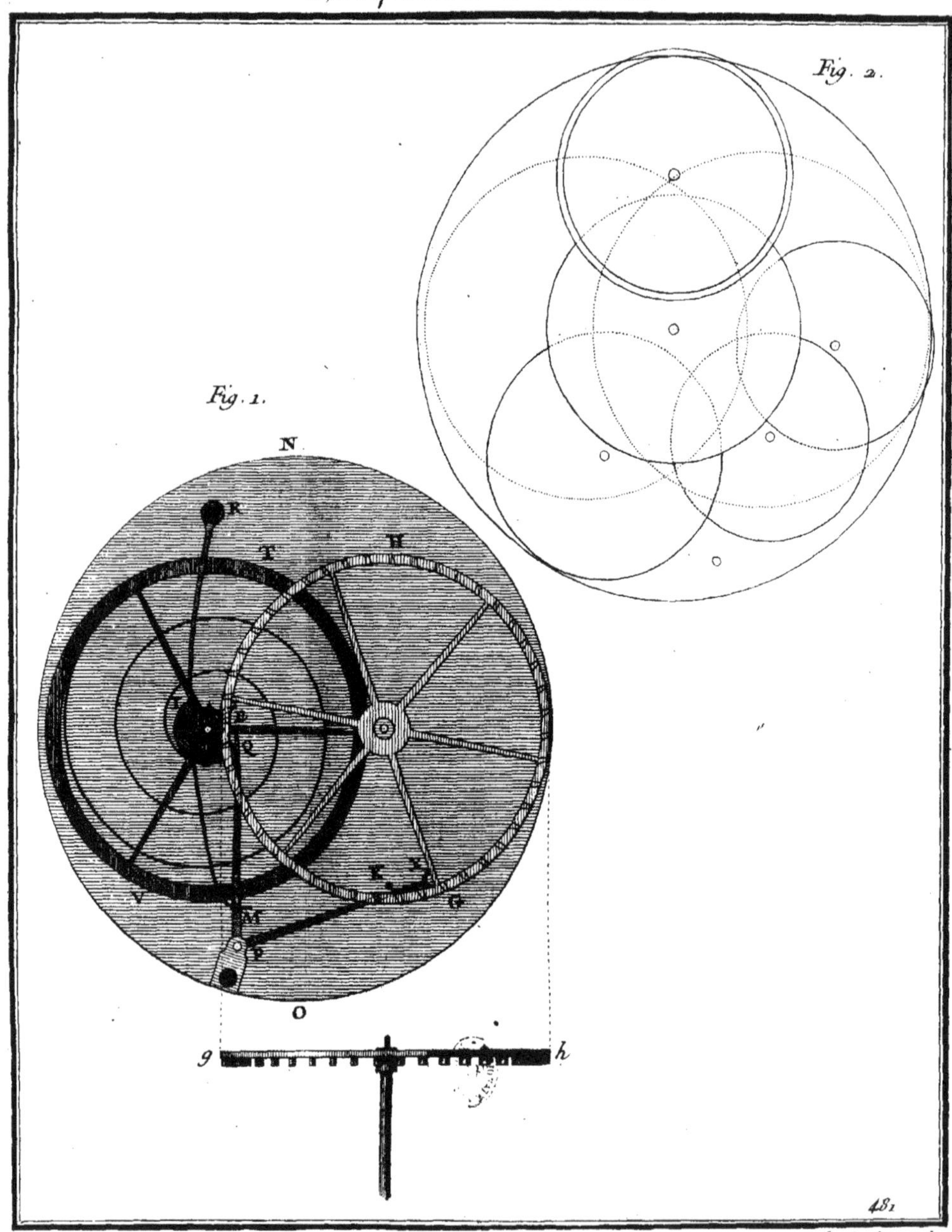

de la Gardette Sculp.

1748.
N°. 482
& 483.

CHANDELIER
A HUILE,
OU EN FORME DE FLAMBEAU,
ET BOUGEOIR,
INVENTÉS
PAR M. L'ABBÉ DE PREIGNEY, EN 1748.
PERFECTIONNÉ PAR L'AUTEUR EN 1755.

LA premiere planche représente le flambeau & son profil, tel que M. l'Abbé de Preigney l'a produit en 1748. Nous le rapportons ici, parce qu'il servira à faire comprendre, avec plus de facilité, le méchanisme de cette machine.

A B (*fig.* 1.) est l'extérieur du chandelier.

A C, piston qui représente la chandelle.

D E (*fig.* 2.) profil du même chandelier.

E F, réservoir d'huile, auquel tient la tige G H.

I K, corps de pompe, dont l'extrêmité I trempe dans le réservoir d'huile, & qu'on ne retire que quand on veut remplir le réservoir : à la partie I est une soupape.

L M, piston garni de sa soupape à l'extrêmité L.

Le tuyau N M O fournit l'huile en pompant dans la capacité P R, & lorsqu'il arrive de trop pomper, l'huile retourne par le tuyau S T, se répand dans la pompe & dans la cuvette K, qui la conduit dans le réservoir. Le piston est encore enveloppé par un double tuyau de fer blanc V X, lequel est percé en dessous aux endroits K X,

où passe l'huile qui se trouve en trop grande quantité
1748. dessus le porte-meche Y ; il s'emboîte dans l'intérieur du
N°. 482 premier tuyau : les deux tuyaux V D & le piston P M L
& 483. tiennent tous ensemble, de maniere que quand on pompe, toute cette partie s'éleve & s'abaisse alternativement.

Le fer blanc est une matiere qu'il est assez difficile d'entretenir d'une certaine propreté, par rapport au suintage auquel il est sujet ; d'ailleurs l'inventeur ayant eu pour objet d'étendre l'usage de ces sortes de flambeaux, les a depuis faits en étain, & a commencé par leur donner une forme plus gracieuse, comme on le voit par la fig. 1 de la planche 2 ; & pour ne point ternir le corps de la bougie, qui doit être en émail, & fournir l'huile avec plus de facilité, il y applique une petite poire P, qui tient à l'extrêmité d'un petit cordon Z, attaché au point W du corps de pompes. (*Voyez les Développemens*).

Cette planche contient en détail toutes les parties qui composent le chandelier; elles ont été dessinées sur les pieces même développées par l'Auteur. On ne fera donc qu'indiquer simplement leurs positions respectives.

Le binet A est à vis, & s'applique à la partie supérieure B de la tige. La vis C entre dans l'écrou D ; la piece D F, aussi longue que la tige du chandelier, porte à l'extrêmité F de ce corps de pompe la soupape E ; G H est une conduite qui entre dans le corps de pompe D F ; elle a aussi sa soupape O.

La piece I K se soude à l'extrêmité G ; le bassin L est en vis intérieurement pour recevoir la vis M : M N est la représentation de la bougie, en verre émaillé, qui imite la bougie en grosseur, blancheur & transparence.

Y, plancher que l'on place sur la partie K ; & sur ce plancher, on établit le corps de lampe Q ; c'est où l'on enferme la meche.

R, porte-meche qui s'ajuste sur la vis du corps de lampe Q.

Le tuyau de conduite S T est creux dans toute sa longueur, & traverse tout le corps du chandelier; l'extrémité S s'engage dans l'ouverture V du corps de lampe Q, & ferme exactement le trou X du plancher Y.

1748. N°. 482 & 483.

On peut appliquer à ce flambeau un réverbere (fig. 2.) fait en fer blanc ou autre matiere; si on le faisoit en porcelaine, il seroit plus aisé de le maintenir toujours très-net, par la facilité que l'on auroit à le nétoyer.

On peut prendre le flambeau par la bougie même sans crainte qu'elle se détache de son pied, parce qu'elle est retenue au corps de lampe.

On peut incliner de toute façon le chandelier, sans qu'il se répande une seule goutte d'huile: j'ai même vu rouler ce chandelier sans voir tomber d'huile; cependant il ne faudroit pas qu'il fût ni trop plein, ni trop longtemps couché.

On peut mettre de la meche au moins pour huit jours.

On fait aussi des bougeoirs tel que la fig. 3, qui n'est que le même méchanisme en raccourci.

L'Inventeur avoit des vues très-étendues sur l'usage de ce chandelier; il prétendoit principalement le rendre propre à toutes sortes de personnes, & dans toutes les circonstances où l'on se sert de bougie ou de chandelle, soit dans les appartemens, dans les bureaux, dans les comptoirs, &c. Il a présenté un Placet au Roi, dans lequel il déduit tous les avantages que pourroit procurer à l'Etat un pareil établissement; il prétend 1°. qu'il sortira moins d'argent du Royaume pour l'achat des cires & des suifs.

2°. La consommation des huiles engagera à la culture des terres presqu'abandonnées, dans lesquelles on pourra semer des graines propres à fournir des huiles.

3°. La lumiere de lampes est plus favorable aux personnes qui travaillent aux ouvrages délicats, que celle de la chandelle.

4°. Elles consomment bien moins que les lampes

ordinaires, parce que l'huile ne peut point s'échauffer.

1748. N°. 482 & 483. 5°. Il *prétend enfin* que pour s'éclairer en huile quelconque, *l'on ne dépensera* pas plus que la moitié de ce *qu'il* en coute en suif.

La Manufacture de ces sortes de bougies méchaniques à l'huile, étoit établie chez le sieur Preant, Marchand Potier d'Etain, sur la Place, à Saint-Denis en France.

RAPPORT DES COMMISSAIRES.

LE Vendredi 6 Septembre 1748, MM. de Fouchy & Maraldi lisent le rapport suivant, sur un chandelier à l'huile de M. l'Abbé de Preigney.

Nous avons examiné, par ordre de l'Académie, un chandelier à l'huile, présenté par M. l'Abbé de Preigney. Le pied de ce chandelier est creux, & sert de réservoir *à l'huile : la tige contient une pompe*, dont le piston tient à une piece qui représente la bougie ; au haut de laquelle est la capacité qu'on peut nommer la véritable lampe. En haussant & baissant cette bougie dans le chandelier, on oblige l'huile de monter dans la lampe, qui en peut contenir pour plus d'une heure. Si en pompant plus long-temps qu'il ne faut, la lampe se trouve trop pleine, l'huile rentre dans le réservoir, par le moyen d'un intervalle pratiqué entre la lampe proprement dite, & l'enveloppe extérieure de la bougie. Quoique les lampes à pompe de cette espece soient connues depuis long-temps sous le nom de lampes d'Amiens ; cependant comme la pompe du chandelier est un peu plus simple, & que sa forme plus gracieuse le rend propre à beaucoup plus d'usage, nous croyons qu'à ces égards il pourra aussi être plus agréable au Public.

Chandelier à Huile.

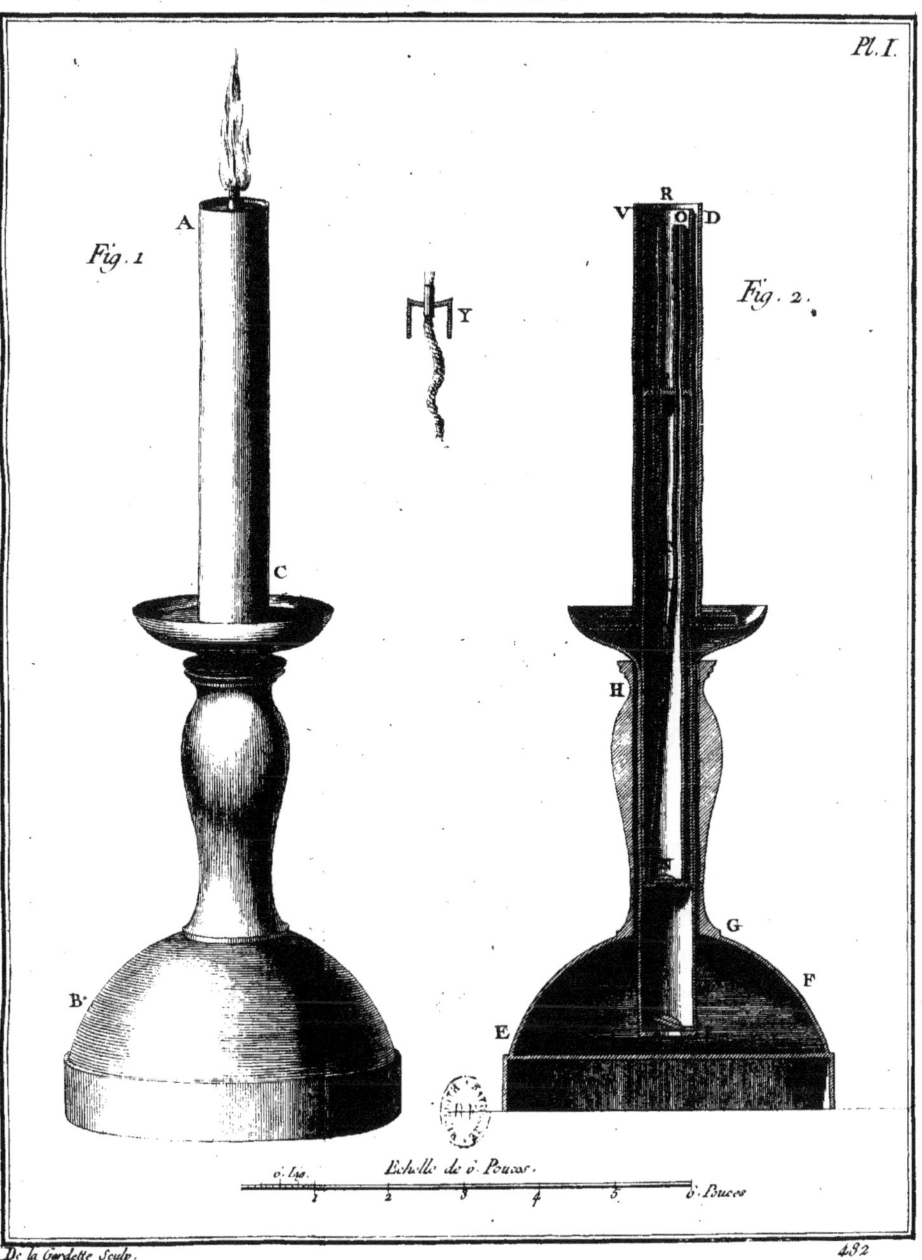

De la Gardette Sculp.

2.me Lampes en forme de Flambeaux, et Bougeoirs.

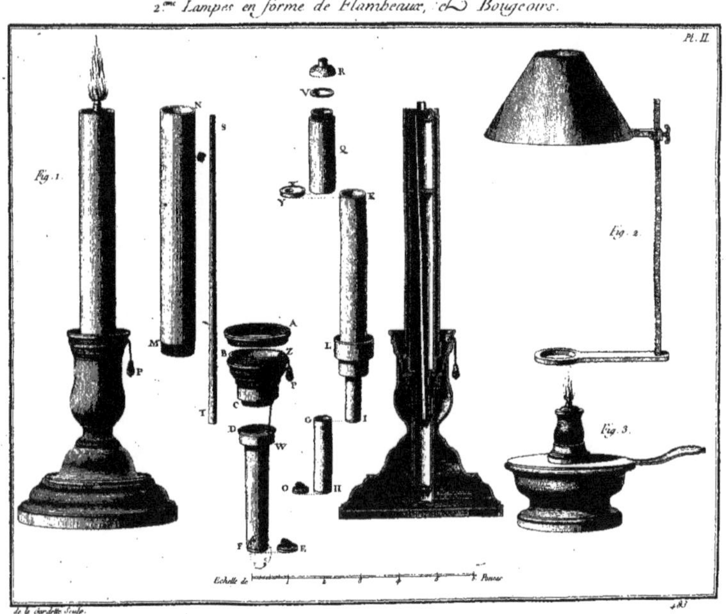

RECUEIL
DES MACHINES
APPROUVÉES
PAR L'ACADÉMIE ROYALE
DES SCIENCES.

ANNÉE 1751.

MACHINE

1751. N°.484.

MACHINE
POUR REMONTER
LES PENDULES,
PAR LE MOYEN D'UN COURANT D'AIR,
INVENTÉE
PAR M. LE PLAT, HORLOGER.

LA premiere figure représente une caisse AB de trois pieds de long, un pied de largeur & deux pieds de hauteur : en diminuant vers la partie A, à peu près de la forme d'un grand soufflet de forge, elle est entiérement ouverte par ses extrêmités : la partie A traverse le jambage d'une cheminée C bouchée par le devant, & l'extrêmité B occupe la place de plusieurs carreaux de vitre, de la croisée la plus voisine de la cheminée, dans laquelle l'air extérieur peut librement passer : le devant est fermé par des verres ou glaces qui contiennent l'air dans le tuyau, & qui permettent en même temps de voir dans l'intérieur le mouvement de la machine.

La petite boîte G contient un rouage que le moulinet D fait mouvoir ; les aîles de ce moulinet sont inclinées à leur axe de la même maniere que celles d'un moulin à vent ordinaire. Ce méchanisme est représenté en grand par la fig. 2. L'on voit que le pignon E, qui tient à l'arbre du moulinet, fait mouvoir la roue F ; celle-ci porte un deuxieme pignon qui fait tourner la roue G : le pignon de son centre engrene dans la roue H, dont le pignon

fait pareillement tourner la roue I, sur laquelle est con-
1751. centriquement *fixé* une poulie K à pointe, autour de la-
N°. 484. quelle *roule* une corde L L jointe à l'axe par ses extrêmités, & qui par le moyen des quatre poulies M M M M (*fig.* 1.) répond au poids N, au contre-poids O, & au mouvement de la pendule P. Cette pendule ne renferme aucune nouveauté; elle marque les heures, minutes & secondes, concentrique à l'ordinaire. Mais comme le courant d'air feroit continuellement tourner le rouage & monteroit trop le poids, l'Auteur interpose, entre la grande ouverture B de la boîte (fig. 1.) & le moulinet D, une petite vanne R, suspendue par un fil de fer, qui tient à l'extrêmité S d'une bascule. Cette vanne est contrebalancée par le contre-poids T, moins pesant que la vanne, afin que celle-ci puisse tomber par son propre poids, & se mouvoir *librement dans les* coulisses où elle est ajustée: cette vanne doit être de papier ou autre matiere légere.

Effet.

Lorsque l'air fait mouvoir le rouage, & que le poids N monte, il rencontre l'extrêmité S de la bascule qu'il éleve, & en même temps la vanne qui n'oppose qu'une très-petite résistance; pour lors le courant d'air se trouvant coupé n'agit plus sur le moulinet D: le tout étant en repos, il n'y a plus que le poids qui, par sa pesanteur, fait mouvoir la pendule; & suivant les expériences qu'en a fait l'Inventeur pendant une année, le poids doit rester dans cette situation à deux ou trois pouces de différence, au moins, neuf mois de l'année: à l'égard de l'été, où le vent fournit le moins, le poids n'a descendu que six pouces dans les plus grandes chaleurs de 1750.

Les pieces ponctuées n'ont point été exécutées; elles ne sont ici représentées que comme une idée de l'Auteur, qui ne se proposoit de les appliquer que pour la conservation de l'ouvrage; il convient même qu'elles sont inutiles, & que la petite vanne R suffira pour produire le même effet, d'autant qu'elle bouchera l'entrée par où passe le vent plus des trois quarts de l'année; cependant en voici les propriétés.

V est une *bascule* pour modérer le vent lorsqu'il est trop fort; sa chûte, qui pourroit être trop précipitée, est ralentie par le volant X qui porte un pignon, lequel engrene dans le rateau Y; ajusté au pied de la bascule, il empêche les secours que le ressort Z pourroit procurer.

L'on voit que ces pieces de précautions ne peuvent essentiellement servir que dans des cas où le vent s'introduiroit avec trop de force dans le tuyau, ce qui ne peut arriver que très-rarement, & que l'on peut d'ailleurs éviter par des moyens beaucoup plus simples.

La pendule est *soutenue* par un *croissant*, dont le pied W *est fermement attaché sur la boîte* : à l'égard du mouvement, il est composé, pour aller soixante jours avec son poids, de dix livres, qui ne fait que cinq livres pour le tirage du mouvement, sur une poulie de huit lignes de diametre : sans le secours de ladite machine; c'est un terme quinze fois plus long qu'il ne faut, suivant les observations que l'Auteur a faites pendant les trois mois d'été, avec le secours de son remontoir. On peut le prendre plus long ou plus court, par une combinaison sur la variété des vents prises dans différentes années : on ne parle point des autres mois, parce que la force des vents est plus que double des trois ou quatre mois de l'été.

Les quatre poulies de renvoi M M M M peuvent être supprimées par un arrangement différent à celui que l'Inventeur a été obligé de prendre, par rapport au lieu où la machine a été exécutée.

M. le Plat avoit encore en vue une construction particuliere de tuyau, substituée à la place d'une cheminée; mais il n'étoit pas décidé sur les proportions dont elle

peut être susceptible, & n'a rien donné d'assez clair sur
1751. cet objet pour être rapporté ici.
N°.484. La plûpart des remontoirs de pendule que l'on cite dans le certificat ci-après, en produisant le même effet, sont d'une construction beaucoup moins embarrassante que ce que M. le Plat propose, qui cependant peut être simplifié suivant les endroits où l'on voudroit l'établir.

RAPPORT DES COMMISSAIRES.

Du Samedi 30 Janvier 1751.

NOus avons examiné, par ordre de l'Académie, une machine proposée par M. le Plat, Horloger, pour remonter les pendules par le moyen d'un courant d'air.

Les Horlogers instruits, par la raison & par l'expérience, que les horloges à poids vont avec plus de justesse que celles qui sont à ressort, ont imaginé différens moyens pour substituer des poids aux ressorts des mouvemens des pendules à consoles, dans lesquelles on ne peut faire descendre des poids que de quelques pouces.

Le moyen le plus simple qui se présentoit pour faire marcher une pendule pendant plusieurs jours, en ne faisant descendre le poids moteur que d'une très-petite quantité, étoit de multiplier les roues du mouvement: mais en employant un plus grand nombre de roues, les horloges devenoient moins exactes, & plus sujettes à arrêter.

Pour avoir des pendules plus régulieres, avec un poids qui descend très-peu, on a imaginé différentes machines, pour remonter le poids de temps en temps.

M. Godron a fait une de ces machines, qui remontoit le poids du mouvement de deux en deux ou de trois en trois minutes.

M. le Bon, Horloger, M. de Boistissendeau, & dans la suite M. Thiout, ont fait remonter les poids des mouvemens de leurs pendules, de demi-heure en demi-heure ou d'heure en heure, par le moyen du reſſort de la ſonnerie. 1751. N°. 484.

M. d'Ons-en-Bray a fait exécuter à Berci une pendule que l'on remonte ſans le ſçavoir, en ouvrant la porte de la chambre dans laquelle cette pendule eſt établie ; & M. Thiout, dans ſon Traité d'Horlogerie, a donné le moyen de remonter une pendule ſemblable, en ouvrant & fermant la porte de la chambre, en ſorte que ſi l'on eſt aſſuré qu'on ouvrira ou fermera la porte de la chambre, avant que le poids ſoit en bas, la pendule ne ceſſera jamais d'aller.

Toutes ces machines, excepté la premiere, ſont conſtruites de façon que dans le cas où le poids eſt remonté juſqu'à une certaine hauteur, leur mouvement n'agit plus pour remonter ce poids.

Ce qu'on a fait pour remonter le poids d'un mouvement de pendule par le moyen d'un reſſort ou par le mouvement d'une porte, on le pourroit faire par un courant d'air ; & c'eſt ce moyen que M. le Plat a choiſi pour remonter le poids de la ſienne. Il place un moulinet à ſix ou à huit aîles, inclinées à ſon axe comme celles d'un moulin à vent, dans un tuyau horizontal, dont une ouverture eſt hors de la chambre ſur la rue, & dont l'autre ouverture eſt dans le tuyau d'une cheminée fermée par en bas. L'axe de ce moulinet porte un pignon qui engrene dans une premiere roue ; le pignon porté par l'axe de cette premiere roue engrene dans une ſeconde, & ainſi de ſuite juſqu'à une quatrieme roue, dont l'axe porte une poulie garnie de pointes dans ſa gorge; & comme le moulinet tourne pour peu que l'air circule dans le tuyau, la poulie, qui eſt ſur l'axe de la quatrieme roue, tourne auſſi, & remonte par conſéquent le poids par le moyen d'une corde ſans fin.

Pour empêcher que le vent ne monte le poids plus

qu'il ne faut, M. le Plat a pratiqué, au plus haut où le
1751. poids *doit* monter, une petite baſcule ou levier que le
N°.484. poids *fait* lever lorſqu'il y arrive : ce levier tire une petite vanne de papier, qui ferme le paſſage du tuyau, & empêche l'air d'agir ſur le moulinet.

Cette machine de M. le Plat nous a paru bien imaginée, & utile pour ceux qui craignent d'oublier de remonter leur pendule, ou qui veullent s'en épargner le ſoin.

A l'Académie, ce 30 Janvier 1751.

Signés, CAMUS;

DEPARCIEUX, *avec paraphe.*

Machine, pour remonter les Pendules, par le moyen d'un courant d'air.

484

1751. N°. 485 & 486.

MACHINE
A RABOTER LE FER,
INVENTÉE
PAR LE Sr NICOLAS FOCQ, HORLOGER.

LE sieur Nicolas Focq, Entrepreneur des machines à feu de Charleroy & de Condé, proposa de substituer des corps de pompes de fer battu, de son invention, à la place de ceux de fer coulé, actuellement employé à la Machine de Marli ; & comme il étoit juste qu'il prouvât les avantages des siens sur ceux-ci, on lui dit d'en faire des épreuves, ce qu'il a exécuté depuis avec tout le succès desiré.

Pour y parvenir, le sieur Focq a construit sa machine au Pont-à-Lan, sur le chemin de Binche, à un demi-quart de lieue de Maubeuge : elle est composée (fig. 1.) d'une moyenne roue E, placée entre deux lanternes H, I, dans le même plan vertical. La lanterne inférieure I est mise en mouvement par une manivelle G, garnie d'un balancier C C; & la lanterne supérieure H communique ce mouvement à une roue B B, dentée dans la moitié de sa circonférence. A l'arbre de cette roue est fixée la roue de bois à gorge A A, dont la demi-circonférence est enveloppée par une corde; les bouts de cette corde, après avoir passé sur les poulies de renvoi K, L, M, N, O, P, viennent s'attacher aux extrêmités H H, fig. 2. Pl. II., d'un rabot, dont on développera ci-après les parties

séparées. Ce rabot est saisi entre deux grosses barres de fer
1751. quarrées, parallelement & horizontalement posée, entre
N°. 485 lesquelles se dirige le vat & vient qui est le rabot même.
& 486. Le fer de ce rabot est une espece de croissant, qui coupe par les extrêmités de ses cornes, de maniere qu'en tournant alternativement la manivelle G (fig. 1.), tantôt d'un sens, & tantôt de l'autre, il n'y a aucune perte de temps: voici l'explication des parties qui composent le rabot.

A A, (fig. 2.) tranchant du rabot, duquel la trempe est inconnue.

B, latte ou douve de fer que l'on rabote.

C, assemblage du rabot.

D, Visses qui appuient sur l'assemblage du rabot, pour lui donner plus ou moins de mordant.

E E, feuilles de ressort, qui servent à égaliser le mouvement du rabot.

F F, *barres de fer ou jumelles, qui servent à contenir* l'arbre du rabot.

G, arbre du rabot.

H H, corde qui fait mouvoir le rabot.

Les corps de pompe étant composés de douves de fer battu, assemblés & cerclés de même matiere, les fonctions de la machine sont de raboter chaque douve séparément sur leurs champs, & d'alaiser ensuite tout le corps de pompe, afin d'en rendre les parois parfaitement cylindriques & polis. Pour cela, on assujettit le corps de pompe ou buse D sur la machine, comme il est représenté dans la fig. 1.

Pour faire prendre à chaque douve sur sa largeur la courbe qui lui convient, par rapport au cercle dont elle fait partie, on la fait battre par un maca, dont la masse forme le segment du cercle, & porte sur une enclume concave; ensuite de cette opération, on établit chaque douve sur son champ, pour la raboter à plat ou en feuillure, ainsi que le sieur Focq le pratiquoit dans la plupart des tuyaux

tuyaux qu'il construisoit de façon que les joints se recouvrent à demi-épaisseur avec beaucoup d'exactitude. 1751.

On peut faire des corps de pompe depuis sept pieds de longueur jusqu'à dix, & depuis dix pouces de diametre jusqu'à quatre pieds. J'en ai vu neuf de sept pieds, dont huit sont de dix pouces de diametre, & le neuvieme de quinze pouces, le tout dans œuvre : ils étoient remplis d'eau depuis trois mois; ils avoient été faits pour essai: l'on ne s'appercevoit d'aucune humidité extérieure, ni le moindre jour qui pût occasionner des pertes. Quant à la solidité de ces corps de pompes, les dimentions que l'on va décrire semblent donner à cet égard des assurances bien certaines; il ne reste qu'à s'assurer de même de la perfection qui doit se trouver dans l'intérieur du cylindre, & c'est ce que je n'ai pû vérifier. No. 485 & 486.

Chaque corps de pompe de dix pouces de diametre & de sept pieds de longueur, est formé de neuf douves, assemblées & serrées par douze cercles de fer, qui ont trois pouces de largeur, & ces extrêmités terminées par des collets de deux pouces de largeur, percés des trous nécessaires à la jonction de plusieurs parties ensemble : les cercles sont de six lignes d'épaisseur; mais les douves ont neuf lignes par un bout & six lignes par l'autre, & forment un cône tronqué.

RAPPORT DES COMMISSAIRES.

Du Mercredi 30 Juin 1751.

NOus avons examiné, par ordre de l'Académie, une machine à raboter le fer, présentée & exécutée par le sieur Nicolas Focq, Serrurier à Maubeuge, & Entrepreneur de machines hydrauliques à feu.

Le corps du rabot du sieur Nicolas Focq est une barre de fer bien dressée, de trois pieds de longueur, garnie dans son milieu d'un fer ou ciseau propre à couper le fer.

1751. N°. 485 & 486.

Cette barre *eft terminée* par deux talons fendus, qui embraffent *la piece* que l'on rabotte.

Le *cifeau* ou fer du rabot eft une efpece de croiffant, qui *coupe* par les extrêmités de fes cornes, enforte que *la piece* qu'on rabotte eft également coupée dans l'allée & le retour du rabot. Le tranchant du cifeau peut avoir depuis trois quarts de pouce jufqu'à un pouce & demi de large.

La queue du rabot eft contenue entre deux jumelles de fer bien dreffées, & y eft affujettie par le moyen de plufieurs refforts qui rendent le frottement & le mouvement plus doux. La barre de fer dreffée, qui fait l'office de fuft pour le rabot, eft tirée par fes extrêmités au moyen d'une forte corde qui paffe fur deux poulies & fur une roue, qui tournent alternativement en fens contraires, pour faire aller & venir le rabot.

Le fieur Focq, en conftruifant cette machine, a eu *principalement en vue de conftruire & d'alaifer* des corps de pompe d'un très-grand diametre, pour des machines hydrauliques à feu. Ces corps de pompes ou cylindres font compofés de plufieurs douves de fer forgé, affemblées par des cercles de même matiere.

Le rabot dont on vient de rendre compte, fert non-feulement pour dreffer les douves & les mettre de largeur avant de les affembler, mais encore à perfectionner & unir la courbure intérieure de leur affemblage.

Cette machine nous a paru fimple & ingénieufement compofée pour l'ufage auquel elle eft deftinée. Ainfi nous croyons qu'elle doit être approuvée par l'Académie, & publiée dans le Recueil des Machines.

Fait à l'Académie, le 30 Juin 1751.

Signés, PAJOT D'ONS-EN-BRAY,

CAMUS,

NOLLET, *avec paraphe.*

Machine pour raboter le Fer.

Dheulland Sc.

Développement du Rabot.

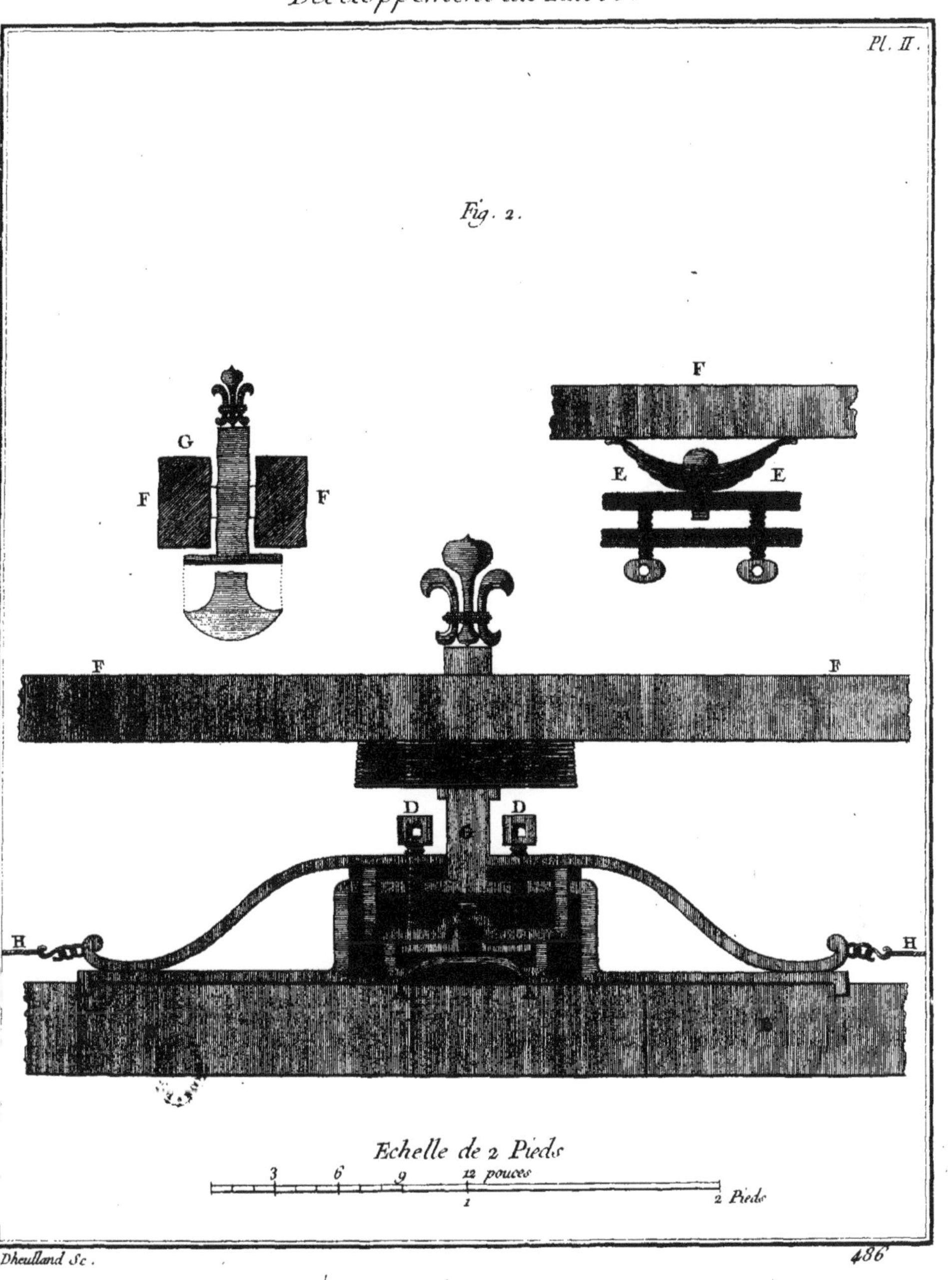

Dheulland Sc.

RECUEIL
DES MACHINES
APPROUVÉES
PAR L'ACADÉMIE ROYALE
DES SCIENCES.

ANNÉE 1752.

MACHINE

1752.
N°. 487.

NOUVEAU VENTILATEUR
RECTIFIÉ
D'APRÉS CELUI DE M. HALLÉS,
PAR M. POMMIER,
INGÉNIEUR DU ROI POUR LES PONTS ET CHAUSSÉES.

TOut le monde connoît l'utilité des ventilateurs, & le bon uſage qu'on en peut faire pour la ſanté. Perſonne ne doute que la plupart des maladies ne proviennent que du mauvais air que nous reſpirons. C'eſt d'après ces réflexions, *ſi néceſſaires à l'humanité*, que M. *Hallés* a travaillé ſur cette matiere; ſon but étoit d'en faire l'application dans les Vaiſſeaux, dans les Hôpitaux, dans les Mines & dans les Salles de Spectacle.

M. Demours a fait la traduction d'après les Mémoires de M. Hallés, & qu'il a publiée en 1744.

On a établi un ventilateur à l'Hôtel Royal des Invalides en 1748; il eſt décrit parmi les Machines qui ont été préſentées & approuvées dans cette même année.

Dans les lieux vaſtes & fort étendus, il eſt facile d'y établir les ventilateurs qui ont été propoſés juſqu'ici; mais ce ne ſont point ces poſitions où ils ſont les plus néceſſaires : le renouvellement d'air s'y fait aiſément par des moyens plus ſimples.

Le ventilateur des Invalides, que je viens de citer, a été reconnu préférable à celui de M. Hallés; & comme l'application la plus utile que l'on en puiſſe faire eſt de renouveller l'air dans les capacités les plus reſſerrées & les mieux fermées, c'eſt auſſi dans les Vaiſſeaux où l'on

1752. N°. 487.

peut en faire le meilleur usage. Pour le rendre propre à y être employé, il faut chercher à en diminuer le volume, sans rien perdre de ses avantages ; voilà l'objet de M. Pommier : celui qu'il propose tiendra moins de place.

Cependant le Journal de Trévoux, du mois d'Avril 1751, pag. 806, indique un Mémoire sur la corruption de l'air dans les Vaisseaux, par M. Bigot de Moroque, Capitaine de Vaisseau, & Correspondant de l'Académie. Cet Officier dit avoir fait usage du ventilateur de M. Hallés dans le Vaisseau le Sorbay. Cette machine n'avoit que quatre pieds de long, sur vingt pouces de large & douze d'épaisseur ; avec le travail de deux hommes elle répandoit plus de vingt-cinq mille pieds cube d'air par heure, & cette quantité étoit suffisante pour renouveller plus de quinze fois pendant ce temps-là, l'air de la cale aux vivres dans un bâtiment tel que le *Sorbay*.

On voit par cet exemple que l'on peut soumettre le volume du ventilateur de M. Hallés au service des Vaisseaux, & purifier l'air dans les cales, principalement dans ceux qui sont la traite des Negres à la côte de Guinée.

M. Pommier donne dans son Mémoire une description abrégée du ventilateur de M. Hallés, pour servir de comparaison à la rectification qu'il en a faite ; mais comme elle n'est point accompagnée de figure, je l'ai cru inutile ici. Il termine cette dissertation par dire qu'on aura donc pour le volume d'air, en mouvement ou comprimé, cinquante pieds cubes, qui est la même quantité que son ventilateur en comprime avec une seule boîte, de même dimention qu'une des deux de M. Hallés, & avec le même équilibre ; c'est ce que M. Pommier démontre par la description suivante du sien : c'est au Lecteur à consulter l'un & l'autre.

Description & dimentions du nouveau Ventilateur rectifié.

La fig. 1. (c'est M. Pommier qui parle), représente

mon ventilateur prêt à mettre en mouvement; sa boîte en sapin est de toute part d'un pouce d'épaisseur; ses dimentions, mesurées en dedans, sont de six pieds de longueur, cinq de large & un pied dix pouces de hauteur, attendu deux pouces d'épaisseur pour deux diaphragmes de même bois, qui doivent y être placés, & qui seront emboîtés de chêne par les deux boûts : le circuit desdits diaphragmes sera garni d'une bande de cuir, pour que l'air ne s'échappe pas si facilement; la capacité sera donc de cinquante pieds cubes, comme une des deux boîtes de M. Hallés. En A, (fig. 1.) c'est un arbre servant de point d'appui avec double levier du second genre, qui fait hausser ou baisser l'étrier B, à l'aide de la puissance appliquée en G. Cet étrier donne le mouvement à un diaphragme inférieur, posé diagonalement. A l'autre extrêmité du levier est une tige C, qui, à l'aide de la puissanee F, fait agir un autre diaphragme supérieur posé comme l'inférieur, & par conséquent à côté l'un de l'autre : l'effort des deux puissances donnent un mouvement commun aux deux diaphragmes; c'est-à-dire, que quand une des puissances fait pression sur une des branches du levier, l'autre agit pour enlever la branche opposée, & en même temps un des diaphragmes s'éleve pendant que l'autre baisse.

1752. N°. 487.

En tête de la boîte sont six soupapes ou clapets de sapin mince, retenus avec charnieres de cuivre, pour en éviter la rouille, dont les trois côtés, 1, 2 & 3 s'ouvrent en dehors, & les trois autres, 4, 5 & 6 en dedans. Ces dernieres soupapes servent à l'aspiration, & les premieres au refoulement; les deux supérieures 1 & 4, ainsi que les inférieures 3 & 6, ont un pied de longueur sur six pouces de hauteur, ce qui laissera aspirer & refouler, dans le même temps & à chaque vibration du levier, une colonne d'air de cinquante pieds de hauteur sur un pied quarré à sa base : les deux autres soupapes du milieu 2 & 5 auront ensemble la même surface que les quatre autres prises en-

1752 N°. 487. semble; c'est-à-dire, deux pieds de largeur sur six pouces de hauteur, ce qui laissera aspirer ou refouler une pareille colonne d'air, tant dans la seconde vibration du levier que dans la premiere; l'une de ces soupapes s'ouvrant, comme il a déja été dit, en dedans, & l'autre en dehors.

Les trois tringles 7, 8 & 9, posées perpendiculairement à la tête du ventilateur, & dont les côtés sont à queue d'arondes, servent à recevoir un des deux moufles, représentés par les figures 2 & 4, qui ont l'un & l'autre différens usages par rapport aux différens emplacemens du ventilateur, ce qu'on verra ci-après pour l'usage des Vaisseaux.

Si on juge à propos de placer cet instrument soit à fond de cale ou aux entre-ponts, on fera usage du moufle, fig. 2., ayant sa surface interne ouverte en A B; il se placera à coulisse, entre les deux regles à queue d'arondes 8 & 9, ainsi qu'il est représenté par les lignes ponctuées D E de la fig. 1. Ce moufle est placé à l'effet de recevoir à chaque coup de levier l'air qui sort des soupapes 1 & 3, ou de celle marquée 2 dans l'un ou l'autre; car il ne sort de l'air que par des surfaces d'un pied, pourquoi sera fait à ce moufle une ouverture quarrée C D fig. 2, pour y placer un tuyau de planches d'un pied d'ouverture, pour laisser une issue à l'air qu'on refoule à chaque vibration du levier, & qui sortira avec d'autant plus de vîtesse que les puissances seront grandes sur les deux extrêmités du double levier, & par conséquent proportionelles aux pressions faites sur les diaphragmes.

Si malgré le peu de volume de mon ventilateur, ou pour quelques autres raisons, il ne pouvoit se placer entrepont, on pourroit en faire usage en le plaçant sur le tillac, pour lors on se serviroit du moufle de la fig. 4, qui se pose devant les soupapes interieures 4, 5 & 6, & au lieu d'adapter le tuyau quarré sur le devant, on le placera à

la

la base du moufle en AB; & voici la maniere de s'en servir, afin d'aspirer au dehors le mauvais air de tous les ponts en général, ou de quelques-uns en particulier, supposant toujours qu'il y ait assez d'ouverture pour que l'air extérieur puisse entrer & reprendre le vuide de celui aspiré.

1752. N°.487.

Ayant donc déterminé sur le tillac la position la plus avantageuse, pour y placer le ventilateur armé du moufle dont il vient d'être parlé, on percera chaque pont à l'aplomb les uns des autres, par un trou de même grandeur que celui fait à la base du moufle; & dans ces trous, on y placera un tuyau en planches comme C D en maniere de pompe, & dont l'extrêmité D sera à fond de cale, & l'autre C s'emboîtera à la base du moufle, à chaque entre-deux des ponts comme en E, F, & G doit être placé des portes à coulisses, d'un pied quarré d'ouverture, à l'effet d'aspirer l'air dans le même temps de tout le pont, en les laissant toutes ouvertes, & lorsqu'on ne desirera d'aspirer l'air que d'un des ponts, on fermera les portes à coulisses, à l'exception de celles correspondantes au pont dont on veut renouveller l'air; alors le mauvais air en étant aspiré par ce tuyau, entrera dans le ventilateur par la soupape intérieure & sera refoulé par les extérieures. Voilà, à ce que je crois, toute l'explication qui peut être donnée pour former une idée juste de cet instrument; il ne faut plus que prouver son effet double sur celui de M. Hallés.

Démonstrations qui prouvent que le volume d'air aspiré & refoulé par mon ventilateur, est double de l'effet d'une des boîtes qui composent le ventilateur de M. Hallés; l'une & l'autre boîte du même cube.

Je me sers, pour faciliter la démonstration, de la section de mon ventilateur, prise sur la longueur & au droit des

soupapes intérieures, ce qui est représenté par la fig. 3.
1752. Il est bon aussi d'avertir, avant d'entrer en démonstra-
N°.487. tion, qu'ayant mon diaphragme inférieur rompu en *a*, je le considere, ainsi qu'il le doit être, comme droit, & que je n'aurai point égard aux courbures de la tête & de la queue de la machine, ne voulant point entrer dans un détail qui n'en mérite point l'attention, pourquoi cette partie sera négligée; ce qui sera dit des surfaces le sera pareillement des solides, parce que la troisieme dimention du ventilateur, qui est en la profondeur, est constante dans toute la longueur & hauteur de la boîte.

La surface ou coupe A B C D de la machine, étant dans les proportions ci-devant données, elle aura dix pieds de surface; les deux diaphragmes *e d* & *c a b*, étant joints l'un contre l'autre & posés diagonalement, le premier *e d* arrêté en *e* par une charniere qui lui donne la liberté de se mouvoir de *d* en A; & le second *c a b*, aussi fixé par une pareille charniere en *z*, & se meut de B en D C. E G est une tige circulaire qui a pour centre celui commun au diaphragme : il en est de même de celui F, H : dans l'anneau E, traverse jusqu'à moitié un levier qui est arrêté par ses extrêmités à l'étrier B H de la fig. 1, & par une clavette comme en H, ce qui communique le mouvement de vibration du levier au diaphragme inférieur *b a c* de la fig. 3 : il en est de même de l'autre tige qui communique son mouvement au diaphragme supérieur, & qui est jointe par une charniere F, de la fig. 1, à une autre tige droite C.

Présentement si la puissance, qui est en G extrêmité du levier F G de la fig. 1, presse sur l'étrier B, alors le diaphragme *c a b* fig. 3, en descendant s'applique sur le fond de la caisse comme *c f g*, tandis que celui supérieur *d e* s'éleve en *h e* : chacun de ces diaphragmes étant de même longueur, & parcourant des arcs de cercle égaux *h d* & *b g*: les surfaces comprises entre leurs mouvemens, ſont deux triangles égaux & ſemblables, iſolés & mixtilignes; mais les ſurfaces de ces deux triangles priſes enſemble, ſont égales à toutes celles du parallelograme A B C D, dont tout le volume d'air que contient le ventilateur, qui eſt de cinquante pieds cubes, eſt refoulé par la compreſſion que cet air reçoit des diaphragmes; il ferme les ſoupapes intérieures 6 & 4, pendant qu'il ouvre les deux extérieures, qui leur répondent, pour ſe répandre dans l'athmoſphere : pendant cette compreſſion, la grande ſoupape intérieure 5 s'ouvre pour laiſſer entrer un nouvel air dans le vuide que laiſſent les deux diaphragmes en ſe ſéparant, pendant que l'autre grande correſpondante & extérieure ſe ferme.

Il en eſt de même du ſecond effort fait par la deuxieme puiſſance appliquée à l'autre extrêmité du levier, pour remettre les diaphragmes dans la même ſituation qu'ils étoient avant la premiere opération, c'eſt-à-dire de les rapprocher l'un contre l'autre; alors le diaphragme inférieur *c f g* remonte dans ſon diagonale comme en *c a b*, & celui ſupérieur *h e* deſcend auſſi dans la même diagonale *d e*. Ces deux diaphragmes parcourent donc toute la ſurface du parallelogramme, ce qui fait que le volume d'air qu'ils compriment, eſt de cinquante pieds cubes, tandis que la compreſſion de la ſeconde puiſſance du premier ventilateur, n'eſt que comme la premiere de vingt-cinq pieds cubes.

Lorſque ces deux diaphragmes, dans cette deuxieme opération, veulent ſe réunir dans leur diagonales, la ſoupape intérieure 5 ſe ferme pendant que la correſpondante extérieure s'ouvre pour laiſſer échapper l'air comprimé par les deux diaphragmes, & les deux autres ſoupapes intérieures 3 & 6, s'ouvrent pour faciliter un nouvel air de rentrer dans le ventilateur, pour remplacer le vuide que laiſſent les diaphragmes en ſe rapprochant, & les deux autres ſoupapes extérieures & correſpondantes

1752. No.487. aux deux *intérieures* ſe forment. On peut voir quelle eſt la raiſon pourquoi je fais la ſoupape 5 & la correſpondante, *égales* en ſuperficie à celles 4 & 6, & leurs correſpondantes priſes enſemble ; c'eſt que l'air aſpiré ou *refoulé* dans la premiere opération, eſt égale en volume de celui de la deuxieme, & qui ſont l'un & l'autre égales à cinquante pieds cubes : mais dans une des preſſions, les deux diaphragmes diviſent le volume total d'air en deux parties égales, tandis que dans une autre ſuivante, ces mêmes diaphragmes réuniſſent tout le volume en un ſeul, pourquoi les deux ſoupapes qui y répondent ſont égales aux quatre autres priſes enſemble.

Pour que le ventilateur de M. Hallés faſſe autant d'effet que le mien (c'eſt toujours M. Pommier qui parle), il faut donc qu'il y ait deux boîtes, chacune d'un volume égal au mien, ce qui fait cent pieds cubes de volume au *lieu de cinquante.*

On pourroit m'objecter qu'il y a, de plus que les cinquante pieds, deux parallelipipedes, l'un deſſus & l'autre deſſous, à l'effet de contenir les petites ſoupapes ſupérieures & inférieures, & qui contiennent enſemble ſept pieds & demi cubes : mais dans l'autre ventilateur, il y a une augmentation au moins de neuf pieds, par un parallelipipede deſſous la tête de chacune des boîtes, & par un eſpace aſſez conſidérable qui eſt entre chaque boîte, pour y placer l'arbre ſoutenant le levier, au bout duquel ſont appliquées les puiſſances dont on peut négliger cette augmentation, puiſqu'elle eſt commune dans les deux cas.

RAPPORT DES COMMISSAIRES.

Du 19 Février 1752.

NOus ſouſſignés Commiſſaires nommés par l'Académie, pour examiner un Mémoire de M. Pommier, Ingénieur du Roi pour les ponts & chauſſées, contenant *la description & l'usage d'un nouveau ventilateur, rectifié d'après celui de M. Hallés*; nous avons trouvé qu'il differe de celui de ce grand Physicien, par le nombre des diaphragmes qu'il place dans la boîte du ventilateur, en mettant deux au lieu d'un, & par la position qu'il leur donne. Dans le ventilateur de M. Hallés, il n'y a qu'un diaphragme qui se trouve situé au milieu de la boîte parallelement à son fonds, & qui, se mouvant circulairement sur une de ses extrêmités, ne peut chasser qu'une quantité d'air égale à la portion du cylindre qu'il décrit. Dans le ventilateur de M. Pommier, les deux diaphragmes au lieu d'être placés dans la boîte comme celui de M. Hallés, y sont situés diagonalement : une de leurs extrêmités se trouvant en haut dans une des angles de la boîte, & l'autre en bas dans l'un des angles opposés, de façon que, par une section perpendiculaire de toute la machine, ils paroîtroient *lorsqu'ils sont rapprochés l'un contre l'autre*, comme la diagonale du rectangle formé par la section de la boîte. Ces deux diaphragmes sont mobiles respectivement sur les extrêmités situées dans ses angles; mais tellement que l'extrêmité mobile de l'un des diaphragmes répond à l'immobile de l'autre. On conçoit par cette disposition que ces diaphragmes, par leur mouvement décrivant deux portions de cylindre égales à la capacité intérieure de la boîte, doivent chasser tout l'air qui y étoit contenu, d'où il résulte qu'avec une boîte toute semblable à celles de M. Hallés, il a un ventilateur qui chasse deux fois plus d'air, ce qui ne peut être que fort utile sur les Vaisseaux, où l'on ne peut trop ménager la place : il est cependant bon de remarquer que dans cette construction, les soupapes d'inspiration doivent être très-grandes & beaucoup plus considérables que dans celle de M. Hallés, parce qu'ici si l'air ne pouvoit passer avec assez de vîtesse à travers ces soupapes, on seroit obligé, pour mettre les diaphragmes en mouvement, de lever toute la colonne

1752. N°. 487.

d'air. Il paroît par le dessein, que cette remarque est
1752. échappée à l'Auteur; mais c'est une chose à laquelle il
N°.487. est facile de faire attention dans l'exécution.

Signés, LE ROY.

DUHAMEL.

Ventilateur rectifié d'après celui de Mr. Hales.

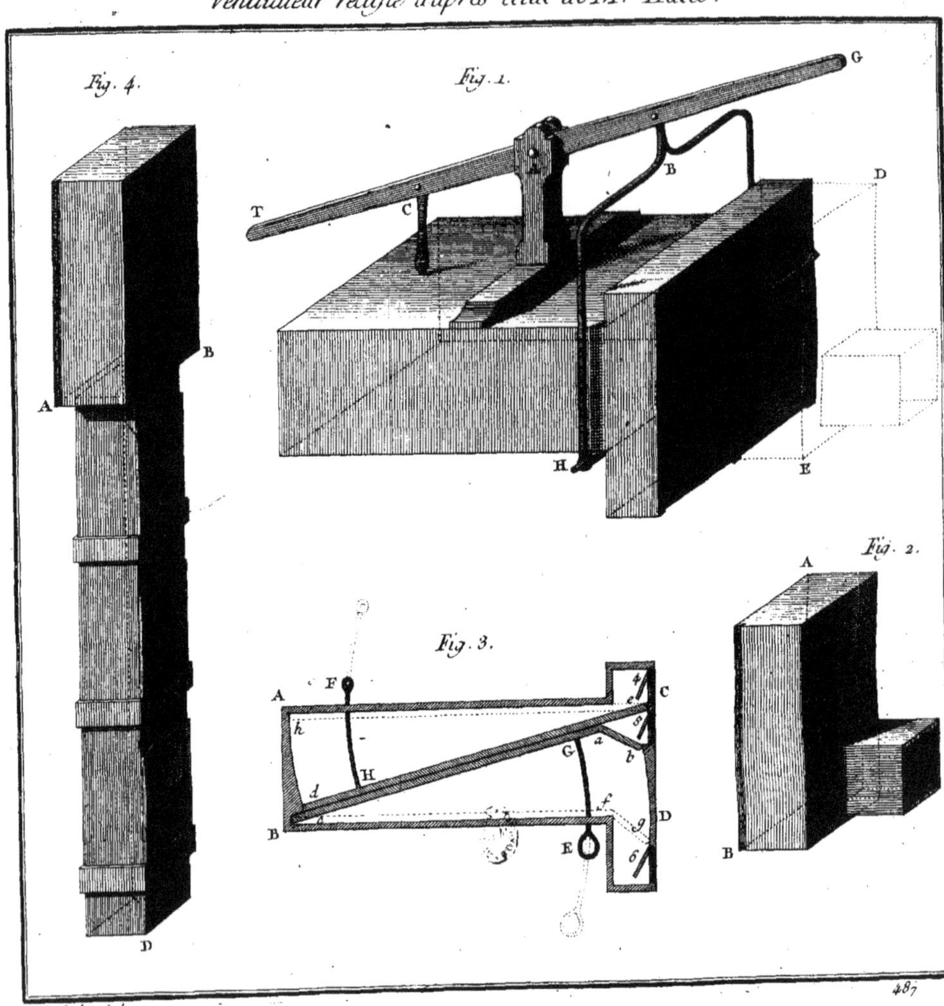

De la Gardette Sculp.

1752.

PENDULE
DE M. LE ROY, FILS AINÉ.

CEtte pendule, qui ne fut présentée par son Inventeur que pour prendre acte, n'a pas eu cette année de certificat en forme; il dit alors à l'Académie qu'il se proposoit d'y faire plusieurs changemens.

PENDULE

1752. N°. 488.

PENDULE A ÉQUATION,

INVENTÉE PAR LE Sr FERDINAND BERTHOUD, HORLOGER A PARIS.

CEtte pendule est à sonnerie; elle marque les années bissextiles.

La roue de barillet de sonnerie engrene dans un pignon qui fait un tour en vingt-quatre heures. La tige de ce pignon passe à la cadrature, & porte quarrément une assiette sur laquelle est rivée la piece *a a*. Sur le prolongement de cette tige est ajustée la piece *ſ o n*, qui porte une dent partagée en deux parties, dont l'une est plus saillante que l'autre. Ce cylindre ou piece *ſ o* peut monter & descendre sur cette tige, dont la partie qui passe à travers le cylindre est ronde.

La partie *o* de la piece *ſ o n* a une tige cylindrique, qui passe à travers la piece *a a*, qui, par ce moyen, en tournant entraîne avec elle la piece *ſ o n*. C'est la partie *n* ou dent qui fait tourner la roue annuelle *B*, fendue à rochet de trois cens trente-six dents. Cette roue est maintenue par un sautoir W. Dans les années bissextiles, la partie la moins saillante de la dent de la piece *ſ o n*, fait passer à chaque tour de la piece *a a* une dent de la roue annuelle, & lui fait faire un tour en trois cens soixante-six jours.

Dans les années de trois cens soixante-cinq jours, la

1752. No. 488. partie la moins *saillante* de la dent fait passer trois cens soixante-quatre dents de la roue annuelle; & les deux dents de cette roue qui restent encore, sont prises en un seul tour de la piece *a a* par la partie la plus saillante de *la dent n;* ensorte que les trois cens soixante-six dents de la roue annuelle sont prises en trois cens soixante-cinq fois qui répondent à autant de jours. Il reste à voir comment la piece *s o n* change de position, & monte pour présenter à la roue annuelle, trois fois en quatre ans, la partie la plus large de sa dent. L'étoile L L, divisée en huit parties, est mue par deux chevilles que porte la roue annuelle, dont une fait passer une dent de l'étoile le 31 Décembre à minuit, & l'autre, le 29 Février à la même heure. Cette étoile porte une plaque qui passe entre la roue annuelle & le cadran, où est gravée: *premiere, deuxieme, troisieme année*, & *année bissextile*, lesquelles paroissent alternativement à travers une ouverture faite pour cet effet au cadran. Cette étoile porte les trois parties pareilles à celles P : ce sont des plans inclinés, qui servent à éloigner de la piece *a a*, trois fois en quatre ans, la piece *s o n*, & lui font présenter la partie *n* de la palette pour faire passer deux dents de la roue annuelle. Le ressort *m* sert à faire redescendre la piece *s o n* aussitôt que le plan incliné lui en donne la liberté, ce qui se fait à l'instant que la palette fait passer la dent de la roue annuelle qui répond au premier Mars.

La dent de l'étoile, parvenue à l'angle du sautoir *g*, est obligée de parcourir un espace qui éloigne en même temps le plan *s* de la piece *a a*, laquelle a un intervalle creusé dans la longueur du cylindre *s*. C'est dans cette partie que le plan incliné vient agir pour faire monter la piece *o s n*.

La roue A est celle du temps moyen, qui engrene à l'ordinaire dans celle C de renvoi, dont le pignon engrene dans celle de cadran. Sur cette roue A est attachée une partie I *l* de cuivre, laquelle porte un petit pont *r* qui fait une espece de cage pour l'étoile E fendue en vingt parties. Cette étoile porte un pignon à lanterne de quatre dents, qui engrene dans la roue *b* du temps vrai; c'est en faisant tourner l'étoile de l'un ou de l'autre côté, que l'on fait avancer ou retarder la roue du temps vrai, sans que celle du temps moyen se meuve. Le levier F Z T mobile au point Z, sert à produire cette variation. La partie T de ce levier porte deux chevilles; celle de la partie supérieure sert à faire retarder l'aiguille du temps vrai, & l'autre au contraire à la faire avancer. Ce sont les différens diametres de la piece O O taillée en limaçon, qui détermine la quantité de dents qu'une des chevilles doit faire passer, & dans quel sens elle doit le faire. Ces pas de limaçon sont déterminés par l'équation du jour : chaque pas de la piece O O comme *q* sert pendant que l'équation est constante; (puisque tous ces pas sont formés par des portions de cercle concentriques à la roue annuelle, & par conséquent à la piece O fixée sur la roue annuelle), & ils changent lorsque l'équation varie.

1752. N°. 488.

Le levier F Z T peut se mouvoir non-seulement en tournant sur ses pivots, mais encore monter & baisser suivant leur longueur : l'assiette de ce levier repose sur la piece *a d*. Cette piece a une entaille *x*, qui se présente à l'assiette à chaque vingt-quatre heures, à onze heures du soir, & lui permet de s'y enfoncer : alors le levier présente l'une ou l'autre de ses chevilles à l'étoile E, qui, emportée par la roue des minutes du temps moyen, rencontre une des chevilles du levier T, laquelle s'engage entre les rayons de l'étoile, & la fait tourner plus ou moins, suivant que la cheville se présente loin ou près du centre. C'est cette quantité qui représente l'équation diurne : à minuit, l'entaille dans laquelle l'assiette étoit descendue, continuant à s'y mouvoir, fait remonter le

1752. N°.488. levier par un plan incliné fait à l'entaille. Le levier reste élevé *jusqu'à* onze heures du soir suivant, ce qui empêche les chevilles qu'il porte de s'engager pendant tout ce temps dans les dents de l'étoile, quoique l'étoile fasse la même révolution, & soit toujours emportée par la roue des minutes.

La piece D que porte cette roue, est pour faire équilibre non-seulement avec l'étoile & sa petite cage, mais encore avec l'aiguille des minutes du temps moyen : l'aiguille du temps vrai est d'équilibre par elle-même.

Pour que les enfoncemens des pas de limaçon O puissent être plus grands, & par-là ôter toutes les erreurs qui en pourroient résulter, (comme, par exemple, qu'une des chevilles, qui fait tourner l'étoile, ne se présente pour faire passer trois dents au lieu de deux, &c.) la piece *a a* porte une cheville qui, pendant que la dent de la piece *o ſ n* en fait passer une de la roue annuelle, éloigne la partie F du levier F Z T des pas de limaçon les plus élevées de la piece O, ensorte que les pas de limaçon n'exigent point de plans inclinés pour faire passer le levier F Z T à un pas plus élevé.

Le ressort R sert non-seulement à presser le levier F Z, pour que la partie F appuie continuellement contre le limaçon O, mais il presse encore l'assiette du levier F Z, pour la faire descendre dans l'entaille *x* de la piece *a a*.

Pendule a Equation.

De la Gardette Sculp.

RECUEIL
DES MACHINES
APPROUVÉES
PAR L'ACADÉMIE ROYALE
DES SCIENCES.

ANNÉE 1753.

1753. N°. 489.

MOYEN

PROPOSÉ

PAR M. POMMIERS,

INGÉNIEUR DES PONTS ET CHAUSSÉES,

POUR pratiquer des abords faciles aux Ponts de Bateaux construits sur des bras de mer, ou sur des rivieres dans lesquels le flux & le reflux se font sentir.

LE pont de bateau, établi à Rouen sur la Seine, a donné lieu à cette recherche, fondée sur les difficultés de pratiquer ce pont à mer haute ou à mer basse; car il est situé de maniere à faire sentir les vicissitudes des marées.

Dans l'un ou l'autre de ces cas, l'abord en devient difficile; c'est-à-dire qu'à mer haute, les travées extrêmes sont fort roides, & à mer basse trop inclinées. Ce défaut vient de ce que ces travées extrêmes sont trop courtes, ce qui fait que s'il y a des différences considérables entre les basses & les grandes eaux, il faut nécessairement que la pente le devienne : par exemple, si la travée comprise entre la culée & le premier bateau est de six toises, & que la différence des basses eaux aux moyennes, (où l'on suppose le pont de niveau), soit de trois pieds en dessus ou en dessous, les pentes seront de six pouces par toise : en les réduisant à moitié, c'est-à-dire à trois pouces, il faudroit allonger la travée, & lui donner douze toises au

lieu de ſix : mais *comme* il ne ſeroit pas praticable d'em-
1753. ployer des *bois* de ſoixante-douze pieds de portée, ca-
N°. 489. pables de *réſiſter* au poids des voitures, & autres fardeaux de *cette* eſpece, M. Pommier ne borne point le moyen *qu'il* propoſe à douze toiſes d'étendue, mais à une diſtance beaucoup plus conſidérable, & à laquelle on ne pourroit établir aucun aſſemblage : voici la propoſition.

La hauteur des moyennes eaux étant *a b*, (fig. 1.) le pont ſera de niveau en *c d*, ſi l'on prend *a c* pour la hauteur apparente du bateau, & qui eſt la même que *b d*, hauteur de la culée : conſidérant préſentement la longueur *c d* d'une diſtance trop conſidérable pour trouver les poutres aſſez longues, & en état de réſiſter aux fardeaux qu'elles doivent ſupporter comme en cet exemple, la longueur étant de douze toiſes, il conviendra donc d'en diminuer la portée par un bateau qui ſe placera en *e f*, & qui diviſera *cette portée en deux parties égales*, de chacune 6 toiſes.

Il ne faudroit point d'autre méchanique, ſi la hauteur des eaux étoit conſtante : mais ſuppoſant que ces mêmes eaux s'élevant dans les hautes marées de trois pieds au deſſus des moyennes, comme en *i l*, le point *c* deſſus du pont s'élevera au point *g*, tandis que celui *f* ne devra monter qu'en *h*, moitié de *c g*, & par conſéquent d'un pied ſix pouces. Le point *d* reſtera toujours dans ſa même poſition étant retenu à la culée, ce qui donne un niveau de pente égal de trois pouces par toiſe.

Le bateau poſé en *a c* étant élevé en *g*, il faut que celui *e f* reçoive en montant une charge capable de le faire fixer en *h*, moitié de la hauteur *c g*, pendant que *d* ſera fixe. Pour y parvenir, non-ſeulement pour une diſtance de douze toiſes, mais encore pour une telle qu'on le deſirera, on peut donner une pente douce, en multipliant le nombre des bateaux, auxquels on donnera des charges proportionnées à *l'élévation* qu'ils auront beſoin, pour former la pente demandée.

La

La fig. 2 eſt un profil d'une partie du pont ſuivant ſa longueur; A, B ſont les bateaux qui ſupportent une travée du pont de niveau, tel que celui de Rouen. 1753. N°. 489.

C D eſt la partie du pont qui reçoit les différens niveaux de pente, composée de deux travées, dont un des bouts eſt ſupporté ſur un rouleau *a*, fixé à la culée, pour faciliter la prolongation ou diminution de cette longueur de pont, qui varie ſelon les différentes hauteurs d'eau, & l'autre bout eſt fixé par un tourillon adhérant au pont de niveau. Ces deux travées ſont partagées par le bateau E, qui eſt celui qui doit recevoir la charge proportionnée à ſon abaiſſement ou élévation, pour que la pente ne ſoit point interrompue dans ſes points d'appui.

La fig. 3 repréſente le même bateau E de la fig. 2, mais vu de côté, dont la moitié eſt débordée pour faire voir la quille *a b* de bateau : elle porte les poinçons ou montans *c c*, ſur leſquels on fait la conſtruction du pont en pente; l'autre moitié montre le flanc du même bateau, avec une des fermes d'aſſemblages, qui doit être répétée à ſa partie oppoſée; c'eſt-à-dire, qu'il doit y en avoir deux à la poupe, & deux à la proue, afin de tenir le bateau en reſpect, de la même maniere qu'il eſt pratiqué au pont de Rouen : mais ces fermes ſont placées l'une en amont, l'autre en aval, directement aux pointes de chaque bateau; elles ſont à peu près de même conſtruction que celle qui eſt repréſentée dans cette figure; la ſeule différence eſt qu'à ces dernieres, il n'y a que deux jumelles; au lieu que dans celle que l'on propoſe, il y en a trois, pour avoir deux eſpaces *d* & *e* pour les raiſons ci-après expliquées : *f* & *g* ſont les coupes des entraits ou pieces de bois, qui traverſent la largeur du bateau, & qui y ſont fixés ſur les bords par des étriers de fer; & dans les extrêmités de ces entraits, ſurpaſſent les bords extérieurs des flancs du bateau pour paſſer dans les eſpaces *d e* des fermes d'aſſemblages, ce qu'on peut voir plus

facilement en *a b de* la fig. 4, & qui eſt déchargé par les
1753. deux pieces *c d* & *d e*, afin que leſdits entraits, étant
N°. 489. chargés *par* leurs extrêmités *a* & *b* (ainſi qu'il va être expliqué) ne puiſſent ſe rompre dans leurs milieux.

On a déja dit que lorſque les bateaux du pont de niveau s'éleveront de trois pieds, le bateau E (*fig.* 2.) ne doit s'élever que d'un pied ſix pouces : ce même bateau étant ſuppoſé de ſix cens pieds de ſuperficie, il devroit être chargé d'un poids égal à un volume d'eau qui auroit pour baſe les ſix cens pieds de ſurface, ſur un pied ſix pouces de hauteur, qui eſt celle dont le bateau doit être enfoncé dans l'eau, (non compris le triau d'eau; mais c'eſt une conſidération inutile ici, puiſque les bateaux du pont de niveau ſont dans le même cas). Ce volume d'eau, eſtimé peſer ſoixante-dix liv. le pied cube, à cauſe du mélange d'eau douce avec l'eau ſalée, ſera donc de ſoixante-trois mille liv. : mais il convient que ce même poids ne charge le bateau que proportionnellement aux différentes hauteurs que le niveau de pente l'exige; c'eſt-à-dire, que lorſque les bateaux du pont de niveau s'éleveront d'un pouce, celui E ne s'élevera que d'un demi pouce, en recevant une charge de huit cens ſoixante-quinze livres, qui eſt $\frac{1}{72}$ de ſoixante-trois mille liv., ce qui eſt dans le même rapport de ſix lignes à trois pieds.

La fig. 5 repréſente une des quatre ferrures en grand, dont la moitié fait voir de face les gueuſes de fonte ou ſaumons de plomb, de chacune quatre pouces d'épaiſſeur, & du poids de huit cens ſoixante-quinze livres, enfilés les unes dans les autres par des boulons de fer à tête perdue, qui laiſſent la liberté à chacune de ces gueuſes de ſe ſéparer les unes des autres de quatre pouces de diſtance, & ont la facilité de ſe rejoindre les unes contre les autres, au moyen des trous pratiqués dans les gueuſes ſupérieures, pour y loger les têtes des boulons qui excéderoient la hauteur de deux gueuſes jointes enſemble, ce qu'on peut voir par l'autre moitié de cette même ferme, coupée par le milieu de sa longueur pour laisser voir l'assemblage des boulons, comme le boulon *a b*, dont la tête *a* doit entrer dans le trou *c*, & ainsi des autres. 1753. N°.489.

Il y a encore deux attentions à avoir, tant pour la régularité du mouvement d'abaissement ou élévation du bateau, que pour la solidité de cette méchanique : 1°. c'est que le bateau, pour être chargé de demi-pouce en demi-pouce lors de son élévation, il ne faut point que les huit gueuses, employées sur quatre pouces de hauteur, faisant ensemble un poids de sept mille liv., équivalant à la charge, capable de retenir le bateau plongé de quatre pouces dans l'eau, soient sur un même plan, mais de façon qu'à chaque demi-pouce d'élévation, une des gueuses se décharge sur une des extrêmités des entraits *a b* de la fig. 4, où on apperçoit les fermes de côté. C'est donc lorsque le bateau est enlevé par le volume d'eau que donne la marée, que les entraits *a b* suivent la même élévation, & se chargent des gueuses dont il vient d'être parlé; au contraire ils s'en déchargent lorsque les marées se retirent. 2°. L'attention que l'on doit avoir pour la solidité se divise en deux parties; l'une, c'est de faire les boulons supérieurs plus forts que les inférieurs, proportionnellement au nombre des gueuses qu'ils doivent supporter; car le premier doit lui seul dans les basses eaux supporter un poids de mil sept cens cinquante liv., huitieme partie des soixante-trois mille liv., qui est la charge que le bateau doit recevoir pour n'être hors de l'eau que de dix-huit pouces; & l'autre, que la charge du bateau E qui porte la charpente de partie du pont, doit avoir son centre de gravité en *b*, au moyen d'une charniere qui joindra la quille du bateau avec le poinçon *c* : ce poinçon sera coëffé du chapeau *d* armé des contrefiches *c e*, pour maintenir le soupontreau *f*, ce qui diminue la portée de la poutre ou sommier *g* : toutes ces pieces seront en outre bien liées les unes avec les autres, par des moises & décharges, *ainsi* qu'il se voit par les coupes qui suffissent pour donner une ample intelligence de toutes les parties que l'on néglige de décrire; par ce moyen le bateau ne sera point obligé de pencher tantôt à droite & tantôt à gauche, pour se prêter au niveau de pente que le pont prendra aux différentes hauteurs d'eau, étant toujours chargée perpendiculairement.

1753. N°.489.

En suivant tout ce qui vient d'être prescrit, on peut allonger la pente d'un pont de bateau autant qu'on le jugera à propos, sans employer de bois plus long que ceux dont on a coutume de se servir; il est même très-facile de lui donner telle forme qu'on voudra sur la largeur, pouvant élever les travées du milieu où se fait la navigation, afin de livrer un passage aux bateaux qui n'ont point d'agrès, comme il s'en trouve en plusieurs *rivieres telle que la Seine.*

RAPPORT DES COMMISSAIRES.

NOus avons examiné, par ordre de l'Académie, le moyen proposé par M. Pommier, Ingénieur des ponts & chaussées, pour pratiquer des abords faciles aux ponts de bateaux, construits sur des bras de mer, ou sur des rivieres, dans lesquelles le flux & le reflux se font sentir.

Ces especes de ponts, tels que celui de Rouen, ont cela d'incommode, que leurs travées extrêmes, dont un bout porte sur les culées, ont des pentes trop roides dans les hautes & basses marées. Le moyen que M. Pommier propose pour remédier à ce défaut, se réduit à donner plus de longueur aux travées des extrêmités, afin que leur pente, distribuée sur une plus grande étendue, devienne plus douce: & afin de ne pas tomber dans l'inconvénient de rendre ces travées d'autant plus foibles

qu'elles feroient plus longues, il propofe de les foutenir
vers le milieu par des bateaux. 1753.

Comme les bouts des travées, qui porteront fur les culées, feront toujours à la même hauteur ainfi que ces culées, & que les autres bouts, qui porteront fur des bateaux, s'éleveront & s'abaifferont, avec la partie moyenne du pont, dans le flux & le reflux; les différens points de ces travées s'éleveront & s'abaifferont d'autant plus qu'ils feront plus éloignés des culées; ainfi les bateaux que M. Pommier mettra vers le milieu de ces travées extrêmes, doivent s'élever & s'abaiffer moitié moins que les autres bateaux, qui foutiendront les extrêmités joignante la partie moyenne du pont.

N°.489.

Pour empêcher les bateaux qui feront fous les milieux des travées extrêmes de s'élever autant que les autres dans le flux, M. Pommier propofe de fufpendre à des fermes, des faumons de fer fondus, & de les difpofer de maniere que ces bateaux en rencontrent en remontant une certaine quantité égale au poids du volume d'eau qu'ils doivent deplacer de plus en s'élevant moins que les autres.

Quoique ce projet demande beaucoup de précifion dans fon exécution, nous le croyons exécutable, en y donnant tous les foins dont M. Pommier eft capable.

Fait à Paris, à l'Académie Royale des Sciences, le 24 Mars 1753.

Signés, DE REAUMUR,

BOUGUER,

CAMUS.

Moyen de rendre des abords facile aux Ponts de Bateaux.

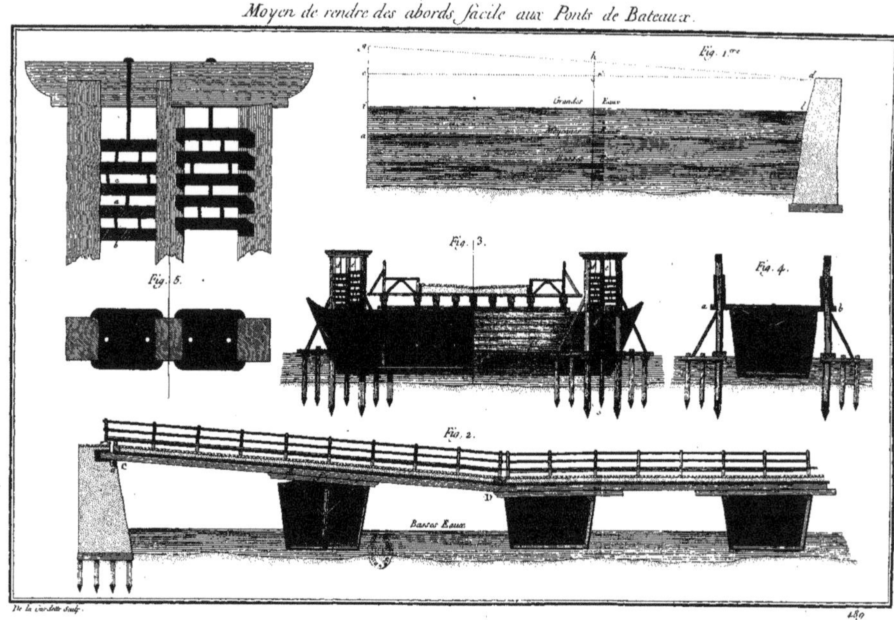

1753.
N°.490.

VOITURE A QUATRE ROUES, *PERFECTIONNÉE* PAR M. DUPIN DE CHENONCEAUX, FERMIER GÉNÉRAL.

JE ne donne ici qu'un extrait du Mémoire que M. de Chenonceaux a lu à l'Académie ; il l'a fait imprimer, & m'en a donné un exemplaire.

On ſait que pour *profiter de toute la force des chevaux attelés aux voitures, il faut,*

1°. Que les roues ſoient rondes, & que pour éviter des cahots & des frottemens, il faut que l'axe ſoit un cylindre horizontal droit.

2°. Les *eſſieux doivent* être de même longueur, afin que les voies ſe ſuivent ; car il eſt prouvé que ſur la terre il y a bien moins de difficultés, à poids égal, à faire paſſer une voiture ſur une voie déja applanie, que ſur celle qui ne l'a pas été.

3°. Les cahots détruiſent le train d'une voiture en raiſon de leur violence. L'avant-train & tout ce qui y eſt porté, de même que partie des brancards, & généralement tout ce qui y appuie, eſt plutôt uſé que l'autre partie, ſoutenue ſur les quatre roues, dont les cahots ſont moins violens que ceux des petites.

4°. On ſait que ſur un terrein uni, une roue d'un diametre double d'une autre, a un grand avantage ſur celle qui n'auroit pour diametre que la longueur d'un

de ses rayons : mais dans les terres molles, les petites
1753. roues ont un désavantage plus grand ; d'abord l'essieu &
N°.490. les moyeux portent contre terre ; en second lieu, la direction des traits, qui est beaucoup trop basse, même sur le pavé, se trouve, par l'enfoncement des roues, presque comme celle des chevaux attelés à un traineau.

5°. Lorsque les traits ne sont pas dans la direction horisontale du poitrail des chevaux, ils ont à porter la perpendiculaire, qui part depuis le point où le trait est attaché, jusqu'à celui de la parallele de leur poitrail. Si l'on veut aller à quatre chevaux, & qu'on attele ceux de devant avec de faux traits, placés à la hauteur du poitrail des chevaux de timon, comme c'est l'usage, parce que l'on ne se sert ordinairement de la volée que pour aller à six chevaux, ceux du timon se trouvent appesantis du jarret, par la direction basse des traits qui leur fait porter une partie de la voiture, même sur un terrein uni.

De plus, *les chevaux de devant étant attelés* à la hauteur de leur poitrail, appuient en tirant sur les jambes de devant des chevaux de timon, qui sont chargés en raison de la direction des traits, eu égard à la hauteur des chevaux de devant, & à la force dont ils tirent ; de sorte que plus ils sont bas & ceux de derriere hauts, plus ces derniers sont fatigués.

C'est d'après toutes ces réflexions que M. de Chenonceaux a imaginé de mettre les roues de devant, telle que A, à quatre pieds de hauteur, & il a réussi à les faire passer sous les brancards avec des changemens qui paroissent peu. Il a fait relever l'encastrure de l'essieu, & ceintrer le brancard un peu plus qu'aux berlines allemandes. Quant aux soupentes sous lesquelles les roues doivent passer, qui est le point de difficulté, il ne veut point y mettre d'arc de fer, comme en Angleterre & en Allemagne, ce qui ôte toute la douceur de la voiture, par l'interruption du jeu des soupentes, & les coupe même dans peu de temps.

M. de

M. de Chenonceaux a fait prendre la suspension de la caisse, de dessous le siége du cocher, ce qui dégage le passage de la roue, & ressemble aux ressorts à la Dalesme, au moyen de ce que les pieds cormiers du devant de la caisse sont un peu moins longs que ceux du derriere. La voiture se *trouve droite*, quoiqu'il semble qu'elle dût être jettée en arriere par la hauteur de la suspension du devant. Les crics sont à peu près comme ceux des voitures ordinaires; & malgré la hauteur des roues, la caisse, le siege du cocher, les brancards, & généralement toutes les parties de la voiture, sont dans les hauteurs ordinaires; l'avant-train est aussi fait de même.

1753. N°. 490.

Les Charrons doivent particuliérement observer de percer le lisoir, pour la cheville-ouvriere, bien exactement au milieu. Le lisoir est au carrosse, comme les deux bras d'une balance, dont le milieu auroit pour point d'appui la cheville-ouvriere. *Si le point d'appui n'est pas au milieu, les bras du levier sont inégaux, & l'équilibre* n'est plus juste. M. le Camus a remarqué que ce *trou* n'étant pas juste dans le milieu, les cochers souvent ne pouvoient deviner ce qui fatiguoit un cheval plus d'un côté du *timon* que de l'autre. C'est pour éviter cet inconvénient *que M. de Chenonceaux fait* donner au lisoir une plus grande épaisseur dans l'endroit destiné à forcer le trou de la cheville-ouvriere, afin que le bois ne s'y trouve point affamé, & que lorsqu'il a fléchi par le travail, on puisse y encastrer dans l'épaisseur un morceau de bois & y reforer le trou à neuf.

Il recourbe son timon en B, comme ceux des voitures publiques, ce qui empêche les chevaux de s'y blesser, parce qu'ils ne peuvent, comme avec les timons droits, s'y attrapper les jambes à cause de la hauteur du coude.

Quant à la caisse, comme les roues de devant sont plus grandes qu'à l'ordinaire, & qu'on est obligé d'attacher les soupentes au haut du mouton du siége du cocher, on

a raccourci les pieds cormiers du devant de la voiture, ce qui suffit pour donner de la facilité d'attacher haut les
1753.
N° 490. soupentes, & procurer par ce moyen le passage aux roues de devant; il fait pencher la voiture un peu plus en arriere qu'en avant, ce qui est plus commode pour ceux qui sont dedans, & plus avantageux pour les chevaux; car il est reconnu qu'un poids placé sur des roues de devant, moitié des grandes, fait qu'on fatigue beaucoup plus les chevaux que le même poids placé sur les roues de derriere.

On pourroit suspendre la voiture avec des ressorts, & donner aux roues de devant presque la même hauteur qu'à celles de derriere : on auroit à la vérité le poids des ressorts de plus, ce qui, joint aux autres inconvéniens, doit faire abandonner le parti.

M. de Chenonceaux a vu une voiture fort rude qu'on vouloit rendre douce, en faisant suspendre les siéges avec des cordons attachés à l'impériale; mais cette voiture n'en étoit pas moins rude : on auroit pû y ajouter de petits ressorts, à l'extrêmité desquels les cordes auroient été attachées : on y eût senti moins de cahots que dans toutes celles qu'on a vues jusqu'à présent, sans appesantir les équipages, ni apporter d'obstacles aux mouvemens des chevaux; mais on perdroit la place des coffres, & l'on auroit un mouvement doux comme celui d'une balançoire, qui pourroit incommoder ceux qui n'y seroient point accoutumés.

M. de Chenonceaux fait encore observer qu'il seroit nécessaire pour les voitures où l'on veut placer des lanternes, de faire des calibres justes, suivant le foyer de la parabole. Les ouvriers tracent cette courbe sans regle & sans exactitude, ce qui fait que les rayons de lumiere ne pouvant pas se réunir à un foyer commun, se réfléchissent différemment, & cette aberration du foyer commun diminue considérablement la lumiere.

Voici les avantages qui résultent de cette correction, aux voitures à quatre roues. 1753. N°.490.

1°. La forme a beaucoup de grace; & pour ceux qui ne l'examineront pas en détail, elle paroîtra la même que celles des voitures ordinaires.

2°. Les changemens proposés sont si faciles, que sans faire, pour ainsi dire, d'autre dépense que celles des roues à toutes les voitures déja faites, on pourra diminuer le frottement des roues sur leurs axes, faire tirer les chevaux à la hauteur de leur poitrail, & faire passer les roues de trois pieds deux pouces sans rien changer au brancard.

3°. Les essieux étant droits sans plians en avant ni en dessous, la voiture sera moins sujette à verser : la voie n'étant point rétrécie du bas, les roues dureront plus long-temps en s'usant également, & seront moins dans le cas de se rompre & de se déranger.

4°. Les Maîtres & les Domestiques seront plus doucement; *les chevaux en état de faire beaucoup plus de travail*, même en reculant : ils pourront aller plus vîte, & seront moins sujets à se blesser au poitrail, & à s'écorcher la cuisse. Les chevaux attelés, comme on le propose, dans un tournant, ou même en passant d'un côté de rue à l'autre, ne seront pas sujets à être serrés & gênés du bas par les traits, & par conséquent moins exposés à tomber lorsque le pavé est mauvais.

5°. La voiture ne se trouvera pas plus élevée dans aucune de ses parties, que les voitures ordinaires : les Maîtres & les Domestiques n'auront pas plus haut à monter.

Tous ces avantages paroissent confirmés par l'application que M. de Chenonceaux a faite à une voiture à quatre places, fort rude & trop lourde pour aller loin à deux chevaux, qui, sans avoir été allégée, est devenue si roulante, que son cocher y attele ses chevaux par préférence à une voiture à deux places, qui, quoique beaucoup plus légere, est moins roulante, parce qu'elle est

1753. N°. 490. restée avec les défauts communs à toutes les voitures de cette espece. Cette voiture seroit encore plus parfaite, si on avoit pu soumettre les ouvriers aux sujétions de cette construction; mais il est assez difficile de les faire sortir de leurs usages ordinaires, & on est souvent obligé d'avoir recours à ceux d'une profession différente, parce qu'ils sont plus dociles, n'ayant adopté aucun préjugé sur un travail qu'ils n'ont pas coutume de faire.

Lorsque les cochers lavent leurs voitures, ils ne doivent pas passer leur éponge sur les assemblages à tenons & mortoises, parce que l'eau s'y insinue, y séjourne & pourrit l'un & l'autre : il faut qu'ils se servent d'une brosse humectée; le train & la caisse en dureront plus long-temps.

Je n'ai pas cru devoir comprendre dans l'extrait ci-dessus, les parties discutées dans le certificat ci-après, pour éviter une répétition inutile; ainsi l'on peut considérer que ce que je viens de détailler, joint à ce que le certificat *contient, font ensemble le Mémoire* de M. du Pin de Chenonceaux.

RAPPORT DES COMMISSAIRES.

NOus avons examiné, par ordre de l'Académie, un Mémoire de M. du Pin de Chenonceaux, dans lequel il expose les moyens dont il s'est servi pour perfectionner les voitures à quatre roues, en les rendant plus roulantes.

Il a fait ses essais sur une berline à quatre places; il a donné cinq pieds cinq pouces de diametre aux roues de derriere, & quatre pieds aux roues de devant : il a placé la volée à la hauteur du poitrail des chevaux, & a relevé le timon à proportion; il a donné la même voie aux roues de devant qu'à celles de derriere : il a fait mettre à l'extrêmité du lisoir & aux brancards, des rondelles de fer, contre lesquelles frottent le derriere des moyeux; & auprès des palonnieres, il a fait faire des nœuds aux traits, pour qu'ils ne puissent s'appliquer que de plat sur la cuisse des chevaux.

1753. N°. 490.

Nous ne parlerons point du diametre que M. de Chenonceaux a donné aux roues de derriere, parce qu'il est le même qu'aux *voitures ordinaires*.

Les roues de devant ont ordinairement vingt-huit à trente pouces de diametre : en leur donnant quarante-six ou quarante-huit pouces, comme M. de Chenonceaux, on a au moins moitié plus de levier pour vaincre la résistance des frottemens de l'essieu dans les moyeux. L'augmentation de diametre donne aux roues plus d'appui sur le terrein, & les empêche d'entrer aussi profondément dans les creux formés par les inégalités du pavé ou du torrent; ensorte que la voiture doit être moins sujette aux cahots, principalement dans le passage des ruisseaux. La volée, placée à la hauteur du poitrail des chevaux, *empêche qu'ils ne soient appesantis du jarret*, & exige moins de force pour le tirage. Cet avantage, joint à la facilité que l'augmentation du diametre des roues de devant donne au roulage, est la principale perfection que M. de Chenonceaux a donnée à sa voiture : il est vrai que de plus grandes roues sur le devant expose sa voiture à être plus facilement accrochée, lorsqu'on est obligé de tourner, & demande plus d'attention de la part du cocher, lorsqu'il faut entrer dans des portes difficiles; mais ce léger inconvénient ne nous paroît pas une raison suffisante pour se priver d'un avantage réel que l'on trouve dans des roues beaucoup plus grandes que les roues ordinaires.

Il y a bien des gens qui s'imaginent que plus on diminue les roues de devant, plus la voiture a de chasse ou de facilité à monter; mais c'est une erreur que M. de Chenonceaux a fort bien remarquée, & comme l'avoient déja fait la plupart de ceux qui ont examiné cette ma-

1753. N°. 490.

tiere, suivant les principes de la méchanique. On sent que la supériorité des roues de derriere sur celles de devant, ne donne aucun avantage au mouvement de la voiture; & qu'au contraire les roues de devant ont d'autant plus d'avantage qu'elles sont plus grandes, pourvu que la ligne du tirage ne s'écarte pas trop du niveau du poitrail des chevaux. Le plus de hauteur de l'essieu de devant & du timon donne plus d'avantage aux chevaux dans le recul : delà il suit que si la voiture devenue plus roulante par l'augmentation des roues de devant, paroît obligée à enrayer plus souvent dans les descentes, le plus de hauteur de la fleche, qui donne aux chevaux plus de facilité pour retenir, paroît aussi dispenser d'enrayer aussi souvent qu'on pourroit le croire; ainsi l'avantage qui résulte de la plus grande facilité que la voiture doit avoir dans la montée, ne se trouve point détruite par une plus grande difficulté dans la descente.

La *même voie que M. de Chenonceaux* a donnée aux *roues* de devant qu'à celles de derriere, a l'avantage de procurer aux roues de derriere un chemin frayé & battu par celles de devant, & plus de facilité à cotoyer. Les rondelles de fer, appliquées au lisoir & au brancard pour soutenir le frottement des essieux, paroissent utiles, en ce que le frottement devient plus uniforme, plus doux & plus capable de conserver les moyeux que le heurtoir ou espece de cloux, qu'on enfonce dans le brancard.

On sent aisément que les traits, posés de plat contre la cuisse des chevaux, sont moins capables d'en user le poil ou de les écorcher, que ces mêmes traits frottans par leur bord.

L'augmentation de hauteur que M. de Chenonceaux a donnée aux roues de devant de sa voiture, l'a obligé à faire plusieurs changemens dans la courbure des brancards & dans la suspension de la caisse : il a profité habilement de la facilité qu'on a de rendre les voitures plus douces, au moyen des ſoupentes de cordes de tendons, qu'on appelle cordes de nerf, pour élever aſſez haut les moutons d'où partent les ſoupentes, afin qu'elles n'empêchent pas les roues de devant de paſſer par deſſous, & que la caiſſe ne ſoit pas trop élevée. Les remarques que M. de Chenonceaux a faites à cette occaſion, nous ont paru judicieuſes.

1753. No. 490.

Fait à l'Académie des Sciences, le 9 Mai 1753.

Signés, CAMUS,

VAUCANSON.

MACHINE

Voiture à quatre Roües perfectionée par Mr. Dupin de Chenonceaux.

de la Gardette Sculp.

1753.
N°. 491.

MACHINE
A DRAGUER
LE SABLE DES RIVIERES,
INVENTÉE
PAR M. DE LONCE.

L'Usage de cette machine est de nétoyer les rivieres, ou enlever les sables des parties où l'on auroit à fonder des piles de ponts, ou autres travaux de cette espece; elle est *établie sur un échaffaud roulant* A B (*fig.* 1.) *dans lequel passe quatre montans tels que* C D, E F, *que* l'on peut arrêter contre les traverses G H d'un bati, à telle hauteur qu'il sera jugé nécessaire, relativement à la profondeur où l'on veut que la machine opere.

La *fig.* 2, *qui est le profil* de cette machine, représente derriere le montant C D son correspondant I K, qui lui est parallele, ainsi que le montant E F qui a le sien.

Les quatre montans mobiles sont liés deux à deux par des traverses, pour recevoir, à la partie inférieure, deux rouleaux L, M, sur lesquels s'enveloppe une chaîne sans *fin*, ou chapelet garni de *hottes* N, N, N, dont la partie convexe est de tôle percée d'un grand nombre de trous. Cette chaîne passe de même sur un tambour P, (fig. 2.) taillé à six pans, & garni de dents prismatiques, qui s'engagent successivement dans les mailles de la chaîne. Ce tambour est mis en mouvement par le moyen d'une roue dentée Q, qu'une lanterne R, menée par les manivelles S T, fait tourner.

Les hottes N, N, N sont précédées, dans le fond que l'on

1753. N°. 491.

veut enlever, par des crochets V, qui labourent & détachent le sable, le gravier ou les pierres, & les dispose de façon que les hottes les enlevent avec facilité.

Les hottes ont un petit mouvement de charniere autour du nœud qui les assemble, ainsi qu'on peut le voir par une partie de développement, *fig. 3*, qui représente de même les mailles de la chaîne, l'étendue & la disposition du crochet V, qui doit avoir autant de largeur, que la hotte N a de diametre.

Il est aisé de concevoir que quand la hotte est dans le fond de la riviere en X, elle a le temps de se remplir par le chemin qui lui est déterminé par l'écartement des rouleaux L, M, & lorsqu'elle vient à monter, & qu'elle se renverse comme on le voit en Y, tout ce qu'elle contient tombe par son propre poids dans le coffre Z.

Les manivelles S, T faisant vingt-quatre tours par minute, le tambour P en fera six, & rapportera quatre *hottes : chaque hotte, évaluée à* $\frac{1}{4}$ *de pied cube*, fera par conséquent soixante pieds cubes par heure, & en vingt-quatre heures mil quatre cens quarante pieds, ou six toises quatre pieds cubes.

M. Lonce, en présentant cette machine, en avoit une seconde, qui consistoit en un chapelet qui ne différoit pas essentiellement de la construction ordinaire : c'est pour cette raison qu'on ne la trouve pas ici.

RAPPORT DES COMMISSAIRES.

NOus avons examiné, par ordre de l'Académie, deux machines de M. de Lonce, établies dans le jardin du Luxembourg. Ces deux machines sont les mêmes en général que celles pour lesquelles le même M. de Lonce demanda des Commissaires à l'Académie en 1747, & dont l'un de nous, M. l'*Abbé Nollet*, fut un de ceux qu'elle nomma dans le temps. L'une de ces machines est un chapelet, qui ne différe essentiellement de la construction ordinaire que par le tuyau, dont la section transversale, au lieu d'être circulaire, est rectangulaire : par-là il peut avoir l'avantage d'être exécuté plus facilement; mais aussi il doit entraîner plus de frottement dans le mouvement des parties qui font ici la fonction de rondelles : du reste, ce chapelet nous a paru bien exécuté.

L'autre machine sert à draguer le sable des rivieres, soit pour en nétoyer le fond, soit pour fonder des piles de ponts, ou pour d'autres travaux de cette espece. Elle est composée de deux montans, qui portent à leurs extrêmités, en haut & en bas, deux rouleaux horizontaux respectivement paralleles, sur lesquels passent une chaîne qui porte de distance en distance des especes de hottes, dont toute la partie convexe est de tôle, percée d'un grand nombre de trous pour que l'eau puisse s'écouler. Cette chaîne est mise en mouvement par un arbre à six pans, qui a des dents prismatiques couchées sur ces pans, & qui engrenent dans des maillons de la chaîne disposée pour cet effet d'une maniere réguliere. Sur cet arbre est fixée une grande roue qui engrene dans un pignon enarbré sur la manivelle, de façon que par-là on augmente la force des hommes qui la font tourner, & cela à tel degré que l'on veut. Il y a aussi sur la chaîne, de distance en distance, des crochets de fer qui servent à diviser, briser & arracher les pierres qui pourroient empêcher le passage des hottes. Par cette description, on voit que cette machine ressemble, pour le fonds, à d'autres ainsi disposées pour élever de l'eau : mais il ne nous paroît pas que, jusqu'à l'Auteur, on eut pensé à les appliquer à draguer le sable.

Par la disposition des deux rouleaux inférieurs, assez espacés pour que les hottes parcourent horisontalement un petit espace entr'eux deux, on voit que ces hottes sont par-là obligées de se charger de tout ce qui se trouve

dans cet endroit, & que l'on peut augmenter leur pression
1753. contre le sable ou le fond de la riviere, selon que l'on
N°.491. hausse ou l'on baisse les montans : mais il se présente une difficulté, lorsque ces hottes auront passé une ou deux fois dans le même endroit, elles se seront chargées de tout le sable ou le gravier qui pourra s'y trouver ; mais ensuite la place étant nette, elles ne produiront plus aucun effet, & il faudra faire avancer la machine dans un autre endroit, pour qu'elle puisse y travailler. C'est effectivement ce qui doit arriver lorsque les matieres, qu'on se propose d'enlever par les hottes, ne sont pas assez fluides, si cela se peut dire, pour se succéder & remplir l'espace nétoyé par les hottes, ce qui seroit fort embarrassant par la nécessité où l'on seroit à chaque instant de changer cette machine de place. Mais lorsque ces matieres sont assez mobiles pour, par leur poids, se remplacer successivement, ou lorsqu'on peut y suppléer par des hommes qui les chassent continuellement dans le passage des hottes, alors cette machine peut servir très-utilement, ce qui nous a été confirmé par les épreuves que l'on en a faites au Pont d'Orléans. D'après cette réussite, nous croyons que cette machine mérite d'être insérée dans le Recueil de l'Académie, comme un nouveau moyen de draguer le sable des rivieres dans les circonstances que nous avons remarquées.

L'Auteur nous a paru avoir apporté tous ses soins, pour que ces machines rendent le meilleur service.

Ce 14 Août 1753.

Signés, NOLLET,

LE ROY.

Machine a Draguer le sables des Rivieres.

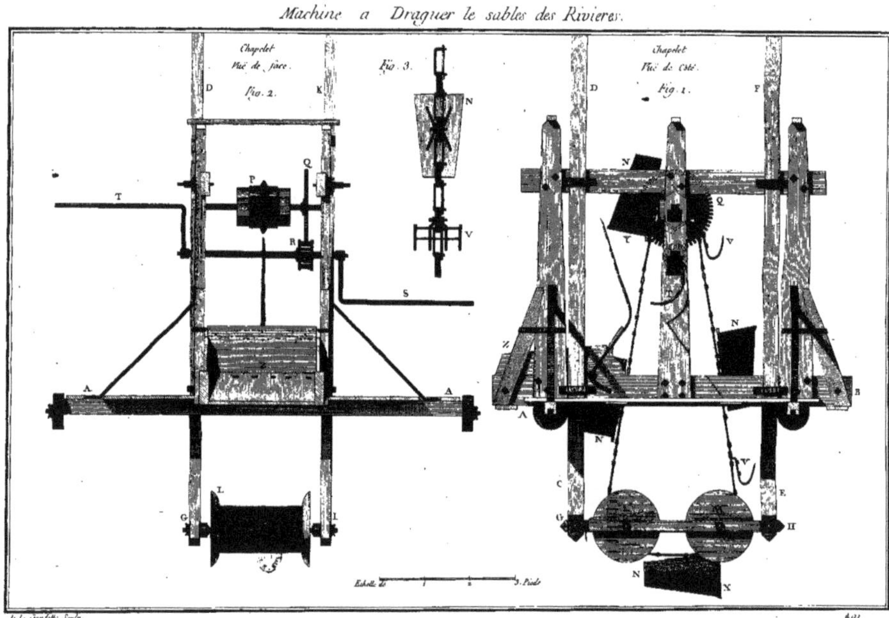

1753.
N°. 492.

MOULIN A EAU
POUR RECEPER LES PILOTS,
INVENTÉ
PAR M. POMMIERS,
INGÉNIEUR DES PONTS ET CHAUSSÉES.

LA description suivante de cette machine est le Mémoire même que M. Pommier a remis à l'Académie: je n'ai pas cru devoir y rien changer; c'est l'Auteur qui parle.

Les moyens dont on s'est presque toujours servi pour fonder les piles des ponts, ont été de former des batardeaux & de faire l'épuisement de leurs parcs, avec différentes machines très-dispendieuses, sur-tout lorsqu'on a une grande profondeur d'eau à vaincre, afin de battre les pilots & poser le grillage à sec, ainsi que les assises suffisantes pour s'élever au dessus des plus basses eaux. Malgré les contre-batardeaux qu'on est dans l'obligation de faire pour éviter les filtrations, étant comme impossible de draguer parfaitement tous les sables du premier batardeau, sur-tout lorsque la profondeur d'eau est considérable, on ne parvient que très-difficilement à dessécher le parc, parce que la grande hauteur d'eau extérieure occasionne par sa pesanteur l'ouverture de plusieurs sources de fond, qui sont d'autant plus grandes que les eaux ont de hauteur: non-seulement cette difficulté constitue de grandes dépenses, mais encore on a le chagrin de voir souvent les batardeaux emportés par des crues

imprévues, ce qui vous fait perdre l'ouvrage d'une
1753. campagne.
N°.492. Il seroit donc important de trouver un sûr moyen de fonder sans le secours des épuisemens, en battant les pilots, & posant le grillage dans l'eau avec autant de solidité que si on travailloit à sec.

M. Labelye, Ingénieur au service d'Angleterre, commença en 1738 à fonder, par encaissement, le Pont de Westminster sur la Tamise, où il supprima la pratique ordinaire des batardeaux; mais aussi trouva-t-il dans cet ouvrage une facilité qui ne se rencontre pas toujours: le fond de l'emplacement ayant été jugé assez solide pour se dispenser de piloter, c'est ce qui a été jusqu'à présent la grande difficulté, non pas pour enfoncer les pilots, mais pour en receper les têtes sur un même niveau, afin que le grillage puisse les recouvrir & porter également par-tout.

M. Belidor, *dans la deuxieme partie de son Architecture Hydraulique*, Tome II, donne la description d'une machine à receper les pilots au niveau du grillage, & qui se meut à l'aide de vingt-huit hommes ainsi qu'il est supputé; car cette machine n'a pas encore été mise en usage. Ces hommes tirent & poussent la scie sur un sens perpendiculaire aux flancs de la pille, ce qui tranche tout ensemble un seul rang des pilots : on a tout lieu d'espérer qu'elle réussira dans son exécution dans le cas pour lequel elle a été composée, ce qui n'a lieu que pour une petite hauteur d'eau; mais comme il s'agit ici d'une plus grande hauteur, il faut avoir recours à un autre moyen; c'est à quoi je prétends suppléer, avec le secours du moulin à l'eau, dont je vais donner la description, & que je suppose être fait pour réceper les pilots, à une profondeur de vingt pieds sous les basses eaux, & même davantage si le cas le requéroit.

Avant de décrire les pieces qui composent cette machine, il convient d'entrer dans le détail des opérations, qu'il faut prévenir pour assurer la réussite du moulin, & en tirer tout l'avantage qu'on s'en propose.

1753. N°.492.

L'emplacement de la pile étant déterminé, il sera battu un fil de pilots dans la partie amont de ladite pile, & à une distance assez considérable de la pointe de l'avant-bec, pour ne point empêcher la manoeuvre. Ce fil de pilot sera garni de vannages, à l'effet de détourner le courant de l'eau de l'emplacement de la pile à fonder: on observera seulement que ceux dirigés sur la pointe de l'avant-bec, puissent s'élever lorsqu'on le jugera à propos, pour que la vîtesse de l'eau serve de moteur au moulin ci-après détaillé.

La figure premiere représente le moulin tout monté & vu de face, tel qu'il doit être apperçu du côté amont. La deuxieme le fait voir sur le côté, & la troisieme est son plan pris sur les seuils, & laisse voir celui de la scie. Les lettres alphabétiques, employées à indiquer toutes les parties, sont répétées également dans les trois figures: c'est pourquoi on pourra les chercher indifféremment dans toutes les trois, ayant le même Rapport.

Ce moulin étant monté sur le grillage qu'on suppose avoir posé pour diriger l'emplacement des pilots *b*,*b*, en représente les sections: ce grillage est construit de façon que les cazes sont disposées à recevoir les pilots dans la juste position, pour qu'un second grillage, fait sur le premier, recouvre le premier dans toutes ces parties vuides, & que les sections des longuerines avec les traversines, portent parfaitement sur la tête des pilots; une partie de ce premier grillage se voit à la fig. 3. Je me réserve de parler de la construction d'une pile fondée dans l'eau, dans un petit Ouvrage auquel je travaille, où ce moulin sera employé pour en réceper les pilots *a*,*a*, &c., ainsi que les palplanches de bordages par le même trait de scie.

Le seuil A B, qui soutient partie du bâtis de la machine,

1753. N°.492. doit excéder la longueur du grillage d'environ trois pieds & demi de chaque côté, pour donner le reculement des liens *c*, *c*, servant à maintenir en respect ladite machine, lorsque la scie se mene dans sa direction parallele audit seuil, *ou*, ce qui est de même, perpendiculairement aux flancs de la pile à fonder. Les moises *d*, *d* sont pour le même usage que les susdits liens. Sur ce seuil sont élevés quatre poteaux ou jumelles, dont les deux intérieures *e*, *e* sont destinées à supporter les tourillons ou essieux coudés de la roue, tandis que les deux extérieures *f*, *f* le sont à soutenir la poussée des deux grands liens, dont un est représenté par la lettre *g* de la fig. 2. Ces liens, assemblés par le bas dans les seuils *h*, *h*, & retenus par les moises J, J, contrebutent l'effort de l'eau qui tendroit à renverser la machine. Ces seuils, qui sont dessus & dans la même direction que les longuerines, embrassent les deux fils de palplanches de bordages, ce qui maintient le moulin dans une direction perpendiculaire aux mêmes fils de palplanches : ces quatre jumelles sont retenues à leur sommet, & peu au dessus des basses eaux par une moise *m*, qui leur tient lieu de chapeau.

La roue se trouvant entiérement plongée dans l'eau, n'auroit aucun mouvement, si les aubans étoient de la même construction que ceux ordinaires ; mais chaque planche est mobile sur sa raie par des couplets *o*, *o*, &c. de la fig. 1. Cette construction de roue a été très-ingénieusement inventée par MM. Gosset & de la Deville, Prêtres du Diocèse de Laon, & a eu tout le succès qu'on pouvoit en desirer dans l'épreuve qui en fut faite à Paris.

Cette roue fait mouvoir deux essieux coudés *p*, *p*, & donne un mouvement de vibration à la branche *q* de la croix verticale *c*, dont l'extrêmité de ladite branche se termine en fourchette, & embrasse un cylindre *r* de la fig. 3, qui est attaché au moyen de deux supports sur le milieu

milieu de la monture de la scie, ce qui lui donne le mouvement de droite à gauche, dans une direction perpendiculaire aux flancs de la pile. 1753. N°. 492.

Il a déja été dit qu'il seroit établi des vannes pour donner le mouvement à la roue du moulin, par l'effort du courant qui viendra frapper les aubans de ladite roue: la vitesse qu'on juge suffisante pour faire avancer la machine à mesure que la scie recepera les pilots, peut être augmentée ou diminuée par le plus ou moins d'ouverture du vannage; & comme on ne peut rien fixer de ces mesures, les circonstances en faisant changer les effets, on ne peut déterminer l'ouverture desdits vannages, pour être réciproques aux surfaces que la machine oppose à la vîtesse du courant: ce sont des opérations qu'on pourra faire lorsque ladite vîtesse sera connue; il suffit seulement dans ce Mémoire de donner un moyen d'augmenter ou diminuer ladite vîtesse, en opposant plus ou moins de surface du moulin, afin de leur donner le rapport qu'il leur convient avec l'ouverture du vannage.

Pour y parvenir, on pratiquera deux portes tournantes DD, qui s'opposeront à la direction du courant, lorsque leurs surfaces seront présentées perpendiculairement audit courant, ainsi qu'elles le sont dans la fig. 1; & au contraire s'il convient diminuer les surfaces au moyen des leviers XX, on peut donner une obliquité plus ou moins grande à ces portes, ce qui diminuera la surface de la machine autant qu'il conviendra. Ces portes n'ont point de vannes pratiquées dans leurs surfaces, ainsi qu'il est usité dans celles de quelques écluses où elles sont employées, ni pareillement de feillure dans les montans & seuils pour leur servir de battement; parce qu'elles sont destinées à se mouvoir de tous sens à l'effet de redresser le moulin, s'il perdoit la direction perpendiculaire au courant, ce qui pourroit arriver si la scie faisoit plus de progrès d'un côté que de l'autre, ou pour d'autre cas, où

le bâtis frotteroit trop contre les palplanches de bor-
1753. dage qui doivent diriger les seuils *h h*; alors on tourne-
N° 492. roit la surface des portes de façon que leurs obliquités reporteroient le moulin dans sa vraie position, ainsi que le fait le gouvernail d'un bateau pour le diriger au gré du pilote.

Pour diminuer le frottement des seuils de la machine sur le grillage, il est établi, sous celui AB, deux rouleaux *t t*, qui élevent le moulin de six pouces au dessus dudit grillage, ce qui donne l'emplacement de la scie sous les seuils *h h* de la fig. *3*, dont leurs extrêmités sont armées de deux poulies S S, destinées au même usage que les rouleaux : toutes les autres petites pieces employées à la construction de cette machine, peuvent être passées sous silence; les plans & élévations en donnent assez l'intelligence sans grossir inutilement ce Mémoire.

Il reste encore à donner les diminutions de la scie qui est la principale piece du moulin : la fig. *3* donne une idée assez nette des pieces qui composent la monture, d'autant qu'elle peut varier au gré de ceux qui la feront exécuter, ayant seulement pour principe de la rendre aussi légere qu'il soit possible, & d'en diminuer le frottement sur le grillage par deux rouleaux comme ceux *y y*.

A l'égard de la lame, elle doit avoir environ quatre pieds de longueur plus que la largeur de la pile, dont les pilots doivent être recepés, afin que son mouvement qui lui est donné par la branche de la croix horisontale, ne soit point interrompue. Cette lame sera divisée dans sa longueur totale en trois parties, par les traverses qui sont forgées avec ladite lame, ainsi qu'on le voit à la fig. *3*, marquée par les chiffres 1 & 2. A l'effet, que cette lame, qui est d'une grande longueur, ne soit point sujette à se ceintrer sur son plan, par un trop grand effort qu'elle pourroit recevoir contre les pilots qu'elle aura à scier, sa largeur sera de six pouces, afin que le trait de scie se dirige mieux ſuivant la ligne de niveau ; ſon devant aura au moins ſix lignes d'épaiſſeur réduit à quatre ſur le derriere : les dents ſont eſpacées les unes des autres d'un pouce, afin que dans ſon mouvement la réſiſtance ſoit moins grande par la raiſon que le trait de la ſcie reçoit moins de parties hériſſées : la tenſion de la lame ſe fera au moyen des deux coins Z, Z ; le frottement ſur le grillage ſera diminué comme il a déja été dit par les rouleaux *y*, *y*, boulonnés dans la monture.

Uſage du Moulin.

Lors de la conſtruction du grillage, on aura eu ſoin de prolonger les longuerines en amont & aval, d'environ cinq pieds plus avant que les pointes des avant & arriere-becs, afin que la machine étant établie vis-à-vis les premieres & dernieres palplanches, qui ſont battues aux ſommets des *avant & arriere-becs, puiſſent* être ſciés, le moulin étant porté ſur les prolongemens *deſdites* longuerines.

Le trait de ſcie ſe doit commencer en amont pour deux raiſons ; la premiere, c'eſt que la machine reçoit le choc de l'eau, pour la faire avancer ſur les pilots à receper ; & la ſeconde, afin que les têtes des pilots preſque ſciées, étant pouſſés par le courant, la ſcie ne ſe trouve point ſerrée dans le trait qu'elle aura faite, ce qui ne manquera pas d'avoir lieu ſi on commençoit en aval.

La machine étant deſcendue ſur le grillage, & poſée d'équerre ſur les flancs de la pile, alors on levera les vannes qu'on aura pratiquées, ainſi qu'il a été dit ci-devant dans le fil de pilots & vannages de garde, afin que le courant venant à frapper les aubans *n n*, le moulin faſſe agir la croix verticale & en même temps la ſcie.

Il ne peut être donné aucune dimenſion ſur la grandeur des aubes de la roue, ni de la grandeur des vannes,

1753. N°. 492. le tout devant être proportionné à la vîtesse du courant: on doit encore avoir égard à la surface de tous les bois, qui composent le bâtis de la machine, & qui s'opposent perpendiculairement au courant, afin de faire les portes tournantes plus ou moins grandes: il convient aussi de savoir le poids de toute la machine pesée dans l'air, & ce qu'elle perdra de son poids dans l'eau, afin de savoir si le frottement sur le grillage ne seroit pas trop diminué par les rouleaux, auquel cas il faudroit les fixer, pour que la lame de scie ne reçoive pas trop de pression contre les pilots, ce qui causeroit sa destruction.

On ne sauroit donc fixer aucune proposition que lors de l'exécution, parce que la vîtesse du courant varie, & que la surface de la machine est plus ou moins grande que la pile a de largeur, joint au plus ou moins de hauteur d'eau. La qualité du bois contribue beaucoup à quelques variations, parce que sa pesanteur spécifique varie beaucoup *dans l'eau, suivant sa qualité.*

Je ne crois pas devoir donner d'autres détails; les plans & élévations ne doivent rien laisser à desirer, tant sur sa construction que sur son usage.

Moulin a Eau, pour receper les Pilots.

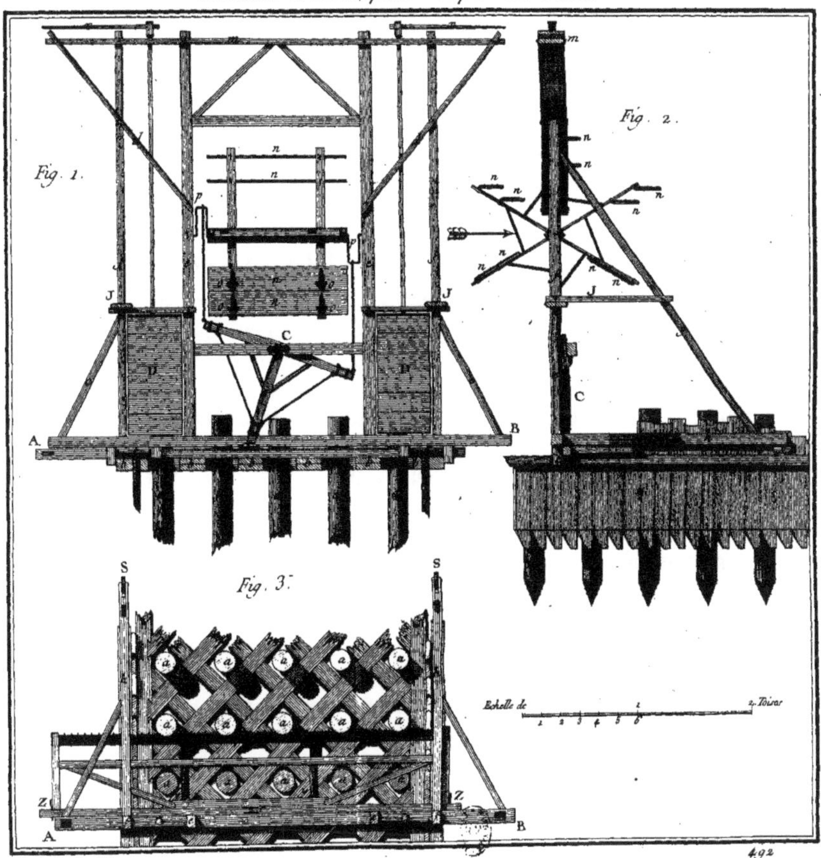

De la Gardette Sculp.

492

1753. No. 493.

NOUVEAU MOTEUR
INVENTÉ
PAR M. SARREBOURG.

AB est un tambour sur lequel on roule, en forme de pas de vis, plus ou moins serré, un tuyau C D F. La partie F s'éleve au dessus de la circonférence, pour recevoir un bouchon qui doit fermer exactement cette partie : l'autre extrêmité D C monte vers le centre du tambour, & reste ouverte.

C'est par le moyen du mercure, que l'on introduit par l'ouverture F de ce tuyau, que le tambour fait ses révolutions. Le mercure reste suspendu par le poids de l'air, ainsi que dans les barometres ordinaires; mais le mercure supposé occuper l'espace F I, la demi-circonférence F I D, plus pesante que F K D, doit l'emporter; cet effet se répéte, & continue jusqu'à ce que le mercure arrive en C D : alors le tambour s'arrête, & pour le remonter, il faut tourner le tambour en sens contraire, pour que le mercure retourne par le chemin qu'il a parcouru, jusqu'au bouchon F.

La roue dentée H & son pignon L, n'ont d'autre usage que pour faire voir que ce moteur peut être employé à toutes sortes de mouvement de pendule, où l'on ne pourroit, faute de place, se servir de poids, ou à d'autre machine de ce genre.

RAPPORT DES COMMISSAIRES.

NOus avons examiné, par ordre de l'Académie, un moyen proposé par M. de Sarrebourg, de Nanci en Lorraine, pour faire mouvoir une roue par le poids du mercure.

1753.
N°.493.

La roue que l'Auteur ſe propoſe de faire mouvoir, eſt une eſpece de *tambour*, ſur la circonférence duquel un ſeul tuyau *décrit* une courbe à double courbure, ſemblable au *pas* d'une vis : une des extrêmités de ce tuyau eſt fer*mée* par un bouchon très-exact ; l'autre eſt ouverte & *re*courbée en dedans de la roue, preſque juſqu'à ſon *axe*. On verſe du vif-argent dans le tuyau, ou par l'ouverture qui a le bouchon, & enſuite on le ferme exactement.

Il ſuit de cette conſtruction que le tuyau dont nous venons de parler, devient un véritable barometre, où le mercure reſte ſuſpendu par l'action du poids de l'air, & que de plus, cette colonne de mercure eſt abſolument portée d'un ſeul côté de la roue, par conſéquent ce côté doit l'emporter ſur l'autre, & la roue tournera enſorte que toutes les circonvolutions du tuyau qui l'enveloppe, deviendront ſucceſſivement le tuyau du barometre, juſqu'à ce *que le mercure ſoit arrivé à la derniere* : alors la *machine* s'arrêtera, & pour la remonter, il faudra faire tourner la roue en ſens contraire : on obligera par ce moyen le mercure à retourner à l'autre bout du tuyau ; mais auſſi dans cette opération, on aura à vaincre le poids de la colonne de mercure.

Ce moyen, de faire mouvoir une roue, nous a paru nouveau & ingénieux : nous ne pouvons pourtant diſſimuler que par cette méchanique, on ne gagne rien du côté de la force ; le mercure n'agit que comme tout autre poids égal, attaché à une corde qui feroit autour de ce tambour le même nombre de circonvolutions que le tuyau ; il ſera d'ailleurs difficile de conſtruire un tuyau de cette eſpece, qui n'admette point d'air & ne laiſſe pas échapper de mercure ; cependant il pourroit ſe trouver des occaſions où on placeroit le nouveau moteur avec plus de facilité & d'avantage que ceux que l'on connoît déja ; ce ſera un moyen de plus de produire du mouvement dont on trouvera peut-être un jour quelqu'application utile, & cette idée nous a paru mériter d'avoir place dans le Recueil des Machines donné au Public. 1753. N°. 493.

A l'Académie, le 19 Mai 1753.

Signés, NOLLET,

DE FOUCHY.

RECUEIL

RECUEIL
DES MACHINES
APPROUVÉES
PAR L'ACADÉMIE ROYALE
DES SCIENCES.

ANNÉE 1754.

1754.
N°. 493.

INSTRUMENS SERVANT A VAPORISER LA POITRINE, *INVENTÉS* PAR M. GUIGNON, CHIRURGIEN.

LEs maladies, de quelque eſpece qu'elles ſoient, ont leur remede particulier; mais il n'eſt pas toujours facile de les y appliquer; le ſiége de ces maladies en font la différence : *celles qui affectent les foſſes* nazales, les poumons, enfin toutes les parties expoſées au courant de l'air, ont ordinairement des ſuites funeſtes, par la difficulté d'y porter immédiatement les remedes.

La propriété de l'un ou l'autre des inſtrumens que M. Guignon propoſe, eſt de diſtribuer dans la poitrine, par le moyen de l'inſpiration, les vapeurs des remedes propres à calmer la toux, à diſſoudre & faire crever les petits ulceres des bronches, & enfin à opérer leur effet ſans affoiblir l'eſtomac, qui ne l'eſt ſouvent que trop par le grand uſage des loocs, des ſyrops, des huileux en général, qui diminue l'appétit, rend la digeſtion difficile, la chylification de mauvaiſe qualité, ce qui ne fait qu'augmenter la génération des récrémens & aider les accroiſſemens de la maladie, & même diſpoſer à bien d'autres maux.

Le premier des *ces inſtrumens* conſiſte en une eſpece de retorte A B C D A, formé de deux pieces. La partie ſupérieure A B D s'emboîte avec la partie inférieure

1754. N°. 493.

BCD, de la même maniere que le dessus & le dessous d'une tabatiere; mais cette fermeture laisse des échancrures qui forment la fente BE, que l'on pourroit augmenter ou diminuer, en tournant ces deux pieces dans leur emboiture : il faut cependant la régler de façon qu'elle ait un peu plus d'ouverture que l'orifice circulaire A, qui doit avoir environ trois lignes de diametre, par conséquent la fente BE doit être étroite.

Le canon F peut s'ajuster à l'extrêmité A; il doit être de bois ou de cuir : on peut le tourner en différens sens, pour le placer relativement à la situation que le malade est obligé de garder : par cette précaution, il n'est pas non plus exposé à se brûler en embouchant cet instrument, dont voici l'usage.

On suppose de l'eau chaude dans le fonds de la retorte, jusqu'à la hauteur H; & que ce vase soit embouché par le tube F, la vapeur I qui s'exhalera sera attirée dans le temps de l'inspiration, par l'air de l'athmosphere, qui est obligé de passer par l'ouverture BE, pour aller dilater les poumons, supposant néanmoins que l'on ne respirera pas par le nez; car la vapeur I, qui est vis-à-vis l'ouverture BE, étant rencontrée par cet air, en sera saisie & entraînée dans les lieux affectés.

Ce vase est susceptible de différentes grandeurs & figures; on peut prolonger son col dans différens cas, surtout lorsqu'on voudra inspirer la vapeur de quelques matieres difficiles à volatiliser, en mettant le fond de la retorte sur un bain de sable ou de cendre, & même quand on voudra continuer le même degré de chaleur pendant long-temps : le prolongement alors est pour éloigner le malade du feu que l'on aura mis sur une hauteur comme sur une chaise.

Quand on voudra employer une vapeur aromatique, on n'aura qu'à mettre les mixtes dans la retorte, & y verser dessus l'eau chaude, ou bouillante ou autrement;

ensuite boucher la retorte, afin de laisser infuser les mixtes; par ce moyen, l'on sera à même de profiter de toute la vertu des remedes. 1754. N°. 493.

Enfin, ce vase est à la poitrine, au larinx & à la gorge ce que la seringue est au bas-ventre : par son secours on peut prévenir des affections qui pourroient être fort graves; son usage sera très-bon dans des occasions où l'on ne pourroit faire prendre des médicamens aux malades qu'avec difficulté.

Le second instrument, que M. Guignon propose, est un tube serpentin L M N, plus ou moins long & plus ou moins recourbé; il peut être de verre, ou de toute autre matiere : il sert à introduire dans la poitrine des remedes plus fixes que les vapeurs, & dont on composera des syrops, ou que l'on mêlera dans un véhicule plus efficace & plus ou moins épais : on en lubrifiera ce tube, après quoi on l'embouchera par l'extrêmité N; par ce moyen on conçoit que pendant l'inspiration, l'air, obligé de passer par l'entonnoir L & delà dans les différentes sinuosités du tube, se chargera des particules qui se détacheront par le frottement de l'air même, qui les portera dans les poumons à chaque inspiration.

Pour mieux disposer ces matieres à se détacher par petites parties, on pourroit placer l'instrument entre deux compresses de linge bien échauffées, qui communiqueroient la chaleur au tube, & ensuite à la matiere syropeuse; celle-ci pour lors sera facilement, & en plus grande quantité, entraînée par le courant d'air, qui d'ailleurs se trouvera à un degré de chaleur, dont on ne peut qu'attendre un bon effet dans ces sortes de maladies.

On pourroit aussi se servir d'un semblable instrument dans la Bronchotomie, en l'adaptant à la canule qu'on introduit dans la plaie; il serviroit non-seulement à purifier l'air, mais encore à en corriger sa froideur.

Le Rapport des Commissaires ci-après fait mention des

Auteurs qui ont *travaillé* ſur différens inſtrumens de ce genre.

1754.
N°. 493.

RAPPORT ſur deux Inſtrumens ſervant à vaporiſer la poitrine.

L'Académie nous a chargé d'examiner un Mémoire préſenté par M. Guignon, Chirurgien, ſur deux inſtrumens ſervant à introduire des vapeurs dans la poitrine.

Il y a des cas où il eſt fort utile de faire paſſer dans le poumon, par le moyen de l'inſpiration, l'air chargé de certaines vapeurs : l'on peut ainſi diſtribuer dans l'intérieur de cet organe affecté, pluſieurs remedes que l'on juge utiles, & qui y font l'office de topiques : cette pratique, connue des anciens, indiquée dans les Ecrits d'Hippocrate, a été ſur-tout recommandée par Chriſtophe Benoît, *Médecin Anglois, dans ſon excellent Ouvrage ſur la* Phthyſie (*Theatrum Rabidorum*). Il l'autoriſe par pluſieurs obſervations intéreſſantes. Boerhaave & d'autres Auteurs modernes en font également l'éloge. L'inſtrument de Chriſtophe Benoît n'eſt qu'un cône creux, qui ſert à raſſembler & à diriger les vapeurs que le malade inſpire, en embouchant le ſommet ouvert du cône. M. Guignon fait voir quelques inconvéniens de ces inſtrumens dans pluſieurs cas, où les malades ne ſauroient ſe placer dans une ſituation convenable, pour inſpirer les vapeurs par cette eſpece d'entonnoir : il propoſe deux autres inſtrumens ; l'un a la forme d'une retorte, il eſt fait de deux pieces ; la premiere eſt le corps ou le fonds de la retorte ; la ſeconde en eſt le col : elles ſe joignent ou s'emboîtent comme les deux pieces d'une tabatiere ; à ces endroits de leur union, elles ont l'une & l'autre une petite échancrure, qui forme une fente ouverte pour établir une communication de l'air extérieur avec l'intérieur de l'inſtrument : on peut aggrandir, diminuer ou fermer abſolument cette ouverture, en faiſant rouler & gliſſer l'une ſur l'autre les deux pieces du vaiſſeau ; on adapte encore, quand on le juge à propos, à l'extrêmité du col de cette eſpece de retorte, un tuyau de bois ou de cuir, ou de quelqu'autre matiere, afin qu'on puiſſe l'emboucher ſans craindre de ſe brûler, lorſque le fonds du vaiſſeau eſt placé ſur le feu, ou qu'il contient un fluide trop échauffé ; ainſi à chaque inſpiration, c'eſt un air nouveau, qui, s'inſinuant par l'ouverture longitudinale de l'inſtrument, ſaiſit dans le corps de la retorte la vapeur ou les corpuſcules que l'on veut faire pénétrer dans l'intérieur du poumon. Cette opération peut ſe faire ſans que le malade ſoit obligé de ſortir de ſon lit, ou même de changer de ſituation. Le ſecond inſtrument que M. Guignon propoſe, eſt un tuyau de verre fait en forme de ſerpentin. Dans l'extrêmité évaſée, on inſinue quelque ſyrops, ou quelque looc, ou quelqu'autre fluide viſqueux qu'on fait gliſſer dans les ſinuoſités du tuyau ; & l'air que l'on inſpire par l'autre extrêmité, en traverſant rapidement, emporte pluſieurs corpuſcules. Nous avons nous-mêmes eſſayé ce tuyau, & nous avons ſenti qu'après quelques inſpirations, le fonds de la gorge étoit ſenſiblement imbu des corpuſcules entraînés par l'air inſpiré : il y a pluſieurs inſtrumens déja connus & fort analogues à ceux de M. Guignon.

1754. N°. 493.

A Paris, le 7 Août 1754.

Signés, MORAND,

LASONE.

DESCRIPTION

Nouveau Moteur.

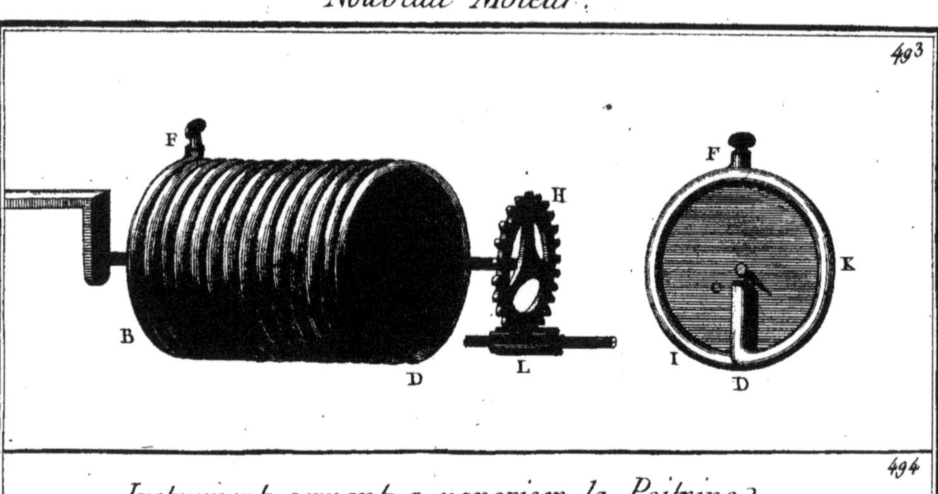

494

Instrument servant a vaporiser la Poitrine.

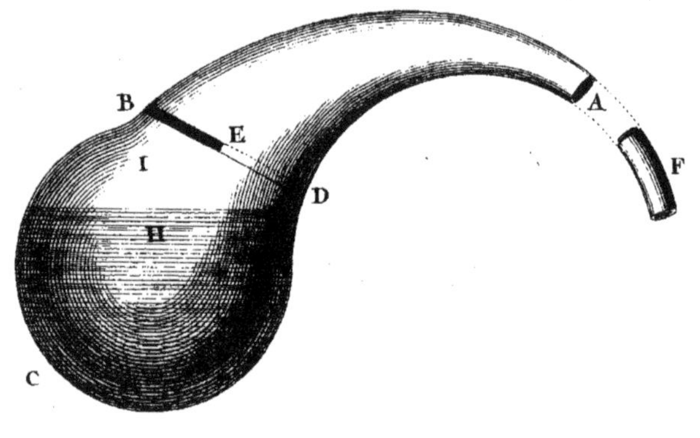

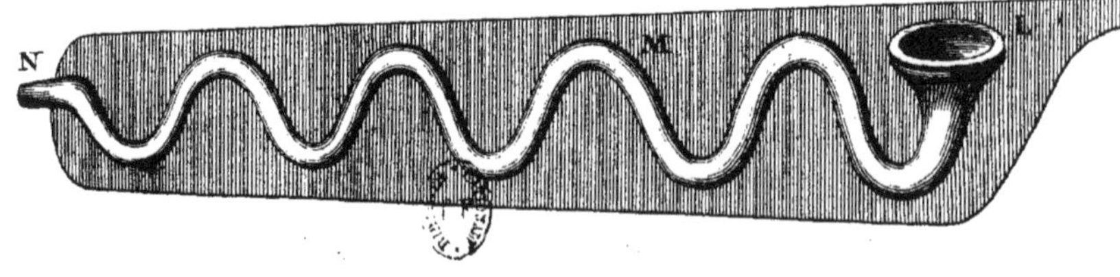

De la Gardette Sculp.

1754.
N°. 495.

DESCRIPTION

D'UNE PENDULE A ÉQUATION, A SECONDES CONCENTRIQUES,

Marquant les mois & quantiemes de mois, les Années bissextiles, & va treize mois sans être remontée,

PAR M. FERDINAND BERTHOUD.

LA suspension du pendule est à ressort; l'échappement est celui de Graham renversé, disposé pour faire décrire au pendule d'aussi petits arcs que l'on veut.

Le rouage du mouvement est composé d'une roue de plus que les pendules à 15 jours. La premiere roue du mouvement engrene dans un pignon, qui fait un tour en trois jours; la tige de ce pignon porte trois palettes P, Planche 1, ou dents, qui engrenent successivement dans la roue annuelle, II, fendue sur 366 à rochet, & maintenue par un sautoir. Cette roue porte l'ellipse H H, qui agit sur le bras G du rateau R, dont le mouvement alternatif se transmet au cadran d'équation, par le moyen du pignon K, placé sur le canon du cadran B B concentrique à celui des heures & minutes du temps moyen. Ce cadran BB est celui du *temps vrai*; il est rivé sur le canon auquel est fixé le pignon K; ainsi on voit qu'à mesure que la roue annuelle se meut, l'*ellipse H* qu'elle porte agit sur le bras G du rateau R; & comme ce rateau est pressé par le ressort T T, le bras G s'approche ou s'écarte du centre de l'ellipse, ce qui oblige en même

temps le cadran d'avancer & de retrograder, ensorte que
1754. l'aiguille D du temps vrai marque par-là *l'équation*
N° 495. du temps : cette aiguille est fixée sur l'aiguille C qui est celle du temps moyen, celle-ci marque les minutes sur le cadran A A.

La *fig.* 2 fait voir en profil la disposition du cadran du temps vrai : A A est la plaque du cadran du temps moyen, *B* B le cadran du temps vrai, K le pignon conduit par le rateau, C est le pont qui contient le canon du cadran B, *a a* un cuivrot sur lequel est attaché la corde qui répond au ressort T, fig. 1, pour faire presser continuellement le bras du rateau sur l'ellipse.

Les années communes & bissextiles sont marquées par la révolution d'un petit cadran C, tel que celui de la pendule que j'ai décrit ci-devant, lequel reçoit son mouvement de la roue annuelle A, de 366 dents fendues à rochet, & maintenues par un sautoir; des chevilles posées sur cette roue *agissent sur l'étoile a* de huit rayons, & *déterminent* les positions de ce petit cadran divisé en quatre années.

Pour que la roue annuelle marque exactement les jours du mois, il faut que pendant trois années consécutives les dents de cette roue, qui répondent au 29 Février & prémier Mars, passent le même jour; tandis qu'à l'année bissextile, les deux mêmes dents passent en deux jours. Pour produire cet effet, une des chevilles de la roue annuelle qui répond au premier Janvier, fait tourner l'étoile *a a* de huit rayons d'un huitieme de sa révolution, & fait indiquer au cadran C que porte l'étoile, *la premiere, ou la seconde, troisieme année, ou l'année bissextile;* une autre cheville qui répond au 28 Février, fait encore tourner cette étoile d'un autre huitieme. La palette P qui fait mouvoir la roue annuelle, ayant fait passer la dent qui répond au 29 Février, le rayon de l'étoile qui se trouve actuellement en action avec le valet, est parvenu à l'angle de ce valet, lequel acheve de faire parcourir un espace à l'étoile *a*, dont un rayon vient poser sur une troisieme cheville que porte la roue annuelle : ce qui oblige celle-ci de se mouvoir de la quantité d'une dent qui répond au premier Mars : ainsi la dent que fait passer la palette, & celle que le valet & l'étoile ont obligé de se mouvoir, sont les deux dents qui passent en un seul jour, ce qui donne les années communes qui se succedent trois fois de suite : & comme la quatrieme doit avoir un jour de plus, le rayon de l'étoile qui y répond est entaillé, de sorte qu'il n'a point d'action sur la cheville du premier Mars : ainsi les deux dents du 29 Février & premier Mars passent en deux jours.

1754.
N° 495.

On a fait marcher cette pendule pendant treize mois avec deux poids égaux de dix livres, qui agissent alternativement sur le rouage, & ne descendent que de 15 pouces. On a réduit la chûte à cette quantité, pour éviter les inconvéniens qui résultent de l'approche des poids contre la lentille qui parcourt de très-petits arcs.

Le cylindre C, Planche II, sur lequel s'enveloppe la corde qui porte le poids, est un mois à faire sa révolution ; son diametre est d'environ deux pouces, ensorte que pour 15 pouces de chûte d'un poids mouflé, il fait six tours & demi. Pour doubler ce temps, on a fixé au milieu de la boîte au haut une poulie M, sur laquelle passe la corde du mouvement ; la corde passe encore sur une poulie N, mobile du second poids ; le bout de cette corde est enfin fixé en O ; cette même corde porte donc deux poids à peu près d'égale pesanteur, à cela près que le second doit être plus pesant de la quantité qu'il faut pour vaincre le frottement des pivots des poulies. Lorsque le premier poids descend de 15 pouces, la corde qui mene le mouvement se développe de trente pouces ; & ce poids étant alors arrêté sur une planche qui l'y oblige, le second commence à descendre, jusqu'à

1754. N° 495. ce que descendu au même point, il ait développé la corde d'une même quantité. Ce développement de soixante pouces répond à treize révolutions du cylindre, qui font mouvoir la pendule pendant treize mois.

Fin du Tome septieme.

Pendule à Equation qui va un an sans remonter.

Fig. 1.ere

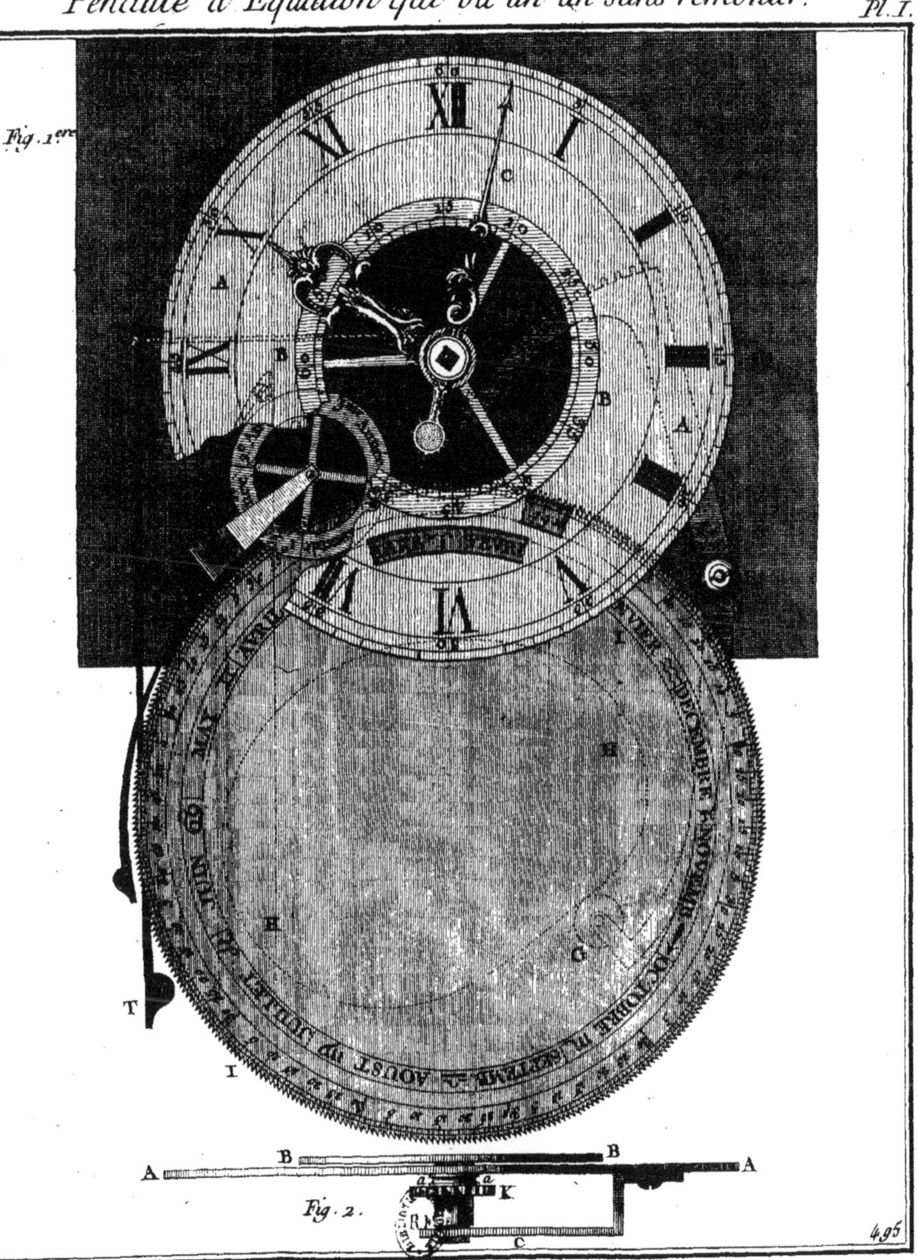

Fig. 2.

de la Gardette Sculp.

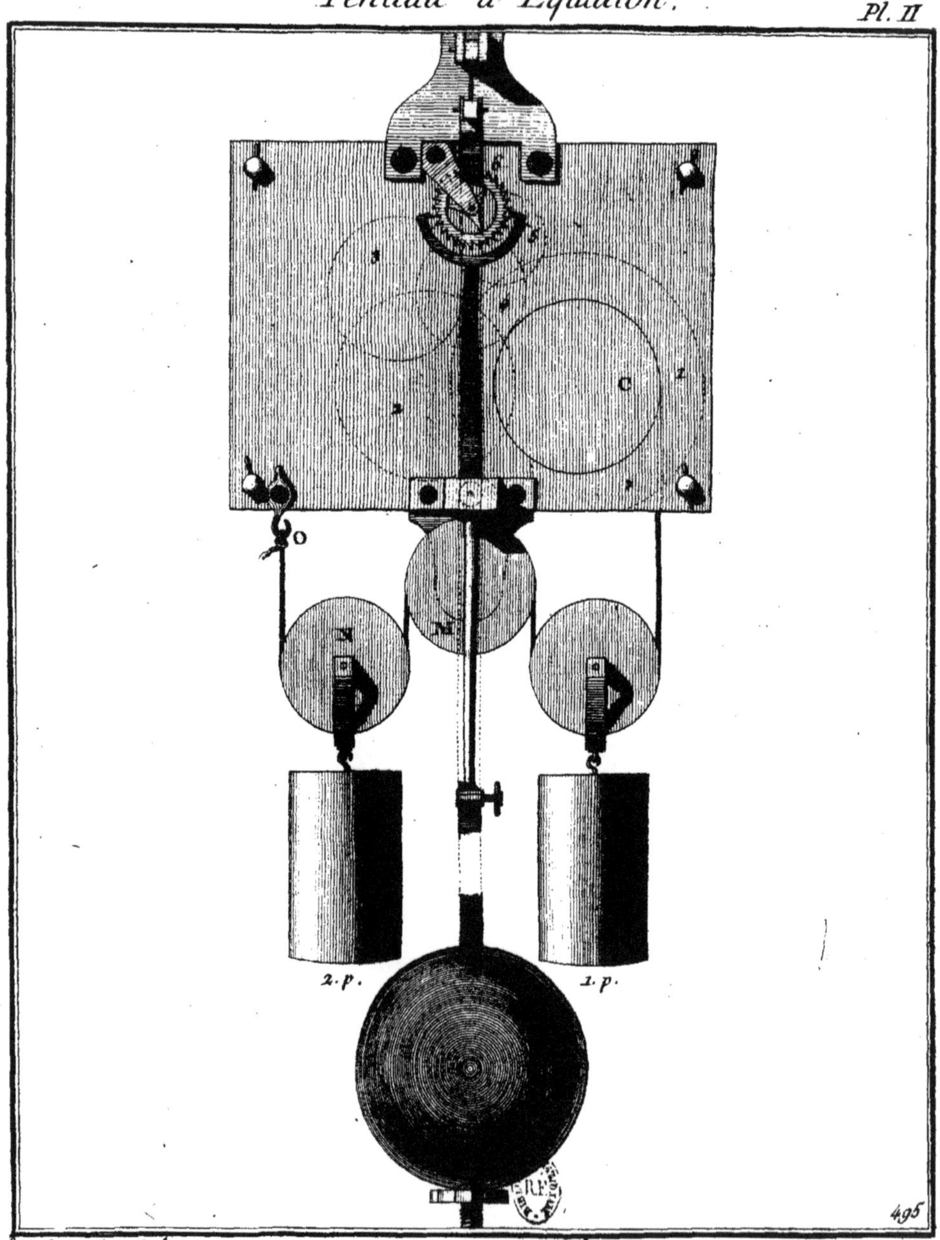

De la Gardette Sculp.

www.ingramcontent.com/pod-product-compliance
Ingram Content Group UK Ltd.
Pitfield, Milton Keynes, MK11 3LW, UK
UKHW012143240726
13966UKWH00001B/117

9 782013 419505

Machines et inventions approuvées par l'Académie royale des sciences depuis son établissement... (jusqu'en 1754) avec leur description. Tome 7 / publ. par M. Galon

http://gallica.bnf.fr/ark:/12148/bpt6k3477n